U0862350

普通高等教育“十一五”国家级规划教材

工程数学与教学软件

线 性 代 数

（第三版）

上海交通大学数学系　编

科 学 出 版 社

北 京

内 容 简 介

本书内容包括行列式、矩阵、n维向量与线性方程组、线性空间、矩阵的对角化、实二次型和线性变换等线性代数的基本知识以及基本线性代数问题的计算机实现，通过将线性代数的基本知识与计算机相结合使学生能利用数学软件解决一些简单的线性代数的实际问题．书末还给出了有关的 Matlab 软件的使用说明．

本书可作为高等工科院校理工科、经济学、管理学等各专业“线性代数”课程的教材，也可供教师和学生作参考之用．

图书在版编目(CIP)数据

线性代数/上海交通大学数学系编. —3 版. —北京：科学出版社，2014.6

普通高等教育“十一五”国家级规划教材·工程数学与教学软件

ISBN 978-7-03-041199-0

Ⅰ. 线…　Ⅱ. 上…　Ⅲ. 线性代数-高等学校-教材　Ⅳ. O151.2

中国版本图书馆 CIP 数据核字(2014)第 126427 号

责任编辑：姚莉丽/责任校对：刘小梅

责任印制：霍　兵/封面设计：陈　敬

科学出版社 出版

北京东黄城根北街 16 号

邮政编码：100717

http://www.sciencep.com

天津安泰印刷有限公司印刷

科学出版社发行　各地新华书店经销

*

2000 年 1 月第　一　版　开本：720×1000　1/16

2007 年 10 月第　二　版　印张：18 1/2

2014 年 6 月第　三　版　字数：372 000

2024 年 7 月第四十三次印刷

定价：39.00 元

（如有印装质量问题，我社负责调换）

第三版前言

本书的第三版在第二版使用多年的基础上，根据教学实践中的反映稍作修改和调整. 总体而言，其定位是适用于理工科和经济管理等应用类各专业，教材的结构和主要内容并无变化. 所作的改变是：

（1）个别章节的文字阐述和例题有些改动，第七章略有删减，改变的目的是希望教材更符合易于教学的要求；

（2）第八章采用的数学软件改为 Matlab，原因是 Matlab 是在科学计算方面广泛使用的数学软件，它还有功能强大的工具箱，延伸到了科学研究和应用学科的诸多领域，对于多数工程类和经济管理类等应用型学科的学生早些了解接触这个软件是十分有益的.

这版的修改工作由李世栋、乐经良、王纪林、蒋启芬和刘小军完成，对新版教材可能存在的问题，敬请同行和读者不吝指正.

编　者

2014 年 3 月

第二版前言

本书自2000年出版以来已逾七年，除了上海交通大学本科非数学专业以其作为“线性代数”课程的教材外，也有其他一些高校在对线性代数要求较高的理工科专业采用此教材. 在教学实践中，同行们肯定了本书理论完备、阐述严谨、宜于教学、注重应用和结合软件等特点，也提出了一些修改意见.

此次再版基本上保持了本书原来的结构与特色，除了在文字上作了一些修订之外，主要在以下方面有所变化：

(1) 对有些章节的内容阐述略作简化；

(2) 适当增加了例题与习题，拓宽了题型，尤其是选编了一些近年在研究生入学考试中出现的试题类型；

(3) 鉴于Mathematica版本的升级，故对第八章“数学软件与应用实例”应用Mathematica 5.1进行了重写.

此次修改，前七章由原编写者完成，第八章由刘小军老师改写，蒋启芬老师校读了全书.

编　者

2007年3月

第一版前言

线性代数是大学数学教育中一门主要基础课程，对于培养面向 21 世纪人才起着重要的作用. 本书是编者在上海交通大学进行多年教学实践和改革探索的基础上编写的. 其基本内容符合原国家教委 1995 年颁布的“工程数学课程教学基本要求”，并且适当作了一些改革的尝试：介绍了线性代数若干典型的应用实例和数学软件 Mathematica 在线性代数运算方面的基本功能，本书这部分内容实际上进行了数学实验的初步训练. 我们认为，让学生应用数学知识并通过使用计算机来解决实际问题是数学教育中非常值得重视的环节.

本书共分 8 章. 第一章到第七章是线性代数的基本内容. 第一章主要介绍了行列式的基本概念和行列式的计算，并包含了行列式的一个应用——Cramer 法则. 第二章介绍了矩阵的代数运算、可逆矩阵、矩阵的初等变换、矩阵的秩和分块矩阵的概念以及有关性质. 作为应用，在第二章的最后讨论了消元法解线性方程组与线性方程组有解的条件. 第三章讨论 n 维向量的线性关系和向量组的秩的概念，并在此基础上讨论了线性方程组解的结构. 经第二、三章的铺垫，第四章介绍了线性空间和欧氏空间的概念. 第五章在介绍了方阵的特征值和特征向量以及矩阵相似的概念后讨论了方阵的对角化问题. 第六章介绍了实二次型的概念和化二次型为标准形的方法，并讨论了正定二次型的相关性质. 第七章介绍了线性变换的基本概念和性质. 第八章介绍了数学软件 Mathematica 的最基本的使用方法以及用以解决最基本的线性代数问题的有关指令，并给出了若干应用实例，可用于计算机辅助教学. 每章的习题分为两类，(一)是基本题目，(二)是难度较高的题目. 书后附有习题的答案与概念索引.

我们在选材上以基本概念与基本方法为核心，力图做到突出重点，简明扼要，清晰易懂，便于教学. 在习题的配置上，既注意基本内容的训练，又有适当的提高题.

本书可作为高等学校工科、理科（非数学专业）与经济管理学科线性代数课程的教材，课内 36～54 学时的都可选用. 也可供成人教育的广大师生和工程技术人员使用. 某些章节不同专业可根据不同情况予以取舍.

本书第一章由王纪林编写，第二、五、六章由李世栋编写，第三章由冯卫国编写，第四、七章由乐经良编写，第八章由李世栋与乐经良共同编写. 另外，黄建国提供了第八章中建筑模型的应用实例和相关数据，童品苗参与了部分原稿的计算机输入工作. 由于编者水平所限，不妥甚至谬误之处在所难免，恳请读者批评指正.

本书的出版得到了科学出版社鼎力帮助与上海交通大学教务处与应用数学系的关心和支持，李乔、沈灏两位教授和其他一些老师对本书的编写给了许多具体的帮助，在此深表感谢.

编　者
1999 年 8 月
于上海交通大学

目　　录

第一章 行 列 式

行列式是线性代数课程的一个重要内容. 本章先介绍二阶和三阶行列式的定义及其性质,然后给出 n 阶行列式的定义,并介绍几种特殊行列式的常用计算法. 最后给出利用行列式求 n 元线性方程组唯一解的常用方法,即克拉默定理.

1.1 行列式的概念

本节先介绍二阶和三阶行列式,并用以求二元和三元线性方程组的唯一解. 然后利用排列的逆序数给出 n 阶行列式的定义和基本概念.

1.1.1 二阶和三阶行列式的概念

定义 1.1 以数 $a_{11},a_{12},a_{21},a_{22}$ 为元素的二阶行列式为

$$\begin{vmatrix} a_{11} & a_{12} \\ a_{21} & a_{22} \end{vmatrix}=a_{11}a_{22}-a_{12}a_{21}. \tag{1.1}$$

简记为 $D=|a_{ij}|_2$. 其中,a_{ij} 称为行列式的 (i,j) **元素**,即该元素位于行列式的第 i 行和第 j 列的交汇处. i 和 j 常分别称为元素 a_{ij} 的**行下标**和**列下标**.

例如,元素 a_{21} 位于行列式 $|a_{ij}|_2$ 的第 2 行和第 1 列的交汇处.

例 1.1 计算行列式 $\begin{vmatrix} 2 & -1 \\ 6 & 5 \end{vmatrix}$.

解 据(1.1)式,有

$$\begin{vmatrix} 2 & -1 \\ 6 & 5 \end{vmatrix}=2\times5-(-1)\times6=16.$$ □

例 1.2 已知函数 $f(x)=\begin{vmatrix} 1-x & -1 \\ 4 & 2+x \end{vmatrix}$,求 x,使得 $f(x)=0$.

解 因为

$$f(x)=\begin{vmatrix} 1-x & -1 \\ 4 & 2+x \end{vmatrix}=(1-x)(2+x)-(-1)\times4=-x^2-x+6,$$

$f(x)=0$,即 $-x^2-x+6=-(x+3)(x-2)=0$,得 $x=-3$ 或 2.

例 1.3 设二元线性方程组

$$\begin{cases} a_{11}x_1+a_{12}x_2=b_1, & (1) \\ a_{21}x_1+a_{22}x_2=b_2. & (2) \end{cases} \tag{1.2}$$

试问:在什么条件下,线性方程组(1.2)有唯一解.

解　在方程(1)的两端同时乘以 a_{22},在方程(2)的两端同时乘以 a_{12},然后将所得两式相减,即 $a_{22}(1)-a_{12}(2)$,得

$$(a_{11}a_{22}-a_{12}a_{21})x_1=b_1a_{22}-a_{12}b_2.$$

由此可知,当 $a_{11}a_{22}-a_{12}a_{21}\neq 0$ 时,有

$$x_1=\frac{b_1a_{22}-a_{12}b_2}{a_{11}a_{22}-a_{12}a_{21}}.$$

同理可得,当 $a_{11}a_{22}-a_{12}a_{21}\neq 0$ 时,有

$$x_2=\frac{a_{11}b_2-b_1a_{21}}{a_{11}a_{22}-a_{12}a_{21}}.$$ □

记

$$D=\begin{vmatrix} a_{11} & a_{12} \\ a_{21} & a_{22} \end{vmatrix},\quad D_1=\begin{vmatrix} b_1 & a_{12} \\ b_2 & a_{22} \end{vmatrix},\quad D_2=\begin{vmatrix} a_{11} & b_1 \\ a_{21} & b_2 \end{vmatrix}.$$

称 D 为线性方程组(1.2)的系数行列式.

以上结论可以表述为:

当线性方程组(1.2)的系数行列式 $D\neq 0$ 时,有唯一解,且其解可表示为

$$x_1=\frac{D_1}{D},\qquad x_2=\frac{D_2}{D}.$$

例 1.4　设二元线性方程组为

$$\begin{cases} 3x_1-4x_2=5, \\ kx_1+2x_2=-3. \end{cases}$$

试问:常数 k 为何值时有唯一解,并求此解.

解　因为其系数行列式

$$D=\begin{vmatrix} 3 & -4 \\ k & 2 \end{vmatrix}=6+4k,$$

所以,当 $k\neq -\dfrac{3}{2}$ 时 $D\neq 0$,此时方程组有唯一解. 又

$$D_1=\begin{vmatrix} 5 & -4 \\ -3 & 2 \end{vmatrix}=-2,\quad D_2=\begin{vmatrix} 3 & 5 \\ k & -3 \end{vmatrix}=-9-5k.$$

其唯一解为

$$x_1=\frac{D_1}{D}=-\frac{1}{3+2k},\qquad x_2=\frac{D_2}{D}=-\frac{9+5k}{6+4k}.$$ □

定义 1.2　以数 $a_{ij}(i,j=1,2,3)$ 为元素的三阶行列式为

$$D=|a_{ij}|_3=\begin{vmatrix} a_{11} & a_{12} & a_{13} \\ a_{21} & a_{22} & a_{23} \\ a_{31} & a_{32} & a_{33} \end{vmatrix}$$

$$=a_{11}\begin{vmatrix} a_{22} & a_{23} \\ a_{32} & a_{33} \end{vmatrix}-a_{12}\begin{vmatrix} a_{21} & a_{23} \\ a_{31} & a_{33} \end{vmatrix}+a_{13}\begin{vmatrix} a_{21} & a_{22} \\ a_{31} & a_{32} \end{vmatrix}. \tag{1.3}$$

三阶行列式也可按以下**对角线展开法**计算

$|a_{ij}|_3=$

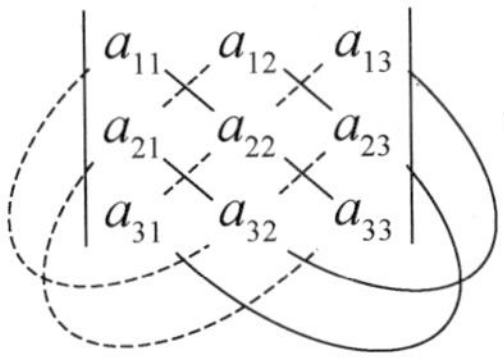

$$=a_{11}a_{22}a_{33}+a_{12}a_{23}a_{31}+a_{13}a_{21}a_{32}-a_{13}a_{22}a_{31}-a_{12}a_{21}a_{33}-a_{11}a_{23}a_{32}. \tag{1.4}$$

称元素 a_{11},a_{22},a_{33} 为行列式 $D=|a_{ij}|_3$ 的**主对角线元素**,称 a_{13},a_{22},a_{31} 为行列式 $D=|a_{ij}|_3$ 的**次对角线元素**.

例 1.5 计算三阶行列式 $D=\begin{vmatrix} 1 & 2 & -4 \\ -2 & 2 & 1 \\ 3 & -4 & -2 \end{vmatrix}$.

解 由(1.3)式得

$$\begin{aligned} D &= \begin{vmatrix} 1 & 2 & -4 \\ -2 & 2 & 1 \\ 3 & -4 & -2 \end{vmatrix} \\ &=1\times\begin{vmatrix} 2 & 1 \\ -4 & -2 \end{vmatrix}-2\times\begin{vmatrix} -2 & 1 \\ 3 & -2 \end{vmatrix}+(-4)\times\begin{vmatrix} -2 & 2 \\ 3 & -4 \end{vmatrix} \\ &=1\times 0-2\times 1+(-4)\times 2=-10. \end{aligned}$$

或由(1.4)式得

$$\begin{aligned} D &= \begin{vmatrix} 1 & 2 & -4 \\ -2 & 2 & 1 \\ 3 & -4 & -2 \end{vmatrix} \\ &=1\times 2\times(-2)+2\times 1\times 3+(-4)\times(-2)\times(-4)-(-4)\times 2\times 3 \\ &\quad -2\times(-2)\times(-2)-1\times 1\times(-4)=-10. \end{aligned}$$ □

类似于例 1.4 的讨论,对于三元线性方程组

$$\begin{cases} a_{11}x_1+a_{12}x_2+a_{13}x_3=b_1, \\ a_{21}x_1+a_{22}x_2+a_{23}x_3=b_2, \\ a_{31}x_1+a_{32}x_2+a_{33}x_3=b_3, \end{cases} \tag{1.5}$$

有类似结论:

当方程组(1.5)的系数行列式 $D\neq 0$ 时,有唯一解. 其解为

$$x_1=\frac{D_1}{D}, \qquad x_2=\frac{D_2}{D}, \qquad x_3=\frac{D_3}{D}, \tag{1.6}$$

其中,

$$D=\begin{vmatrix} a_{11} & a_{12} & a_{13} \\ a_{21} & a_{22} & a_{23} \\ a_{31} & a_{32} & a_{33} \end{vmatrix}, \qquad D_1=\begin{vmatrix} b_1 & a_{12} & a_{13} \\ b_2 & a_{22} & a_{23} \\ b_3 & a_{32} & a_{33} \end{vmatrix},$$

$$D_2=\begin{vmatrix} a_{11} & b_1 & a_{13} \\ a_{21} & b_2 & a_{23} \\ a_{31} & b_3 & a_{33} \end{vmatrix}, \qquad D_3=\begin{vmatrix} a_{11} & a_{12} & b_1 \\ a_{21} & a_{22} & b_2 \\ a_{31} & a_{32} & b_3 \end{vmatrix}.$$

例 1.6　设三元线性方程组为

$$\begin{cases} x_1+2x_2-4x_3=1, \\ -2x_1+2x_2+x_3=0, \\ 3x_1-4x_2-2x_3=1. \end{cases}$$

试问:此方程组是否有唯一解?若有,求出其唯一解.

解　方程组的系数行列式

$$D=\begin{vmatrix} 1 & 2 & -4 \\ -2 & 2 & 1 \\ 3 & -4 & -2 \end{vmatrix}=-10\neq 0,$$

所以此方程组有唯一解,行列式

$$D_1=\begin{vmatrix} 1 & 2 & -4 \\ 0 & 2 & 1 \\ 1 & -4 & -2 \end{vmatrix}=10, \quad D_2=\begin{vmatrix} 1 & 1 & -4 \\ -2 & 0 & 1 \\ 3 & 1 & -2 \end{vmatrix}=6, \quad D_3=\begin{vmatrix} 1 & 2 & 1 \\ -2 & 2 & 0 \\ 3 & -4 & 1 \end{vmatrix}=8.$$

因此,由(1.6)式可得其唯一解为

$$x_1=\frac{D_1}{D}=-1, \qquad x_2=\frac{D_2}{D}=-\frac{3}{5}, \qquad x_3=\frac{D_3}{D}=-\frac{4}{5}.$$ □

1.1.2　n 阶排列的逆序数

我们将用 n 阶排列的逆序数给出 n 阶行列式的定义,因此先介绍 n 阶排列及其逆序数的概念.

在这里,n **阶排列**是指由 n 个有序的数($n\geqslant 2$)构成的排列.记作 $i_1,i_2,\cdots,i_n$,其中 $i_j(j=1,2,\cdots,n)$表示排列中的第 j 个数.易知,共有 $n!$ 个不同的 n 阶排列.

在 n 阶行列式定义中将要用到的是 $1,2,\cdots,n(n\geqslant 2)$这 n 个数构成的 n 阶排列.

定义 1.3　在一个 n 阶排列 $i_1,i_2,\cdots,i_n$ 中,按照在排列中的次序,任取其中的两个数,记作(i_j,i_k),其中 $j<k$,称为排列的一个**数对**.如果在数对(i_j,i_k)中 $i_j<i_k$,则称其为排列的一个**顺序**.如果在数对(i_j,i_k)中 $i_j>i_k$,则称其为排列的一个**逆序**.排列 $i_1,i_2,\cdots,i_n$ 中逆序的个数称为该排列的**逆序数**,记作

$$\tau(i_1,i_2,\cdots,i_n) \quad 或 \quad \tau(i_1i_2\cdots i_n).$$

易知，在一个 n 阶排列中，共有 $C_n^2=\dfrac{n(n-1)}{2}$ 个不同的数对. 若 $\tau(i_1,i_2,\cdots,i_n)$ 是偶数，则称排列 $i_1,i_2,\cdots,i_n$ 为**偶排列**，否则称其为**奇排列**.

例 1.7 试求以下排列的逆序数：

(1) 23541；　　(2) 32541；

(3) $12\cdots(n-1)n$；　　(4) $n(n-1)\cdots21$.

解 (1) 在排列 23541 中有逆序(2.1),(3.1),(5.4),(5.1),(4.1)，所以

$$\tau(23541)=5.$$

因此排列 23541 是奇排列.

(2) 在排列 32541 中有逆序(3.2),(3.1),(2.1),(5.4),(5.1),(4.1)，所以

$$\tau(32541)=6.$$

因此排列 32541 是偶排列.

(3) 在排列 $12\cdots(n-1)n$ 中没有逆序，所以

$$\tau(12\cdots(n-1)n)=0.$$

因此排列 $12\cdots(n-1)n$ 是偶排列. 常称其为**自然排列**.

(4) 在排列 $n(n-1)\cdots21$ 中的每一个数对都是逆序，所以

$$\tau(n(n-1)\cdots21)=C_n^2=\frac{n(n-1)}{2}.$$

可见，当 $n(n-1)\cdots21$ 为偶排列时，$n(n-1)$ 是 4 的倍数. 因此，当 $n=4k$ 或 $n=4k+1(k=1,2,\cdots)$ 时排列 $n(n-1)\cdots21$ 是偶排列，当 $n=4k+2$ 或 $n=4k+3(k=1,2,\cdots)$ 时排列 $n(n-1)\cdots21$ 是奇排列. □

在一个 n 阶排列中，交换其中某两个数的位置，而其余各数的位置保持不变，就得到了另一个排列. 对排列进行一次这种操作，称为对此排列作了一次**对换**. 在例 1.7 中，排列(2)就是排列(1)经一次对换得到的，它们的奇偶性是不同的. 一般我们有以下结论.

定理 1.1 对换改变排列的奇偶性. 即对奇排列作一次对换，所得的排列是偶排列，而对偶排列作一次对换，所得的排列是奇排列.

证 先考虑相邻两数的对换. 设排列为

$$i_1i_2\cdots i_sabj_1j_2\cdots j_t,$$

交换其中 a,b 两个数的位置，得排列

$$i_1i_2\cdots i_sbaj_1j_2\cdots j_t.$$

在这两个排列中，除了数对 (a,b) 与 (b,a) 以外，其他数对都是相同的. 所以当 $a<b$ 时，有

$$\tau(i_1i_2\cdots i_sbaj_1j_2\cdots j_t)=\tau(i_1i_2\cdots i_sabj_1j_2\cdots j_t)+1;$$

而当 $a>b$ 时有

$$\tau(i_1i_2\cdots i_sbaj_1j_2\cdots j_t)=\tau(i_1i_2\cdots i_sabj_1j_2\cdots j_t)-1;$$

因此它们的奇偶性是不同的.

再考虑不相邻两数的对换. 设排列为

$$i_1i_2\cdots i_sak_1k_2\cdots k_rbj_1j_2\cdots j_t, \tag{1.7}$$

交换其中 a,b 两个数的位置,得排列

$$i_1i_2\cdots i_sbk_1k_2\cdots k_raj_1j_2\cdots j_t, \tag{1.8}$$

其中 $r\geqslant 1$. 为了讨论它们的奇偶性,我们先在(1.7)式中将数 a 依次与其右边相邻的数作 r 次对换,得排列

$$i_1i_2\cdots i_sk_1k_2\cdots k_rabj_1j_2\cdots j_t.$$

然后,在所得的排列中,将数 b 依次与其左边相邻的数作 $r+1$ 次对换,得排列(1.8)式. 所以(1.8)式可视为由(1.7)式作了 $2r+1$ 次相邻两数的对换得到的. 由前面的讨论知,排列(1.8)的奇偶性是排列(1.7)改变了 $2r+1$ 次奇偶性得到的. 因此它们的奇偶性是不同的. □

推论 1.1　在 $n!$ 个不同的 n 阶排列中,奇偶排列各占一半.

证　假设在 $n!$ 个不同的 n 阶排列中,奇排列有 s 个,偶排列有 t 个. 我们对这 s 个奇排列作最左边两个数的对换,则所得的 s 个排列都是偶排列. 因此,偶排列至少有 s 个,故 $s\leqslant t$. 同理可得 $s\geqslant t$. 所以 $s=t$. 即奇偶排列各占一半. □

1.1.3　*n* 阶行列式的概念

在三阶行列式(1.4)式的展开式中可见,共有 $3!=6$ 项,其中每项由行列式 $|a_{ij}|_3$ 中 3 个数的乘积构成. 它们的行下标都是排列 123,而它们的列下标正好是 1,2,3 这 3 个数构成的所有不同的排列. 如果记 $\sum\limits_{(j_1j_2j_3)}$ 为对 1,2,3 这 3 个数构成的所有不同排列求和,则行列式(1.4)可表示为

$$|a_{ij}|_3=\begin{vmatrix} a_{11} & a_{12} & a_{13} \\ a_{21} & a_{22} & a_{23} \\ a_{31} & a_{32} & a_{33} \end{vmatrix}=\sum_{(j_1j_2j_3)}(-1)^{\tau(j_1j_2j_3)}a_{1j_1}a_{2j_2}a_{3j_3}.$$

一般地,定义 n 阶($n\geqslant 2$)行列式如下.

定义 1.4　由 n^2 个元素构成的 n 阶行列式为

$$|a_{ij}|_n=\begin{vmatrix} a_{11} & a_{12} & \cdots & a_{1n} \\ a_{21} & a_{22} & \cdots & a_{2n} \\ \vdots & \vdots & & \vdots \\ a_{n1} & a_{n2} & \cdots & a_{nn} \end{vmatrix}=\sum_{(j_1j_2\cdots j_n)}(-1)^{\tau(j_1j_2\cdots j_n)}a_{1j_1}a_{2j_2}\cdots a_{nj_n},$$

其中 $\sum\limits_{(j_1j_2\cdots j_n)}$ 是对 $1,2,\cdots,n$ 这 n 个数构成的所有不同排列的求和.

约定，一阶行列式就是1个元素，即式$|a_{11}|_1=a_{11}$.

由定义可见，n阶行列式的展开式共有$n!$项，各项的一般表达式为

$$(-1)^{\tau(j_1j_2\cdots j_n)}a_{1j_1}a_{2j_2}\cdots a_{nj_n}.$$

其由取自于行列式$|a_{ij}|_n$中第$1,2,\cdots,n$行和第$j_1,j_2,\cdots,j_n$列的n个元素相乘构成，它们分别属于$|a_{ij}|_n$不同的行和不同的列. 各项的正负号由其列下标的排列$j_1,j_2,\cdots,j_n$的奇偶性确定，即当$j_1,j_2,\cdots,j_n$为奇排列时，该项是负的. 否则该项是正的.

由推论1.1知，n阶行列式展开式共有$n!$项，正负项的项数是相同的，各有$\dfrac{n!}{2}$项.

例 1.8 试用定义计算行列式

$$D=|a_{ij}|_4=\begin{vmatrix}0&4&0&0\\0&-1&0&3\\2&5&0&8\\-2&3&1&6\end{vmatrix}.$$

解 由定义知，D的展开式共有24项. 其展开式中的一般项为

$$(-1)^{\tau(j_1j_2j_3j_4)}a_{1j_1}a_{2j_2}a_{3j_3}a_{4j_4},$$

其中元素a_{1j_1}取自D的第一行. 当$j_1\neq2$时$a_{1j_1}=0$，此时该项为零. 只有$j_1=2$时，$a_{1j}=a_{12}=4\neq0$. 故D的展开式中不为零的项必具有形式$(-1)^{\tau(2j_2j_3j_4)}a_{12}a_{2j_2}a_{3j_3}a_{4j_4}$，其中$j_2j_3j_4$是134的一个排列. 再看元素$a_{2j_2}$，它取自$D$的第二行，且$j_2\neq2$. 只有$j_2=4$时，$a_{2j_2}=a_{24}=3\neq0$. 因此$D$的展开式中不为零的项必具有形式$(-1)^{\tau(24j_3j_4)}a_{12}a_{24}a_{3j_3}a_{4j_4}$，其中$j_3j_4$是13的排列. 依次可知，$D$的展开式中不为零的项只有一项

$$(-1)^{\tau(2413)}a_{12}a_{24}a_{31}a_{43}=(-1)^3\times4\times3\times2\times1=-24,$$

所以$D=-24$. □

例 1.9 试用定义计算n阶行列式

$$D=\begin{vmatrix}a_{11}&a_{12}&\cdots&a_{1,n-1}&a_{1n}\\0&a_{22}&\cdots&a_{2,n-1}&a_{2n}\\\vdots&\vdots&&\vdots&\vdots\\0&0&\cdots&a_{n-1,n-1}&a_{n-1,n}\\0&0&\cdots&0&a_{nn}\end{vmatrix}.$$

解 在这个行列式中，当$i>j$时，有$a_{ij}=0$. 即D主对角线下方的元素都为零. 称这种行列式为**上三角行列式**.

由行列式的定义知，D的展开式共有$n!$项. 其展开式中的一般项为

$$(-1)^{\tau(j_1j_2\cdots j_{n-1}j_n)}a_{1j_1}a_{2j_2}\cdots a_{n-1,j_{n-1}}a_{nj_n},$$

其中元素 a_{nj_n} 取自 D 的第 n 行. 当 $j_n<n$ 时 $a_{nj_n}=0$,此时该项为零. 因此在其余的项中必有 $a_{nj_n}=a_{nn}$. 而元素 $a_{n-1,j_{n-1}}$ 取自 D 的第 $n-1$ 行,在 D 的展开式里含 a_{nn} 的项中 $j_{n-1}\neq n$,而当 $j_{n-1}<n-1$ 时 $a_{n-1,j_{n-1}}=0$,此时该项为零. 因此在其余项中必有 $a_{n-1,j_{n-1}}=a_{n-1,n-1}$. 依次可知,在 D 的展开式中,除了

$$(-1)^{\tau(12\cdots(n-1)n)}a_{11}a_{22}\cdots a_{n-1,n-1}a_{nn}=a_{11}a_{22}\cdots a_{n-1,n-1}a_{nn}$$

外,其余各项都为零,所以

$$D=a_{11}a_{22}\cdots a_{n-1,n-1}a_{nn}.$$ □

由例 1.9 可得,上三角形行列式等于其主对角线上 n 个元素的乘积. 例如

$$\begin{vmatrix} 1 & -1 & 0 & 4 \\ 0 & 2 & 3 & 0 \\ 0 & 0 & 3 & 8 \\ 0 & 0 & 0 & 4 \end{vmatrix}=1\times2\times3\times4=24.$$

如果在 n 阶行列式 $D=|a_{ij}|_n$ 中,当 $i<j$ 时,有 $a_{ij}=0$,即 D 主对角线上方的元素都为零,称这种行列式为**下三角行列式**. 如果在 n 阶行列式 $D=|a_{ij}|_n$ 中,当 $i\neq j$ 时,有 $a_{ij}=0$,即 D 中除了主对角线上的元素以外,其余元素都为零,称这种行列式为**对角行列式**. 不难推得,下三角行列式和对角行列式也都等于其主对角线上 n 个元素的乘积,即

$$\begin{vmatrix} a_{11} & 0 & \cdots & 0 & 0 \\ a_{21} & a_{22} & \cdots & 0 & 0 \\ \vdots & \vdots & & \vdots & \vdots \\ a_{n-1,1} & a_{n-1,2} & \cdots & a_{n-1,n-1} & 0 \\ a_{n1} & a_{n2} & \cdots & a_{n,n-1} & a_{nn} \end{vmatrix}=a_{11}a_{22}\cdots a_{n-1,n-1}a_{nn}.$$

$$\begin{vmatrix} a_{11} & 0 & \cdots & 0 & 0 \\ 0 & a_{22} & \cdots & 0 & 0 \\ \vdots & \vdots & & \vdots & \vdots \\ 0 & 0 & \cdots & a_{n-1,n-1} & 0 \\ 0 & 0 & \cdots & 0 & a_{nn} \end{vmatrix}=a_{11}a_{22}\cdots a_{n-1,n-1}a_{nn}.$$

例 1.10　计算 n 阶行列式

$$D=\begin{vmatrix} 0 & 0 & \cdots & 0 & a_{1n} \\ 0 & 0 & \cdots & a_{2,n-1} & a_{2n} \\ \vdots & \vdots & & \vdots & \vdots \\ 0 & a_{n-1,2} & \cdots & a_{n-1,n-1} & a_{n-1,n} \\ a_{n1} & a_{n2} & \cdots & a_{n,n-1} & a_{nn} \end{vmatrix}.$$

解　这种行列式不同于下三角行列式,其在次对角线上方的元素都为零. 由行

列式的定义并仿照例 1.9 的讨论方法可知,D 的展开式的一般项为

$$(-1)^{\tau(j_1j_2\cdots j_{n-1}j_n)}a_{1j_1}a_{2j_2}\cdots a_{n-1,j_{n-1}}a_{nj_n}.$$

除了

$$(-1)^{\tau(n(n-1)\cdots 21)}a_{1n}a_{2,n-1}\cdots a_{n-1,2}a_{n1}=(-1)^{\frac{n(n-1)}{2}}a_{1n}a_{2,n-1}\cdots a_{n-1,2}a_{n1}$$

外,其余的各项都为零,所以

$$D=(-1)^{\frac{n(n-1)}{2}}a_{1n}a_{2,n-1}\cdots a_{n-1,2}a_{n1}.$$ □

例如

$$\begin{vmatrix}0&0&0&1\\0&0&3&9\\0&5&2&0\\7&-2&0&1\end{vmatrix}=(-1)^{\frac{4\times3}{2}}\times1\times3\times5\times7=105.$$

同理可得

$$\begin{vmatrix}a_{11}&a_{12}&\cdots&a_{1,n-1}&a_{1n}\\a_{21}&a_{22}&\cdots&a_{2,n-1}&0\\\vdots&\vdots&&\vdots&\vdots\\a_{n-1,1}&a_{n-1,2}&\cdots&0&0\\a_{n1}&0&\cdots&0&0\end{vmatrix}=(-1)^{\frac{n(n-1)}{2}}a_{1n}a_{2,n-1}\cdots a_{n-1,2}a_{n1}.$$

$$\begin{vmatrix}0&0&\cdots&0&a_{1n}\\0&0&\cdots&a_{2,n-1}&0\\\vdots&\vdots&&\vdots&\vdots\\0&a_{n-1,2}&\cdots&0&0\\a_{n1}&0&\cdots&0&0\end{vmatrix}=(-1)^{\frac{n(n-1)}{2}}a_{1n}a_{2,n-1}\cdots a_{n-1,2}a_{n1}.$$

由定理 1.1 我们还可以得到以下推论.

推论 1.2 在 n 阶行列式的展开式中,其一般项可以表示为

$$(-1)^{\tau(i_1i_2\cdots i_n)+\tau(k_1k_2\cdots k_n)}a_{i_1k_1}a_{i_2k_2}\cdots a_{i_nk_n},$$

其中 $i_1i_2\cdots i_n$ 与 $k_1k_2\cdots k_n$ 是数 $1,2,\cdots,n$ 的某个排列.

这是因为 $\tau(123\cdots n)=0$,n 阶行列式展开式中的一般项可以表示为

$$(-1)^{\tau(j_1j_2j_3\cdots j_n)}a_{1j_1}a_{2j_2}a_{3j_3}\cdots a_{nj_n}=(-1)^{\tau(123\cdots n)+\tau(j_1j_2j_3\cdots j_n)}a_{1j_1}a_{2j_2}a_{3j_3}\cdots a_{nj_n}.$$

当我们交换其中元素 a_{1j_1} 与 a_{2j_2} 的位置时,由于交换排列中任意两个数的位置将改变排列的奇偶性,所以逆序 $\tau(123\cdots n)+\tau(j_1j_2j_3\cdots j_5)$ 与 $\tau(213\cdots n)+\tau(j_2j_1j_3\cdots j_5)$ 的奇偶性相同. 所以

$$\begin{aligned}&(-1)^{\tau(j_1j_2j_3\cdots j_n)}a_{1j_1}a_{2j_2}a_{3j_3}\cdots a_{nj_n}\\=&(-1)^{\tau(123\cdots n)+\tau(j_1j_2j_3\cdots j_n)}a_{1j_1}a_{2j_2}a_{3j_3}\cdots a_{nj_n}\\=&(-1)^{\tau(213\cdots n)+\tau(j_2j_1j_3\cdots j_n)}a_{2j_2}a_{1j_1}a_{3j_3}\cdots a_{nj_n}.\end{aligned}$$

类似地，当我们若干次交换一般项中元素的位置，使得它们的行下标为 $i_1i_2\cdots i_n$ 时，其列下标是某个排列 $k_1k_2\cdots k_n$，此时就有

$$(-1)^{\tau(j_1j_2j_3\cdots j_n)}a_{1j_1}a_{2j_2}a_{3j_3}\cdots a_{nj_n}=(-1)^{\tau(i_1i_2\cdots i_n)+\tau(k_1k_2\cdots k_n)}a_{i_1k_1}a_{i_2k_2}\cdots a_{i_nk_n}.$$

利用推论 1.2，我们可以得到 n 阶行列式展开式的其他表示形式.

推论 1.3　行列式 $D=|a_{ij}|_n$ 的展开式中，如果每项的行下标都取为排列 $i_1i_2\cdots i_n$，则

$$D=|a_{ij}|_n=(-1)^{\tau(i_1i_2\cdots i_n)}\sum_{(k_1k_2\cdots k_n)}(-1)^{\tau(k_1k_2\cdots k_n)}a_{i_1k_1}a_{i_2k_2}\cdots a_{i_nk_n}.$$

证　由推论 1.2 知，在 $D=|a_{ij}|_n$ 的展开式中，一般项可表示为

$$(-1)^{\tau(i_1i_2\cdots i_n)+\tau(k_1k_2\cdots k_n)}a_{i_1k_1}a_{i_2k_2}\cdots a_{i_nk_n}.$$

因为展开式有 $n!$ 项，其中各项的行下标都是 $i_1i_2\cdots i_n$，各项的列下标 $k_1k_2\cdots k_n$ 是 $n!$ 个不同的排列. 又逆序 $\tau(i_1i_2\cdots i_n)$ 是一个常数，因此

$$\begin{aligned}D=|a_{ij}|_n&=\sum_{(k_1k_2\cdots k_n)}(-1)^{\tau(i_1i_2\cdots i_n)+\tau(k_1k_2\cdots k_n)}a_{i_1k_1}a_{i_2k_2}\cdots a_{i_nk_n}\\&=(-1)^{\tau(i_1i_2\cdots i_n)}\sum_{(k_1k_2\cdots k_n)}(-1)^{\tau(k_1k_2\cdots k_n)}a_{i_1k_1}a_{i_2k_2}\cdots a_{i_nk_n}.\end{aligned}$$ □

同理可得如下推论.

推论 1.4　行列式 $D=|a_{ij}|_n$ 的展开式中，如果每项的列下标都取为排列 $k_1k_2\cdots k_n$，则

$$D=|a_{ij}|_n=(-1)^{\tau(k_1k_2\cdots k_n)}\sum_{(i_1i_2\cdots i_n)}(-1)^{\tau(i_1i_2\cdots i_n)}a_{i_1k_1}a_{i_2k_2}\cdots a_{i_nk_n}.$$

特别地，当 $D=|a_{ij}|_n$ 的展开式中，每项的列下标都取为排列 $12\cdots n$ 时，因为逆序 $\tau(123\cdots n)=0$，所以有以下推论.

推论 1.5　行列式 $D=|a_{ij}|_n$ 的展开式中，如果每项的列下标都取为排列 $12\cdots n$，则

$$D=|a_{ij}|_n=\sum_{(i_1i_2\cdots i_n)}(-1)^{\tau(i_1i_2\cdots i_n)}a_{i_11}a_{i_22}\cdots a_{i_nn}.$$

1.2　行列式的性质

由 n 阶行列式的定义可知，当 n 较大时，除了一些特殊的行列式(如三角形的行列式)以外，一般用定义求行列式值的计算量很大. 本节介绍行列式的基本性质，它们不仅可以简化行列式的计算，而且在行列式理论的研究中也很重要.

定义 1.5　设 n 阶行列式为 $D=|a_{ij}|_n$，称行列式 $|a_{ji}|_n$ 为 D 的**转置行列式**. 记作 D^{T}，即 $D^{\mathrm{T}}=|a_{ji}|_n$.

由定义可见，D 的转置行列式就是将 D 中的行与列互换所得的行列式. 如

$$D=|a_{ij}|_n=\begin{vmatrix} a_{11} & a_{12} & \cdots & a_{1n} \\ a_{21} & a_{22} & \cdots & a_{2n} \\ \vdots & \vdots & & \vdots \\ a_{n1} & a_{n2} & \cdots & a_{nn} \end{vmatrix},$$

则

$$D^{\mathrm{T}}=|a_{ji}|_n=\begin{vmatrix} a_{11} & a_{21} & \cdots & a_{n1} \\ a_{12} & a_{22} & \cdots & a_{n2} \\ \vdots & \vdots & & \vdots \\ a_{1n} & a_{2n} & \cdots & a_{nn} \end{vmatrix}.$$

性质 1 行列式中的行列互换,其值不变,即 $D^{\mathrm{T}}=D$.

证 设行列式 $D^{\mathrm{T}}=|b_{ij}|_n$,即 $b_{ij}=a_{ji}$. 将 D^{T} 的列下标都取为排列 $12\cdots n$ 展开,则由推论 1.5 得

$$D^{\mathrm{T}}=|b_{ij}|_n=\sum_{(i_1 i_2\cdots i_n)}(-1)^{\tau(i_1 i_2\cdots i_n)}b_{i_1 1}b_{i_2 2}\cdots b_{i_n n}=\sum_{(i_1 i_2\cdots i_n)}(-1)^{\tau(i_1 i_2\cdots i_n)}a_{1i_1}a_{2i_2}\cdots a_{ni_n}.$$

而由定义 1.4,知

$$D=|a_{ij}|_n=\sum_{(i_1 i_2\cdots i_n)}(-1)^{\tau(i_1 i_2\cdots i_n)}a_{1i_1}a_{2i_2}\cdots a_{ni_n}.$$

所以有 $D^{\mathrm{T}}=D$. □

性质 1 告诉我们,在 n 阶行列式中,行列式的行与列互换所得的结果是相同的,所以行列式关于行的性质同样适用于行列式的列. 因此下面仅讨论行列式关于其行的性质.

性质 2 交换行列式 D 中任意两行对应元素的位置①(简称**交换 D 的任意两行**)得行列式 D_1,则 $D_1=-D$. 即若设 $i\neq k$,且

$$D=\begin{vmatrix} a_{11} & a_{12} & \cdots & a_{1n} \\ \vdots & \vdots & & \vdots \\ a_{i1} & a_{i2} & \cdots & a_{in} \\ \vdots & \vdots & & \vdots \\ a_{k1} & a_{k2} & \cdots & a_{kn} \\ \vdots & \vdots & & \vdots \\ a_{n1} & a_{n2} & \cdots & a_{nn} \end{vmatrix},\quad D_1=\begin{vmatrix} a_{11} & a_{12} & \cdots & a_{1n} \\ \vdots & \vdots & & \vdots \\ a_{k1} & a_{k2} & \cdots & a_{kn} \\ \vdots & \vdots & & \vdots \\ a_{i1} & a_{i2} & \cdots & a_{in} \\ \vdots & \vdots & & \vdots \\ a_{n1} & a_{n2} & \cdots & a_{nn} \end{vmatrix},$$

则有 $D_1=-D$.

证 不妨设 $i<k$,将 D_1 的展开式中,行下标都取为排列

① 两行对应元素指两行中列标相同的两个元素. 类似地,两列的对应元素指两列中行标相同的两个元素.

$$12\cdots(i-1)k(i+1)\cdots(k-1)i(k+1)\cdots n,$$

注意到 D_1 第 i 行的行下标是 k，而第 k 行的行下标是 i. 由推论 1.3 得

$$D_1=(-1)^{\tau(12\cdots k\cdots i\cdots n)}\sum_{(j_1j_2\cdots j_i\cdots j_k\cdots j_n)}(-1)^{\tau(j_1j_2\cdots j_i\cdots j_k\cdots j_n)}a_{1j_1}a_{2j_2}\cdots a_{ij_i}\cdots a_{kj_k}\cdots a_{nj_n}.$$

因为排列

$$12\cdots(i-1)k(i+1)\cdots(k-1)i(k+1)\cdots n$$

与排列

$$12\cdots(i-1)i(i+1)\cdots(k-1)k(k+1)\cdots n$$

的奇偶性不同，$(-1)^{\tau(12\cdots(i-1)k(i+1)\cdots(k-1)i(k+1)\cdots n)}=-1$. 又

$$\sum_{(j_1j_2\cdots j_i\cdots j_k\cdots j_n)}(-1)^{\tau(j_1j_2\cdots j_i\cdots j_k\cdots j_n)}a_{1j_1}a_{2j_2}\cdots a_{ij_i}\cdots a_{kj_k}\cdots a_{nj_n}=|a_{ij}|_n=D.$$

所以有 $D_1=-D$. □

特别地，当行列式 D 中有两行对应的元素相同(简称 D 中有**两行相同**)时，我们交换这两行的位置，得 $D=-D$. 所以有以下推论.

推论 1.6　若行列式 D 中有两行相同，则 $D=0$.

性质 3　若行列式 $D=|a_{ij}|_n$ 的某一行的所有元素都乘以因子 k 所得的行列式为 D_1，则 $D_1=kD$. 即若 D 的第 i 行元素($1\leqslant i\leqslant n$)都乘以因子 k 得 D_1，则

$$D_1=\begin{vmatrix}a_{11}&a_{12}&\cdots&a_{1n}\\ \vdots&\vdots&&\vdots\\ ka_{i1}&ka_{i2}&\cdots&ka_{in}\\ \vdots&\vdots&&\vdots\\ a_{n1}&a_{n2}&\cdots&a_{nn}\end{vmatrix}=kD=k\begin{vmatrix}a_{11}&a_{12}&\cdots&a_{1n}\\ \vdots&\vdots&&\vdots\\ a_{i1}&a_{i2}&\cdots&a_{in}\\ \vdots&\vdots&&\vdots\\ a_{n1}&a_{n2}&\cdots&a_{nn}\end{vmatrix}.$$

证　由定义 1.4 得，

$$\begin{aligned}D_1&=\sum_{(j_1j_2\cdots j_n)}(-1)^{\tau(j_1j_2\cdots j_n)}a_{1j_1}a_{2j_2}\cdots(ka_{ij_i})\cdots a_{nj_n}\\&=k\sum_{(j_1j_2\cdots j_n)}(-1)^{\tau(j_1j_2\cdots j_n)}a_{1j_1}a_{2j_2}\cdots a_{ij_i}\cdots a_{nj_n}\\&=kD.\end{aligned}$$

□

由性质 3 易得以下推论.

推论 1.7　设 D 为 n 阶行列式，则有

(1) 若 D 的某一行的所有元素为零(此行简称为**零行**)，则 $D=0$；

(2) 若 D 中有两行元素分别对应成比例(简称**两行成比例**)，则 $D=0$.

性质 4　如果行列式某行的各元素都是两个元素的和，则这个行列式等于两个行列式之和，这两个行列式分别以这两个元素为所在行对应位置的元素，其他元素与 D 相同. 即若行列式 D 的第 i 行元素($1\leqslant i\leqslant n$)为 $a_{ij}+b_{ij}$($1\leqslant j\leqslant n$)，则有

$$D=\begin{vmatrix} a_{11} & a_{12} & \cdots & a_{1n} \\ \vdots & \vdots & & \vdots \\ a_{i1}+b_{i1} & a_{i2}+b_{i2} & \cdots & a_{in}+b_{in} \\ \vdots & \vdots & & \vdots \\ a_{n1} & a_{n2} & \cdots & a_{nn} \end{vmatrix}$$

$$=\begin{vmatrix} a_{11} & a_{12} & \cdots & a_{1n} \\ \vdots & \vdots & & \vdots \\ a_{i1} & a_{i2} & \cdots & a_{in} \\ \vdots & \vdots & & \vdots \\ a_{n1} & a_{n2} & \cdots & a_{nn} \end{vmatrix}+\begin{vmatrix} a_{11} & a_{12} & \cdots & a_{1n} \\ \vdots & \vdots & & \vdots \\ b_{i1} & b_{i2} & \cdots & b_{in} \\ \vdots & \vdots & & \vdots \\ a_{n1} & a_{n2} & \cdots & a_{nn} \end{vmatrix}.$$

请读者注意:一般的情况下,行列式$|a_{ij}+b_{ij}|_n\neq|a_{ij}|_n+|b_{ij}|_n$. 例如

$$D=|a_{ij}+b_{ij}|_2=\begin{vmatrix} a_{11}+b_{11} & a_{12}+b_{12} \\ a_{21}+b_{21} & a_{22}+b_{22} \end{vmatrix}$$

$$=\begin{vmatrix} a_{11} & a_{12} \\ a_{21}+b_{21} & a_{22}+b_{22} \end{vmatrix}+\begin{vmatrix} b_{11} & b_{12} \\ a_{21}+b_{21} & a_{22}+b_{22} \end{vmatrix}$$

$$=\begin{vmatrix} a_{11} & a_{12} \\ a_{21} & a_{22} \end{vmatrix}+\begin{vmatrix} a_{11} & a_{12} \\ b_{21} & b_{22} \end{vmatrix}+\begin{vmatrix} b_{11} & b_{12} \\ a_{21} & a_{22} \end{vmatrix}+\begin{vmatrix} b_{11} & b_{12} \\ b_{21} & b_{22} \end{vmatrix}.$$

性质 5 行列式 $D=|a_{ij}|_n$ 某行的各元素乘以同一个因子后,分别加到 D 另一行对应元素上得行列式 D_1,则 $D_1=D$. 即若设 D 的第 i 行各元素同乘以因子 c 后,加到其第 k 行($1\leqslant i,k\leqslant n,i\neq k$)的对应元素上(简称**第 i 行乘以 c 加到第 k 行**),得

$$D_1=\begin{vmatrix} a_{11} & a_{12} & \cdots & a_{1n} \\ \vdots & \vdots & & \vdots \\ a_{i1} & a_{i2} & \cdots & a_{in} \\ \vdots & \vdots & & \vdots \\ a_{k1}+ca_{i1} & a_{k2}+ca_{i2} & \cdots & a_{kn}+ca_{in} \\ \vdots & \vdots & & \vdots \\ a_{n1} & a_{n2} & \cdots & a_{nn} \end{vmatrix}.$$

则有 $D_1=D$.

性质 4 可以由定义 1.4 得到,性质 5 可由性质 4 及推论 1.6 得到. 它们的证明留给读者完成.

例 1.11 计算四阶行列式

$$D=\begin{vmatrix} 0 & -1 & -1 & 2 \\ 1 & -1 & 0 & 2 \\ -1 & 2 & -1 & 0 \\ 2 & 1 & 1 & 0 \end{vmatrix}.$$

解　我们用行列式的性质先将 D 化为三角形行列式，然后利用例 1.9 的结论计算. 为此，先交换 D 的第一行和第二行，得

$$D \xlongequal{r_1 \leftrightarrow r_2 ①} (-1)\begin{vmatrix} 1 & -1 & 0 & 2 \\ 0 & -1 & -1 & 2 \\ -1 & 2 & -1 & 0 \\ 2 & 1 & 1 & 0 \end{vmatrix}.$$

然后将第一行乘以 1，加到第三行上，再将第一行乘以 −2 加到第四行上，得

$$D \xlongequal[r_4+(-2)r_1 \to r_4]{r_3+1r_1 \to r_3} (-1)\begin{vmatrix} 1 & -1 & 0 & 2 \\ 0 & -1 & -1 & 2 \\ 0 & 1 & -1 & 2 \\ 0 & 3 & 1 & -4 \end{vmatrix}.$$

类似地，有

$$D \xlongequal[r_4+3r_2 \to r_4]{r_3+1r_2 \to r_3} (-1)\begin{vmatrix} 1 & -1 & 0 & 2 \\ 0 & -1 & -1 & 2 \\ 0 & 0 & -2 & 4 \\ 0 & 0 & -2 & 2 \end{vmatrix}$$

$$\xlongequal{r_4+(-1)r_3 \to r_4} (-1)\begin{vmatrix} 1 & -1 & 0 & 2 \\ 0 & -1 & -1 & 2 \\ 0 & 0 & -2 & 4 \\ 0 & 0 & 0 & -2 \end{vmatrix}$$

$$=(-1)\times 1\times(-1)\times(-2)\times(-2)=4.$$ □

利用行列式的性质，将行列式化为上(下)三角行列式，然后由例 1.9 的结论直接得到结果是计算行列式的一个常用方法，常称这种方法为计算行列式的**化三角法**.

定义 1.6　在 n 阶行列式 $D=|a_{ij}|_n$ 中去掉元素 a_{ij} 所在的第 i 行和第 j 列后，余下的 $(n-1)^2$ 个元素按原位置构成的 $n-1$ 阶行列式称为 D 中元素 a_{ij} 的**余子式**，记作 M_{ij}. 即

---

① 交换第 i 行与第 j 行，记为 $r_i \leftrightarrow r_j$；第 i 行各元素乘以数 k，记为 $kr_i \leftrightarrow r_i$；第 i 行各元素乘以数 k 加到第 j 行对应元素上去，记为 $r_j+kr_i \to r_j$. 对列的操作也用类似的记号，只是将 r 换为 c.

$$M_{ij}=\begin{vmatrix} a_{11} & \cdots & a_{1,j-1} & a_{1,j+1} & \cdots & a_{1n} \\ \vdots & & \vdots & \vdots & & \vdots \\ a_{i-1,1} & \cdots & a_{i-1,j-1} & a_{i-1,j+1} & \cdots & a_{i-1,n} \\ a_{i+1,1} & \cdots & a_{i+1,j-1} & a_{i+1,j+1} & \cdots & a_{i+1,n} \\ \vdots & & \vdots & \vdots & & \vdots \\ a_{n1} & \cdots & a_{n,j-1} & a_{n,j+1} & \cdots & a_{nn} \end{vmatrix},$$

其中 $i,j=1,2,\cdots,n$. 称 $n-1$ 阶行列式 $(-1)^{i+j}M_{ij}$ 为 D 中元素 a_{ij} 的**代数余子式**，记作 A_{ij}. 即 $A_{ij}=(-1)^{i+j}M_{ij}$.

例 1.12 写出以下四阶行列式第二行元素的余子式和代数余子式

$$D=\begin{vmatrix} 0 & -1 & -1 & 2 \\ 1 & -1 & 0 & 2 \\ -1 & 2 & -1 & 0 \\ 2 & 1 & 1 & 0 \end{vmatrix}.$$

解 D 的第二行元素的余子式分别为

$$M_{21}=\begin{vmatrix} -1 & -1 & 2 \\ 2 & -1 & 0 \\ 1 & 1 & 0 \end{vmatrix}=6,\qquad M_{22}=\begin{vmatrix} 0 & -1 & 2 \\ -1 & -1 & 0 \\ 2 & 1 & 0 \end{vmatrix}=2,$$

$$M_{23}=\begin{vmatrix} 0 & -1 & 2 \\ -1 & 2 & 0 \\ 2 & 1 & 0 \end{vmatrix}=-10,\qquad M_{24}=\begin{vmatrix} 0 & -1 & -1 \\ -1 & 2 & -1 \\ 2 & 1 & 1 \end{vmatrix}=6.$$

第二行元素的代数余子式分别为

$$A_{21}=(-1)^{2+1}M_{21}=-6,\qquad A_{22}=(-1)^{2+2}M_{22}=2,$$

$$A_{23}=(-1)^{2+3}M_{23}=10,\qquad A_{24}=(-1)^{2+4}M_{24}=6.$$ □

性质 6 n 阶行列式 $D=|a_{ij}|_n$ 等于 D 内任一行的各元素与其对应的代数余子式乘积的和. 即

$$D=a_{i1}A_{i1}+a_{i2}A_{i2}+\cdots+a_{in}A_{in}=\sum_{k=1}^{n}a_{ik}A_{ik}\quad(1\leqslant i\leqslant n). \tag{1.9}$$

常称(1.9)式为 D 按第 i 行的展开式.

证 我们分三步来证明性质 6.

(1) 先证明

$$\begin{vmatrix} a_{11} & a_{12} & \cdots & a_{1,n-1} & a_{1n} \\ a_{21} & a_{22} & \cdots & a_{2,n-1} & a_{2n} \\ \vdots & \vdots & & \vdots & \vdots \\ a_{n-1,1} & a_{n-1,2} & \cdots & a_{n-1,n-1} & a_{n-1,n} \\ 0 & 0 & \cdots & 0 & 1 \end{vmatrix}=\begin{vmatrix} a_{11} & a_{12} & \cdots & a_{1,n-1} \\ a_{21} & a_{22} & \cdots & a_{2,n-1} \\ \vdots & \vdots & & \vdots \\ a_{n-1,1} & a_{n-1,2} & \cdots & a_{n-1,n-1} \end{vmatrix}.$$

由定义 1.4 知

$$\text{左端} = \sum_{(j_1 j_2 \cdots j_n)} (-1)^{\tau(j_1 j_2 \cdots j_n)} a_{1j_1} a_{2j_2} \cdots a_{n-1,j_{n-1}} a_{nj_n}.$$

因为当 $j_n \neq n$ 时，$a_{nj_n}=0$，当 $j_n=n$ 时，$a_{nj_n}=1$. 而逆序

$$\tau(j_1 j_2 \cdots j_{n-1} n)=\tau(j_1 j_2 \cdots j_{n-1}).$$

所以

$$\begin{aligned}\text{左端} &= \sum_{(j_1 j_2 \cdots j_{n-1} n)} (-1)^{\tau(j_1 j_2 \cdots j_{n-1} n)} a_{1j_1} a_{2j_2} \cdots a_{n-1,j_{n-1}} \\ &= \sum_{(j_1 j_2 \cdots j_{n-1})} (-1)^{\tau(j_1 j_2 \cdots j_{n-1})} a_{1j_1} a_{2j_2} \cdots a_{n-1,j_{n-1}} \\ &= \text{右端}.\end{aligned}$$

(2) 证明

$$\begin{vmatrix} a_{11} & \cdots & a_{1,j-1} & a_{1,j} & a_{1,j+1} & \cdots & a_{1n} \\ \vdots & & \vdots & \vdots & \vdots & & \vdots \\ a_{i-1,1} & \cdots & a_{i-1,j-1} & a_{i-1,j} & a_{i,j+1} & \cdots & a_{in} \\ 0 & \cdots & 0 & 1 & 0 & \cdots & 0 \\ a_{i+1,1} & \cdots & a_{i+1,j-1} & a_{i+1,j} & a_{i+1,j+1} & \cdots & a_{i+1,n} \\ \vdots & & \vdots & \vdots & \vdots & & \vdots \\ a_{n1} & \cdots & a_{n,j-1} & a_{nj} & a_{n,j+1} & \cdots & a_{nn} \end{vmatrix} = A_{ij}, \tag{1.10}$$

其中 A_{ij} 是行列式 $D=|a_{ij}|_n$ 中元素 a_{ij} 的代数余子式.

将(1.10)式左端的第 i 行依次与其第 $i+1, i+2, \cdots, n-1, n$ 行交换(共交换 $n-i$ 次)，再将所得行列式的第 j 列依次与其第 $j+1, j+2, \cdots, n-1, n$ 列交换(共交换 $n-j$ 次). 然后据(1)的结果，并注意到 $(-1)^{(n-i)+(n-j)}=(-1)^{i+j}$. 得

$$\text{左端}=(-1)^{(n-i)+(n-j)} \begin{vmatrix} a_{11} & \cdots & a_{1,j-1} & a_{1,j+1} & \cdots & a_{1n} & a_{1j} \\ \vdots & & \vdots & \vdots & & \vdots & \vdots \\ a_{i-1,1} & \cdots & a_{i-1,j-1} & a_{i-1,j+1} & \cdots & a_{in} & a_{ij} \\ a_{i+1,1} & \cdots & a_{i+1,j-1} & a_{i+1,j+1} & \cdots & a_{i+1,n} & a_{i+1,j} \\ \vdots & & \vdots & \vdots & & \vdots & \vdots \\ a_{n1} & \cdots & a_{n,j-1} & a_{n,j+1} & \cdots & a_{nn} & a_{nj} \\ 0 & \cdots & 0 & 0 & \cdots & 0 & 1 \end{vmatrix}$$

$$=(-1)^{i+j} \begin{vmatrix} a_{11} & \cdots & a_{1,j-1} & a_{1,j+1} & \cdots & a_{1n} \\ \vdots & & \vdots & \vdots & & \vdots \\ a_{i-1,1} & \cdots & a_{i-1,j-1} & a_{i-1,j+1} & \cdots & a_{i-1,n} \\ a_{i+1,1} & \cdots & a_{i+1,j-1} & a_{i+1,j+1} & \cdots & a_{i+1,n} \\ \vdots & & \vdots & \vdots & & \vdots \\ a_{n1} & \cdots & a_{n,j-1} & a_{n,j+1} & \cdots & a_{nn} \end{vmatrix} = A_{ij}.$$

(3) 证明(1.9)式. 为此先将 $D=|a_{ij}|_n$ 记为

$$D=\begin{vmatrix} a_{11} & a_{12} & \cdots & a_{1n} \\ \vdots & \vdots & & \vdots \\ a_{i1}+0+\cdots+0 & 0+a_{i2}+\cdots+0 & \cdots & 0+\cdots 0+a_{in} \\ \vdots & \vdots & & \vdots \\ a_{n1} & a_{n2} & \cdots & a_{nn} \end{vmatrix}.$$

由性质 4,得

$$D=\begin{vmatrix} a_{11} & a_{12} & \cdots & a_{1n} \\ \vdots & \vdots & & \vdots \\ a_{i1} & 0 & \cdots & 0 \\ \vdots & \vdots & & \vdots \\ a_{n1} & a_{n2} & \cdots & a_{nn} \end{vmatrix}+\begin{vmatrix} a_{11} & a_{12} & \cdots & a_{1n} \\ \vdots & \vdots & & \vdots \\ 0 & a_{i2} & \cdots & 0 \\ \vdots & \vdots & & \vdots \\ a_{n1} & a_{n2} & \cdots & a_{nn} \end{vmatrix}+\cdots+\begin{vmatrix} a_{11} & a_{12} & \cdots & a_{1n} \\ \vdots & \vdots & & \vdots \\ 0 & 0 & \cdots & a_{in} \\ \vdots & \vdots & & \vdots \\ a_{n1} & a_{n2} & \cdots & a_{nn} \end{vmatrix}.$$

又由性质 3 知,上式等于

$$a_{i1}\begin{vmatrix} a_{11} & a_{12} & \cdots & a_{1n} \\ \vdots & \vdots & & \vdots \\ 1 & 0 & \cdots & 0 \\ \vdots & \vdots & & \vdots \\ a_{n1} & a_{n2} & \cdots & a_{nn} \end{vmatrix}+a_{i2}\begin{vmatrix} a_{11} & a_{12} & \cdots & a_{1n} \\ \vdots & \vdots & & \vdots \\ 0 & 1 & \cdots & 0 \\ \vdots & \vdots & & \vdots \\ a_{n1} & a_{n2} & \cdots & a_{nn} \end{vmatrix}+\cdots+a_{in}\begin{vmatrix} a_{11} & a_{12} & \cdots & a_{1n} \\ \vdots & \vdots & & \vdots \\ 0 & 0 & \cdots & 1 \\ \vdots & \vdots & & \vdots \\ a_{n1} & a_{n2} & \cdots & a_{nn} \end{vmatrix}.$$

然后利用(1.10)式,即可得

$$D=a_{i1}A_{i1}+a_{i2}A_{i2}+\cdots+a_{in}A_{in}=\sum_{k=1}^{n}a_{ik}A_{ik}.$$ □

例 1.13 利用性质 6,计算四阶行列式

$$D=\begin{vmatrix} 0 & -1 & -1 & 2 \\ 1 & -1 & 0 & 2 \\ -1 & 2 & -1 & 0 \\ 2 & 1 & 1 & 0 \end{vmatrix}.$$

解 在例 1.12 中已得 D 第二行元素的代数余子式分别是

$$A_{21}=-6,\quad A_{22}=2,\quad A_{23}=10,\quad A_{24}=6.$$

因此,取 $i=2$,由(1.9)式

$$\begin{aligned} D &=a_{21}A_{21}+a_{22}A_{22}+a_{23}A_{23}+a_{24}A_{24} \\ &=1\times(-6)+(-1)\times 2+0\times 10+2\times 6=4. \end{aligned}$$ □

性质 6 提供了一个用 $n-1$ 阶行列式来计算 n 阶行列式的方法. 即先利用行列式的性质,使得行列式的某行(列)出现较多的零,然后对此行(列)用(1.9)式展开. 常称这种方法为**降阶法**.

例 1.14 试求方程 $f(x)=0$ 的根,其中

$$f(x)=\begin{vmatrix} 2 & 2 & -1 & 3 \\ 4 & x^2-5 & -2 & 6 \\ -3 & 2 & -1 & x^2+1 \\ 3 & -2 & 1 & -2 \end{vmatrix}.$$

解

$$f(x)\xlongequal[r_3+1r_4\to r_3]{r_2+(-2)r_1\to r_2}\begin{vmatrix} 2 & 2 & -1 & 3 \\ 0 & x^2-9 & 0 & 0 \\ 0 & 0 & 0 & x^2-1 \\ 3 & -2 & 1 & -2 \end{vmatrix}.$$

此时，$f(x)$中的第二行和第三行有较多的零. 对 $f(x)$按第二行展开，得

$$f(x)=(x^2-9)(-1)^{2+2}\begin{vmatrix} 2 & -1 & 3 \\ 0 & 0 & x^2-1 \\ 3 & 1 & -2 \end{vmatrix}.$$

再对上式右面的三阶行列式按第二行展开，得

$$\begin{aligned} f(x)&=(x^2-9)(x^2-1)(-1)^{2+3}\begin{vmatrix} 2 & -1 \\ 3 & 1 \end{vmatrix} \\ &=-5(x^2-9)(x^2-1). \end{aligned}$$ □

因此，方程 $f(x)=0$ 的根为 $1,-1,3,-3$.

例 1.15 计算行列式 $D=\begin{vmatrix} 1+x_1^2 & x_1x_2 & x_1x_3 \\ x_2x_1 & 1+x_2^2 & x_2x_3 \\ x_3x_1 & x_3x_2 & 1+x_3^2 \end{vmatrix}$.

解 我们直接给出计算过程，请读者自行判断计算过程中用了哪些性质.

$$\begin{aligned} D&=\begin{vmatrix} 1 & x_1x_2 & x_1x_3 \\ 0 & 1+x_2^2 & x_2x_3 \\ 0 & x_3x_2 & 1+x_3^2 \end{vmatrix}+\begin{vmatrix} x_1^2 & x_1x_2 & x_1x_3 \\ x_2x_1 & 1+x_2^2 & x_2x_3 \\ x_3x_1 & x_3x_2 & 1+x_3^2 \end{vmatrix} \\ &=\begin{vmatrix} 1+x_2^2 & x_2x_3 \\ x_3x_2 & 1+x_3^2 \end{vmatrix}+x_1^2\begin{vmatrix} 1 & x_2 & x_3 \\ x_2 & 1+x_2^2 & x_2x_3 \\ x_3 & x_3x_2 & 1+x_3^2 \end{vmatrix} \\ &=\begin{vmatrix} 1 & x_2x_3 \\ 0 & 1+x_3^2 \end{vmatrix}+\begin{vmatrix} x_2^2 & x_2x_3 \\ x_3x_2 & 1+x_3^2 \end{vmatrix}+x_1^2\begin{vmatrix} 1 & x_2 & x_3 \\ 0 & 1 & 0 \\ 0 & 0 & 1 \end{vmatrix} \\ &=(1+x_3^2)+x_2^2\begin{vmatrix} 1 & x_3 \\ x_3 & 1+x_3^2 \end{vmatrix}+x_1^2 \\ &=1+x_1^2+x_2^2+x_3^2. \end{aligned}$$ □

例 1.16 已知四阶行列式

$$D=\begin{vmatrix} 0 & -1 & -1 & 2 \\ 1 & -1 & 0 & 2 \\ -1 & 2 & -1 & 0 \\ 2 & 1 & 1 & 0 \end{vmatrix}.$$

试求 $-A_{42}-A_{43}+2A_{44}$.

解 由(1.9)式知

$$-A_{42}-A_{43}+2A_{44}=0A_{41}-A_{42}-A_{43}+2A_{44}$$

是以元素 0,−1,−1,2 替换了 D 的第四行元素,所以

$$-A_{42}-A_{43}+2A_{44}=\begin{vmatrix} 0 & -1 & -1 & 2 \\ 1 & -1 & 0 & 2 \\ -1 & 2 & -1 & 0 \\ 0 & -1 & -1 & 2 \end{vmatrix}.$$

上式中右端的行列式为零,所以

$$-A_{42}-A_{43}+2A_{44}=0. \qquad \square$$

事实上,如果将 $D=|a_{ij}|_n$ 中第 i 行的元素对应换为元素 $k_1,k_2,\cdots,k_n$,则由(1.9)式得

$$k_1A_{i1}+k_2A_{i2}+\cdots+k_nA_{in}=\begin{vmatrix} a_{11} & a_{12} & \cdots & a_{1n} \\ \vdots & \vdots & & \vdots \\ k_1 & k_2 & \cdots & k_n \\ \vdots & \vdots & & \vdots \\ a_{n1} & a_{n2} & \cdots & a_{nn} \end{vmatrix} \leftarrow(\text{第 } i \text{ 行}).$$

特别地,当取 $k_1,k_2,\cdots,k_n$ 为 D 的第 j 行($j\neq i$)的元素 $a_{j1},a_{j2},\cdots,a_{jn}$ 时,有

$$a_{j1}A_{i1}+a_{j2}A_{i2}+\cdots+a_{jn}A_{in}=\begin{vmatrix} a_{11} & a_{12} & \cdots & a_{1n} \\ \vdots & \vdots & & \vdots \\ a_{j1} & a_{j2} & \cdots & a_{jn} \\ \vdots & \vdots & & \vdots \\ a_{j1} & a_{j2} & \cdots & a_{jn} \\ \vdots & \vdots & & \vdots \\ a_{n1} & a_{n2} & \cdots & a_{nn} \end{vmatrix} \begin{matrix} \\ \\ \leftarrow(\text{第 } i \text{ 行}) \\ \\ \leftarrow(\text{第 } j \text{ 行}) \\ \\ \\ \end{matrix}.$$

所以,当 $i\neq j$ 时有

$$a_{j1}A_{i1}+a_{j2}A_{i2}+\cdots+a_{jn}A_{in}=0.$$

因此得以下推论.

推论 1.8 设行列式 $D=|a_{ij}|_n$,则

$$a_{j1}A_{i1}+a_{j2}A_{i2}+\cdots+a_{jn}A_{in}=\begin{cases}D, & i=j,\\ 0, & i\neq j.\end{cases}$$

1.3 行列式的计算

在上一节介绍行列式性质的过程中，我们给出了计算行列式的两个常用方法，即化三角法和降阶法. 下面介绍一些特殊 n 阶行列式的计算方法.

例 1.17 计算 n 阶行列式

$$D=\begin{vmatrix} x+a_1 & a_2 & \cdots & a_n \\ a_1 & x+a_2 & \cdots & a_n \\ \vdots & \vdots & & \vdots \\ a_1 & a_2 & \cdots & x+a_n \end{vmatrix}.$$

解 注意到 D 是每行元素之和都为 $x+\sum_{i=1}^{n}a_i$ 的行列式(称为**行和相等的行列式**)，所以

$$D\xlongequal[\substack{c_1+c_2\to c_1\\ c_1+c_3\to c_1\\ \vdots\\ c_1+c_n\to c_1}]{}\begin{vmatrix} x+\sum_{i=1}^{n}a_i & a_2 & \cdots & a_n \\ x+\sum_{i=1}^{n}a_i & x+a_2 & \cdots & a_n \\ \vdots & \vdots & & \vdots \\ x+\sum_{i=1}^{n}a_i & a_2 & \cdots & x+a_n \end{vmatrix}$$

$$\xlongequal{\text{提第 1 列公因子}}\left(x+\sum_{i=1}^{n}a_i\right)\begin{vmatrix} 1 & a_2 & \cdots & a_n \\ 1 & x+a_2 & \cdots & a_n \\ \vdots & \vdots & & \vdots \\ 1 & a_2 & \cdots & x+a_n \end{vmatrix}$$

$$\xlongequal[\substack{c_2+(-a_2)c_1\to c_2\\ c_3+(-a_3)c_1\to c_3\\ \vdots\\ c_n+(-a_n)c_1\to c_n}]{}\left(x+\sum_{i=1}^{n}a_i\right)\begin{vmatrix} 1 & 0 & \cdots & 0 \\ 1 & x & \cdots & 0 \\ \vdots & \vdots & & \vdots \\ 1 & 0 & \cdots & x \end{vmatrix}=\left(x+\sum_{i=1}^{n}a_i\right)x^{n-1}. \qquad \square$$

例 1.18 计算 $n+1$ 阶行列式

$$D=\begin{vmatrix} c_0 & a_1 & a_2 & \cdots & a_n \\ b_1 & c_1 & 0 & \cdots & 0 \\ b_2 & 0 & c_2 & \cdots & 0 \\ \vdots & \vdots & \vdots & & \vdots \\ b_n & 0 & 0 & \cdots & c_n \end{vmatrix}.$$

解 行列式 D 中除了第一行和第一列以及主对角线的元素以外，其余元素都为零，常称其为**箭形行列式**.

先假设 D 的主对角线元素 $c_i\neq 0(i=1,2,\cdots,n)$. 把 D 的第 k 列元素乘以 $\left(-\frac{b_{k-1}}{c_{k-1}}\right)$，依次加到第一列($k=2,3,\cdots,n+1$)，就把 D 化为上三角行列式了. 因此

$$D=\begin{vmatrix} c_0-\sum\limits_{k=1}^{n}\frac{a_kb_k}{c_k} & a_1 & a_2 & \cdots & a_n \\ 0 & c_1 & 0 & \cdots & 0 \\ 0 & 0 & c_2 & \cdots & 0 \\ \vdots & \vdots & \vdots & & \vdots \\ 0 & 0 & 0 & \cdots & c_n \end{vmatrix}=\left(c_0-\sum_{k=1}^{n}\frac{a_kb_k}{c_k}\right)c_1c_2\cdots c_n.$$

若 D 的主对角线元素中有某个 $c_i=0(i=1,2,\cdots,n)$，不妨设 $c_1=0$，则将 D 按第二列展开，可得

$$D=\begin{vmatrix} c_0 & a_1 & a_2 & \cdots & a_n \\ b_1 & 0 & 0 & \cdots & 0 \\ b_2 & 0 & c_2 & \cdots & 0 \\ \vdots & \vdots & \vdots & & \vdots \\ b_n & 0 & 0 & \cdots & c_n \end{vmatrix}=-a_1\begin{vmatrix} b_1 & 0 & 0 & \cdots & 0 \\ b_2 & c_2 & 0 & \cdots & 0 \\ b_3 & 0 & c_3 & \cdots & 0 \\ \vdots & \vdots & \vdots & & \vdots \\ b_n & 0 & 0 & \cdots & c_n \end{vmatrix}$$

$$=-a_1b_1c_2c_3\cdots c_n.$$

一般地，当 D 中有某个 $c_i=0(i=1,2,\cdots,n)$时，将 D 按第 $i+1$ 列展开，可得

$$D=-a_ib_ic_1c_2\cdots c_{i-1}c_{i+1}\cdots c_n.$$

当 D 的元素 $c_i(i=1,2,\cdots,n)$中至少有两个零时，则 D 中至少有两列的对应元素是成比例的，因此 $D=0$. □

箭形行列式的计算结果常被用来计算一些特殊的行列式，如以下的行列式.

例 1.19 计算 n 阶行列式

$$D=\begin{vmatrix} x_1 & a_2 & a_3 & \cdots & a_n \\ a_1 & x_2 & a_3 & \cdots & a_n \\ a_1 & a_2 & x_3 & \cdots & a_n \\ \vdots & \vdots & \vdots & & \vdots \\ a_1 & a_2 & a_3 & \cdots & x_n \end{vmatrix}.$$

解 先设 $x_k\neq a_k(k=1,2,\cdots,n)$. 构造 $n+1$ 阶行列式

$$D_1=\begin{vmatrix}1&0&0&0&\cdots&0\\1&x_1&a_2&a_3&\cdots&a_n\\1&a_1&x_2&a_3&\cdots&a_n\\1&a_1&a_2&x_3&\cdots&a_n\\\vdots&\vdots&\vdots&\vdots&&\vdots\\1&a_1&a_2&a_3&\cdots&x_n\end{vmatrix}.$$

由性质 6 可知

$$D=D_1\xlongequal[\substack{c_2+(-a_1)c_1\to c_2\\c_3+(-a_2)c_1\to c_3\\\vdots\\c_{n+1}+(-a_n)c_1\to c_n}]{}\begin{vmatrix}1&-a_1&-a_2&-a_3&\cdots&-a_n\\1&x_1-a_1&0&0&\cdots&0\\1&0&x_2-a_2&0&\cdots&0\\1&0&0&x_3-a_3&\cdots&0\\\vdots&\vdots&\vdots&\vdots&&\vdots\\1&0&0&0&\cdots&x_n-a_n\end{vmatrix}$$

$$\xlongequal[\text{例 1.18}]{}\begin{vmatrix}1+\sum\limits_{k=1}^{n}\dfrac{a_k}{x_k-a_k}&-a_1&-a_2&-a_3&\cdots&-a_n\\0&x_1-a_1&0&0&\cdots&0\\0&0&x_2-a_2&0&\cdots&0\\0&0&0&x_3-a_3&\cdots&0\\\vdots&\vdots&\vdots&\vdots&&\vdots\\0&0&0&0&\cdots&x_n-a_n\end{vmatrix}$$

$$=\left(1+\sum_{k=1}^{n}\frac{a_k}{x_k-a_k}\right)(x_1-a_1)(x_2-a_2)\cdots(x_n-a_n),$$

其中 D_1 称为 D 的加边行列式,这种方法称为**加边法**.

如果 D 中有某个 $x_k=a_k$,不妨设 $x_1=a_1$,则有

$$D=\begin{vmatrix}a_1&a_2&a_3&\cdots&a_n\\a_1&x_2&a_3&\cdots&a_n\\a_1&a_2&x_3&\cdots&a_n\\\vdots&\vdots&\vdots&&\vdots\\a_1&a_2&a_3&\cdots&x_n\end{vmatrix}=a_1\begin{vmatrix}1&a_2&a_3&\cdots&a_n\\1&x_2&a_3&\cdots&a_n\\1&a_2&x_3&\cdots&a_n\\\vdots&\vdots&\vdots&&\vdots\\1&a_2&a_3&\cdots&x_n\end{vmatrix}$$

$$=a_1\begin{vmatrix}1&0&0&\cdots&0\\1&x_2-a_2&0&\cdots&0\\1&0&x_3-a_3&\cdots&0\\\vdots&\vdots&\vdots&&\vdots\\1&0&0&\cdots&x_n-a_n\end{vmatrix}$$

$$=a_1(x_2-a_2)(x_3-a_3)\cdots(x_n-a_n).$$

一般地，当有某个 $x_k=a_k$ 时，可得

$$D=(x_1-a_1)(x_2-a_2)\cdots(x_{k-1}-a_{k-1})a_k(x_{k+1}-a_{k+1})\cdots(x_n-a_n).$$

如果 D 中至少有两个 $x_k=a_k$ 时，则 D 中至少有两列是成比例的，因此 $D=0$.

□

例如由例 1.19 可得

$$D=\begin{vmatrix}0&2&3&\cdots&n\\1&0&3&\cdots&n\\1&2&0&\cdots&n\\\vdots&\vdots&\vdots&&\vdots\\1&2&3&\cdots&0\end{vmatrix}=\left(1+\sum_{k=1}^{n}\frac{k}{0-k}\right)(0-1)(0-2)\cdots(0-n)$$

$$=(-1)^n(1-n)n!.$$

例 1.20 证明 n 阶三对角行列式

$$D_n=\begin{vmatrix}\alpha_1&\beta_1&&&&&\\\gamma_1&\alpha_2&\beta_2&&&&\\&\gamma_2&\alpha_3&\beta_3&&&\\&&\ddots&\ddots&\ddots&&\\&&&\gamma_{n-3}&\alpha_{n-2}&\beta_{n-2}&\\&&&&\gamma_{n-2}&\alpha_{n-1}&\beta_{n-1}\\&&&&&\gamma_{n-1}&\alpha_n\end{vmatrix},$$

其中空白处的元素为零，满足递推关系式

$$D_n=\alpha_nD_{n-1}-\beta_{n-1}\gamma_{n-1}D_{n-2}.$$

证 将 D_n 按第 n 列展开，因为元素 α_n 的余子式是与 D_n 同形的 $n-1$ 阶行列式，记作 D_{n-1}，则

$$D_n=\alpha_nD_{n-1}+\beta_{n-1}A_{n-1,n},$$

其中代数余子式 $A_{n-1,n}$ 为 $n-1$ 阶行列式

$$A_{n-1,n}=-\begin{vmatrix} \alpha_1 & \beta_1 & & & & \\ \gamma_1 & \alpha_2 & \beta_2 & & & \\ & \gamma_2 & \alpha_3 & \beta_3 & & \\ & & \ddots & \ddots & \ddots & \\ & & & \gamma_{n-3} & \alpha_{n-2} & \beta_{n-2} \\ & & & & & \gamma_{n-1} \end{vmatrix}.$$

将 $A_{n-1,n}$ 按第 $n-1$ 行展开，得 $A_{n-1,n}=-\gamma_{n-1}D_{n-2}$. 故

$$D_n=\alpha_nD_{n-1}-\beta_{n-1}\gamma_{n-1}D_{n-2}.$$ □

在行列式的计算中常使用上述三对角行列式的递推关系式.

例 1.21 计算五阶三对角行列式

$$D_5=\begin{vmatrix} 5 & 3 & 0 & 0 & 0 \\ 2 & 5 & 3 & 0 & 0 \\ 0 & 2 & 5 & 3 & 0 \\ 0 & 0 & 2 & 5 & 3 \\ 0 & 0 & 0 & 2 & 5 \end{vmatrix}.$$

解 因为 $D_1=5, D_2=\begin{vmatrix} 5 & 3 \\ 2 & 5 \end{vmatrix}=19$，由例 1.20 知

$$D_3=5\times D_2-3\times2\times D_1=5\times19-3\times2\times5=65,$$
$$D_4=5\times D_3-3\times2\times D_2=5\times65-3\times2\times19=211,$$
$$D_5=5\times D_4-3\times2\times D_3=5\times211-3\times2\times65=665.$$ □

例 1.22 证明 n 阶($n\geqslant2$)**范德蒙德**(Vandermonde)行列式

$$D_n=|\ x_j^{i-1}\ |_n=\begin{vmatrix} 1 & 1 & \cdots & 1 \\ x_1 & x_2 & \cdots & x_n \\ x_1^2 & x_2^2 & \cdots & x_n^2 \\ \vdots & \vdots & & \vdots \\ x_1^{n-1} & x_2^{n-1} & \cdots & x_n^{n-1} \end{vmatrix}=\prod_{1\leqslant i<j\leqslant n}(x_j-x_i)^{①}.$$

证 对行列式的阶数 n 用数学归纳法.

当 $n=2$ 时，

$$D_2=\begin{vmatrix} 1 & 1 \\ x_1 & x_2 \end{vmatrix}=x_2-x_1.$$

---

① $\prod$ 是连乘记号，$\prod_{i=1}^{n}a_i=a_1a_2\cdots a_n$. $\prod_{1\leqslant i<j\leqslant n}(x_j-x_i)$ 表示满足 $1\leqslant i<j\leqslant n$ 的所有形如 (x_j-x_i) 的因子相乘. 例如，$\prod_{1\leqslant i<j\leqslant 3}(x_j-x_i)=(x_2-x_1)(x_3-x_1)(x_3-x_2)$.

结论成立.

设结论对 $n-1$ 阶行列式成立，即

$$D_{n-1}=\prod_{1\leqslant i<j\leqslant n-1}(x_j-x_i).$$

则对于 D_n，按 $i=n,n-1,\cdots,3,2$ 的次序，将第 $i-1$ 行的元素乘以 $(-x_n)$ 后加到第 i 行的对应元素上，得

$$D_n=\begin{vmatrix}1 & \cdots & 1 & 1\\ x_1-x_n & \cdots & x_{n-1}-x_n & 0\\ x_1^2-x_1x_n & \cdots & x_{n-1}^2-x_{n-1}x_n & 0\\ \vdots & & \vdots & \vdots\\ x_1^{n-1}-x_1^{n-2}x_n & \cdots & x_{n-1}^{n-1}-x_{n-1}^{n-2}x_n & 0\end{vmatrix}$$

$$=\begin{vmatrix}1 & \cdots & 1 & 1\\ x_1-x_n & \cdots & x_{n-1}-x_n & 0\\ x_1(x_1-x_n) & \cdots & x_{n-1}(x_{n-1}-x_n) & 0\\ \vdots & & \vdots & \vdots\\ x_1^{n-2}(x_1-x_n) & \cdots & x_{n-1}^{n-2}(x_{n-1}-x_n) & 0\end{vmatrix}.$$

在上述行列式中，按第 n 列展开，得

$$D_n=(-1)^{1+n}\begin{vmatrix}x_1-x_n & x_2-x_n & \cdots & x_{n-1}-x_n\\ x_1(x_1-x_n) & x_2(x_2-x_n) & \cdots & x_{n-1}(x_{n-1}-x_n)\\ \vdots & \vdots & & \vdots\\ x_1^{n-2}(x_1-x_n) & x_2^{n-2}(x_2-x_n) & \cdots & x_{n-1}^{n-2}(x_{n-1}-x_n)\end{vmatrix}.$$

在所得的 $n-1$ 阶行列式中，提出第 j 列的公因子 (x_j-x_n) $(j=1,2,\cdots,n-1)$，得

$$\begin{aligned}D_n&=(-1)^{n+1}(x_1-x_n)(x_2-x_n)\cdots(x_{n-1}-x_n)D_{n-1}\\&=(x_n-x_1)(x_n-x_2)\cdots(x_n-x_{n-1})D_{n-1}.\end{aligned}$$

由归纳法假设得

$$\begin{aligned}D_n&=(x_n-x_1)(x_n-x_2)\cdots(x_n-x_{n-1})\prod_{1\leqslant i<j\leqslant n-1}(x_j-x_i)\\&=\prod_{1\leqslant i<j\leqslant n}(x_j-x_i).\end{aligned}$$

□

由例 1.22 的结论可知，范德蒙德行列式 $D_n=0$ 的充分必要条件是 D_n 中至少有两个 x_i 是相等的，即 D_n 中至少有两列元素是相同的.

例 1.23 试求方程 $f(x)=0$ 的根,其中

$$f(x)=\begin{vmatrix}1 & x & x^2 & x^3\\ 1 & -1 & 1 & -1\\ 1 & 2 & 4 & 8\\ 1 & 3 & 9 & 27\end{vmatrix}.$$

解 易知 $f(x)$是变量 x 的 3 次方程,因此 $f(x)=0$ 有 3 个根. 又

$$f(x)=\begin{vmatrix}1 & x & x^2 & x^3\\ 1 & -1 & (-1)^2 & (-1)^3\\ 1 & 2 & 2^2 & 2^3\\ 1 & 3 & 3^2 & 3^3\end{vmatrix},$$

即 $f(x)$是四阶范德蒙德行列式的转置. 故 $f(x)=0$ 的充分必要条件是这个四阶行列式中至少有两行是相同的. 所以 $f(x)$的 3 个根分别为是

$$x_1=-1,\quad x_2=2,\quad x_3=3.$$ □

范德蒙德行列式的结果也常被用来计算行列式.

例 1.24 计算 n 阶行列式($n\geqslant 2$)

$$D=\begin{vmatrix}1 & 1 & \cdots & 1 & 1\\ x_1 & x_2 & \cdots & x_{n-1} & x_n\\ x_1^2 & x_2^2 & \cdots & x_{n-1}^2 & x_n^2\\ \vdots & \vdots & & \vdots & \vdots\\ x_1^{n-2} & x_2^{n-2} & \cdots & x_{n-1}^{n-2} & x_n^{n-2}\\ x_1^n & x_2^n & \cdots & x_{n-1}^n & x_n^n\end{vmatrix}.$$

解 构造 $n+1$ 阶范德蒙德行列式

$$f(y)=\begin{vmatrix}1 & 1 & \cdots & 1 & 1\\ x_1 & x_2 & \cdots & x_n & y\\ x_1^2 & x_2^2 & \cdots & x_n^2 & y^2\\ \vdots & \vdots & & \vdots & \vdots\\ x_1^{n-2} & x_2^{n-2} & \cdots & x_n^{n-2} & y^{n-2}\\ x_1^{n-1} & x_2^{n-1} & \cdots & x_n^{n-1} & y^{n-1}\\ x_1^n & x_2^n & \cdots & x_n^n & y^n\end{vmatrix}.$$

由例 1.22 的结论知

$$f(y)=(y-x_1)(y-x_2)\cdots(y-x_n)\prod_{1\leqslant i<j\leqslant n}(x_j-x_i).$$

记 $K=\prod\limits_{1\leqslant i<j\leqslant n}(x_j-x_i)$,并把乘积$(y-x_1)(y-x_2)\cdots(y-x_n)$展开为 y 的多项式,可得

$$f(y)=K\Big[y^n-(\sum_{i=1}^{n}x_i)y^{n-1}+(\sum_{1\leqslant i<j\leqslant n}x_ix_j)y^{n-2}+\cdots+(-1)^n\prod_{i=1}^{n}x_i\Big].$$

另外,如果对 $f(y)$ 按第 $n+1$ 列展开,可得

$$f(y)=A_{n+1,n+1}y^n+A_{n,n+1}y^{n-1}+A_{n-1,n+1}y^{n-2}+\cdots+A_{1,n+1},$$

其中,$A_{i,j}$ 是 $f(y)$ 中 (i,j) 元素的代数余子式. 注意到 $A_{n,n+1}=(-1)^{n+(n+1)}D=-D$. 比较 $f(y)$ 的上面两个展开式中变量 y^{n-1} 的系数得

$$A_{n,n+1}=-D=-(\sum_{i=1}^{n}x_i)K=-(\sum_{i=1}^{n}x_i)\prod_{1\leqslant i<j\leqslant n}(x_j-x_i).$$

所以

$$D=(\sum_{i=1}^{n}x_i)\prod_{1\leqslant i<j\leqslant n}(x_j-x_i)=(x_1+x_2+\cdots+x_n)\prod_{1\leqslant i<j\leqslant n}(x_j-x_i).\qquad\square$$

1.4 拉普拉斯定理

拉普拉斯(Laplace)定理也称为拉普拉斯展开式. 它是把行列式中按某一行(列)展开的性质,推广到按行列式的某几行(列)展开. 本节将介绍拉普拉斯定理,并用以导出行列式的乘积公式.

1.4.1 拉普拉斯定理

在介绍拉普拉斯定理之前,先介绍行列式的子式和代数余子式.

定义 1.7 在 n 阶行列式 D 中,任取 k 行 k 列 $(0<k<n)$,位于这 k^2 个交叉点处的元素,按它们在 D 中的相对位置所构成的 k 阶行列式 $N^{(k)}$ 称为 D 的一个 k **阶子式**. 在 D 中,去掉 $N^{(k)}$ 所在的列与行,称由余下的元素按它们在 D 中的相对位置构成的 $n-k$ 阶行列式 $M^{(n-k)}$ 为 D 中 k 阶子式 $N^{(k)}$ 的**余子式**. 如果子式 $N^{(k)}$ 位于 D 的第 $i_1,i_2,\cdots,i_k$ 行和第 $j_1,j_2,\cdots,j_k$ 列,则称

$$(-1)^{(i_1+i_2+\cdots+i_k)+(j_1+j_2+\cdots+j_k)}M^{(n-k)}$$

为 $N^{(k)}$ 的**代数余子式**,记作 $A^{(n-k)}$,即

$$A^{(n-k)}=(-1)^{(i_1+i_2+\cdots+i_k)+(j_1+j_2+\cdots+j_k)}M^{(n-k)}.$$

例如,在五阶行列式 $D=|a_{ij}|_5$ 中,取第二,四行和第一,四列,则得 D 的一个二阶子式

$$N^{(2)}=\begin{vmatrix}a_{21}&a_{24}\\a_{41}&a_{44}\end{vmatrix},$$

其余子式为

$$M^{(3)}=\begin{vmatrix}a_{12}&a_{13}&a_{15}\\a_{32}&a_{33}&a_{35}\\a_{52}&a_{53}&a_{55}\end{vmatrix}.$$

$N^{(2)}$ 的代数余子式为

$$A^{(3)}=(-1)^{(2+4)+(1+4)}M^{(3)}=-\begin{vmatrix} a_{12} & a_{13} & a_{15} \\ a_{32} & a_{33} & a_{35} \\ a_{52} & a_{53} & a_{55} \end{vmatrix}.$$

由定义 1.7 可知，n 阶行列式 D 中共有 $(C_n^k)^2$ 个 k 阶子式. 如果取定了 D 中的某 k 行，则位于这 k 行的 k 阶子式共有 C_n^k 个.

定理 1.2（拉普拉斯定理）　在 n 阶行列式 D 中取定了某 k 行 $(0<k<n)$，记位于这 k 行的 k 阶子式为 $N_i^{(k)}\ (i=1,2,\cdots,C_n^k)$，它们的代数余子式分别为 $A_i^{(n-k)}$，则

$$D=N_1^{(k)}A_1^{(n-k)}+N_2^{(k)}A_2^{(n-k)}+\cdots+N_t^{(k)}A_t^{(n-k)}=\sum_{i=1}^{t}N_i^{(k)}A_i^{(n-k)}, \tag{1.11}$$

其中 $t=C_n^k$.

限于篇幅，我们略去了定理 1.2 的证明.

常称(1.11)式为行列式 D 的**拉普拉斯展开式**. 由行列式的性质 1 知，在行列式 D 中取定某 k 列，记 $N_i^{(k)}$ 和 $A_i^{(n-k)}\ (i=1,2,\cdots,C_n^k)$ 分别为位于这 k 列的余子式和对应的代数余子式时，(1.11)式仍成立.

易见，当 $k=1$ 时，拉普拉斯展开式就是行列式的性质 6 中 D 按某行的展开式.

例 1.25　用拉普拉斯定理计算行列式

$$D=\begin{vmatrix} 1 & 2 & 0 & 0 & 1 \\ 0 & 1 & 2 & 3 & 0 \\ 1 & 3 & 0 & 0 & 0 \\ 0 & 2 & 2 & 1 & 0 \\ 0 & 3 & 4 & 1 & 3 \end{vmatrix}.$$

解　因为 D 的第一，三行有较多的零元素，所以对 D 的第一，三行用拉普拉斯定理. 在 D 第一，三行中，共有 $C_5^2=10$ 个二阶子式，易知其中的 7 个二阶子式为零，其余 3 个二阶子式为

$$N_1^{(2)}=\begin{vmatrix} 1 & 2 \\ 1 & 3 \end{vmatrix}=1,\quad N_2^{(2)}=\begin{vmatrix} 1 & 1 \\ 1 & 0 \end{vmatrix}=-1,\quad N_3^{(2)}=\begin{vmatrix} 2 & 1 \\ 3 & 0 \end{vmatrix}=-3.$$

它们对应的代数余子式分别是

$$A_1^{(3)}=(-1)^{(1+3)+(1+2)}\begin{vmatrix} 2 & 3 & 0 \\ 2 & 1 & 0 \\ 4 & 1 & 3 \end{vmatrix}=12,$$

$$A_2^{(3)}=(-1)^{(1+3)+(1+5)}\begin{vmatrix} 1 & 2 & 3 \\ 2 & 2 & 1 \\ 3 & 4 & 1 \end{vmatrix}=6,$$

$$A_3^{(3)}=(-1)^{(1+3)+(2+5)}\begin{vmatrix}0&2&3\\0&2&1\\0&4&1\end{vmatrix}=0.$$

所以

$$D=N_1^{(2)}A_1^{(3)}+N_2^{(2)}A_2^{(3)}+N_3^{(2)}A_3^{(3)}=1\times12+(-1)\times6+(-3)\times0=6.$$ □

例 1.26 利用拉普拉斯定理证明：

(1) 若 $n+m$ 阶行列式

$$D_1=\begin{vmatrix}a_{11}&a_{12}&\cdots&a_{1n}&0&0&\cdots&0\\a_{21}&a_{22}&\cdots&a_{2n}&0&0&\cdots&0\\\vdots&\vdots&&\vdots&\vdots&\vdots&&\vdots\\a_{n1}&a_{n2}&\cdots&a_{nn}&0&0&\cdots&0\\c_{11}&c_{12}&\cdots&c_{1n}&b_{11}&b_{12}&\cdots&b_{1m}\\c_{21}&c_{22}&\cdots&c_{2n}&b_{21}&b_{22}&\cdots&b_{2m}\\\vdots&\vdots&&\vdots&\vdots&\vdots&&\vdots\\c_{m1}&c_{m2}&\cdots&c_{mn}&b_{m1}&b_{m2}&\cdots&b_{mm}\end{vmatrix},$$

则有

$$D_1=\begin{vmatrix}a_{11}&a_{12}&\cdots&a_{1n}\\a_{21}&a_{22}&\cdots&a_{2n}\\\vdots&\vdots&&\vdots\\a_{n1}&a_{n2}&\cdots&a_{nn}\end{vmatrix}\cdot\begin{vmatrix}b_{11}&b_{12}&\cdots&b_{1m}\\b_{21}&b_{22}&\cdots&b_{2m}\\\vdots&\vdots&&\vdots\\b_{m1}&b_{m2}&\cdots&b_{mm}\end{vmatrix};$$

(2) 若 $n+m$ 阶行列式

$$D_2=\begin{vmatrix}0&0&\cdots&0&a_{11}&a_{12}&\cdots&a_{1n}\\0&0&\cdots&0&a_{21}&a_{22}&\cdots&a_{2n}\\\vdots&\vdots&&\vdots&\vdots&\vdots&&\vdots\\0&0&\cdots&0&a_{n1}&a_{n2}&\cdots&a_{nn}\\b_{11}&b_{12}&\cdots&b_{1m}&c_{11}&c_{12}&\cdots&c_{1n}\\b_{21}&b_{22}&\cdots&b_{2m}&c_{21}&c_{22}&\cdots&c_{2n}\\\vdots&\vdots&&\vdots&\vdots&\vdots&&\vdots\\b_{m1}&b_{m2}&\cdots&b_{mm}&c_{m1}&c_{m2}&\cdots&c_{mn}\end{vmatrix},$$

则有

$$D_2=(-1)^{nm}\begin{vmatrix}a_{11}&a_{12}&\cdots&a_{1n}\\a_{21}&a_{22}&\cdots&a_{2n}\\\vdots&\vdots&&\vdots\\a_{n1}&a_{n2}&\cdots&a_{nn}\end{vmatrix}\cdot\begin{vmatrix}b_{11}&b_{12}&\cdots&b_{1m}\\b_{21}&b_{22}&\cdots&b_{2m}\\\vdots&\vdots&&\vdots\\b_{m1}&b_{m2}&\cdots&b_{mm}\end{vmatrix}.$$

证 (1) 在 D_1 中取前 n 行,位于这 n 行的 n 阶子式中除了

$$N_1^{(n)}=\begin{vmatrix} a_{11} & a_{12} & \cdots & a_{1n} \\ a_{21} & a_{22} & \cdots & a_{2n} \\ \vdots & \vdots & & \vdots \\ a_{n1} & a_{n2} & \cdots & a_{nn} \end{vmatrix}$$

以外,其余的都为零. 而 $N_1^{(n)}$ 对应的代数余子式是

$$A_1^{(m)}=(-1)^k\begin{vmatrix} b_{11} & b_{12} & \cdots & b_{1m} \\ b_{21} & b_{22} & \cdots & b_{2m} \\ \vdots & \vdots & & \vdots \\ b_{m1} & b_{m2} & \cdots & b_{mm} \end{vmatrix},$$

其中$(-1)^k=(-1)^{(1+2+\cdots+n)+(1+2+\cdots+n)}=(-1)^{2(1+2+\cdots+n)}=1$. 所以

$$D=N_1^{(n)}A_1^{(m)}=\begin{vmatrix} a_{11} & a_{12} & \cdots & a_{1n} \\ a_{21} & a_{22} & \cdots & a_{2n} \\ \vdots & \vdots & & \vdots \\ a_{n1} & a_{n2} & \cdots & a_{nn} \end{vmatrix}\cdot\begin{vmatrix} b_{11} & b_{12} & \cdots & b_{1m} \\ b_{21} & b_{22} & \cdots & b_{2m} \\ \vdots & \vdots & & \vdots \\ b_{m1} & b_{m2} & \cdots & b_{mm} \end{vmatrix}.$$

(2) 在 D_2 中取前 n 行,位于这 n 行的 n 阶子式中除了

$$N_1^{(n)}=\begin{vmatrix} a_{11} & a_{12} & \cdots & a_{1n} \\ a_{21} & a_{22} & \cdots & a_{2n} \\ \vdots & \vdots & & \vdots \\ a_{n1} & a_{n2} & \cdots & a_{nn} \end{vmatrix}$$

以外,其余的都为零. 而 $N_1^{(n)}$ 对应的代数余子式是

$$A_1^{(m)}=(-1)^k\begin{vmatrix} b_{11} & b_{12} & \cdots & b_{1m} \\ b_{21} & b_{22} & \cdots & b_{2m} \\ \vdots & \vdots & & \vdots \\ b_{m1} & b_{m2} & \cdots & b_{mm} \end{vmatrix},$$

其中$(-1)^k=(-1)^{(1+2+\cdots+n)+((m+1)+(m+2)+\cdots+(m+n))}=(-1)^{2(1+2+\cdots+n)+mn}=(-1)^{mn}$.
所以

$$D=N_1^{(n)}A_1^{(m)}=(-1)^{mn}\begin{vmatrix} a_{11} & a_{12} & \cdots & a_{1n} \\ a_{21} & a_{22} & \cdots & a_{2n} \\ \vdots & \vdots & & \vdots \\ a_{n1} & a_{n2} & \cdots & a_{nn} \end{vmatrix}\cdot\begin{vmatrix} b_{11} & b_{12} & \cdots & b_{1m} \\ b_{21} & b_{22} & \cdots & b_{2m} \\ \vdots & \vdots & & \vdots \\ b_{m1} & b_{m2} & \cdots & b_{mm} \end{vmatrix}.\qquad\square$$

例 1.27 用拉普拉斯定理计算以下行列式:

$$D_1=\begin{vmatrix}1&2&0&0&0\\0&1&0&0&0\\1&3&1&0&2\\0&2&2&1&0\\5&3&1&1&3\end{vmatrix},\quad D_2=\begin{vmatrix}0&0&0&2&-1\\0&0&0&3&2\\1&3&1&0&0\\0&2&0&1&0\\5&3&1&1&3\end{vmatrix}.$$

解 由例 1.26 可得,在 D_1 中取第一,二行,则有

$$D_1=\begin{vmatrix}1&2&0&0&0\\0&1&0&0&0\\1&3&1&0&2\\0&2&2&1&0\\5&3&1&1&3\end{vmatrix}=\begin{vmatrix}1&2\\0&1\end{vmatrix}\cdot\begin{vmatrix}1&0&2\\2&1&0\\1&1&3\end{vmatrix}=5.$$

同样,在 D_2 中取第一,二行,则有

$$D_2=\begin{vmatrix}0&0&0&2&-1\\0&0&0&3&2\\1&3&1&0&0\\0&2&0&1&0\\5&3&1&1&3\end{vmatrix}=(-1)^{2\times3}\begin{vmatrix}2&-1\\3&2\end{vmatrix}\cdot\begin{vmatrix}1&3&1\\0&2&0\\5&3&1\end{vmatrix}=-56.$$ □

例 1.28 设 $2n$ 阶行列式

$$D_{2n}=\begin{vmatrix}a_1&&&&&&&b_1\\&a_2&&&&&b_2&\\&&\ddots&&&\iddots&&\\&&&a_{n-1}&b_{n-1}&&&\\&&&a_n\ b_n&&&&\\&&&b_n\ a_n&&&&\\&&&b_{n-1}&a_{n-1}&&&\\&&\iddots&&&\ddots&&\\&b_2&&&&&a_2&\\b_1&&&&&&&a_1\end{vmatrix},$$

试证明:

$$D_{2n}=(a_n^2-b_n^2)(a_{n-1}^2-b_{n-1}^2)\cdots(a_1^2-b_1^2)=\prod_{i=1}^{n}(a_i^2-b_i^2).$$

证 取 D_{2n}的第 n 行和第 $n+1$ 行,位于这两行的二阶子式中除了子式

$$N_1^{(2)}=\begin{vmatrix} a_n & b_n \\ b_n & a_n \end{vmatrix}=a_n^2-b_n^2$$

以外,其余的都为零. 而 $N_1^{(2)}$ 对应的代数余子式是

$$A_1^{(2n-2)}=(-1)^{2[n+(n+1)]}\begin{vmatrix} a_1 & & & & & & & & b_1 \\ & a_2 & & & & & & b_2 & \\ & & \ddots & & & & \iddots & & \\ & & & a_{n-2} & & & b_{n-2} & & \\ & & & & a_{n-1} & b_{n-1} & & & \\ & & & & b_{n-1} & a_{n-1} & & & \\ & & & b_{n-2} & & & a_{n-2} & & \\ & & \iddots & & & & \ddots & & \\ & b_2 & & & & & & a_2 & \\ b_1 & & & & & & & & a_1 \end{vmatrix}$$

$$=D_{2n-2}.$$

所以

$$D_{2n}=N_1^{(2)}A_1^{(2n-2)}=(a_n^2-b_n^2)D_{2n-2}. \tag{1.12}$$

由递推式(1.12),即可得

$$\begin{aligned} D_{2n}&=(a_n^2-b_n^2)D_{2n-2}=(a_n^2-b_n^2)(a_{n-1}^2-b_{n-1}^2)D_{2n-4}\\ &=\cdots\cdots\cdots\\ &=(a_n^2-b_n^2)(a_{n-1}^2-b_{n-1}^2)\cdots(a_2^2-b_2^2)D_2\\ &=(a_n^2-b_n^2)(a_{n-1}^2-b_{n-1}^2)\cdots(a_2^2-b_2^2)(a_1^2-b_1^2). \end{aligned}$$

□

1.4.2 行列式的乘积公式

定理 1.3 设 n 阶行列式 $D_1=|a_{ij}|_n$ 与 $D_2=|b_{ij}|_n$,则它们的乘积 D_1D_2 等于 n 阶行列式 $|c_{ij}|_n$,即

$$D_1D_2=|c_{ij}|_n.$$

行列式 $|c_{ij}|_n$ 中的元素 c_{ij} 是 D_1 的第 i 行元素与 D_2 的第 j 列对应元素乘积的和,即

$$c_{ij}=a_{i1}b_{1j}+a_{i2}b_{2j}+\cdots+a_{in}b_{nj}=\sum_{k=1}^{n}a_{ik}b_{kj},$$

其中 $i,j=1,2,\cdots,n$.

证 构造 $2n$ 阶行列式

$$D=\begin{vmatrix} a_{11} & a_{12} & \cdots & a_{1n} & 0 & 0 & \cdots & 0 \\ a_{21} & a_{22} & \cdots & a_{2n} & 0 & 0 & \cdots & 0 \\ \vdots & \vdots & & \vdots & \vdots & \vdots & & \vdots \\ a_{n1} & a_{n2} & \cdots & a_{nn} & 0 & 0 & \cdots & 0 \\ -1 & 0 & \cdots & 0 & b_{11} & b_{12} & \cdots & b_{1n} \\ 0 & -1 & \cdots & 0 & b_{21} & b_{22} & \cdots & b_{2n} \\ \vdots & \vdots & & \vdots & \vdots & \vdots & & \vdots \\ 0 & 0 & \cdots & -1 & b_{n1} & b_{n2} & \cdots & b_{nn} \end{vmatrix},$$

由例 1.26(1)知

$$D=D_1D_2,$$

其中

$$D_1=|a_{ij}|_n=\begin{vmatrix} a_{11} & a_{12} & \cdots & a_{1n} \\ a_{21} & a_{22} & \cdots & a_{2n} \\ \vdots & \vdots & & \vdots \\ a_{n1} & a_{n2} & \cdots & a_{nn} \end{vmatrix},\quad D_2=|b_{ij}|_n=\begin{vmatrix} b_{11} & b_{12} & \cdots & b_{1n} \\ b_{21} & b_{22} & \cdots & b_{2n} \\ \vdots & \vdots & & \vdots \\ b_{n1} & b_{n2} & \cdots & b_{nn} \end{vmatrix}.$$

另外,将 D 的第 $n+1,n+2,\cdots,2n$ 行分别乘以 $a_{i1},a_{i2},\cdots,a_{in}$ 后,都加到 D 的第 i 行上($i=1,2,\cdots,n$),则有

$$D=\begin{vmatrix} 0 & 0 & \cdots & 0 & c_{11} & c_{12} & \cdots & c_{1n} \\ 0 & 0 & \cdots & 0 & c_{21} & c_{22} & \cdots & c_{2n} \\ \vdots & \vdots & & \vdots & \vdots & \vdots & & \vdots \\ 0 & 0 & \cdots & 0 & c_{n1} & c_{n2} & \cdots & c_{nn} \\ -1 & 0 & \cdots & 0 & b_{11} & b_{12} & \cdots & b_{1n} \\ 0 & -1 & \cdots & 0 & b_{21} & b_{22} & \cdots & b_{2n} \\ \vdots & \vdots & & \vdots & \vdots & \vdots & & \vdots \\ 0 & 0 & \cdots & -1 & b_{n1} & b_{n2} & \cdots & b_{nn} \end{vmatrix}, \tag{1.13}$$

其中

$$c_{ij}=a_{i1}b_{1j}+a_{i2}b_{2j}+\cdots+a_{in}b_{nj}=\sum_{k=1}^{n}a_{ik}b_{kj}\quad (i,j=1,2,\cdots,n).$$

又由例 1.26(2)得,(1.13)式为

$$D=(-1)^{n^2}\begin{vmatrix} -1 & 0 & \cdots & 0 \\ 0 & -1 & \cdots & 0 \\ \vdots & \vdots & & \vdots \\ 0 & 0 & \cdots & -1 \end{vmatrix}\cdot\begin{vmatrix} c_{11} & c_{12} & \cdots & c_{1n} \\ c_{21} & c_{22} & \cdots & c_{2n} \\ \vdots & \vdots & & \vdots \\ c_{n1} & c_{n2} & \cdots & c_{nn} \end{vmatrix}$$

$$=(-1)^{n^2+n}\begin{vmatrix} c_{11} & c_{12} & \cdots & c_{1n} \\ c_{21} & c_{22} & \cdots & c_{2n} \\ \vdots & \vdots & & \vdots \\ c_{n1} & c_{n2} & \cdots & c_{nn} \end{vmatrix}=\begin{vmatrix} c_{11} & c_{12} & \cdots & c_{1n} \\ c_{21} & c_{22} & \cdots & c_{2n} \\ \vdots & \vdots & & \vdots \\ c_{n1} & c_{n2} & \cdots & c_{nn} \end{vmatrix}.$$

所以 $D_1D_2=|c_{ij}|_n$. □

我们通常把定理 1.3 中行列式的乘积法则称为“行乘列法则”. 由行列式的性质 1 知,行列式的乘积也可以采用“行乘行法则”,“列乘行法则”和“列乘列法则”.

例 1.29 设行列式

$$D_1=\begin{vmatrix} 1 & 1 & 0 \\ 0 & 2 & 0 \\ 1 & 1 & 1 \end{vmatrix},\quad D_2=\begin{vmatrix} 2 & 4 & 1 \\ 1 & 5 & 2 \\ 1 & 1 & -1 \end{vmatrix}.$$

试用乘积法则计算 D_1D_2.

解 由定理 1.3,得

$$D_1D_2=\begin{vmatrix} 1\times2+1\times1+0\times1 & 1\times4+1\times5+0\times1 & 1\times1+1\times2+0\times(-1) \\ 0\times2+2\times1+0\times1 & 0\times4+2\times5+0\times1 & 0\times1+2\times2+0\times(-1) \\ 1\times2+1\times1+1\times1 & 1\times4+1\times5+1\times1 & 1\times1+1\times2+1\times(-1) \end{vmatrix}$$

$$=\begin{vmatrix} 3 & 9 & 3 \\ 2 & 10 & 4 \\ 4 & 10 & 2 \end{vmatrix}=-12.$$ □

例 1.30 设行列式

$$D=\begin{vmatrix} a_1 & a_2 & a_3 & a_4 \\ -a_2 & a_1 & -a_4 & a_3 \\ -a_3 & a_4 & a_1 & -a_2 \\ -a_4 & -a_3 & a_2 & a_1 \end{vmatrix}.$$

试求 D^2.

解 由定理 1.3 及行列式的性质,得

$$D^2=DD=DD^{\mathrm T}=\begin{vmatrix} a_1 & a_2 & a_3 & a_4 \\ -a_2 & a_1 & -a_4 & a_3 \\ -a_3 & a_4 & a_1 & -a_2 \\ -a_4 & -a_3 & a_2 & a_1 \end{vmatrix}\begin{vmatrix} a_1 & -a_2 & -a_3 & -a_4 \\ a_2 & a_1 & a_4 & -a_3 \\ a_3 & -a_4 & a_1 & a_2 \\ a_4 & a_3 & -a_2 & a_1 \end{vmatrix}$$

$$= \begin{vmatrix} \sum_{i=1}^{4} a_i^2 & 0 & 0 & 0 \\ 0 & \sum_{i=1}^{4} a_i^2 & 0 & 0 \\ 0 & 0 & \sum_{i=1}^{4} a_i^2 & 0 \\ 0 & 0 & 0 & \sum_{i=1}^{4} a_i^2 \end{vmatrix}$$

$$= \left(\sum_{i=1}^{4} a_i^2\right)^4 = (a_1^2 + a_2^2 + a_3^2 + a_4^2)^4. \qquad \square$$

例 1.31 证明等式

$$\begin{vmatrix} a_1+b_1x & a_1x+b_1 & c_1 \\ a_2+b_2x & a_2x+b_2 & c_2 \\ a_3+b_3x & a_3x+b_3 & c_3 \end{vmatrix} = (1-x^2)\begin{vmatrix} a_1 & b_1 & c_1 \\ a_2 & b_2 & c_2 \\ a_3 & b_3 & c_3 \end{vmatrix}.$$

证 由定理 1.3 可得

$$\begin{vmatrix} a_1+b_1x & a_1x+b_1 & c_1 \\ a_2+b_2x & a_2x+b_2 & c_2 \\ a_3+b_3x & a_3x+b_3 & c_3 \end{vmatrix} = \begin{vmatrix} a_1 & b_1 & c_1 \\ a_2 & b_2 & c_2 \\ a_3 & b_3 & c_3 \end{vmatrix}\begin{vmatrix} 1 & x & 0 \\ x & 1 & 0 \\ 0 & 0 & 1 \end{vmatrix}.$$

因为

$$\begin{vmatrix} 1 & x & 0 \\ x & 1 & 0 \\ 0 & 0 & 1 \end{vmatrix} = (1-x^2),$$

所以

$$\begin{vmatrix} a_1+b_1x & a_1x+b_1 & c_1 \\ a_2+b_2x & a_2x+b_2 & c_2 \\ a_3+b_3x & a_3x+b_3 & c_3 \end{vmatrix} = (1-x^2)\begin{vmatrix} a_1 & b_1 & c_1 \\ a_2 & b_2 & c_2 \\ a_3 & b_3 & c_3 \end{vmatrix}. \qquad \square$$

1.5 克拉默定理

克拉默(Cramer)定理又称为**克拉默法则**,是行列式在线性方程组求解理论中的重要应用. 我们已经在例 1.3 中给出 $n=2$ 时克拉默定理的结论. 可以证明,其一般结论如下.

定理 1.4 若 n 元线性方程组

$$\begin{cases} a_{11}x_1+a_{12}x_2+\cdots+a_{1n}x_n=b_1, \\ a_{21}x_1+a_{22}x_2+\cdots+a_{2n}x_n=b_2, \\ \cdots\cdots\cdots\cdots \\ a_{n1}x_1+a_{n2}x_2+\cdots+a_{nn}x_n=b_n \end{cases} \tag{1.14}$$

的系数行列式

$$D=|a_{ij}|_n=\begin{vmatrix} a_{11} & a_{12} & \cdots & a_{1n} \\ a_{21} & a_{22} & \cdots & a_{2n} \\ \vdots & \vdots & & \vdots \\ a_{n1} & a_{n2} & \cdots & a_{nn} \end{vmatrix}\neq 0,$$

则方程组(1.14)有唯一解，且其解可表示为

$$x_1=\frac{D_1}{D},\quad x_2=\frac{D_2}{D},\quad \cdots,\quad x_n=\frac{D_n}{D}, \tag{1.15}$$

其中，$D_j(j=1,2,\cdots,n)$是把 D 的第 j 列换成方程组(1.14)右端的常数列所得的 n 阶行列式，即

$$D_j=\begin{vmatrix} a_{11} & \cdots & a_{1,j-1} & b_1 & a_{1,j+1} & \cdots & a_{1n} \\ a_{21} & \cdots & a_{2,j-1} & b_2 & a_{2,j+1} & \cdots & a_{2n} \\ \vdots & & \vdots & \vdots & \vdots & & \vdots \\ a_{n1} & \cdots & a_{n,j-1} & b_n & a_{n,j+1} & \cdots & a_{nn} \end{vmatrix}.$$

证　我们先证明(1.15)式是线性方程组(1.14)的解. 为此我们先将 D_j 按第 j 列展开，由于 D_j 中 $b_i(1\leqslant i\leqslant n)$的代数余子式就是 D 中元素 a_{ij} 的代数余子式 A_{ij}，因此

$$D_j=b_1A_{1j}+b_2A_{2j}+\cdots+b_nA_{nj}=\sum_{k=1}^{n}b_kA_{kj}.$$

然后将 $x_j=\dfrac{D_j}{D}(j=1,2,\cdots,n)$代入(1.14)式的第 $i(i=1,2,\cdots,n)$个方程

$$\sum_{j=1}^{n}a_{ij}x_j=b_i\quad(1\leqslant i\leqslant n)$$

的左端. 由于 $\sum\limits_{j=1}^{n}a_{ij}A_{kj}=\begin{cases}0, & k\neq i,\\ D, & k=i,\end{cases}$ 故

$$\begin{aligned}\sum_{j=1}^{n}a_{ij}\frac{D_j}{D}&=\frac{1}{D}\sum_{j=1}^{n}a_{ij}D_j=\frac{1}{D}\sum_{j=1}^{n}a_{ij}\left(\sum_{k=1}^{n}b_kA_{kj}\right)\\ &=\frac{1}{D}\sum_{k=1}^{n}b_k\left(\sum_{j=1}^{n}a_{ij}A_{kj}\right)=\frac{1}{D}b_i\sum_{j=1}^{n}a_{ij}A_{ij}=\frac{b_i}{D}D=b_i.\end{aligned}$$

因此(1.15)式是线性方程组(1.14)的解.

其次,我们证明当方程组(1.14)有解时,其解就是(1.15)式. 为此设方程组的解为

$$x_1=c_1,\quad x_2=c_2,\quad \cdots,\quad x_n=c_n.$$

将其代入方程组,并将 D 中元素 a_{i1} 的代数余子式 A_{i1} 分别乘以(1.14)式中第 i 个方程的两端($i=1,2,\cdots,n$),得

$$\begin{cases} a_{11}A_{11}c_1+a_{12}A_{11}c_2+\cdots+a_{1n}A_{11}c_n=b_1A_{11}, \\ a_{21}A_{21}c_1+a_{22}A_{21}c_2+\cdots+a_{2n}A_{21}c_n=b_2A_{21}, \\ \cdots\cdots\cdots\cdots \\ a_{n1}A_{n1}c_1+a_{n2}A_{n1}c_2+\cdots+a_{nn}A_{nn}c_n=b_nA_{nn}. \end{cases} \tag{1.16}$$

将(1.16)式中的各方程相加,得

$$\left(\sum_{i=1}^{n}a_{i1}A_{i1}\right)c_1+\left(\sum_{i=1}^{n}a_{i2}A_{i1}\right)c_2+\cdots+\left(\sum_{i=1}^{n}a_{in}A_{i1}\right)c_n=\sum_{i=1}^{n}b_iA_{i1}.$$

由

$$\sum_{i=1}^{n}a_{ij}A_{i1}=a_{ij}A_{i1}+a_{ij}A_{i1}+\cdots+a_{ij}A_{i1}=\begin{cases} D, & j=1, \\ 0, & j\neq 1, \end{cases}$$

以及

$$\sum_{i=1}^{n}b_iA_{i1}=b_1A_{11}+b_2A_{21}+\cdots+b_nA_{n1}=D_1,$$

得 $Dc_1=D_1$. 因为 $D\neq 0$,所以 $c_1=\dfrac{D_1}{D}$. 同理可得

$$c_j=\frac{D_j}{D}\quad (j=2,3,\cdots,n).$$

综上所述,可得当 $D\neq 0$ 时,线性方程组(1.14)有唯一解,其解为(1.15)式. □

例 1.32 已知线性方程组

$$\begin{cases} \quad\ \ -x_2-x_3+2x_4=1, \\ x_1-x_2\qquad\ +2x_4=0, \\ -x_1+2x_2-x_3\qquad\ =0, \\ 2x_1+x_2+x_3\qquad\ =0, \end{cases}$$

试问此方程组是否有唯一解? 若有解,求其解.

解 由例 1.10 知其系数行列式

$$D=\begin{vmatrix} 0 & -1 & -1 & 2 \\ 1 & -1 & 0 & 2 \\ -1 & 2 & -1 & 0 \\ 2 & 1 & 1 & 0 \end{vmatrix}=4\neq 0.$$

所以该线性方程组有唯一解. 又

$$D_1=\begin{vmatrix}1&-1&-1&2\\0&-1&0&2\\0&2&-1&0\\0&1&1&0\end{vmatrix}=6,\qquad D_2=\begin{vmatrix}0&1&-1&2\\1&0&0&2\\-1&0&-1&0\\2&0&1&0\end{vmatrix}=-2,$$

$$D_3=\begin{vmatrix}0&-1&1&2\\1&-1&0&2\\-1&2&0&0\\2&1&0&0\end{vmatrix}=-10,\qquad D_4=\begin{vmatrix}0&-1&-1&1\\1&-1&0&0\\-1&2&-1&0\\2&1&1&0\end{vmatrix}=-4.$$

所以其解为

$$x_1=\frac{D_1}{D}=\frac{3}{2},\quad x_2=\frac{D_2}{D}=-\frac{1}{2},\quad x_3=\frac{D_3}{D}=-\frac{5}{2},\quad x_4=\frac{D_4}{D}=-1.$$

例 1.33　设线性方程组为

$$\begin{cases}x_1+\ \ x_2+\ \ x_3+\ \ x_4=1,\\a_1x_1+a_2x_2+a_3x_3+a_4x_4=b,\\a_1^2x_1+a_2^2x_2+a_3^2x_3+a_4^2x_4=b^2,\\a_1^3x_1+a_2^3x_2+a_3^3x_3+a_4^3x_4=b^3,\end{cases}$$

其中常数 $a_i(i=1,2,3,4)$ 互不相同. 试问此方程组是否有唯一解? 若有解,则求其解.

解　此方程组的系数行列式是范德蒙德行列式,因此

$$D=|a_j^{i-1}|_4=(a_4-a_3)(a_4-a_2)(a_4-a_1)(a_3-a_2)(a_3-a_1)(a_2-a_1).$$

由于常数 $a_i(i=1,2,3,4)$ 互不相同,得 $D\neq0$,所以方程组有唯一解. 又因为行列式 $D_j(j=1,2,3,4)$ 是 D 中以 b 替换 a_j 所得的范德蒙德行列式,因此

$$D_1=(a_4-a_3)(a_4-a_2)(a_4-b)(a_3-a_2)(a_3-b)(a_2-b),$$
$$D_2=(a_4-a_3)(a_4-b)(a_4-a_1)(a_3-b)(a_3-a_1)(b-a_1),$$
$$D_3=(a_4-b)(a_4-a_2)(a_4-a_1)(b-a_2)(b-a_1)(a_2-a_1),$$
$$D_4=(b-a_3)(b-a_2)(b-a_1)(a_3-a_2)(a_3-a_1)(a_2-a_1).$$

所以方程组的解为

$$x_1=\frac{D_1}{D}=\frac{(a_4-b)(a_3-b)(a_2-b)}{(a_4-a_1)(a_3-a_1)(a_2-a_1)},$$
$$x_2=\frac{D_2}{D}=\frac{(a_4-b)(a_3-b)(b-a_1)}{(a_4-a_2)(a_3-a_2)(a_2-a_1)},$$
$$x_3=\frac{D_3}{D}=\frac{(a_4-b)(b-a_2)(b-a_1)}{(a_4-a_3)(a_3-a_2)(a_3-a_1)},$$
$$x_4=\frac{D_4}{D}=\frac{(b-a_3)(b-a_2)(b-a_1)}{(a_4-a_3)(a_4-a_2)(a_4-a_1)}.$$

□

如果方程组(1.14)中的常数 $b_i=0\ (i=1,2,\cdots,n)$,即

$$\begin{cases} a_{11}x_1+a_{12}x_2+\cdots+a_{1n}x_n=0, \\ a_{21}x_1+a_{22}x_2+\cdots+a_{2n}x_n=0, \\ \cdots\cdots\cdots\cdots \\ a_{n1}x_1+a_{n2}x_2+\cdots+a_{nn}x_n=0, \end{cases} \tag{1.17}$$

则称其为 n 元**齐次线性方程组**. 而当方程组(1.14)中的常数 $b_i(i=1,2,\cdots,n)$不全为零时,称其为 n 元**非齐次线性方程组**.

由定理 1.4 可得以下推论.

推论 1.9 若齐次线性方程组(1.17)的系数行列式不为零,则其只有**零解**,即其解为 $x_j=0\ (j=1,2,\cdots,n)$.

推论 1.10 若齐次线性方程组(1.17)有**非零解**,即解中的 $x_j(j=1,2,\cdots,n)$不全为零,则其系数行列式 $D=0$.

例 1.34 已知齐次线性方程组

$$\begin{cases} ax_1+x_2+x_3=0, \\ x_1+ax_2+x_3=0, \\ x_1+x_2+ax_3=0 \end{cases}$$

有非零解,试求常数 a 的值.

解 因为该方程组的系数行列式为

$$D=\begin{vmatrix} a & 1 & 1 \\ 1 & a & 1 \\ 1 & 1 & a \end{vmatrix}=(a+2)(a-1)^2,$$

所以由推论 1.10 可知,$a=-2$ 或 $a=1$. □

例 1.35 给定 xOy 平面上三个点(1,1),(2,−1),(3,1),求过这三个点,而且对称轴与 y 轴平行的抛物线方程.

解 设所求抛物线方程为 $y=f(x)=c+bx+ax^2$,则有

$$\begin{cases} f(1)=c+\ b+\ a=1, \\ f(2)=c+2b+4a=-1, \\ f(3)=c+3b+9a=1. \end{cases}$$

上式是以 c,b,a 为变量的线性方程组,其系数行列式是范德蒙德行列式的转置

$$D=\begin{vmatrix} 1 & 1 & 1 \\ 1 & 2 & 4 \\ 1 & 3 & 9 \end{vmatrix}=(3-2)(3-1)(2-1)=2\neq 0.$$

由克拉默定理知其有唯一解. 经计算得 $D_1=14,D_2=-16,D_3=4$,故得

$$c=7,\quad b=-8,\quad a=2.$$

因此,所求抛物线方程为 $y=f(x)=7-8x+2x^2$. □

附录:关于求和号 $\sum$

为了书写和运算的简便,我们在教材中使用了求和号,即

$$\sum_{i=1}^{n} a_i = a_1 + a_2 + \cdots + a_n,$$

其中 $\sum$ 表示求和,字母 i 是求和指标.求和指标也可以用其他字母和方式表示,如

$$\sum_{i=1}^{n} a_i = \sum_{k=1}^{n} a_k = \sum_{i=0}^{n-1} a_{i+1} = \sum_{i=2}^{n+1} a_{i-1}.$$

利用加法的交换律、结合律及加法与乘法之间的分配律,可得求和号的常用性质:

(1) $\sum_{i=1}^{n}(a_i + b_i) = \sum_{i=1}^{n} a_i + \sum_{i=1}^{n} b_i$;

(2) $k\sum_{i=1}^{n} a_i = \sum_{i=1}^{n}(ka_i)$;

(3) $\sum_{i=1}^{n}(a_i + b_i)x_i = \sum_{i=1}^{n} a_i x_i + \sum_{i=1}^{n} b_i x_i$;

(4) $\sum_{i=1}^{n} a_i = \sum_{i=1}^{k} a_i + \sum_{i=k+1}^{n} a_i \quad (1 \leqslant k < n)$.

当需要计算 $m\times n$ 个元素 $a_{ij}(i=1,2,\cdots,m;j=1,2,\cdots,n)$ 的加法时,我们需要用到两重求和号

$$\begin{aligned}\sum_{i=1}^{m}\sum_{j=1}^{n} a_{ij} &= \sum_{i=1}^{m}(a_{i1} + a_{i2} + \cdots + a_{in}) \\ &= (a_{11} + a_{12} + \cdots + a_{1n}) + (a_{21} + a_{22} + \cdots + a_{2n}) + \cdots + (a_{m1} + a_{m2} + \cdots + a_{mn}).\end{aligned}$$

因为

$$\begin{aligned}\sum_{j=1}^{n}\sum_{i=1}^{m} a_{ij} &= \sum_{j=1}^{n}(a_{1j} + a_{2j} + \cdots + a_{mj}) \\ &= (a_{11} + a_{21} + \cdots + a_{m1}) + (a_{12} + a_{22} + \cdots + a_{m2}) + \cdots + (a_{1n} + a_{2n} + \cdots + a_{mn}).\end{aligned}$$

比较上述两式,并由加法的交换律和结合律,可得

$$\sum_{i=1}^{m}\sum_{j=1}^{n} a_{ij} = \sum_{j=1}^{n}\sum_{i=1}^{m} a_{ij}.$$

对特殊的加法运算,我们将用到特殊的求和号.如

(1) 计算$\frac{n(n+1)}{2}$个元素 $a_{ij}(i=1,2,\cdots,n;j=i,i+1,\cdots,n)$ 的加法

$$S=(a_{11}+a_{12}+\cdots+a_{1n})+(a_{22}+a_{23}+\cdots+a_{2n})+\cdots+(a_{n-1,n-1}+a_{n-1,n})+a_{nn},$$

可用求和号

$$S = \sum_{i=1}^{n}\sum_{j=i}^{n} a_{ij} \quad 或 \quad S = \sum_{j=1}^{n}\sum_{i=1}^{j} a_{ij}.$$

(2) 需要计算下标满足条件 $P(i,j)$ 的各元素 a_{ij} 的加法时,可用求和号 $\sum\limits_{P(i,j)} a_{ij}$.

例如,当 $i\geqslant 1, j\geqslant 1$ 时,

$$\sum_{i+j=5} a_{ij} = a_{14} + a_{23} + a_{32} + a_{41};$$

$$\sum_{1\leqslant i<j\leqslant 5} a_{ij} = a_{12}+a_{13}+a_{14}+a_{15}+a_{23}+a_{24}+a_{25}+a_{34}+a_{35}+a_{45}.$$

(3) 设$(j_1,j_2,\cdots,j_n)$为$1,2,\cdots,n$这n个数的任一全排列，则对所有的n阶排列$(j_1,j_2,\cdots,j_n)$求元素$a_{1j_1}a_{2j_2}\cdots a_{nj_n}$的和可表示为

$$\sum_{(j_1,j_2,\cdots,j_n)} a_{1j_1}a_{2j_2}\cdots a_{nj_n}.$$

例如，

$$\sum_{(j_1,j_2,j_3)} a_{1j_1}a_{2j_2}a_{3j_3} = a_{11}a_{22}a_{33}+a_{11}a_{23}a_{32}+a_{12}a_{21}a_{33}+a_{12}a_{23}a_{31}+a_{13}a_{21}a_{32}+a_{13}a_{22}a_{31}.$$

习 题 一

(一)

1. 用对角线展开法计算下列行列式：

(1) $\begin{vmatrix} 6 & 9 \\ 8 & 12 \end{vmatrix}$； (2) $\begin{vmatrix} \cos x & \sin x \\ -\sin x & \cos x \end{vmatrix}$； (3) $\begin{vmatrix} x-1 & 1 \\ x^2 & x^2+x+1 \end{vmatrix}$；

(4) $\begin{vmatrix} 1 & 2 & 3 \\ 3 & 1 & 2 \\ 2 & 3 & 1 \end{vmatrix}$； (5) $\begin{vmatrix} a & b & c \\ b & c & a \\ c & a & b \end{vmatrix}$； (6) $\begin{vmatrix} x & 3 & 4 \\ -1 & x & 0 \\ 0 & x & 1 \end{vmatrix}$.

2. 求下列各排列的逆序数，并确定排列的奇偶性.

(1) 1726354； (2) 985467321； (3) $(2n+1)(2n-1)\cdots 531$.

3. 设n阶排列$a_1,a_2,\cdots,a_n$的逆序数为s，求排列$a_n,a_{n-1},\cdots,a_1$的逆序数.

4. 选择i与$k(1\leqslant i\leqslant 9, 1\leqslant k\leqslant 9)$，使下列排列为偶排列：

(1) $1274i56k9$； (2) $1i25k4897$.

5. 写出四阶行列式$D=|a_{ij}|_4$中所有含元素a_{23}并带负号的项.

6. 用行列式的定义，计算下列行列式：

(1) $\begin{vmatrix} 5 & 0 & 0 & 0 & 0 \\ 0 & 0 & 0 & 3 & 0 \\ 0 & 0 & 2 & 0 & 0 \\ 0 & 0 & 0 & 0 & 4 \\ 0 & 1 & 0 & 0 & 0 \end{vmatrix}$； (2) $\begin{vmatrix} 0 & 0 & 0 & 1 & 0 \\ 0 & 0 & 2 & 7 & 0 \\ 0 & 3 & 8 & 0 & 0 \\ 4 & 9 & 12 & -5 & 0 \\ 10 & 11 & 10 & 7 & -5 \end{vmatrix}$；

(3) $\begin{vmatrix} a_{11} & a_{12} & a_{13} & a_{14} & a_{15} \\ a_{21} & a_{22} & a_{23} & a_{24} & a_{25} \\ a_{31} & a_{32} & 0 & 0 & 0 \\ a_{41} & a_{42} & 0 & 0 & 0 \\ a_{51} & a_{52} & 0 & 0 & 0 \end{vmatrix}$； (4) $\begin{vmatrix} 1 & 0 & 0 & \cdots & 0 & 0 & 0 \\ 0 & 0 & 3 & \cdots & 0 & 0 & 0 \\ 0 & 0 & 0 & \cdots & 0 & 0 & 0 \\ \vdots & \vdots & \vdots & & \vdots & \vdots & \vdots \\ 0 & 0 & 0 & \cdots & 0 & n-1 & 0 \\ 0 & 0 & 0 & \cdots & 0 & 0 & n \\ 0 & 2 & 0 & \cdots & 0 & 0 & 0 \end{vmatrix}$.

7. 用行列式的性质计算下列行列式：

(1) $\begin{vmatrix} x^2+1 & yx & zx \\ xy & y^2+1 & zy \\ xz & yz & z^2+1 \end{vmatrix}$；　(2) $\begin{vmatrix} x & y & x+y \\ y & x+y & x \\ x+y & x & y \end{vmatrix}$；

(3) $\begin{vmatrix} 1 & 2 & 3 & 4 \\ 2 & 3 & 4 & 1 \\ 3 & 4 & 1 & 2 \\ 4 & 1 & 2 & 3 \end{vmatrix}$；　(4) $\begin{vmatrix} a^2 & (a+1)^2 & (a+2)^2 & (a+3)^2 \\ b^2 & (b+1)^2 & (b+2)^2 & (b+3)^2 \\ c^2 & (c+1)^2 & (c+2)^2 & (c+3)^2 \\ d^2 & (d+1)^2 & (d+2)^2 & (d+3)^2 \end{vmatrix}$；

(5) $\begin{vmatrix} 0 & 2 & 3 & 4 & 5 \\ 1 & 0 & 3 & 4 & 5 \\ 1 & 2 & 0 & 4 & 5 \\ 1 & 2 & 3 & 0 & 5 \\ 1 & 2 & 3 & 4 & 0 \end{vmatrix}$；　(6) $\begin{vmatrix} a+1 & 0 & 0 & 0 & a+2 \\ 0 & a+5 & 0 & a+6 & 0 \\ 0 & 0 & a+9 & 0 & 0 \\ 0 & a+7 & 0 & a+8 & 0 \\ a+3 & 0 & 0 & 0 & a+4 \end{vmatrix}$.

8. 求解方程 $f(x)=0$，其中

(1) $f(x)=\begin{vmatrix} 2 & 2 & -1 & 3 \\ 4 & x^2-5 & -2 & 5 \\ -3 & 2 & -1 & x^2+1 \\ 3 & -2 & 1 & -2 \end{vmatrix}$；　(2) $f(x)=\begin{vmatrix} 1 & x & x^2 & x^3 \\ 1 & 1 & 1 & 1 \\ 1 & -1 & 1 & -1 \\ 1 & 2 & 4 & 8 \end{vmatrix}$.

9. 已知四阶行列式 D 的第三行元素为 $-1,2,0,1$，它们对应的代数余子式分别为 $5,3,-7,4$，试求行列式 D.

10. 已知四阶行列式 D 的第二列元素为 $-1,2,0,1$，它们对应的余子式分别为 $5,3,-7,4$，试求行列式 D.

11. 已知行列式 $D=\begin{vmatrix} 3 & 1 & 0 & 4 \\ 0 & 2 & -1 & 1 \\ 1 & 1 & 2 & 1 \\ 3 & 5 & 2 & 7 \end{vmatrix}$，$M_{ij}$、$A_{ij}$ 分别是 D 中元素 a_{ij} 的余子式和代数余子式. 试求：

(1) $4M_{42}+2M_{43}+2M_{44}$；　(2) $A_{41}+A_{42}+A_{43}+A_{44}$.

12. 计算下列 n 阶行列式：

(1) $\begin{vmatrix} 1 & 2 & 2 & \cdots & 2 \\ 2 & 2 & 2 & \cdots & 2 \\ 2 & 2 & 3 & \cdots & 2 \\ \vdots & \vdots & \vdots & & \vdots \\ 2 & 2 & 2 & \cdots & n \end{vmatrix}$；　(2) $\begin{vmatrix} 1 & 1 & 1 & \cdots & 1 \\ 1 & 2 & 0 & \cdots & 0 \\ 1 & 0 & 3 & \cdots & 0 \\ \vdots & \vdots & \vdots & & \vdots \\ 1 & 0 & 0 & \cdots & n \end{vmatrix}$；

(3) $\begin{vmatrix} 1+x & 2 & \cdots & n-1 & n \\ 1 & 2+x & \cdots & n-1 & n \\ \vdots & \vdots & & \vdots & \vdots \\ 1 & 2 & \cdots & (n-1)+x & n \\ 1 & 2 & \cdots & n-1 & n+x \end{vmatrix}$；　(4) $\begin{vmatrix} 1 & 2 & \cdots & n-1 & n \\ 2 & 3 & \cdots & n & 1 \\ \vdots & \vdots & & \vdots & \vdots \\ n-1 & n & \cdots & n-3 & n-2 \\ n & 1 & \cdots & n-2 & n-1 \end{vmatrix}$；

(5) $\begin{vmatrix} 1 & 2 & 3 & \cdots & n-1 & n \\ 2 & 2 & 3 & \cdots & n-1 & n \\ 3 & 3 & 3 & \cdots & n-1 & n \\ \vdots & \vdots & \vdots & & \vdots & \vdots \\ n-1 & n-1 & n-1 & \cdots & n-1 & n \\ n & n & n & \cdots & n & n \end{vmatrix}$; (6) $\begin{vmatrix} x & y & 0 & \cdots & 0 & 0 \\ 0 & x & y & \cdots & 0 & 0 \\ 0 & 0 & x & \cdots & 0 & 0 \\ \vdots & \vdots & \vdots & & \vdots & \vdots \\ 0 & 0 & 0 & \cdots & x & y \\ y & 0 & 0 & \cdots & 0 & x \end{vmatrix}$.

13. 证明下列各等式：

(1) $\begin{vmatrix} a_1+b_1x & a_1x+b_1 & c_1 \\ a_2+b_2x & a_2x+b_2 & c_2 \\ a_3+b_3x & a_3x+b_3 & c_3 \end{vmatrix}=(1-x^2)\begin{vmatrix} a_1 & b_1 & c_1 \\ a_2 & b_2 & c_2 \\ a_3 & b_3 & c_3 \end{vmatrix}$；

(2) $\begin{vmatrix} a_1 & -1 & 0 & \cdots & 0 & 0 \\ a_2 & x & -1 & \cdots & 0 & 0 \\ a_3 & 0 & x & \cdots & 0 & 0 \\ \vdots & \vdots & \vdots & & \vdots & \vdots \\ a_{n-1} & 0 & 0 & \cdots & x & -1 \\ a_n & 0 & 0 & \cdots & 0 & x \end{vmatrix}=\sum_{i=1}^{n}a_ix^{n-i}$；

(3) $\begin{vmatrix} \cos x & 1 & 0 & \cdots & 0 & 0 \\ 1 & 2\cos x & 1 & \cdots & 0 & 0 \\ 0 & 1 & 2\cos x & \cdots & 0 & 0 \\ \vdots & \vdots & \vdots & & \vdots & \vdots \\ 0 & 0 & 0 & \cdots & 2\cos x & 1 \\ 0 & 0 & 0 & \cdots & 1 & 2\cos x \end{vmatrix}=\cos nx$；

(4) $\begin{vmatrix} 1+a_1 & 1 & \cdots & 1 & 1 \\ 1 & 1+a_2 & \cdots & 1 & 1 \\ \vdots & \vdots & & \vdots & \vdots \\ 1 & 1 & \cdots & 1+a_{n-1} & 1 \\ 1 & 1 & \cdots & 1 & 1+a_n \end{vmatrix}=a_1a_2\cdots a_n\left(1+\sum_{i=1}^{n}\frac{1}{a_i}\right)$，

其中 $a_i\neq 0, i=1,2,\cdots,n$；

(5) $\begin{vmatrix} a^n & (a+1)^n & (a+2)^n & \cdots & (a+n)^n \\ a^{n-1} & (a+1)^{n-1} & (a+2)^{n-1} & \cdots & (a+n)^{n-1} \\ \vdots & \vdots & \vdots & & \vdots \\ a & a+1 & a+2 & \cdots & a+n \\ 1 & 1 & 1 & \cdots & 1 \end{vmatrix}=(-1)^{\frac{n(n+1)}{2}}2!3!\cdots n!$.

14. 用克拉默定理判别下列线性方程组是否有唯一解，若有，则求其解.

(1) $\begin{cases} x_1+2x_2+4x_3=31, \\ 5x_1+x_2+2x_3=29, \\ 3x_1-x_2+x_3=10; \end{cases}$ (2) $\begin{cases} ax_1+x_2+x_3=1, \\ 3x_1+ax_2+3x_3=1, \\ -3x_1+3x_2+ax_3=1; \end{cases}$

(3) $\begin{cases} 2x_1+x_2-5x_3+x_4=8, \\ x_1-3x_2-6x_4=9, \\ 2x_2-x_3+2x_4=-5, \\ x_1+4x_2-7x_3+6x_4=0; \end{cases}$　(4) $\begin{cases} 3x_1+2x_2=1, \\ x_1+3x_2+2x_3=0, \\ x_2+3x_3+2x_4=0, \\ x_3+3x_4+2x_5=0, \\ x_4+3x_5=0; \end{cases}$

(5) $\begin{cases} x_2+x_3+x_4+x_5=1, \\ x_1+x_3+x_4+x_5=2, \\ x_1+x_2+x_4+x_5=3, \\ x_1+x_2+x_3+x_5=4, \\ x_1+x_2+x_3+x_4=5. \end{cases}$

15. 已知下列齐次线性方程组有非零解,试求参数 λ 的值.

(1) $\begin{cases} \lambda x_1+x_2+x_3=0, \\ x_1+\lambda x_2-x_3=0, \\ 2x_1-x_2+x_3=0; \end{cases}$　(2) $\begin{cases} x_1-x_2=\lambda x_1, \\ -x_1+2x_2-x_3=\lambda x_2, \\ -x_2+x_3=\lambda x_3; \end{cases}$

(3) $\begin{cases} (5-\lambda)x_1-4x_2-7x_3=0, \\ -6x_1+(7-\lambda)x_2+11x_3=0, \\ 6x_1-6x_2-(10+\lambda)x_3=0. \end{cases}$

16. 设 a,b,c,d 为不全为零的实数,证明以下齐次线性方程组只有零解:

$$\begin{cases} ax_1+bx_2+cx_3+dx_4=0, \\ bx_1-ax_2+dx_3-cx_4=0, \\ cx_1-dx_2-ax_3+bx_4=0, \\ dx_1+cx_2-bx_3-ax_4=0. \end{cases}$$

17. 设 $P(x_1,y_1)$ 和 $Q(x_2,y_2)$ 是平面上两个不同的点,证明经过点 P,Q 的直线方程为

$$\begin{vmatrix} 1 & x & y \\ 1 & x_1 & y_1 \\ 1 & x_2 & y_2 \end{vmatrix}=0.$$

18. 求三次多项式 $f(x)$,使得 $f(-1)=0,f(1)=4,f(2)=3,f(3)=16$.

(二)

19. 用拉普拉斯定理计算下列行列式:

(1) $\begin{vmatrix} 2 & 1 & 4 & 3 & 5 \\ 3 & 4 & 0 & 5 & 0 \\ 3 & 4 & 5 & 2 & 1 \\ 1 & 5 & 2 & 4 & 3 \\ 4 & 6 & 0 & 7 & 0 \end{vmatrix}$;　(2) $\begin{vmatrix} 1 & 1 & 1 & 0 & 0 \\ 1 & 2 & 3 & 0 & 0 \\ 0 & 1 & 1 & 1 & 1 \\ 0 & x_1 & x_2 & x_3 & x_4 \\ 0 & x_1^2 & x_2^2 & x_3^2 & x_4^2 \end{vmatrix}$;

(3) $\begin{vmatrix} n & 0 & \cdots & 0 & 0 & \cdots & 0 & n+2 \\ 0 & n-1 & \cdots & 0 & 0 & \cdots & n+1 & 0 \\ \vdots & \vdots & & \vdots & \vdots & & \vdots & \vdots \\ 0 & 0 & \cdots & 1 & 3 & \cdots & 0 & 0 \\ 0 & 0 & \cdots & 2 & 4 & \cdots & 0 & 0 \\ \vdots & \vdots & & \vdots & \vdots & & \vdots & \vdots \\ 0 & n & \cdots & 0 & 0 & \cdots & n+2 & 0 \\ n+1 & 0 & \cdots & 0 & 0 & \cdots & 0 & n+3 \end{vmatrix}$.

20. 计算下列 n 阶行列式:

(1) $\begin{vmatrix} 7 & 5 & 0 & \cdots & 0 & 0 \\ 2 & 7 & 5 & \cdots & 0 & 0 \\ 0 & 2 & 7 & \cdots & 0 & 0 \\ \vdots & \vdots & \vdots & & \vdots & \vdots \\ 0 & 0 & 0 & \cdots & 7 & 5 \\ 0 & 0 & 0 & \cdots & 2 & 7 \end{vmatrix}$;　　(2) $\begin{vmatrix} 1 & 1 & 1 & \cdots & 1 \\ x_1 & x_2 & x_3 & \cdots & x_n \\ x_1^2 & x_2^2 & x_3^2 & \cdots & x_n^2 \\ \vdots & \vdots & \vdots & & \vdots \\ x_1^{n-2} & x_2^{n-2} & x_3^{n-2} & \cdots & x_n^{n-2} \\ x_1^n & x_2^n & x_3^n & \cdots & x_n^n \end{vmatrix}$;

(3) $\begin{vmatrix} a_n & x & x & \cdots & x \\ y & a_{n-1} & x & \cdots & x \\ y & y & a_{n-2} & \cdots & x \\ \vdots & \vdots & \vdots & & \vdots \\ y & y & y & \cdots & a_1 \end{vmatrix}$, $x\neq y$;　　(4) $\begin{vmatrix} a_1+b_1 & a_2+b_1 & \cdots & a_n+b_1 \\ a_1+b_2 & a_2+b_2 & \cdots & a_n+b_2 \\ \vdots & \vdots & & \vdots \\ a_1+b_n & a_2+b_n & \cdots & a_n+b_n \end{vmatrix}$.

21. 证明下列等式:

(1) $\begin{vmatrix} x_1 & a_2 & a_3 & \cdots & a_n \\ a_1 & x_2 & a_3 & \cdots & a_n \\ a_1 & a_2 & x_3 & \cdots & a_n \\ \vdots & \vdots & \vdots & & \vdots \\ a_1 & a_2 & a_3 & \cdots & x_n \end{vmatrix} = \left(1+\sum_{i=1}^{n}\frac{a_i}{x_i-a_i}\right)\prod_{i=1}^{n}(x_i-a_i)$,

其中 $x_i\neq a_i, i=1,2,\cdots,n$;

(2) $\begin{vmatrix} 1+x_1 & 1+x_1^2 & \cdots & 1+x_1^n \\ 1+x_2 & 1+x_2^2 & \cdots & 1+x_2^n \\ \vdots & \vdots & & \vdots \\ 1+x_n & 1+x_n^2 & \cdots & 1+x_n^n \end{vmatrix} = \left(2\prod_{i=1}^{n}x_i-\prod_{i=1}^{n}(x_i-1)\right)\prod_{1\leqslant i<j\leqslant n}(x_j-x_i)$;

(3) $\begin{vmatrix} a_1^n & a_1^{n-1}b_1 & a_1^{n-2}b_1^2 & \cdots & a_1b_1^{n-1} & b_1^n \\ a_2^n & a_2^{n-1}b_2 & a_2^{n-2}b_2^2 & \cdots & a_2b_2^{n-1} & b_2^n \\ a_3^n & a_3^{n-1}b_3 & a_3^{n-2}b_3^2 & \cdots & a_3b_3^{n-1} & b_3^n \\ \vdots & \vdots & \vdots & & \vdots & \vdots \\ a_{n+1}^n & a_{n+1}^{n-1}b_{n+1} & a_{n+1}^{n-2}b_{n+1}^2 & \cdots & a_{n+1}b_{n+1}^{n-1} & b_{n+1}^n \end{vmatrix} = \prod_{1\leqslant i<j\leqslant n+1}(a_ib_j-a_jb_i)$.

22. 用克拉默定理求解以下线性方程组：

$$\begin{cases} x_1+ \quad x_2+\cdots+ \quad x_n=1, \\ a_1x_1+ \ a_2x_2+\cdots+ \ a_nx_n=b, \\ a_1^2x_1+ \ a_2^2x_2+\cdots+ \ a_n^2x_n=b^2, \\ \cdots\cdots \\ a_1^{n-1}x_1+a_2^{n-1}x_2+\cdots+a_n^{n-1}x_n=b^{n-1}, \end{cases}$$

其中常数 $a_i,i=1,2,\cdots,n$ 互不相同.

23. 设平面上三个不共线的点为 $P_i(x_i,y_i),i=1,2,3$，且 x_1,x_2,x_3 互不相同. 证明：过这三个点且对称轴与 y 轴平行的抛物线方程可表为

$$\begin{vmatrix} x^2 & x & 1 & y \\ x_1^2 & x_1 & 1 & y_1 \\ x_2^2 & x_2 & 1 & y_2 \\ x_3^2 & x_3 & 1 & y_3 \end{vmatrix}=0.$$

24. 已知平面上三条不同的直线的方程分别为

$$l_1: ax+2by+3c=0,$$
$$l_2: bx+2cy+3a=0,$$
$$l_3: cx+2ay+3b=0.$$

证明：这三条直线交于一点的充分必要条件为 $a+b+c=0$.

第二章　矩　　阵

矩阵是线性代数的基本概念.它在线性代数与数学的许多分支中都有重要应用,许多实际问题可以用矩阵表达并用有关理论得到解决.

本章介绍矩阵的概念,矩阵的基本运算,可逆矩阵,矩阵的秩以及矩阵的初等变换,分块矩阵的概念及其运算.最后,利用矩阵的有关概念与方法讨论线性方程组的解法及有解的条件.

2.1　矩阵的概念

在初等数学中,可用代入消元法或加减消元法解线性方程组.我们将由此引入矩阵的概念.

例 2.1　解线性方程组

$$\begin{cases} 2x_1+2x_2+3x_3=1, & (2.1)\\ x_1-x_2=2, & (2.2)\\ -x_1+2x_2+x_3=-2. & (2.3)\end{cases}$$

解　由消元法,我们按下述的步骤求解这个方程组.

交换方程(2.2)与方程(2.1)在方程组中的位置,得

$$\begin{cases} x_1-x_2=2, & (2.2)\\ 2x_1+2x_2+3x_3=1, & (2.1)\\ -x_1+2x_2+x_3=-2, & (2.3)\end{cases}$$

将方程(2.2)两端同时乘以-2加至方程(2.1)的两端(简述为方程(2.2)的-2倍加至(2.1)),(2.2)的1倍加至(2.3),得

$$\begin{cases} x_1-x_2=2, & (2.2)\\ 4x_2+3x_3=-3, & (2.4)\\ x_2+x_3=0, & (2.5)\end{cases}$$

交换(2.4)与(2.5),得

$$\begin{cases} x_1-x_2=2, & (2.2)\\ x_2+x_3=0, & (2.5)\\ 4x_2+3x_3=-3. & (2.4)\end{cases}$$

(2.5)的-4倍加至(2.4),得

$$\begin{cases} x_1 - x_2 = 2, & (2.2) \\ x_2 + x_3 = 0, & (2.5) \\ -x_3 = -3, & (2.6) \end{cases}$$

(2.6)加至(2.5),得

$$\begin{cases} x_1 - x_2 = 2, & (2.2) \\ x_2 = -3, & (2.7) \\ -x_3 = -3, & (2.6) \end{cases}$$

(2.7)加至(2.2),(2.6)两端乘以−1,得

$$\begin{cases} x_1 = -1, & (2.8) \\ x_2 = -3, & (2.7) \\ x_3 = 3. & (2.9) \end{cases}$$

可以看出,(2.7)～(2.9)给出了方程组(2.1)～(2.3)的解. □

例 2.1 中所用的消元法的过程,实际上是对方程组施行如下的操作或变换,称之为**线性方程组的初等变换**:

(1) 交换某两个方程在方程组中的位置;

(2) 一个方程的两端乘以一个不等于零的数;

(3) 一个方程的两端乘以同一个数后加至另一个方程的两端.

不难看出,例 2.1 中的线性方程组经初等变换后,所得方程组解的集合与原方程组解的集合相同. 称解的集合相同的线性方程组为**同解方程组**. 对方程组施行初等变换的目的是逐渐消去位于后面的方程中未知量的个数,如果最后一个方程只含一个未知量,则可从后面的方程开始逐个解出未知量. 而对方程组施行初等变换的过程实际上是对方程组中未知量的系数与常数项所组成的一个三行、四列的数表的行施行同样的变换过程. 将这个数表中的数放在括号内,称为矩阵,对上述方程组施行初等变换的过程可用矩阵的形式表述如下:

$$\left(\begin{array}{ccc:c} 2 & 2 & 3 & 1 \\ 1 & -1 & 0 & 2 \\ -1 & 2 & 1 & -2 \end{array}\right) \xrightarrow{r_1 \leftrightarrow r_2 \text{①}} \begin{pmatrix} 1 & -1 & 0 & 2 \\ 2 & 2 & 3 & 1 \\ -1 & 2 & 1 & -2 \end{pmatrix}$$

$$\xrightarrow[r_3 + r_1 \to r_3]{r_2 + (-2) r_1 \to r_2} \begin{pmatrix} 1 & -1 & 0 & 2 \\ 0 & 4 & 3 & -3 \\ 0 & 1 & 1 & 0 \end{pmatrix} \xrightarrow{r_2 \leftrightarrow r_3} \begin{pmatrix} 1 & -1 & 0 & 2 \\ 0 & 1 & 1 & 0 \\ 0 & 4 & 3 & -3 \end{pmatrix}$$

① 见 14 页脚注.

$$\xrightarrow{r_3+(-4)r_2\to r_3}\begin{pmatrix}1&-1&0&2\\0&1&1&0\\0&0&-1&-3\end{pmatrix}\xrightarrow{r_2+r_3\to r_2}\begin{pmatrix}1&-1&0&2\\0&1&0&-3\\0&0&-1&-3\end{pmatrix}$$

$$\xrightarrow[(-1)r_3\to r_3]{r_1+r_2\to r_1}\left(\begin{array}{ccc:c}1&0&0&-1\\0&1&0&-3\\0&0&1&3\end{array}\right)^{①}.$$

定义 2.1　由 $m\times n$ 个数排成的 m 行 n 列的矩形数表

$$\begin{pmatrix}a_{11}&a_{12}&\cdots&a_{1n}\\a_{21}&a_{22}&\cdots&a_{2n}\\\vdots&\vdots&&\vdots\\a_{m1}&a_{m2}&\cdots&a_{mn}\end{pmatrix}\tag{2.10}$$

称为一个 $m\times n$ **矩阵**，其中 a_{ij} 表示位于数表中第 i 行第 j 列的数，$i=1,2,\cdots,m$，$j=1,2,\cdots,n$，称为**矩阵的元素**.

数表外面用圆括号或方括号括起来，是矩阵的记号.(2.10)所表示的矩阵也可表示为

$$(a_{ij})_{m\times n}\quad 或\quad [a_{ij}]_{m\times n},$$

括号外面右下角的 $m\times n$ 表示这个矩阵是 m 行 n 列的矩阵. 如果不需要表示出矩阵的元素，通常用大写英文字母表示矩阵，如 $A,B,\cdots$. 元素都是实数的矩阵称为**实矩阵**. 元素属于复数集合的矩阵称为**复矩阵**. 例如

$$\begin{pmatrix}1&3&-1&0\\0&1&2&1\end{pmatrix},\quad\begin{pmatrix}1&0\\3&1\\-1&2\\0&0\end{pmatrix}$$

分别为 2×4 与 4×2 实矩阵，而

$$\begin{pmatrix}1+\mathrm{i}&2\\-3&1-\mathrm{i}\\0&\mathrm{i}\end{pmatrix}$$

为 3×2 复矩阵，其中 $\mathrm{i}=\sqrt{-1}$是虚数单位.

下面介绍几种常用的特殊矩阵.

(1) 行矩阵和列矩阵.

仅有一行的矩阵称为**行矩阵**(也称为**行向量**)，如

$$A=(a_{11}\quad a_{12}\quad\cdots\quad a_{1n}),$$

① 虚线的意思是将方程组中等号左边未知量的系数与右边的常数项分开.

也记为

$$\boldsymbol{\alpha}=(a_{11},a_{12},\cdots,a_{1n})^{①}.$$

仅有一列的矩阵称为**列矩阵**(也称为**列向量**),如

$$\boldsymbol{\alpha}=\begin{pmatrix}a_{11}\\a_{21}\\\vdots\\a_{m1}\end{pmatrix}.$$

(2)零矩阵. 若一个矩阵的所有元素都为零,则称这个矩阵为**零矩阵**. 例如,一个 $m\times n$ 的零矩阵为

$$\begin{pmatrix}0&0&\cdots&0\\0&0&\cdots&0\\\vdots&\vdots&&\vdots\\0&0&\cdots&0\end{pmatrix}_{m\times n},$$

记为 $O_{m\times n}$,在不会引起混淆的情形下,也常记为 O 或 0.

(3)方阵. 行数和列数相同的矩阵称为**方阵**. 例如

$$A=\begin{pmatrix}a_{11}&a_{12}&\cdots&a_{1n}\\a_{21}&a_{22}&\cdots&a_{2n}\\\vdots&\vdots&&\vdots\\a_{n1}&a_{n2}&\cdots&a_{nn}\end{pmatrix}$$

为 $n\times n$ 矩阵,常称为 n **阶方阵**或 n **阶矩阵**,简记为 $A=(a_{ij})_n$. 在 n 阶方阵 A 中,过元素 $a_{11},a_{22},\cdots,a_{nn}$ 的直线,称为方阵的**主对角线**. 主对角线上的元素称为**主对角元**.

按方阵 A 的元素的排列方式所构造的行列式称为**方阵的行列式**,记为 $|A|$ 或 $\det A$.

(4) 对角矩阵. 主对角元以外的元素全为零的方阵称为**对角矩阵**. 常记为

$$A=\begin{pmatrix}a_{11}&&&\\&a_{22}&&\\&&\ddots&\\&&&a_{nn}\end{pmatrix},$$

其中未标记出的元素全为零②,即 $a_{ij}=0,i\neq j,i,j=1,2,\cdots,n$,简记为 $A=\operatorname{diag}(a_{11},a_{22},\cdots,a_{nn})$. 例如

---

① 本书中,向量用小写黑体字母表示.

② 为了清楚地表达对角矩阵的构造,主对角线以外的零元素全未写出来. 后面的单位矩阵,数量矩阵,三角矩阵,…的标记方法也是类似的.

$$\operatorname{diag}(3,-1,0)=\begin{pmatrix}3&0&0\\0&-1&0\\0&0&0\end{pmatrix}$$

为一个三阶对角矩阵.

(5) 单位矩阵. 主对角元全为 1 的对角矩阵称为**单位矩阵**,简记为 E 或 I. 有时为了表明矩阵的阶数,将阶数写在下标处. 如

$$E_n=\begin{pmatrix}1&&&\\&1&&\\&&\ddots&\\&&&1\end{pmatrix}_n$$

表示 n 阶单位矩阵.

(6) 数量矩阵. 主对角元全相等的对角矩阵称为**数量矩阵**. 例如

$$\begin{pmatrix}c&&&\\&c&&\\&&\ddots&\\&&&c\end{pmatrix}_n \quad (\text{其中 } c \text{ 为常数})$$

为一个 n 阶数量矩阵.

(7) 三角矩阵. 主对角线下(上)方的元素全为零的方阵称为**上(下)三角矩阵**. 例如

$$\begin{pmatrix}a_{11}&a_{12}&\cdots&a_{1n}\\&a_{22}&\cdots&a_{2n}\\&&\ddots&\vdots\\&&&a_{nn}\end{pmatrix}$$

为 n 阶上三角矩阵,即 $a_{ij}=0,i>j,i,j=1,2,\cdots,n$;

$$\begin{pmatrix}a_{11}&&&\\a_{21}&a_{22}&&\\\vdots&\vdots&\ddots&\\a_{n1}&a_{n2}&\cdots&a_{nn}\end{pmatrix}$$

为 n 阶下三角矩阵,即 $a_{ij}=0,i<j,i,j=1,2,\cdots,n$.

(8) 对称矩阵与反对称矩阵. 在方阵 $A=(a_{ij})_n$ 中,如果 $a_{ij}=a_{ji},i,j=1,2,\cdots,n$,则称 A 为**对称矩阵**. 如果 A 还是实矩阵,则称 A 为**实对称矩阵**. 如果$a_{ij}=-a_{ji},i,j=1,2,\cdots,n$,则称 A 为**反对称矩阵**. 例如

$$\begin{pmatrix}1&-1&0\\-1&2&2\\0&2&-3\end{pmatrix},\quad\begin{pmatrix}0&-1&2\\1&0&3\\-2&-3&0\end{pmatrix}$$

分别是对称矩阵和反对称矩阵.

如果矩阵 $A=(a_{ij})_{m\times n}$ 与 $B=(b_{ij})_{p\times q}$ 满足 $m=p$ 且 $n=q$，则称这两个矩阵为**同类型矩阵**.

定义 2.2　两个同类型矩阵 $A=(a_{ij})_{m\times n}$ 与 $B=(b_{ij})_{m\times n}$，如果对应元素相等，即 $a_{ij}=b_{ij}$，$i=1,2,\cdots,m$，$j=1,2,\cdots,n$，则称**矩阵 A 和矩阵 B 相等**，记为 $A=B$.

例如

$$\begin{pmatrix} 3 & -1 \\ 4 & 3 \\ -1 & 0 \end{pmatrix} \quad 与 \quad \begin{pmatrix} a & b \\ c & d \\ e & f \end{pmatrix}$$

是同类型矩阵，只有当 $a=3,b=-1,c=4,d=3,e=-1,f=0$ 时，它们才相等.

2.2　矩阵的运算

2.2.1　矩阵的加法

定义 2.3　设 $A=(a_{ij})_{m\times n}$ 与 $B=(b_{ij})_{m\times n}$ 是两个同类型矩阵，称 $m\times n$ 矩阵 $C=(a_{ij}+b_{ij})_{m\times n}$ 为矩阵 A 与矩阵 B 的**和**，记为 $A+B$.

称矩阵

$$\begin{pmatrix} -a_{11} & -a_{12} & \cdots & -a_{1n} \\ -a_{21} & -a_{22} & \cdots & -a_{2n} \\ \vdots & \vdots & & \vdots \\ -a_{m1} & -a_{m2} & \cdots & -a_{mn} \end{pmatrix}$$

为矩阵 $A=(a_{ij})_{m\times n}$ 的**负矩阵**，记为 $-A$.

矩阵 A 与矩阵 B 的**差**则定义为

$$A-B=A+(-B).$$

由定义不难验证，矩阵的加法满足下面的运算律：

命题 2.1　设 A,B,C 为同类型矩阵，则

(1) $A+B=B+A$ (**加法交换律**)；

(2) $(A+B)+C=A+(B+C)$(**加法结合律**)；

(3) $A+O=O+A=A$，其中 O 是与矩阵 A 同类型的零矩阵；

(4) $A+(-A)=O$.

例 2.2　设

$$A=\begin{pmatrix} 3 & 0 & 6 \\ 2 & -1 & 1 \end{pmatrix},\quad B=\begin{pmatrix} -1 & 1 & 0 \\ 0 & -2 & 3 \end{pmatrix},$$

求 $A+B$ 与 $A-B$.

解

$$A+B=\begin{pmatrix}3+(-1) & 0+1 & 6+0\\ 2+0 & (-1)+(-2) & 1+3\end{pmatrix}=\begin{pmatrix}2 & 1 & 6\\ 2 & -3 & 4\end{pmatrix},$$

$$A-B=\begin{pmatrix}3-(-1) & 0-1 & 6-0\\ 2-0 & (-1)-(-2) & 1-3\end{pmatrix}=\begin{pmatrix}4 & -1 & 6\\ 2 & 1 & -2\end{pmatrix}.$$ □

2.2.2 数乘矩阵

定义 2.4 设 $A=(a_{ij})_{m\times n}$，k 是一个数，则称矩阵

$$(ka_{ij})_{m\times n}=\begin{pmatrix}ka_{11} & ka_{12} & \cdots & ka_{1n}\\ ka_{21} & ka_{22} & \cdots & ka_{2n}\\ \vdots & \vdots & & \vdots\\ ka_{m1} & ka_{m2} & \cdots & ka_{mn}\end{pmatrix}$$

为数 k 与矩阵 A 的**数量乘积**，简称数乘，记为 kA.

由定义可知，数 k 乘矩阵是用数 k 乘矩阵的每一个元素. 要注意的是，在矩阵 A 为方阵时，数乘矩阵与数乘行列式(见 1.2 节性质 3)的区别. 另外，

$$-A=(-1)A,\quad -(-A)=A.$$

数乘运算有下面的运算律：

命题 2.2 设 A,B 为同类型矩阵，k,l 为常数，则

(1) $1A=A$；

(2) $k(lA)=(kl)A$；

(3) $k(A+B)=kA+kB$；

(4) $(k+l)A=kA+lA$.

例 2.3 设 $A=\begin{pmatrix}3 & 0\\ -2 & 1\end{pmatrix}$，$B=\begin{pmatrix}-2 & 1\\ 2 & 2\end{pmatrix}$，且 $2A-3X=B$，求矩阵 X.

解 在 $2A-3X=B$ 两端同加上 $(-2A)$，得

$$-3X=-2A+B=(-2)\begin{pmatrix}3 & 0\\ -2 & 1\end{pmatrix}+\begin{pmatrix}-2 & 1\\ 2 & 2\end{pmatrix}=\begin{pmatrix}-8 & 1\\ 6 & 0\end{pmatrix}.$$

两端同乘以 $\left(-\frac{1}{3}\right)$，得

$$X=\begin{pmatrix}\frac{8}{3} & -\frac{1}{3}\\ -2 & 0\end{pmatrix}.$$ □

对于含 n 个未知量，m 个方程的线性方程组

$$\begin{cases} a_{11}x_1 + a_{12}x_2 + \cdots + a_{1n}x_n = b_1, \\ a_{21}x_1 + a_{22}x_2 + \cdots + a_{2n}x_n = b_2, \\ \cdots\cdots\cdots\cdots \\ a_{m1}x_1 + a_{m2}x_2 + \cdots + a_{mn}x_n = b_m, \end{cases} \tag{2.11}$$

令

$$\boldsymbol{\alpha}_1 = \begin{pmatrix} a_{11} \\ a_{21} \\ \vdots \\ a_{m1} \end{pmatrix}, \boldsymbol{\alpha}_2 = \begin{pmatrix} a_{12} \\ a_{22} \\ \vdots \\ a_{m2} \end{pmatrix}, \cdots, \boldsymbol{\alpha}_n = \begin{pmatrix} a_{1n} \\ a_{2n} \\ \vdots \\ a_{mn} \end{pmatrix}, \boldsymbol{\beta} = \begin{pmatrix} b_1 \\ b_2 \\ \vdots \\ b_m \end{pmatrix}, \tag{2.12}$$

利用数乘与矩阵加法,线性方程组(2.11)可表示为

$$x_1\boldsymbol{\alpha}_1 + x_2\boldsymbol{\alpha}_2 + \cdots + x_n\boldsymbol{\alpha}_n = \boldsymbol{\beta}, \tag{2.13}$$

称(2.13)式为线性方程组的向量表示法.

2.2.3 矩阵的乘法

先看一个例子.

例 2.4 设某地区有甲、乙、丙三个工厂,每个工厂都生产Ⅰ,Ⅱ,Ⅲ,Ⅳ 4 种产品.已知每个工厂的年产量(单位:个)如下表所示:

工厂 \ 产品	Ⅰ	Ⅱ	Ⅲ	Ⅳ
甲	20	30	10	45
乙	15	10	70	20
丙	20	15	35	25

已知每种产品的单价(元/个)和单位利润(元/个)如下表所示:

产品 \ 项目	单价	单位利润
Ⅰ	100	20
Ⅱ	150	45
Ⅲ	300	120
Ⅳ	200	60

求各工厂的总收入与总利润.

解 容易算出各工厂的总收入与总利润,也可以列表如下:

工厂 \ 项目	总收入	总利润
甲	18500	5650
乙	28000	10350
丙	19750	6775

□

例 2.4 的三个数表可以用三个矩阵表示，设

$$A=\begin{pmatrix}20&30&10&45\\15&10&70&20\\20&15&35&25\end{pmatrix},\quad B=\begin{pmatrix}100&20\\150&45\\300&120\\200&60\end{pmatrix},\quad C=\begin{pmatrix}18500&5650\\28000&10350\\19750&6775\end{pmatrix}.$$

显而易见，

矩阵 A 的列数 = 矩阵 B 的行数，
矩阵 C 的行数 = 矩阵 A 的行数，
矩阵 C 的列数 = 矩阵 B 的列数.

如果记

$$A=(a_{ij})_{3\times4},\quad B=(b_{ij})_{4\times2},\quad C=(c_{ij})_{3\times2},$$

则

$$c_{ij}=a_{i1}b_{1j}+a_{i2}b_{2j}+a_{i3}b_{3j}+a_{i4}b_{4j},\quad i=1,2,3,\quad j=1,2.$$

我们把矩阵 C 称为矩阵 A 与矩阵 B 的乘积.

定义 2.5 设矩阵 $A=(a_{ij})_{m\times p}$，$B=(b_{ij})_{p\times n}$，$C=(c_{ij})_{m\times n}$，其中

$$\begin{aligned}c_{ij}&=a_{i1}b_{1j}+a_{i2}b_{2j}+\cdots+a_{ip}b_{pj}\\&=\sum_{k=1}^{p}a_{ik}b_{kj},\quad i=1,2,\cdots,m,\quad j=1,2,\cdots,n.\end{aligned}\tag{2.14}$$

称矩阵 C 为**矩阵 A 与矩阵 B 的乘积**，记作 $C=AB$.

例 2.5 设

$$A=\begin{pmatrix}3&0&4\\-1&5&2\end{pmatrix},\quad B=\begin{pmatrix}1&0\\0&-1\\1&1\end{pmatrix}.$$

求 AB 与 BA.

解

$$AB=\begin{pmatrix}7&4\\1&-3\end{pmatrix},\quad BA=\begin{pmatrix}3&0&4\\1&-5&-2\\2&5&6\end{pmatrix}.$$

□

例 2.6　设

$$A=\begin{pmatrix}a_{11} & a_{12} & \cdots & a_{1n}\\ a_{21} & a_{22} & \cdots & a_{2n}\\ \vdots & \vdots & & \vdots\\ a_{m1} & a_{m2} & \cdots & a_{mn}\end{pmatrix},\quad \boldsymbol{x}=\begin{pmatrix}x_1\\ x_2\\ \vdots\\ x_n\end{pmatrix}.$$

计算 $A\boldsymbol{x}$.

解

$$A\boldsymbol{x}=\begin{pmatrix}a_{11}x_1+a_{12}x_2+\cdots+a_{1n}x_n\\ a_{21}x_1+a_{22}x_2+\cdots+a_{2n}x_n\\ \vdots\\ a_{m1}x_1+a_{m2}x_2+\cdots+a_{mn}x_n\end{pmatrix}.$$ □

如果令

$$\boldsymbol{\beta}=\begin{pmatrix}b_1\\ b_2\\ \vdots\\ b_m\end{pmatrix},$$

则含 n 个未知量,m 个方程的线性方程组

$$\begin{cases}a_{11}x_1+a_{12}x_2+\cdots+a_{1n}x_n=b_1,\\ a_{21}x_1+a_{22}x_2+\cdots+a_{2n}x_n=b_2,\\ \cdots\cdots\cdots\cdots\\ a_{m1}x_1+a_{m2}x_2+\cdots+a_{mn}x_n=b_m\end{cases}\tag{2.11}$$

可以用矩阵的形式表示为

$$A\boldsymbol{x}=\boldsymbol{\beta},\tag{2.15}$$

称(2.15)式为线性方程组(2.11)的矩阵表示.

从矩阵乘积的定义可见,不是任何两个矩阵都可以相乘. 位于左边的矩阵的列数与位于右边的矩阵的行数相等的两个矩阵才能相乘,其乘积矩阵是一个与左边矩阵有相同的行数、与右边矩阵有相同的列数的矩阵. 它的元素由(2.14)确定,即乘积矩阵第 i 行第 j 列的元素等于左边矩阵第 i 行的各元素与右边矩阵第 j 列的对应元素乘积之和,所谓对应元素,即第 i 行列号与第 j 列行号相同的元素. 这种关系可用下图表示:

$$\begin{pmatrix} * & * & \cdots & * \\ * & * & \cdots & * \\ \vdots & \vdots & & \vdots \\ a_{i1} & a_{i2} & \cdots & a_{ip} \\ \vdots & \vdots & & \vdots \\ * & * & \cdots & * \end{pmatrix}_{m\times p\text{ 矩阵 }A} \begin{pmatrix} * & \cdots & b_{1j} & \cdots & * \\ * & \cdots & b_{2j} & \cdots & * \\ \vdots & & \vdots & & \vdots \\ * & \cdots & b_{pj} & \cdots & * \end{pmatrix}_{p\times n\text{ 矩阵 }B} = \begin{pmatrix} & & * & & \\ & & * & & \\ & & \vdots & & \\ * & \cdots & c_{ij} & \cdots & * \\ & & \vdots & & \\ & & * & & \end{pmatrix}_{m\times n\text{ 矩阵 }C},$$

其中，$c_{ij}=a_{i1}b_{1j}+a_{i2}b_{2j}+\cdots+a_{ip}b_{pj}$.

需要注意的是：

(1) 矩阵的乘法不满足交换律.

AB 有定义，BA 不一定有定义. 如例 2.4 中，AB 有定义，BA 就没有定义. 即使 AB 与 BA 都有定义，它们也不一定相等. 如例 2.5 中 AB 与 BA 虽然都有定义，但它们不是同类型矩阵，因而也不可能相等. 再如，设

$$A=\begin{pmatrix} 2 & 1 \\ -1 & 0 \end{pmatrix},\quad B=\begin{pmatrix} -1 & 0 \\ 2 & 1 \end{pmatrix},$$

则

$$AB=\begin{pmatrix} 0 & 1 \\ 1 & 0 \end{pmatrix},\quad BA=\begin{pmatrix} -2 & -1 \\ 3 & 2 \end{pmatrix}.$$

虽然 AB 与 BA 是同类型矩阵，但 $AB\neq BA$. 所以，在作矩阵乘法时，应指明它们相乘的次序. 常将 AB 读作“A 左乘 B”或“B 右乘 A”. 如果 $AB=BA$，则称矩阵 A 与矩阵 B **可交换**. 易见，单位矩阵与任何同阶方阵可交换；数量矩阵与任何同阶方阵可交换.

(2) 两个非零矩阵的乘积可能是零矩阵. 例如

$$A=\begin{pmatrix} 1 & 1 \\ 2 & 2 \end{pmatrix}\neq O,\quad B=\begin{pmatrix} 1 & -1 \\ -1 & 1 \end{pmatrix}\neq O,$$

但 $AB=\begin{pmatrix} 0 & 0 \\ 0 & 0 \end{pmatrix}$.

(3) 矩阵的乘法不满足消去律，即如果 $AB=CB$，$B\neq O$，不一定能推出 $A=C$. 例如

$$A=\begin{pmatrix} 1 & -1 \\ 2 & 3 \end{pmatrix},\quad B=\begin{pmatrix} -1 & 1 \\ 1 & -1 \end{pmatrix},\quad C=\begin{pmatrix} 2 & 0 \\ 4 & 5 \end{pmatrix},$$

$$AB=CB=\begin{pmatrix} -2 & 2 \\ 1 & -1 \end{pmatrix},\quad B\neq O,\quad \text{但 } A\neq C.$$

(1)～(3)说明，两矩阵相乘与两数相乘有不同的运算律，初学者要特别注意.

关于矩阵的乘法运算，有下面的运算性质：

命题 2.3　(1) 设 A 为 $m\times p$ 矩阵，则

$$O_{k\times m}A=O_{k\times p},\quad AO_{p\times n}=O_{m\times n}.$$

(2) 设 A 为 $m\times p$ 矩阵，则

$$E_mA=A,\quad AE_p=A,$$

其中 E_m 与 E_p 分别为 m 阶与 p 阶单位矩阵.

(3) 设 A 为 $m\times p$ 矩阵，B 为 $p\times q$ 矩阵，C 为 $q\times n$ 矩阵，k 为数，则

$$A(BC)=(AB)C,\qquad (kA)B=A(kB)=k(AB).$$

(4) 设 A 为 $m\times p$ 矩阵，B_1,C_1 都为 $p\times n$ 矩阵，B_2,C_2 都为 $q\times m$ 矩阵，则

$$A(B_1+C_1)=(AB_1)+(AC_1),\quad \text{记为 } AB_1+AC_1,$$
$$(B_2+C_2)A=(B_2A)+(C_2A),\quad \text{记为 } B_2A+C_2A.$$

(5) 设 A,B 是两个 n 阶矩阵，记 $AB=C=(c_{ij})_n$，则

$$|C|=|A||B|.$$

证　这里只证明(3)中的第一式，(5)的证明见 1.4.2 节行列式的乘积公式，其余的留给读者.

由矩阵乘法的定义不难得出 $A(BC)$ 与 $(AB)C$ 都是 $m\times n$ 矩阵. $A(BC)$ 第 i 行，第 j 列的元素为

$$\sum_{s=1}^{p}a_{is}\left(\sum_{t=1}^{q}b_{st}c_{tj}\right)=\sum_{t=1}^{q}\left(\sum_{s=1}^{p}a_{is}b_{st}\right)c_{tj},\quad i=1,2,\cdots,m,\quad j=1,2,\cdots,n,$$

而 $\sum\limits_{t=1}^{q}\left(\sum\limits_{s=1}^{p}a_{is}b_{st}\right)c_{tj}$ 即为 $(AB)C$ 第 i 行，第 j 列的元素. □

2.2.4　方阵的幂

如果 A 是 n 阶矩阵，那么，AA 有定义，$\underbrace{AA\cdots A}_{m个A}$ 也有意义，因此有下述定义.

定义 2.6　设 A 是 n 阶矩阵，m 是正整数，m 个 A 相乘称为 **A 的 m 次幂**，记为 A^m，即

$$A^m=\underbrace{AA\cdots A}_{m个A}.$$

规定，

$$A^0=E_n.$$

关于方阵的幂运算，有下列规律.

命题 2.4　(1) 设 A 为方阵，k,l 为非负整数，则

$$A^kA^l=A^{k+l},\quad (A^k)^l=A^{kl}.$$

(2) 设 A 为 n 阶矩阵，m 是非负整数，k 是数，则

$$|A^m|=|A|^m,\quad |kA|=k^n|A|.$$

例如，$A=\begin{pmatrix}1&2\\1&0\end{pmatrix}$，$k=3$，则 $3A=\begin{pmatrix}3&6\\3&0\end{pmatrix}$，$|3A|=3^2|A|=-18$.

如果

$$f(x)=a_0x^m+a_1x^{m-1}+\cdots+a_{m-1}x+a_m$$

是 x 的 m 次多项式，A 是方阵，E 为与 A 同阶的单位矩阵，则称

$$a_0A^m+a_1A^{m-1}+\cdots+a_{m-1}A+a_mE$$

为由多项式 $f(x)=a_0x^m+a_1x^{m-1}+\cdots+a_{m-1}x+a_m$ 生成的矩阵 A 的多项式，记为 $f(A)$.

由于矩阵的乘法不满足交换律，故 $(AB)^k$ 一般不等于 A^kB^k.

例 2.7 设 $A=\begin{pmatrix}1&-1&2\\-2&2&-4\\1&-1&2\end{pmatrix}$，求 A^n.

解法一 数学归纳法

$$A^2=\begin{pmatrix}1&-1&2\\-2&2&-4\\1&-1&2\end{pmatrix}\begin{pmatrix}1&-1&2\\-2&2&-4\\1&-1&2\end{pmatrix}=\begin{pmatrix}5&-5&10\\-10&10&-20\\5&-5&10\end{pmatrix}=5A,$$

$$A^3=A^2\cdot A=5A\cdot A=5A^2=5^2A.$$

归纳地可得

$$A^n=5^{n-1}A=\begin{pmatrix}5^{n-1}&-5^{n-1}&2\cdot 5^{n-1}\\-2\cdot 5^{n-1}&2\cdot 5^{n-1}&-4\cdot 5^{n-1}\\5^{n-1}&-5^{n-1}&2\cdot 5^{n-1}\end{pmatrix}.$$ □

解法二 注意到 $A=\begin{pmatrix}1&-1&2\\-2&2&-4\\1&-1&2\end{pmatrix}=\begin{pmatrix}1\\-2\\1\end{pmatrix}(1\quad -1\quad 2)$，故

$$A^n=\begin{pmatrix}1\\-2\\1\end{pmatrix}(1\quad -1\quad 2)\begin{pmatrix}1\\-2\\1\end{pmatrix}(1\quad -1\quad 2)\cdots\begin{pmatrix}1\\-2\\1\end{pmatrix}(1\quad -1\quad 2).$$

而 $(1\quad -1\quad 2)\begin{pmatrix}1\\-2\\1\end{pmatrix}=(5)$，因此

$$A^n=\begin{pmatrix}1\\-2\\1\end{pmatrix}5^{n-1}(1\quad -1\quad 2)=5^{n-1}A.$$ □

例 2.8 设

$$A=\begin{pmatrix}\lambda & 1 & \\ & \lambda & 1\\ & & \lambda\end{pmatrix},$$

计算 $A^2,A^3,A^n(n>3)$.

解 矩阵 A 可表示为

$$A=\lambda E+B,$$

其中 E 为三阶单位矩阵,$B=\begin{pmatrix}0&1&0\\0&0&1\\0&0&0\end{pmatrix}$. 由于 λE 为数量矩阵,它与方阵 B 可交换,因而

$$A^n=(\lambda E+B)^n=\lambda^n E+n\lambda^{n-1}B+\frac{n(n-1)}{2!}\lambda^{n-2}B^2+\cdots+B^n,$$

注意到,$B^2=\begin{pmatrix}0&0&1\\0&0&0\\0&0&0\end{pmatrix}$,$B^3=B^4=\cdots=B^n=O(n\geqslant3)$,因而

$$A^n=(\lambda E+B)^n=\lambda^n E+n\lambda^{n-1}B+\frac{n(n-1)}{2!}\lambda^{n-2}B^2$$

$$=\begin{pmatrix}\lambda^n & n\lambda^{n-1} & \frac{n(n-1)}{2!}\lambda^{n-2}\\ 0 & \lambda^n & n\lambda^{n-1}\\ 0 & 0 & \lambda^n\end{pmatrix},\quad n\geqslant 2.$$ □

本例也可直接作乘法得

$$A^2=\begin{pmatrix}\lambda^2 & 2\lambda & 1\\ & \lambda^2 & 2\lambda\\ & & \lambda^2\end{pmatrix},\quad A^3=\begin{pmatrix}\lambda^3 & 3\lambda^2 & 3\lambda\\ & \lambda^3 & 3\lambda^2\\ & & \lambda^3\end{pmatrix},$$

然后用数学归纳法求出 A^n 表达式.

2.2.5 矩阵的转置

定义 2.7 称 $n\times m$ 矩阵

$$\begin{pmatrix}a_{11} & a_{21} & \cdots & a_{m1}\\ a_{12} & a_{22} & \cdots & a_{m2}\\ \vdots & \vdots & & \vdots\\ a_{1n} & a_{2n} & \cdots & a_{mn}\end{pmatrix}$$

为矩阵 $A=(a_{ij})_{m\times n}$ 的**转置矩阵**,记为 A^{T} 或 A'.

例如,

$$\begin{pmatrix}1 & 0 & 3\\2 & 1 & -1\end{pmatrix}^{\mathrm{T}}=\begin{pmatrix}1 & 2\\0 & 1\\3 & -1\end{pmatrix}.$$

矩阵的转置运算有下面的运算规律：

命题 2.5 设 $A,B,C,A_1,A_2,\cdots,A_s$ 是矩阵，且它们的行数与列数使相应的运算有定义，k 是数，则

(1) $(A^{\mathrm{T}})^{\mathrm{T}}=A$；

(2) $(B+C)^{\mathrm{T}}=B^{\mathrm{T}}+C^{\mathrm{T}}$；

(3) $(kA)^{\mathrm{T}}=kA^{\mathrm{T}}$；

(4) $(AB)^{\mathrm{T}}=B^{\mathrm{T}}A^{\mathrm{T}}$；$(A_1A_2\cdots A_s)^{\mathrm{T}}=A_s^{\mathrm{T}}\cdots A_2^{\mathrm{T}}A_1^{\mathrm{T}}$；

(5) 若 A 为 n 阶矩阵，则$(A^m)^{\mathrm{T}}=(A^{\mathrm{T}})^m$，$m$ 为正整数；

(6) A 为对称矩阵的充分必要条件是 $A^{\mathrm{T}}=A$；A 为反对称矩阵的充分必要条件是 $A^{\mathrm{T}}=-A$.

证 我们只证明(4)的第一式，其他的证明留给读者. 设

$$A=(a_{ij})_{m\times p},\quad B=(b_{ij})_{p\times n},$$
$$AB=(c_{ij})_{m\times n},\quad (AB)^{\mathrm{T}}=(d_{st})_{n\times m},\quad B^{\mathrm{T}}A^{\mathrm{T}}=(e_{st})_{n\times m}.$$

则

$$d_{st}=c_{ts}=\sum_{k=1}^{p}a_{tk}b_{ks},$$
$$e_{st}=\sum_{k=1}^{p}b_{ks}a_{tk}=\sum_{k=1}^{p}a_{tk}b_{ks}=d_{st},\quad s=1,2,\cdots,n,\quad t=1,2,\cdots,m. \qquad \square$$

例 2.9 设 A 为 $n\times 1$ 矩阵，且 $A^{\mathrm{T}}A=1$，E_n 为 n 阶单位矩阵，$B=E_n-2AA^{\mathrm{T}}$，证明：B 为对称矩阵，且 $B^2=E_n$.

证 由于

$$\begin{aligned}B^{\mathrm{T}}&=(E_n-2AA^{\mathrm{T}})^{\mathrm{T}}=E_n-(2AA^{\mathrm{T}})^{\mathrm{T}}\\&=E_n-2(A^{\mathrm{T}})^{\mathrm{T}}A^{\mathrm{T}}=E_n-2AA^{\mathrm{T}}=B,\end{aligned}$$

因而矩阵 B 为对称矩阵. 又

$$\begin{aligned}B^2&=(E_n-2AA^{\mathrm{T}})(E_n-2AA^{\mathrm{T}})\\&=E_n-2AA^{\mathrm{T}}-2AA^{\mathrm{T}}+4AA^{\mathrm{T}}AA^{\mathrm{T}}\\&=E_n-2AA^{\mathrm{T}}-2AA^{\mathrm{T}}+4A(A^{\mathrm{T}}A)A^{\mathrm{T}}=E_n.\end{aligned} \qquad \square$$

2.2.6 矩阵的共轭

定义 2.8 设 $A=(a_{ij})_{m\times n}$，其中 a_{ij} 为复数，则称矩阵 $\overline{A}=(\overline{a_{ij}})$为矩阵 A 的**共轭矩阵**，其中$\overline{a_{ij}}$表示 a_{ij} 的共轭复数.

命题 2.6 若 $A=(a_{ij})_{m\times n}$，$B=(b_{ij})_{m\times n}$都为复矩阵，k 为复数，则

(1) $\overline{A+B}=\overline{A}+\overline{B}$;

(2) $\overline{kA}=\overline{k}\cdot\overline{A}$;

(3) 若 $A=(a_{ij})_{m\times p}$, $B=(b_{ij})_{p\times n}$, 则 $\overline{AB}=\overline{A}\cdot\overline{B}$.

2.3 可逆矩阵

2.3.1 逆矩阵的概念

在平面直角坐标系 xOy 中,将两个坐标轴同时绕原点旋转 θ 角(逆时针为正,顺时针为负),就得到一个新的直角坐标系,将这个新的直角坐标系记为 uOv(图 2.1). 平面上任何一点 P 在两个坐标系中的坐标分别记为 (x,y) 与 (u,v).

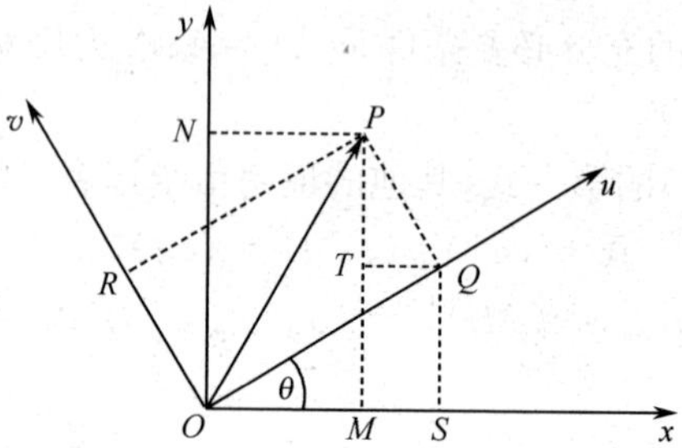

图 2.1

由图 2.1,不难推得

$$\begin{cases} x = OM = OS - TQ = u\cos\theta - v\sin\theta, \\ y = ON = SQ + TP = u\sin\theta + v\cos\theta. \end{cases}$$

利用矩阵乘法可将上述关系表示为

$$\begin{pmatrix} x \\ y \end{pmatrix} = \begin{pmatrix} \cos\theta & -\sin\theta \\ \sin\theta & \cos\theta \end{pmatrix} \begin{pmatrix} u \\ v \end{pmatrix}. \tag{2.16}$$

将 uOv 坐标系绕原点旋转 $-\theta$,就又回到 xOy 坐标系. 因此有

$$\begin{pmatrix} u \\ v \end{pmatrix} = \begin{pmatrix} \cos(-\theta) & -\sin(-\theta) \\ \sin(-\theta) & \cos(-\theta) \end{pmatrix} \begin{pmatrix} x \\ y \end{pmatrix}, \tag{2.17}$$

将(2.16)式代入(2.17)式得

$$\begin{pmatrix} u \\ v \end{pmatrix} = \begin{pmatrix} \cos\theta & \sin\theta \\ -\sin\theta & \cos\theta \end{pmatrix} \begin{pmatrix} \cos\theta & -\sin\theta \\ \sin\theta & \cos\theta \end{pmatrix} \begin{pmatrix} u \\ v \end{pmatrix} = \begin{pmatrix} u \\ v \end{pmatrix}, \tag{2.18}$$

若记 $A=\begin{pmatrix} \cos\theta & -\sin\theta \\ \sin\theta & \cos\theta \end{pmatrix}$, $B=\begin{pmatrix} \cos\theta & \sin\theta \\ -\sin\theta & \cos\theta \end{pmatrix}$,则不难验证矩阵 A,B 有如下性质:

$$AB = BA = E.$$

由此引入可逆矩阵的概念.

定义 2.9 设 A 是 n 阶矩阵,若存在 n 阶矩阵 B,使得

$$AB = BA = E, \tag{2.19}$$

则称矩阵 A **可逆**,B 是 A 的**逆矩阵**,记作 $B=A^{-1}$.

如果不存在满足(2.19)的矩阵 B,则称矩阵 A 是不可逆的.

矩阵 A 满足什么条件时可逆? 如果 A 可逆,逆矩阵是否唯一,如何求出 A 的逆矩阵? 可逆的矩阵有什么性质? 这是本节要讨论的问题.

2.3.2 矩阵可逆的充要条件

当 A 为一阶矩阵时,它是一个数,记为 $A=a$. 由定义可知,如果 A 可逆,就是存在一个数 b,使得 $ab=1$. 所以,问题变为数 a 的倒数是否存在的问题. 显然,只要 $a\neq 0$ 其倒数就存在且唯一. 下面的讨论假设 $n\geqslant 2$.

定理 2.1 如果 n 阶矩阵 A 可逆,则它的逆矩阵是唯一的.

证 设矩阵 B 与 C 都是 A 的逆矩阵,则有

$$AB = BA = E, \quad AC = CA = E,$$

因而

$$B = BE = B(AC) = (BA)C = EC = C.$$

□

为了讨论矩阵可逆的充要条件,先引入伴随矩阵的概念.

定义 2.10 设 $A=(a_{ij})_n$ 为 n 阶矩阵,A_{ij} 为 $|A|$ 中元素 a_{ij} 的代数余子式,$i,j=1,2,\cdots,n$,则称矩阵

$$\begin{pmatrix} A_{11} & A_{21} & \cdots & A_{n1} \\ A_{12} & A_{22} & \cdots & A_{n2} \\ \vdots & \vdots & & \vdots \\ A_{1n} & A_{2n} & \cdots & A_{nn} \end{pmatrix} \tag{2.20}$$

为 A 的**伴随矩阵**,记为 A^*.

由伴随矩阵的定义,不难验证

$$AA^* = A^*A = |A|E. \tag{2.21}$$

由此,可得下面的定理.

定理 2.2 n 阶矩阵 A 可逆的充分必要条件为 $|A|\neq 0$. 如果 A 可逆,则

$$A^{-1} = \frac{1}{|A|}A^*. \tag{2.22}$$

证 必要性 若 A 可逆,则 $AA^{-1}=A^{-1}A=E$,两边取行列式,得 $|A||A^{-1}|=1$,因而 $|A|\neq 0$.

充分性 若 $|A|\neq 0$,由(2.21)式

$$A\left(\frac{1}{|A|}A^*\right) = \left(\frac{1}{|A|}A^*\right)A = E.$$

依逆矩阵的唯一性,可知 A 可逆,且

$$A^{-1}=\frac{1}{|A|}A^{*}.$$ □

若 n 阶矩阵 A 的行列式不为零,即 $|A|\neq 0$,则称 A 为**非奇异矩阵**,否则称 A 为**奇异矩阵**. 定理 2.2 说明,矩阵 A 可逆与矩阵 A 非奇异是等价的概念.

定理 2.2 不仅给出了矩阵可逆的充要条件,而且给出了求可逆矩阵的逆矩阵的一种方法,称这种方法为**伴随矩阵法**.

例 2.10　设

$$A=\begin{pmatrix}1 & 2 & 1\\ 1 & 0 & 2\\ -1 & 3 & 0\end{pmatrix},$$

判断 A 是否可逆? 如果可逆,求 A^{-1}.

解　$|A|=-7$, 所以,矩阵 A 可逆.

矩阵 A 各元素的代数余子式分别为

$$\begin{aligned}&A_{11}=-6, \quad A_{12}=-2, \quad A_{13}=3,\\ &A_{21}=3, \quad A_{22}=1, \quad A_{23}=-5,\\ &A_{31}=4, \quad A_{32}=-1, \quad A_{33}=-2.\end{aligned}$$

故

$$A^{-1}=\frac{1}{|A|}A^{*}=-\frac{1}{7}\begin{pmatrix}-6 & 3 & 4\\ -2 & 1 & -1\\ 3 & -5 & -2\end{pmatrix}.$$ □

通常,伴随矩阵法只用于求阶数较低的或较特殊的矩阵的逆矩阵. 对于阶数较高的矩阵,通常用初等变换法求逆矩阵(见 2.5 节).

推论 2.1　对 n 阶矩阵 A,若有 n 阶矩阵 B 使得

$$AB=E \quad (\text{或 } BA=E),$$

则矩阵 A 可逆,且 $A^{-1}=B$.

证　由方阵乘积的行列式可得

$$|AB|=|A|\,|B|=1,$$

所以 $|A|\neq 0$,因而 A 可逆. 而

$$B=EB=(A^{-1}A)B=A^{-1}(AB)=A^{-1}E=A^{-1}.$$

类似地可证明,当 $BA=E$ 时结论也成立. □

这个推论说明,要判断矩阵 A 可逆,不必像定义 2.8 那样检验 $AB=BA=E$,只要检验其中的一个即可.

例 2.11　设 n 阶矩阵 A,B 满足条件

$$A+B=AB.$$

证明:$A-E$ 可逆,并给出$(A-E)^{-1}$的表达式.

证 由 $A+B=AB$ 可得

$$AB-B-A+E=E,$$

因而

$$(A-E)B-(A-E)=E,$$

即

$$(A-E)(B-E)=E.$$

由推论 2.1 可知,$A-E$ 可逆,且$(A-E)^{-1}=B-E$. □

利用逆矩阵的概念,可以用另一种方式表达克拉默定理,并将其推广至一般的矩阵方程.

克拉默定理 设

$$A=\begin{pmatrix} a_{11} & a_{12} & \cdots & a_{1n} \\ a_{21} & a_{22} & \cdots & a_{2n} \\ \vdots & \vdots & & \vdots \\ a_{n1} & a_{n2} & \cdots & a_{nn} \end{pmatrix},\quad \boldsymbol{\beta}=\begin{pmatrix} b_1 \\ b_2 \\ \vdots \\ b_n \end{pmatrix},\quad \boldsymbol{x}=\begin{pmatrix} x_1 \\ x_2 \\ \vdots \\ x_n \end{pmatrix},$$

如果矩阵 A 可逆,则线性方程组 $A\boldsymbol{x}=\boldsymbol{\beta}$ 存在唯一的解 $\boldsymbol{x}=A^{-1}\boldsymbol{\beta}$.

上述线性方程组中的未知列矩阵 $\boldsymbol{x}$ 可以推广至一般的 $m\times n$ 矩阵 X. 例如,若矩阵 A 和矩阵 C 分别是 m 阶和 n 阶可逆矩阵,矩阵 B 为 $m\times n$ 矩阵,则矩阵方程

$$AXC=B$$

存在唯一的解

$$X=A^{-1}BC^{-1}.$$

这样,求上述形式的矩阵方程的解的问题就归结为求逆矩阵与矩阵乘法的问题.

例 2.12 设

$$A=\begin{pmatrix} 2 & 7 \\ 1 & 4 \end{pmatrix},\quad B=\begin{pmatrix} 1 & -3 \\ 2 & 1 \\ 3 & 2 \end{pmatrix},$$

且 $XA=B$,求 X.

解 $|A|=1\neq 0$,故矩阵 A 可逆,且 $A^{-1}=\begin{pmatrix} 4 & -7 \\ -1 & 2 \end{pmatrix}$. 用 A^{-1}右乘方程两端得

$$X=BA^{-1}=\begin{pmatrix} 1 & -3 \\ 2 & 1 \\ 3 & 2 \end{pmatrix}\begin{pmatrix} 4 & -7 \\ -1 & 2 \end{pmatrix}=\begin{pmatrix} 7 & -13 \\ 7 & -12 \\ 10 & -17 \end{pmatrix}.$$ □

2.3.3 可逆矩阵的性质

命题 2.7 设 $A,B,A_i(i=1,2,\cdots,m)$ 为 n 阶可逆矩阵，k 为非零常数，则 $A^{-1},kA,AB,A_1A_2\cdots A_m,A^{\mathrm{T}}$ 也都是可逆矩阵，且

(1) $(A^{-1})^{-1}=A$；

(2) $(kA)^{-1}=\frac{1}{k}A^{-1}$；

(3) $(AB)^{-1}=B^{-1}A^{-1},(A_1A_2\cdots A_m)^{-1}=A_m^{-1}\cdots A_2^{-1}A_1^{-1}$；

(4) $(A^{\mathrm{T}})^{-1}=(A^{-1})^{\mathrm{T}}$；

(5) $|A^{-1}|=\frac{1}{|A|}$；

(6) $(A^m)^{-1}=(A^{-1})^m$，m 为正整数.

证 我们只证(4)，其余的留给读者. 由推论 2.1 可知，要证性质(4)，只需证 $A^{\mathrm{T}}(A^{-1})^{\mathrm{T}}=E$ 即可. 利用转置矩阵的性质，

$$A^{\mathrm{T}}(A^{-1})^{\mathrm{T}}=(A^{-1}A)^{\mathrm{T}}=E^{\mathrm{T}}=E.$$ □

例 2.13 设 n 阶矩阵 $A,B,A+B$ 均可逆，证明 $A^{-1}+B^{-1}$ 可逆，且

$$(A^{-1}+B^{-1})^{-1}=A(A+B)^{-1}B=B(B+A)^{-1}A.$$

证 将 $A^{-1}+B^{-1}$ 表示成已知的可逆矩阵的乘积

$$\begin{aligned}A^{-1}+B^{-1}&=A^{-1}(E+AB^{-1})=A^{-1}(BB^{-1}+AB^{-1})\\&=A^{-1}(B+A)B^{-1}=A^{-1}(A+B)B^{-1}.\end{aligned}$$

由命题 2.7(3)可知，$A^{-1}+B^{-1}$ 可逆，且

$$(A^{-1}+B^{-1})^{-1}=[A^{-1}(A+B)B^{-1}]^{-1}=B(B+A)^{-1}A.$$

同理可证另一个等式也成立. □

例 2.14 设 A 为 $n(n\geqslant 2)$ 阶矩阵，证明 $|A^*|=|A|^{n-1}$.

证 由于 $AA^*=A^*A=|A|E$，所以

$$|A||A^*|=|A|^n. \tag{2.23}$$

下面分两种情形讨论：

(1) $|A|\neq 0$，即 A 可逆，(2.23)式两端除以 $|A|$ 即得 $|A^*|=|A|^{n-1}$.

(2) $|A|=0$，反设 $|A^*|\neq 0$，则 A^* 可逆，因而

$$A=(AA^*)(A^*)^{-1}=(|A|E)(A^*)^{-1}=|A|(A^*)^{-1}=O,$$

故 $A=O$，因此，$A^*=0$，与 A^* 可逆矛盾. 所以，$|A^*|=0=|A|^{n-1}$. □

2.4 矩阵的分块

对阶数较高的矩阵进行运算时，常在矩阵的某些行与行之间加上横线，某些列

与列之间加上竖线，把一个大矩阵看成是由若干个小矩阵组成的.位于相邻的横线与相邻的竖线之间的元素组成的小矩阵称为矩阵的一个**子块**，标记它们的方法与标记矩阵元素的方法类似.例如，对于 4×5 矩阵

$$A=\left(\begin{array}{cc:ccc} a_{11} & a_{12} & a_{13} & a_{14} & a_{15} \\ \hdashline a_{21} & a_{22} & a_{23} & a_{24} & a_{25} \\ a_{31} & a_{32} & a_{33} & a_{34} & a_{35} \\ \hdashline a_{41} & a_{42} & a_{43} & a_{44} & a_{45} \end{array}\right)$$

按图示方法分块，并记

$$A_{11}=(a_{11} \quad a_{12}), \quad A_{12}=(a_{13} \quad a_{14} \quad a_{15}),$$

$$A_{21}=\begin{pmatrix} a_{21} & a_{22} \\ a_{31} & a_{32} \end{pmatrix}, \quad A_{22}=\begin{pmatrix} a_{23} & a_{24} & a_{25} \\ a_{33} & a_{34} & a_{35} \end{pmatrix},$$

$$A_{31}=(a_{41} \quad a_{42}), \quad A_{32}=(a_{43} \quad a_{44} \quad a_{45}),$$

则可将矩阵 A 记成

$$A=\begin{pmatrix} A_{11} & A_{12} \\ A_{21} & A_{22} \\ A_{31} & A_{32} \end{pmatrix}, \tag{2.24}$$

称形如(2.24)式的矩阵为**分块矩阵**.我们沿用矩阵中的名称，称(2.24)式中的矩阵 A 为三行两列的分块矩阵，简称为 3×2 的分块矩阵.同一个矩阵可表示成不同的分块矩阵.将矩阵分块有时可简化运算，更便于看清矩阵间的关系.

如果把分块矩阵的每一个子块当成矩阵的一个元素，则可以按矩阵的运算法则建立分块矩阵对应的运算法则.下面讨论分块矩阵的运算.

2.4.1 分块矩阵的加法与数乘运算

设 A,B 是两个 $m\times n$ 矩阵，将它们按同样的方法分块

$$A=\begin{pmatrix} A_{11} & A_{12} & \cdots & A_{1q} \\ A_{21} & A_{22} & \cdots & A_{2q} \\ \vdots & \vdots & & \vdots \\ A_{p1} & A_{p2} & \cdots & A_{pq} \end{pmatrix} \xlongequal{\text{记作}} (A_{ij})_{p\times q},$$

$$B=\begin{pmatrix} B_{11} & B_{12} & \cdots & B_{1q} \\ B_{21} & B_{22} & \cdots & B_{2q} \\ \vdots & \vdots & & \vdots \\ B_{p1} & B_{p2} & \cdots & B_{pq} \end{pmatrix} \xlongequal{\text{记作}} (B_{ij})_{p\times q},$$

其中 A_{ij} 与 B_{ij} 是同类型的矩阵，$i=1,2,\cdots,p$，$j=1,2,\cdots,q$. 容易验证

$$A+B=\begin{pmatrix} A_{11}+B_{11} & A_{12}+B_{12} & \cdots & A_{1q}+B_{1q} \\ A_{21}+B_{21} & A_{22}+B_{22} & \cdots & A_{2q}+B_{2q} \\ \vdots & \vdots & & \vdots \\ A_{p1}+B_{p1} & A_{p2}+B_{p2} & \cdots & A_{pq}+B_{pq} \end{pmatrix} \xlongequal{\text{记作}} (A_{ij}+B_{ij})_{p\times q}.$$

如果 k 为数，

$$kA=(kA_{ij})_{p\times q}=\begin{pmatrix} kA_{11} & kA_{12} & \cdots & kA_{1q} \\ kA_{21} & kA_{22} & \cdots & kA_{2q} \\ \vdots & \vdots & & \vdots \\ kA_{p1} & kA_{p2} & \cdots & kA_{pq} \end{pmatrix}.$$

2.4.2　分块矩阵的乘法

设 A 为 $m\times p$ 矩阵，B 为 $p\times n$ 矩阵，由矩阵乘法可知，AB 有定义，它是 $m\times n$ 矩阵. 如果在对矩阵 A 与矩阵 B 分块时，使 A 的列的分法与 B 的行的分法完全一致，而对 A 的行的分法与 B 的列的分法不做限制，例如

$$A=\begin{pmatrix} A_{11} & A_{12} & \cdots & A_{1s} \\ A_{21} & A_{22} & \cdots & A_{2s} \\ \vdots & \vdots & & \vdots \\ A_{r1} & A_{r2} & \cdots & A_{rs} \end{pmatrix}\begin{matrix} m_1\text{ 行} \\ m_2\text{ 行} \\ \vdots \\ m_r\text{ 行} \end{matrix},\qquad B=\begin{pmatrix} B_{11} & B_{12} & \cdots & B_{1t} \\ B_{21} & B_{22} & \cdots & B_{2t} \\ \vdots & \vdots & & \vdots \\ B_{s1} & B_{s2} & \cdots & B_{st} \end{pmatrix}\begin{matrix} p_1\text{ 行} \\ p_2\text{ 行} \\ \vdots \\ p_s\text{ 行} \end{matrix},$$

$$\quad p_1\text{ 列}\quad p_2\text{ 列}\quad \cdots\quad p_s\text{ 列}\qquad\qquad n_1\text{ 列}\quad n_2\text{ 列}\quad \cdots\quad n_t\text{ 列}$$

其中 $m_1+m_2+\cdots+m_r=m, p_1+p_2+\cdots+p_s=p, n_1+n_2+\cdots+n_t=n$. 令

$$C=(C_{ij})_{r\times t},$$

其中

$$\begin{aligned} C_{ij} &= A_{i1}B_{1j}+A_{i2}B_{2j}+\cdots+A_{is}B_{sj} \\ &= \sum_{k=1}^{s} A_{ik}B_{kj},\quad i=1,2,\cdots,r,\quad j=1,2,\cdots,t, \end{aligned} \tag{2.25}$$

则 $C=AB$.

不难看出，(2.25)式中各子块的乘积有定义，且将矩阵 A 与矩阵 B 的每个子块看成一个元素，按矩阵乘法法则构造的分块矩阵就是矩阵 C. 我们通过下面的例子来说明这一点.

例 2.15　设

$$A=\begin{pmatrix}0&0&1&2&0&0&0\\0&0&3&-1&0&0&0\\5&4&0&0&2&7&-1\end{pmatrix},\quad B=\begin{pmatrix}3&1\\0&-1\\0&2\\1&0\\0&0\\-1&0\\2&3\end{pmatrix},$$

计算 AB.

解 将矩阵 A 分块成

$$A=\begin{pmatrix}A_{11}&A_{12}&A_{13}\\A_{21}&A_{22}&A_{23}\end{pmatrix}=\left(\begin{array}{cc:cc:ccc}0&0&1&2&0&0&0\\0&0&3&-1&0&0&0\\\hdashline 5&4&0&0&2&7&-1\end{array}\right),$$

矩阵 B 分块成

$$B=\begin{pmatrix}B_{11}\\B_{21}\\B_{31}\end{pmatrix}=\left(\begin{array}{cc}3&1\\0&-1\\\hdashline 0&2\\1&0\\\hdashline 0&0\\-1&0\\2&3\end{array}\right).$$

令

$$C_{11}=A_{11}B_{11}+A_{12}B_{21}+A_{13}B_{31}=A_{12}B_{21}=\begin{pmatrix}2&2\\-1&6\end{pmatrix},$$

$$C_{21}=A_{21}B_{11}+A_{22}B_{21}+A_{23}B_{31}=A_{21}B_{11}+A_{23}B_{31}=(6\quad -2),$$

$$C=\begin{pmatrix}C_{11}\\C_{21}\end{pmatrix}=\begin{pmatrix}2&2\\-1&6\\6&-2\end{pmatrix},$$

容易验证,用分块矩阵乘法构造的矩阵 C 与直接将矩阵 A 与矩阵 B 按元素相乘的结果相同. □

利用分块矩阵的乘法常使所讨论的问题简洁明了. 例如,设 $A=(a_{ij})_{m\times p}$,将矩阵 A 按列分块,

$$A=(a_{ij})_{m\times p}=(\boldsymbol{\alpha}_1\quad \boldsymbol{\alpha}_2\quad \cdots\quad \boldsymbol{\alpha}_p).$$

为了清楚起见,也记为 $A=(\boldsymbol{\alpha}_1,\boldsymbol{\alpha}_2,\cdots,\boldsymbol{\alpha}_p)$,令

$$\boldsymbol{\varepsilon}_j = \begin{pmatrix} 0 \\ \vdots \\ 0 \\ 1 \\ 0 \\ \vdots \\ 0 \end{pmatrix} \leftarrow \text{第 } j \text{ 行},$$

即 $\boldsymbol{\varepsilon}_j$ 是一 $p\times 1$ 矩阵，它的第 j 行的元素为 1，其余元素全为 0（又称 $\boldsymbol{\varepsilon}_j$ 为 p 维**标准单位列向量**），则

$$A\boldsymbol{\varepsilon}_j = (\boldsymbol{\alpha}_1, \boldsymbol{\alpha}_2, \cdots, \boldsymbol{\alpha}_j, \cdots, \boldsymbol{\alpha}_p) \begin{pmatrix} 0 \\ \vdots \\ 0 \\ 1 \\ 0 \\ \vdots \\ 0 \end{pmatrix} = \boldsymbol{\alpha}_j.$$

若将矩阵 A 按行分块，设 $A=(a_{ij})_{m\times p}=\begin{pmatrix} \boldsymbol{\beta}_1 \\ \boldsymbol{\beta}_2 \\ \vdots \\ \boldsymbol{\beta}_i \\ \vdots \\ \boldsymbol{\beta}_m \end{pmatrix}$，令

$$\boldsymbol{e}_i = (0, \cdots, 0, \underset{\substack{\uparrow \\ \text{第 } i \text{ 列}}}{1}, 0, \cdots, 0),$$

即 $\boldsymbol{e}_i$ 是 $1\times m$ 矩阵，它的第 i 列的元素为 1，其余元素全为 0（又称 $\boldsymbol{e}_i$ 为 m 维**标准单位行向量**），则

$$\boldsymbol{e}_i A = (0, \cdots, 0, 1, 0, \cdots, 0) \begin{pmatrix} \boldsymbol{\beta}_1 \\ \boldsymbol{\beta}_2 \\ \vdots \\ \boldsymbol{\beta}_i \\ \vdots \\ \boldsymbol{\beta}_m \end{pmatrix} = \boldsymbol{\beta}_i.$$

由上述分块矩阵乘法可清楚地看到，在矩阵 A 的右边乘以一个形如 $\boldsymbol{\varepsilon}_j$ 的一列矩阵，即得到 A 的第 j 列；左边乘以一个形如 $\boldsymbol{e}_i$ 的一行矩阵，即得到 A 的第 i 行. 简洁而明了.

2.4.3 分块矩阵的转置

设

$$A=\begin{pmatrix} A_{11} & A_{12} & \cdots & A_{1q} \\ A_{21} & A_{22} & \cdots & A_{2q} \\ \vdots & \vdots & & \vdots \\ A_{p1} & A_{p2} & \cdots & A_{pq} \end{pmatrix},$$

则

$$A^{\mathrm{T}}=\begin{pmatrix} A_{11}^{\mathrm{T}} & A_{21}^{\mathrm{T}} & \cdots & A_{p1}^{\mathrm{T}} \\ A_{12}^{\mathrm{T}} & A_{22}^{\mathrm{T}} & \cdots & A_{p2}^{\mathrm{T}} \\ \vdots & \vdots & & \vdots \\ A_{1q}^{\mathrm{T}} & A_{2q}^{\mathrm{T}} & \cdots & A_{pq}^{\mathrm{T}} \end{pmatrix}.$$

2.4.4 分块对角矩阵

称形如

$$\begin{pmatrix} A_1 & & & \\ & A_2 & & \\ & & \ddots & \\ & & & A_s \end{pmatrix} \xlongequal{\text{记为}} \mathrm{diag}(A_1, A_2, \cdots, A_s) \tag{2.26}$$

的分块矩阵为**分块对角矩阵**，其中 A_i 为 n_i 阶矩阵，$i=1,2,\cdots,s$. 不难验证，具有同样分法的同阶分块对角矩阵的和、差、积仍是同类型的分块对角矩阵，其运算法则类似于对角矩阵的相应运算法则. 当 $A_1,A_2,\cdots,A_s$ 都可逆时，形如(2.26)的分块对角矩阵也可逆，其逆矩阵为

$$\begin{pmatrix} A_1 & & & \\ & A_2 & & \\ & & \ddots & \\ & & & A_s \end{pmatrix}^{-1} = \begin{pmatrix} A_1^{-1} & & & \\ & A_2^{-1} & & \\ & & \ddots & \\ & & & A_s^{-1} \end{pmatrix}.$$

2.5 矩阵的初等变换与矩阵的秩

2.5.1 矩阵的初等变换

在 2.1 节的例 2.1 中曾指出，对方程组施行初等变换相当于对方程组的系数与常数项组成的矩阵施行类似的变换，称之为矩阵的初等变换. 下面给出矩阵的初等变换的定义.

定义 2.11　对矩阵的行(列)施行下列三种操作(或变换)之一,称为对矩阵施行了一次**初等行(列)变换**:

(1) 交换矩阵的两行(列);

(2) 矩阵某一行(列)的元素都乘以同一个不等于零的数;

(3) 将矩阵某一行(列)的元素加上另一行(列)对应元素的相同的倍数.

在用消元法解线性方程组时,我们用初等变换逐步消去后面方程中某些未知量,使线性方程组的增广矩阵变成了阶梯形矩阵.

定义 2.12　满足下面两个条件的矩阵称为**行阶梯形矩阵**,常简称为**阶梯形矩阵**:

(1) 非零行(元素不全为零的行)的标号小于零行(元素全为零的行)的标号;

(2) 设矩阵有 r 个非零行,第 i 个非零行的第一个非零元素所在的列号为 t_i,$i=1,2,\cdots,r$,则 $t_1<t_2<\cdots<t_r$.

例如,

$$\begin{pmatrix} 0 & 2 & 1 & 0 \\ 0 & 0 & -1 & 3 \\ 0 & 0 & 0 & 0 \end{pmatrix} \text{与} \begin{pmatrix} 1 & 3 & 1 & 0 & 0 & 1 \\ 0 & -2 & 4 & 0 & 1 & 0 \\ 0 & 0 & 0 & 3 & 3 & 0 \\ 0 & 0 & 0 & 0 & 0 & 0 \end{pmatrix}$$

都是阶梯形矩阵.

定理 2.3　任何矩阵都可以经过单纯的初等行变换化为阶梯形矩阵.

我们通过例 2.16 说明如何用初等行变换化矩阵为阶梯形矩阵.定理的一般证明与例 2.16 中的方法类似.

例 2.16　设矩阵

$$A=\begin{pmatrix} 0 & 1 & 2 & -1 & 4 \\ 0 & 2 & 4 & 3 & 5 \\ 0 & -1 & -2 & 6 & -7 \end{pmatrix},$$

用初等行变换化矩阵 A 为阶梯形矩阵.

解　用行初等变换化 A 为阶梯形矩阵的方法可归纳为"逐列检查"的方法.

(1) 先找出矩阵 A 中列号最小的非零列,本例为第二列.通过行初等变换使这一列的一个非零元素位于第一行,这个非零元素即作为第一个非零行的第一个非零元素.下面矩阵中虚线框中的元素 1 为所选的第一个非零行的第一个非零元素.

$$A=\begin{pmatrix} 0 & \boxed{1} & 2 & -1 & 4 \\ 0 & 2 & 4 & 3 & 5 \\ 0 & -1 & -2 & 6 & -7 \end{pmatrix}.$$

(2) 将第一行(第一个非零行)的适当的倍数加至其他行,使第二列从第二行起所有的元素变为零.

$$A \xrightarrow[r_3+1\cdot r_1 \to r_3]{r_2+(-2)r_1 \to r_2 ①} \begin{pmatrix} 0 & 1 & 2 & -1 & 4 \\ 0 & 0 & 0 & 5 & -3 \\ 0 & 0 & 0 & 5 & -3 \end{pmatrix}.$$

(3)对第一行(第一个非零行)的第一个非零元素右下角的矩阵(虚线所框的元素)重复(1),(2)两步的做法,即可产生第二个非零行的第一个非零元素,并使其所在的列从第三行起所有的元素变为零.不断对每个非零行的第一个非零元素右下角的矩阵重复步骤(1),(2),即可将矩阵 A 变成阶梯形矩阵.

$$A \to \begin{pmatrix} 0 & 1 & 2 & -1 & 4 \\ 0 & 0 & 0 & 5 & -3 \\ 0 & 0 & 0 & 5 & -3 \end{pmatrix} \to \begin{pmatrix} 0 & 1 & 2 & -1 & 4 \\ 0 & 0 & 0 & 5 & -3 \\ 0 & 0 & 0 & 0 & 0 \end{pmatrix},$$

上式最右面的矩阵已化为阶梯形矩阵了. □

由于任何矩阵都只含有有限列,因此,重复使用例 2.16 的步骤(1),(2)必能将任一矩阵化为阶梯形矩阵.

定义 2.13　一个阶梯形矩阵若满足:

(1) 每个非零行的第一个非零元素为 1;

(2) 每个非零行的第一个非零元素所在列的其他元素全为零,

则称它为**简化的阶梯形矩阵**(也称为**规范的阶梯形矩阵**).

定义 2.14　如果一个非零矩阵的左上角为单位矩阵,其他位置的元素都为零,则称这个矩阵为**标准形矩阵**.

用分块矩阵的表示方法,形如

$$\begin{pmatrix} E_r & O_{r\times p} \\ O_{s\times r} & O_{s\times p} \end{pmatrix},\quad (E_m \quad O_{m\times p}),\quad \begin{pmatrix} E_n \\ O_{s\times n} \end{pmatrix},\quad E_n$$

的矩阵都是标准形矩阵.

定理 2.4　任何矩阵都可经过单纯的初等行变换化为简化的阶梯形矩阵.任何矩阵都可经过初等变换化为标准形矩阵.

我们通过例题说明定理 2.4.

例 2.17　将例 2.16 的矩阵化为简化的阶梯形矩阵与标准形矩阵.

解　例 2.16 中的矩阵 A 经初等行变换已经化成了阶梯形矩阵.继续用第二种初等行变换使阶梯形矩阵的每个非零行的第一个非零元素变为 1,再用第三种初等行变换使这个非零元素所在列的其他元素变为零,即

① 见 14 页脚注.

$$A \to \begin{pmatrix} 0 & 1 & 2 & -1 & 4 \\ 0 & 0 & 0 & 5 & -3 \\ 0 & 0 & 0 & 0 & 0 \end{pmatrix} \xrightarrow{\left(\frac{1}{5}\right) r_2 \to r_2} \begin{pmatrix} 0 & 1 & 2 & -1 & 4 \\ 0 & 0 & 0 & 1 & -\frac{3}{5} \\ 0 & 0 & 0 & 0 & 0 \end{pmatrix}$$

$$\xrightarrow{r_1 + (1) r_2 \to r_1} \begin{pmatrix} 0 & 1 & 2 & 0 & \frac{17}{5} \\ 0 & 0 & 0 & 1 & -\frac{3}{5} \\ 0 & 0 & 0 & 0 & 0 \end{pmatrix},$$

上面最后一个矩阵已化为简化的阶梯形矩阵了. 然后，交换矩阵的列，将第 i 个非零行的第一个非零元素所在的列变换到第 i 列，再将其余列加上这些列的适当的倍数，则可将矩阵化为标准形矩阵. 如下所示：

$$A \to \begin{pmatrix} 0 & 1 & 2 & 0 & \frac{17}{5} \\ 0 & 0 & 0 & 1 & -\frac{3}{5} \\ 0 & 0 & 0 & 0 & 0 \end{pmatrix} \xrightarrow[c_1 \leftrightarrow c_2]{} \begin{pmatrix} 1 & 0 & 2 & 0 & \frac{17}{5} \\ 0 & 0 & 0 & 1 & -\frac{3}{5} \\ 0 & 0 & 0 & 0 & 0 \end{pmatrix} \xrightarrow[c_2 \leftrightarrow c_4]{} \begin{pmatrix} 1 & 0 & 2 & 0 & \frac{17}{5} \\ 0 & 1 & 0 & 0 & -\frac{3}{5} \\ 0 & 0 & 0 & 0 & 0 \end{pmatrix}$$

$$\xrightarrow[\substack{c_3 + (-2) c_1 \to c_3 \\ c_5 + \left(-\frac{17}{5}\right) c_1 \to c_5 \\ c_5 + \left(\frac{3}{5}\right) c_2 \to c_5}]{} \begin{pmatrix} 1 & 0 & 0 & 0 & 0 \\ 0 & 1 & 0 & 0 & 0 \\ 0 & 0 & 0 & 0 & 0 \end{pmatrix}.$$

□

从上面的例题可见，任何矩阵经单纯的初等行变换必能化为阶梯形矩阵与简化的阶梯形矩阵，但不一定能化成标准形矩阵. 如果再使用初等列变换，则一定能化成标准形矩阵. 在例 2.16 与例 2.17 中仅介绍了一种具体的初等变换法. 将矩阵化为阶梯形矩阵与简化的阶梯形矩阵的方法不是唯一的，所得的结果也不唯一. 但一个矩阵的标准形矩阵是唯一的. 这反映了矩阵的另一个属性，即矩阵的秩的概念.

2.5.2　矩阵的秩

定义 2.15　在矩阵 $A=(a_{ij})_{m\times n}$ 中任取 k 行和 k 列($1\leqslant k\leqslant \min\{m,n\}$)，位于这 k 行和 k 列的交叉点上的 k^2 个元素，按照它们在矩阵 A 中的相对位置所组成的 k 阶行列式称为矩阵 A 的一个 k **阶子式**.

定义 2.16　若矩阵 $A=(a_{ij})_{m\times n}$ 中有一个 r 阶子式不为零，而 A 中所有的 $r+1$ 阶子式(如果存在的话)都为零，则称 r 为矩阵 A 的**秩**，记为 $r(A)$ 或 $\text{rank}(A)$. 规定零矩阵的秩为零.

这就是说,矩阵 A 的秩等于 A 中不为零的子式的最高阶数.

例如,矩阵

$$A=\begin{pmatrix}3&2&1&-1\\0&2&3&0\\-3&4&8&1\end{pmatrix}$$

中,二阶子式 $\begin{vmatrix}3&2\\0&2\end{vmatrix}\neq 0$,所有的三阶子式

$$\begin{vmatrix}3&2&1\\0&2&3\\-3&4&8\end{vmatrix},\begin{vmatrix}3&2&-1\\0&2&0\\-3&4&1\end{vmatrix},\begin{vmatrix}3&1&-1\\0&3&0\\-3&8&1\end{vmatrix},\begin{vmatrix}2&1&-1\\2&3&0\\4&8&1\end{vmatrix}$$

都为零,所以

$$r(A)=2.$$

由矩阵秩的定义,不难看出矩阵的秩有下述性质.

命题 2.8 (1) 一个矩阵的秩是唯一的.

(2) 设 $A=(a_{ij})_{m\times n}$,则 $0\leqslant r(A)\leqslant \min\{m,n\}$. $r(A)=0$ 的充要条件是 $A=O$.

(3) 若矩阵 A 中有一个 r 阶子式不为零,则 $r(A)\geqslant r$;若矩阵 A 中所有的 r 阶子式全为零,则 $r(A)<r$.

(4) 在矩阵 A 中,任选 s 行 t 列,位于这 s 行 t 列交叉点上的元素按它们在 A 中的相对位置所构成的矩阵称为 A 的一个**子矩阵**. 若 A_1 是 A 的一个子矩阵,则 $r(A_1)\leqslant r(A)$.

(5) $r(A^{\mathrm{T}})=r(A)$.

(6) 阶梯形矩阵的秩等于它的非零行的个数.

设 $A=(a_{ij})_{m\times n}$,如果 $r(A)=m(r(A)=n)$,则称 A 为**行(列)满秩矩阵**,简称**满秩矩阵**. 如果 A 为方阵,则 A 为可逆矩阵与 A 为非奇异矩阵及 A 为满秩矩阵是等价的概念.

从前面的例子可看到,由秩的定义计算矩阵的秩,计算量一般都很大. 而由命题 2.8(6)可知,阶梯形矩阵的秩很容易求. 如果初等变换不改变矩阵的秩,则可用初等变换化矩阵为阶梯形矩阵的方法求矩阵的秩. 事实上,有如下定理.

定理 2.5 初等变换不改变矩阵的秩.

证 由于对矩阵作初等列变换就相当于对其转置矩阵作初等行变换,因而,我们只需证明,每作一次初等行变换都不改变矩阵的秩即可.

由矩阵秩的定义,不难证明第一与第二种初等行变换不改变矩阵的秩,它们的证明留给读者. 下面仅证第三种初等行变换不改变矩阵的秩. 设 $A=(a_{ij})_{m\times n}$, $r(A)=r$,且

$$A=(a_{ij})_{m\times n}=\begin{pmatrix}\boldsymbol{\alpha}_1\\ \vdots\\ \boldsymbol{\alpha}_i\\ \vdots\\ \boldsymbol{\alpha}_j\\ \vdots\\ \boldsymbol{\alpha}_m\end{pmatrix}\xrightarrow{r_i+kr_j\to r_i}B=\begin{pmatrix}\boldsymbol{\alpha}_1\\ \vdots\\ \boldsymbol{\alpha}_i+k\boldsymbol{\alpha}_j\\ \vdots\\ \boldsymbol{\alpha}_j\\ \vdots\\ \boldsymbol{\alpha}_m\end{pmatrix},$$

其中 $\boldsymbol{\alpha}_i$ 表示矩阵 A 的第 i 行. 我们证明 $r(B)\leqslant r(A)$，且 $r(A)\leqslant r(B)$. 要证明前者，只要证明矩阵 B 的 $s(s>r)$ 阶子式 D_s 全为零即可. D_s 有三种情形：

(1) D_s 不含有 B 的第 i 行的元素，即 D_s 就是 A 的 s 阶子式，显然 $D_s=0$.

(2) D_s 既含有 B 的第 i 行的元素，又含有 B 的第 j 行的元素，则它具有下面的形式：

$$D_s=\begin{vmatrix}\vdots & \vdots & & \vdots\\ a_{it_1}+ka_{jt_1} & a_{it_2}+ka_{jt_2} & \cdots & a_{it_s}+ka_{jt_s}\\ \vdots & \vdots & & \vdots\\ a_{jt_1} & a_{jt_2} & \cdots & a_{jt_s}\\ \vdots & \vdots & & \vdots\end{vmatrix},$$

由行列式的性质 5，

$$D_s=\begin{vmatrix}\vdots & \vdots & & \vdots\\ a_{it_1} & a_{it_2} & \cdots & a_{it_s}\\ \vdots & \vdots & & \vdots\\ a_{jt_1} & a_{jt_2} & \cdots & a_{jt_s}\\ \vdots & \vdots & & \vdots\end{vmatrix}=0.$$

(3) D_s 含有 B 的第 i 行的元素，但不含有 B 的第 j 行的元素，由行列式性质 4，

$$D_s=\begin{vmatrix}\vdots & \vdots & & \vdots\\ a_{it_1}+ka_{jt_1} & a_{it_2}+ka_{jt_2} & \cdots & a_{it_s}+ka_{jt_s}\\ \vdots & \vdots & & \vdots\end{vmatrix}=D_{s1}+kD_{s2},$$

其中

$$D_{s1}=\begin{vmatrix}\vdots & \vdots & & \vdots\\ a_{it_1} & a_{it_2} & \cdots & a_{it_s}\\ \vdots & \vdots & & \vdots\end{vmatrix},\quad D_{s2}=\begin{vmatrix}\vdots & \vdots & & \vdots\\ a_{jt_1} & a_{jt_2} & \cdots & a_{jt_s}\\ \vdots & \vdots & & \vdots\end{vmatrix},$$

D_{s1} 就是矩阵 A 的 s 阶子式，D_{s2} 或为 A 的 s 阶子式，或为 A 的 s 阶子式通过若干次交换行后所得到的行列式，因此它与 A 的 s 阶子式至多相差一个符号. 不论哪种情况，都有 $D_{s1}=0$，$D_{s2}=0$，因此

$$D_s=D_{s1}+kD_{s2}=0.$$

所以,矩阵 B 的所有 $s(s>r)$ 阶子式都为零,因而

$$r(B)\leqslant r=r(A).$$

显然,$B\xrightarrow{r_i+(-k)r_j\to r_i}A$,因此

$$r(A)\leqslant r(B),$$

故

$$r(A)=r(B).$$ □

例 2.18 求矩阵 A 的秩,其中

$$A=\begin{pmatrix}0&-1&1&-1\\1&3&0&5\\1&1&2&3\\0&1&-1&0\\1&-3&6&-1\\1&0&3&3\end{pmatrix}.$$

解 用初等行变换将矩阵 A 化成阶梯形矩阵

$$A=\begin{pmatrix}0&-1&1&-1\\1&3&0&5\\1&1&2&3\\0&1&-1&0\\1&-3&6&-1\\1&0&3&3\end{pmatrix}\longrightarrow\begin{pmatrix}1&3&0&5\\0&-1&1&-1\\0&-2&2&-2\\0&1&-1&0\\0&-6&6&-6\\0&-3&3&-2\end{pmatrix}\longrightarrow\begin{pmatrix}1&3&0&5\\0&-1&1&-1\\0&0&0&-1\\0&0&0&0\\0&0&0&0\\0&0&0&0\end{pmatrix},$$

故

$$r(A)=3.$$ □

2.5.3 初等矩阵的概念与性质

定义 2.17 单位矩阵经过一次初等变换所得到的矩阵称为**初等矩阵**.

单位矩阵经过一次初等变换后形成的初等矩阵有下面三种类型:

(1) 交换单位矩阵的第 i 行(列)与第 j 行(列)所得到的初等矩阵记为

$$R_{i\leftrightarrow j}=C_{i\leftrightarrow j}=\begin{array}{c}\left(\begin{array}{ccccccccccc}
1 &&&&&&&&&& \\
& \ddots &&&&&&&&& \\
&& 1 &&&&&&&& \\
&&& 0 && \cdots && 1 &&& \\
&&&& 1 &&&&&& \\
&&& \vdots && \ddots && \vdots &&& \\
&&&&&& 1 &&&& \\
&&& 1 && \cdots && 0 &&& \\
&&&&&&&& 1 && \\
&&&&&&&&& \ddots & \\
&&&&&&&&&& 1
\end{array}\right)\begin{array}{l}
\\ \\ \\ \leftarrow 第\, i\, 行 \\ \\ \\ \\ \leftarrow 第\, j\, 行 \\ \\ \\ \\
\end{array} \\
\begin{array}{ccc} \uparrow & \qquad\qquad & \uparrow \\ 第 i 列 && 第 j 列 \end{array}
\end{array}.$$

(2) 单位矩阵第 i 行(列)的元素都乘以非零常数 k 所得到的初等矩阵记为

$$R_{(k)i}=C_{(k)i}=\begin{array}{c}\left(\begin{array}{ccccccc}
1 &&&&&& \\
& \ddots &&&&& \\
&& 1 && 0 && \\
&&& k &&& \\
&& 0 && 1 && \\
&&&&& \ddots & \\
&&&&&& 1
\end{array}\right)\begin{array}{l}
\\ \\ \\ \leftarrow 第\, i\, 行. \\ \\ \\ \\
\end{array} \\
\begin{array}{c} \uparrow \\ 第 i 列 \end{array}
\end{array}$$

(3) 单位矩阵第 i 行(第 j 列)的各元素加上第 j 行(第 i 列)对应元素的 λ 倍所得到的初等矩阵记为 $R_{i+(\lambda)j}(C_{j+(\lambda)i})$. 若 $i<j$,对应的初等矩阵为

$$R_{i+(\lambda)j}=C_{j+(\lambda)i}=\begin{array}{c}\left(\begin{array}{ccccccc}
1 &&&&&& \\
& \ddots &&&&& \\
&& 1 & \cdots & \lambda && \\
&&& \ddots & \vdots && \\
&&&& 1 && \\
&&&&& \ddots & \\
&&&&&& 1
\end{array}\right)\begin{array}{l}
\\ \\ \leftarrow 第\, i\, 行 \\ \\ \leftarrow 第\, j\, 行 \\ \\ \\
\end{array} \\
\begin{array}{ccc} \uparrow & \qquad & \uparrow \\ 第 i 列 && 第 j 列 \end{array}
\end{array}.$$

定理 2.6　用一个 m 阶初等矩阵左乘一个 $m\times n$ 矩阵 A,相当于对矩阵 A 作相应的初等行变换;用一个 n 阶初等矩阵右乘一个 $m\times n$ 矩阵 A,相当于对矩阵 A 作相应的初等列变换.

证　我们只证明行变换的情形,列变换可类似地证明.

将矩阵 A 按行分块

$$A=(a_{ij})_{m\times n}=\begin{pmatrix} a_{11} & a_{12} & \cdots & a_{1n} \\ \vdots & \vdots & & \vdots \\ a_{i1} & a_{i2} & \cdots & a_{in} \\ \vdots & \vdots & & \vdots \\ a_{j1} & a_{j2} & \cdots & a_{jn} \\ \vdots & \vdots & & \vdots \\ a_{m1} & a_{m2} & \cdots & a_{mn} \end{pmatrix}=\begin{pmatrix} \boldsymbol{\alpha}_1 \\ \vdots \\ \boldsymbol{\alpha}_i \\ \vdots \\ \boldsymbol{\alpha}_j \\ \vdots \\ \boldsymbol{\alpha}_m \end{pmatrix}.$$

由分块矩阵的乘法,有

$$R_{i\leftrightarrow j}A=\begin{pmatrix} 1 & & & & & & \\ & \ddots & & & & & \\ & & 0 & \cdots & 1 & & \\ & & \vdots & \ddots & \vdots & & \\ & & 1 & \cdots & 0 & & \\ & & & & & \ddots & \\ & & & & & & 1 \end{pmatrix}\begin{pmatrix} \boldsymbol{\alpha}_1 \\ \vdots \\ \boldsymbol{\alpha}_i \\ \vdots \\ \boldsymbol{\alpha}_j \\ \vdots \\ \boldsymbol{\alpha}_m \end{pmatrix}=\begin{pmatrix} \boldsymbol{\alpha}_1 \\ \vdots \\ \boldsymbol{\alpha}_j \\ \vdots \\ \boldsymbol{\alpha}_i \\ \vdots \\ \boldsymbol{\alpha}_m \end{pmatrix},$$

由此可见,$R_{i\leftrightarrow j}$ 是单位矩阵交换第 i 行和第 j 行得到的矩阵,用它左乘 A 的乘积矩阵就是 A 作同样的交换第 i 行和第 j 行的初等变换得到的矩阵. 下面的两式也是类似的.

$$R_{(k)i}A=\begin{pmatrix} 1 & & & & \\ & \ddots & & & \\ & & k & & \\ & & & \ddots & \\ & & & & 1 \end{pmatrix}\begin{pmatrix} \boldsymbol{\alpha}_1 \\ \vdots \\ \boldsymbol{\alpha}_i \\ \vdots \\ \boldsymbol{\alpha}_m \end{pmatrix}=\begin{pmatrix} \boldsymbol{\alpha}_1 \\ \\ k\boldsymbol{\alpha}_i \\ \\ \boldsymbol{\alpha}_m \end{pmatrix}.$$

设 $i<j$,则

$$R_{i+(\lambda)j}A=\begin{pmatrix} 1 & & & & & & \\ & \ddots & & & & & \\ & & 1 & \cdots & \lambda & & \\ & & & \ddots & \vdots & & \\ & & & & 1 & & \\ & & & & & \ddots & \\ & & & & & & 1 \end{pmatrix}\begin{pmatrix} \boldsymbol{\alpha}_1 \\ \vdots \\ \boldsymbol{\alpha}_i \\ \vdots \\ \boldsymbol{\alpha}_j \\ \vdots \\ \boldsymbol{\alpha}_m \end{pmatrix}=\begin{pmatrix} \boldsymbol{\alpha}_1 \\ \vdots \\ \boldsymbol{\alpha}_i+\lambda\boldsymbol{\alpha}_j \\ \vdots \\ \boldsymbol{\alpha}_j \\ \vdots \\ \boldsymbol{\alpha}_m \end{pmatrix}.$$

$i>j$ 的情形类似,不再赘述. □

推论 初等矩阵都是可逆矩阵,且

$$(R_{i\leftrightarrow j})^{-1} = R_{i\leftrightarrow j}, \qquad (C_{i\leftrightarrow j})^{-1} = C_{i\leftrightarrow j},$$
$$(R_{(k)i})^{-1} = R_{(\frac{1}{k})i}(k \neq 0), \qquad (C_{(k)i})^{-1} = C_{(\frac{1}{k})i}(k \neq 0),$$
$$(R_{i+(\lambda)j})^{-1} = R_{i+(-\lambda)j}, \qquad (C_{i+(\lambda)j})^{-1} = C_{i+(-\lambda)j}.$$

证　我们只证$(R_{i+(\lambda)j})^{-1}=R_{i+(-\lambda)j}$,其余的留给读者.

由定理2.6,矩阵$R_{i+(\lambda)j}$左乘矩阵$R_{i+(-\lambda)j}$相当于对矩阵$R_{i+(-\lambda)j}$作相应的初等行变换,因此

$$\begin{pmatrix} 1 & & & & & \\ & \ddots & & & & \\ & & 1 & \cdots & \lambda & \\ & & & \ddots & \vdots & \\ & & & & 1 & \\ & & & & & \ddots \\ & & & & & & 1 \end{pmatrix}\begin{pmatrix} 1 & & & & & \\ & \ddots & & & & \\ & & 1 & \cdots & -\lambda & \\ & & & \ddots & \vdots & \\ & & & & 1 & \\ & & & & & \ddots \\ & & & & & & 1 \end{pmatrix} = E. \qquad \square$$

现在,可用初等矩阵来叙述定理2.3和定理2.4:

定理2.7　对任何$m\times n$矩阵A,存在m阶初等矩阵$R_1,R_2,\cdots,R_s$,使得$R_s\cdots R_2R_1A$为阶梯形矩阵(或简化的阶梯形矩阵);存在n阶初等矩阵$C_1,C_2,\cdots,C_t$使得

$$R_s\cdots R_2R_1AC_1C_2\cdots C_t = \begin{pmatrix} E_r & O \\ O & O \end{pmatrix}_{m\times n},$$

其中$r=r(A)$.

由于初等矩阵都是可逆矩阵,因而有如下推论.

推论2.2　对任何$m\times n$矩阵A,存在m阶可逆矩阵P与n阶可逆矩阵Q,使得

$$PAQ = \begin{pmatrix} E_r & O \\ O & O \end{pmatrix}_{m\times n}.$$

推论2.3　n阶矩阵A可逆的充分必要条件为A的标准形矩阵为n阶单位矩阵.

证　若n阶矩阵A可逆,则$r(A)=n$.因而,A的标准形为单位矩阵.

反之,若矩阵A的标准形为单位矩阵,即存在n阶可逆矩阵P与Q,使得$PAQ=E_n$,因而$|P||A||Q|=|E_n|=1\neq 0$,故$|A|\neq 0$,即矩阵A可逆.　$\square$

推论2.4　矩阵A可逆的充分必要条件是$A=P_1P_2\cdots P_k$,其中$P_1,P_2,\cdots,P_k$是初等矩阵.

证　充分性　由于初等矩阵都是可逆的,显然A可逆.

必要性　由定理2.7及推论2.3,矩阵A可逆的充分必要条件是存在n阶初

等矩阵 $R_1, R_2, \cdots, R_s$ 与 n 阶初等矩阵 $C_1, C_2, \cdots, C_t$ 使得

$$R_s \cdots R_2 R_1 A C_1 C_2 \cdots C_t = E_n,$$

因而

$$A = R_1^{-1} R_2^{-1} \cdots R_s^{-1} E_n C_t^{-1} \cdots C_2^{-1} C_1^{-1} = P_1 P_2 \cdots P_{s+t},$$

其中 $P_1, P_2, \cdots, P_{s+t}$ 为初等矩阵，记 $s+t=k$，即得证. □

推论 2.5 任何一个可逆矩阵 A 可经单纯的初等行变换化为单位矩阵.

证 由推论 2.4,

$$A = P_1 P_2 \cdots P_k = P_1 P_2 \cdots P_k E,$$

其中 $P_1, P_2, \cdots, P_k$ 为初等矩阵. 因而

$$P_k^{-1} \cdots P_2^{-1} P_1^{-1} A = E. \tag{2.27}$$

显然，$P_1^{-1}, P_2^{-1}, \cdots, P_k^{-1}$ 为初等矩阵，由定理 2.6 可知推论成立. □

推论 2.6 设矩阵 A 为 $m \times n$ 矩阵，P 为 m 阶可逆矩阵，Q 为 n 阶可逆矩阵，则

$$r(A) = r(PA) = r(AQ) = r(PAQ).$$

证 由推论 2.4，$P = P_1 P_2 \cdots P_k$，其中 $P_1, P_2, \cdots, P_k$ 为初等矩阵. 所以，矩阵 P 左乘矩阵 A，相当于对矩阵 A 作相应的初等行变换，由定理 2.5,

$$r(PA) = r(P_1 P_2 \cdots P_s A) = r(A).$$

同理，可证其他几个等式. □

例 2.19 设 A 为 $m \times n$ 矩阵，证明：$r(A)=1$ 的充分必要条件是存在 $m \times 1$ 矩阵 $\boldsymbol{\alpha} \neq \boldsymbol{0}$ 与 $n \times 1$ 矩阵 $\boldsymbol{\beta} \neq \boldsymbol{0}$ 使得 $A = \boldsymbol{\alpha}\boldsymbol{\beta}^{\mathrm{T}}$.

证 必要性 由于 $r(A)=1$，所以存在 m 阶可逆矩阵 P 与 n 阶可逆矩阵 Q，使得

$$PAQ = \begin{pmatrix} 1 & 0 & \cdots & 0 \\ 0 & 0 & \cdots & 0 \\ \vdots & \vdots & & \vdots \\ 0 & 0 & \cdots & 0 \end{pmatrix}_{m \times n} = \begin{pmatrix} 1 \\ 0 \\ \vdots \\ 0 \end{pmatrix} (1 \quad 0 \quad \cdots \quad 0),$$

因此

$$A = P^{-1} \begin{pmatrix} 1 \\ 0 \\ \vdots \\ 0 \end{pmatrix} (1 \quad 0 \quad \cdots \quad 0) Q^{-1}.$$

令

$$\boldsymbol{\alpha} = P^{-1} \begin{pmatrix} 1 \\ 0 \\ \vdots \\ 0 \end{pmatrix}, \quad \boldsymbol{\beta}^{\mathrm{T}} = (1 \quad 0 \quad \cdots \quad 0) Q^{-1},$$

显然,$\boldsymbol{\alpha}\neq\mathbf{0}$,$\boldsymbol{\beta}\neq\mathbf{0}$ 且 $A=\boldsymbol{\alpha}\boldsymbol{\beta}^{\mathrm{T}}$.

充分性　设 $A=\boldsymbol{\alpha}\boldsymbol{\beta}^{\mathrm{T}}$,其中 $\boldsymbol{\alpha}$ 为非零的 $m\times1$ 矩阵,$\boldsymbol{\beta}$ 为非零的 $n\times1$ 矩阵,则存在 m 阶可逆矩阵 P 与 n 阶可逆矩阵 Q,使得

$$P\boldsymbol{\alpha}=\begin{pmatrix}1\\0\\\vdots\\0\end{pmatrix},\quad \boldsymbol{\beta}^{\mathrm{T}}Q=(1\quad 0\quad \cdots\quad 0),$$

因而

$$PAQ=P\boldsymbol{\alpha}\boldsymbol{\beta}^{\mathrm{T}}Q=\begin{pmatrix}1&0&\cdots&0\\0&0&\cdots&0\\\vdots&\vdots&&\vdots\\0&0&\cdots&0\end{pmatrix},$$

故 $r(A)=1$. □

2.5.4　求逆矩阵的初等变换法

(2.27)式说明,若矩阵 A 可逆,则

$$A^{-1}=P_k^{-1}\cdots P_2^{-1}P_1^{-1},$$

即

$$P_k^{-1}\cdots P_2^{-1}P_1^{-1}E=A^{-1}.\tag{2.28}$$

将(2.27)式写在下面,

$$P_k^{-1}\cdots P_2^{-1}P_1^{-1}A=E,\tag{2.27}$$

不难看出,按分块矩阵的乘法可将它们合并写成

$$P_k^{-1}\cdots P_2^{-1}P_1^{-1}(A\quad E)=(E\quad A^{-1}).\tag{2.29}$$

这说明,若矩阵 A 经过有限次初等行变换变为单位矩阵,则单位矩阵经过同样的初等行变换变为 A^{-1}. 因而产生了求逆矩阵的初等行变换法:

构造 $n\times2n$ 阶矩阵 $(A\quad E)$,对这个矩阵施行初等行变换,使 A 变为单位矩阵,则 E 变为 A^{-1}. 若经过初等行变换,A 不能变成单位矩阵,则说明矩阵 A 不可逆.

例 2.20　设矩阵

$$A=\begin{pmatrix}4&2&3\\3&1&2\\2&1&1\end{pmatrix},$$

用初等行变换法,判断 A 是否可逆? 如果可逆,求出 A^{-1}.

解　构造矩阵

$$(A\quad E)=\left(\begin{array}{ccc:ccc}4&2&3&1&0&0\\3&1&2&0&1&0\\2&1&1&0&0&1\end{array}\right)\xrightarrow{r_1+(-1)r_2\to r_1}\begin{pmatrix}1&1&1&1&-1&0\\3&1&2&0&1&0\\2&1&1&0&0&1\end{pmatrix}$$

$$\xrightarrow[r_3+(-2)r_1\to r_3]{r_2+(-3)r_1\to r_2}\begin{pmatrix}1&1&1&1&-1&0\\0&-2&-1&-3&4&0\\0&-1&-1&-2&2&1\end{pmatrix}$$

$$\xrightarrow{r_2\leftrightarrow r_3}\begin{pmatrix}1&1&1&1&-1&0\\0&-1&-1&-2&2&1\\0&-2&-1&-3&4&0\end{pmatrix}$$

$$\xrightarrow[r_1+(1)r_2\to r_1]{r_3+(-2)r_2\to r_3}\begin{pmatrix}1&0&0&-1&1&1\\0&-1&-1&-2&2&1\\0&0&1&1&0&-2\end{pmatrix}$$

$$\xrightarrow[(-1)r_2\to r_2]{r_2+(1)r_3\to r_2}\left(\begin{array}{ccc:ccc}1&0&0&-1&1&1\\0&1&0&1&-2&1\\0&0&1&1&0&-2\end{array}\right),$$

所以，矩阵 A 可逆，且

$$A^{-1}=\begin{pmatrix}-1&1&1\\1&-2&1\\1&0&-2\end{pmatrix}.\qquad\square$$

也可构造 $2n\times n$ 阶矩阵 $\begin{pmatrix}A\\E\end{pmatrix}$，对这个矩阵施行初等列变换，使 A 变为单位矩阵，则 E 变为 A^{-1}.

类似地，可以用初等行变换的方法求解矩阵方程. 例如，设

$$AX=B,$$

若 A 为 n 阶矩阵，且 A 可逆，B 为 $n\times m$ 矩阵，可构造 $n\times(n+m)$ 矩阵 $(A\quad B)$，作初等行变换使 $(A\quad B)$ 的左端矩阵 A 变为单位矩阵，则矩阵 B 在同样的初等行变换下就变为这个矩阵方程的解 $A^{-1}B$，即

$$(A\,\vdots\,B)\xrightarrow{\text{初等行变换}}(E\,\vdots\,A^{-1}B).$$

例 2.21 用初等变换法解矩阵方程

$$AX=B,$$

其中

$$A=\begin{pmatrix}5&1&-5\\3&-3&2\\1&-2&1\end{pmatrix},\quad B=\begin{pmatrix}-8&-5\\3&9\\0&0\end{pmatrix}.$$

解

$$(A\quad B)=\left(\begin{array}{ccc:cc}5&1&-5&-8&-5\\3&-3&2&3&9\\1&-2&1&0&0\end{array}\right)\xrightarrow{\text{初等行变换}}\left(\begin{array}{ccc:cc}1&&&1&4\\&1&&2&5\\&&1&3&6\end{array}\right),$$

故

$$X=\begin{pmatrix}1&4\\2&5\\3&6\end{pmatrix}.$$ □

若矩阵方程为

$$XA=B,$$

其中 A 可逆,如何用初等行变换法求它的解,留给读者思考.

例 2.22　将可逆矩阵

$$A=\begin{pmatrix}1&-1\\1&1\end{pmatrix}$$

表示成初等矩阵的乘积.

解　将矩阵 A 用初等行变换化为单位矩阵,并记录所用的初等变换

$$A=\begin{pmatrix}1&-1\\1&1\end{pmatrix}\xrightarrow{r_2+(-1)r_1\to r_2}\begin{pmatrix}1&-1\\0&2\end{pmatrix}\xrightarrow{\left(\frac{1}{2}\right)r_2\to r_2}\begin{pmatrix}1&-1\\0&1\end{pmatrix}$$

$$\xrightarrow{r_1+(1)r_2\to r_1}\begin{pmatrix}1&0\\0&1\end{pmatrix}.$$

上面的初等变换过程说明

$$R_{1+(1)2}R_{(\frac{1}{2})2}R_{2+(-1)1}A=E,$$

因而

$$\begin{aligned}A&=(R_{1+(1)2}R_{(\frac{1}{2})2}R_{2+(-1)1})^{-1}=(R_{2+(-1)1})^{-1}(R_{(\frac{1}{2})2})^{-1}(R_{1+(1)2})^{-1}\\&=R_{2+(1)1}R_{(2)2}R_{1+(-1)2}=\begin{pmatrix}1&0\\1&1\end{pmatrix}\begin{pmatrix}1&0\\0&2\end{pmatrix}\begin{pmatrix}1&-1\\0&1\end{pmatrix}.\end{aligned}$$ □

2.5.5　矩阵的等价

定义 2.18　如果矩阵 A 经过有限次初等变换变为矩阵 B,则称矩阵 A 与矩阵 B **等价**(或**相抵**).

由定义可见,矩阵 A 与矩阵 B 等价的充分必要条件是存在可逆矩阵 P 与可逆矩阵 Q 使得

$$PAQ=B.$$

因而,等价的矩阵必有相同的秩与相同的标准形. 等价反映了同类型矩阵之间的一

种关系,可将所有的 $m\times n$ 矩阵按等价关系分类,使等价的全归为一类. 等价关系具有下面的性质:

(1) 自反性. 即每个矩阵 A 和它自身等价.

显然 $E_m A_{m\times n} E_n = A$.

(2) 对称性. 即若矩阵 A 等价于矩阵 B,则矩阵 B 也等价于矩阵 A.

不难看出,若 $PAQ=B$,则 $A=P^{-1}BQ^{-1}$.

(3) 传递性. 即若矩阵 A 等价于矩阵 B,矩阵 B 等价于矩阵 C,则矩阵 A 等价于矩阵 C.

由定义,若 $P_1AQ_1=B$,$P_2BQ_2=C$,则显然有 $(P_2P_1)A(Q_1Q_2)=C$.

2.6* 分块矩阵的初等变换

类似于矩阵的初等变换,我们也可以定义分块矩阵的初等变换与分块初等矩阵.

定义 2.19 设矩阵 A 为 $p\times q$ 分块矩阵,即

$$A=\begin{pmatrix} A_{11} & \cdots & A_{1i} & \cdots & A_{1j} & \cdots & A_{1q} \\ \vdots & & \vdots & & \vdots & & \vdots \\ A_{i1} & \cdots & A_{ii} & \cdots & A_{ij} & \cdots & A_{iq} \\ \vdots & & \vdots & & \vdots & & \vdots \\ A_{j1} & \cdots & A_{ji} & \cdots & A_{jj} & \cdots & A_{jq} \\ \vdots & & \vdots & & \vdots & & \vdots \\ A_{p1} & \cdots & A_{pi} & \cdots & A_{pj} & \cdots & A_{pq} \end{pmatrix}.$$

对分块矩阵的行(列)施行下列三种操作(也称为变换)之一,称为对分块矩阵施行了一次初等行(列)变换:

(1) 交换分块矩阵 A 的两行(列);

(2) 用一个适当阶数的可逆矩阵左(右)乘分块矩阵 A 的某一行(列)的各子块;

(3) 将分块矩阵 A 的某一行(列)的各子块加上用一个适当行数与列数的矩阵左(右)乘 A 的另一行(列)所得的对应子块.

由定义不难看出:(1)相当于对没有分块的矩阵 A 作了若干次的交换两行(列)的初等变换. 由于可逆矩阵可以表示成初等矩阵的乘积,因而(2)相当于对没有分块的矩阵 A 作了若干次与这些初等矩阵对应的初等变换. 同样也可证明,对分块矩阵施行第(3)种初等变换,相当于对没有分块的矩阵 A 至多施行了有限次第(3)种类型的初等变换.

类似地,也可以定义分块初等矩阵.

定义 2.20 设单位矩阵 E 的一个分块对角矩阵的形式为

$$E=\begin{pmatrix} E_{l_1} & & & & & & \\ & \ddots & & & & & \\ & & E_{l_i} & & & & \\ & & & \ddots & & & \\ & & & & E_{l_j} & & \\ & & & & & \ddots & \\ & & & & & & E_{l_s} \end{pmatrix},$$

其中 E_{l_i} 为 l_i 阶单位矩阵，$i=1,2,\cdots,s$. 对分块单位矩阵 E 施行一次分块矩阵的初等变换所得到的矩阵称为**分块初等矩阵**.

共有三种类型的分块初等矩阵

(1) $$\begin{pmatrix} E_{l_1} & & & & & & & & & & \\ & \ddots & & & & & & & & & \\ & & E_{l_{i-1}} & & & & & & & & \\ & & & O_{l_j\times l_i} & \cdots & \cdots & \cdots & E_{l_j} & & & \\ & & & \vdots & E_{l_{i+1}} & & & \vdots & & & \\ & & & \vdots & & \ddots & & \vdots & & & \\ & & & \vdots & & & E_{l_{j-1}} & \vdots & & & \\ & & & E_{l_i} & \cdots & \cdots & \cdots & O_{l_i\times l_j} & & & \\ & & & & & & & & E_{l_{j+1}} & & \\ & & & & & & & & & \ddots & \\ & & & & & & & & & & E_{l_s} \end{pmatrix}.$$

(2) $$\begin{pmatrix} E_{l_1} & & & & \\ & \ddots & & & \\ & & C & & \\ & & & \ddots & \\ & & & & E_{l_s} \end{pmatrix}$$，其中 C 为可逆矩阵.

(3) $$\begin{pmatrix} E_{l_1} & & & & & \\ & \ddots & & & & \\ & & E_{l_i} & & & \\ & & \vdots & \ddots & & \\ & & K & \cdots & E_{l_j} & \\ & & & & & \ddots & \\ & & & & & & E_{l_s} \end{pmatrix},$$ $i<j$，其中 K 为任意 $l_j\times l_i$ 矩阵.

定理 2.8 对分块矩阵作初等行(列)变换，相当于用相应的分块初等矩阵左(右)乘这个矩阵.

证 （略）

利用分块矩阵的初等变换，常可以使运算或证明简化.

例 2.23 设有分块矩阵

$$P=\begin{pmatrix}A & B\\ O & C\end{pmatrix},$$

其中 A 和 C 分别为 m 阶与 n 阶可逆矩阵，B 为 $m\times n$ 矩阵，证明：矩阵 P 可逆，并求 P^{-1}.

解 与 2.5.4 节中用初等变换法求逆矩阵的方法类似，构造分块矩阵

$$\left(\begin{array}{cc:cc}A & B & E_m & O\\ O & C & O & E_n\end{array}\right),$$

作分块矩阵的初等行变换，若记分块矩阵的第 i 行为 R_i，$i=1,2$，并沿用矩阵初等变换的记号，则

$$\left(\begin{array}{cc:cc}A & B & E_m & O\\ O & C & O & E_n\end{array}\right)\xrightarrow[C^{-1}R_2\to R_2]{A^{-1}R_1\to R_1 ①}\left(\begin{array}{cc:cc}E_m & A^{-1}B & A^{-1} & O\\ O & E_n & O & C^{-1}\end{array}\right)$$

$$\xrightarrow{R_1+(-A^{-1}B)R_2\to R_1 ②}\left(\begin{array}{cc:cc}E_m & O & A^{-1} & -A^{-1}BC^{-1}\\ O & E_n & O & C^{-1}\end{array}\right).$$

所以，矩阵 P 可逆，且

$$P^{-1}=\begin{pmatrix}A^{-1} & -A^{-1}BC^{-1}\\ O & C^{-1}\end{pmatrix}.$$ □

例 2.24 证明可逆的上三角矩阵的逆矩阵仍为上三角矩阵.

证 我们对矩阵的阶数用数学归纳法. 设 A 为 n 阶矩阵. 当$n=1$时，结论显然成立. 设当 $n=k-1$ 时，结论成立. 现设 A_k 为 k 阶可逆的上三角矩阵，将 A_k 按如下形式分块：

$$A_k=\begin{pmatrix}a_{11} & \boldsymbol{\alpha}^{\mathrm{T}}\\ \mathbf{0} & A_{k-1}\end{pmatrix},$$

其中 A_{k-1}为 $k-1$ 阶上三角矩阵，由于$|A_k|=a_{11}|A_{k-1}|$，且 A_k 可逆，故 $a_{11}\neq 0$，A_{k-1}可逆. 由例 2.23 可知

$$A_k^{-1}=\begin{pmatrix}a_{11}^{-1} & -a_{11}^{-1}\boldsymbol{\alpha}^{\mathrm{T}}A_{k-1}^{-1}\\ \mathbf{0} & A_{k-1}^{-1}\end{pmatrix}.$$

由假设，A_{k-1}^{-1}是可逆的上三角矩阵，故 A_k^{-1} 也是上三角矩阵. □

---

① $A^{-1}R_1\to R_1$ 表示用 A^{-1} 左乘分块矩阵第一行 R_1 的各子块.

② $R_1+(-A^{-1}B)R_2\to R_1$ 表示用分块矩阵第一行 R_1 的各子块加上用$(-A^{-1}B)$ 左乘第二行后所得的对应子块.

例 2.25　设矩阵

$$M=\begin{pmatrix}A & B\\ C & D\end{pmatrix},$$

其中 A 和 D 分别为 m 阶和 n 阶矩阵，且 $|A|\neq 0$. 证明：

$$|M|=|A|\,|D-CA^{-1}B| \tag{2.30}$$

（称(2.30)式为**行列式的第一降阶定理**）.

证　利用分块矩阵的初等变换

$$M=\begin{pmatrix}A & B\\ C & D\end{pmatrix}\xrightarrow{R_2+(-CA^{-1})R_1\to R_2}\begin{pmatrix}A & B\\ O & D-CA^{-1}B\end{pmatrix},$$

即

$$\begin{pmatrix}E_m & O\\ -CA^{-1} & E_n\end{pmatrix}\begin{pmatrix}A & B\\ C & D\end{pmatrix}=\begin{pmatrix}A & B\\ O & D-CA^{-1}B\end{pmatrix},$$

两边取行列式，得

$$\begin{vmatrix}E_m & O\\ -CA^{-1} & E_n\end{vmatrix}\begin{vmatrix}A & B\\ C & D\end{vmatrix}=|M|=\begin{vmatrix}A & B\\ O & D-CA^{-1}B\end{vmatrix}=|A|\,|D-CA^{-1}B|.\ \square$$

例 2.26　设 A 为 $m\times n$ 矩阵，B 为 $n\times m$ 矩阵，证明：

$$|E_m-AB|=|E_n-BA|.$$

证　构造分块矩阵并对之施行初等变换

$$\begin{pmatrix}E_m & A\\ B & E_n\end{pmatrix}\xrightarrow{R_1+(-A)R_2\to R_1}\begin{pmatrix}E_m-AB & O\\ B & E_n\end{pmatrix}$$

$$\Big\downarrow C_2+C_1(-A)\to C_2$$

$$\begin{pmatrix}E_m & O\\ B & E_n-BA\end{pmatrix},$$

即

$$\begin{pmatrix}E_m & -A\\ O & E_n\end{pmatrix}\begin{pmatrix}E_m & A\\ B & E_n\end{pmatrix}=\begin{pmatrix}E_m-AB & O\\ B & E_n\end{pmatrix},$$

$$\begin{pmatrix}E_m & A\\ B & E_n\end{pmatrix}\begin{pmatrix}E_m & -A\\ O & E_n\end{pmatrix}=\begin{pmatrix}E_m & O\\ B & E_n-BA\end{pmatrix}.$$

上两式两边取行列式得

$$\begin{vmatrix}E_m-AB & O\\ B & E_n\end{vmatrix}=\begin{vmatrix}E_m & O\\ B & E_n-BA\end{vmatrix}=\begin{vmatrix}E_m & A\\ B & E_n\end{vmatrix},$$

注意到

$$\begin{vmatrix}E_m-AB & O\\ B & E_n\end{vmatrix}=|E_m-BA|,\qquad \begin{vmatrix}E_m & O\\ B & E_n-BA\end{vmatrix}=|E_n-BA|,$$

故

$$|E_m-AB|=|E_n-BA|.$$

$\square$

2.7 解线性方程组的高斯消元法

在第一章,我们讨论了方程的个数与未知量的个数相等的线性方程组.而实际问题中归结出的线性方程组,方程的个数与未知量的个数不一定相等,含 n 个未知量的线性方程组的一般形式为

$$\begin{cases} a_{11}x_1 + a_{12}x_2 + \cdots + a_{1n}x_n = b_1, \\ a_{21}x_1 + a_{22}x_2 + \cdots + a_{2n}x_n = b_2, \\ \cdots\cdots\cdots\cdots \\ a_{m1}x_1 + a_{m2}x_2 + \cdots + a_{mn}x_n = b_m, \end{cases} \tag{2.31}$$

其中 $x_1,x_2,\cdots,x_n$ 为未知量,a_{ij} 表示第 i 个方程未知量 x_j 的系数,b_i 称为常数项,$a_{ij},b_i,i=1,2,\cdots,m,j=1,2,\cdots,n$ 都是已知数.m 为方程的个数,m 可以小于 n,也可以等于或大于 n.若 $b_1,b_2,\cdots,b_m$ 全为零,则称(2.31)为**齐次线性方程组**.否则称之为**非齐次线性方程组**.本节,我们用矩阵的基本理论讨论线性方程组的求解问题并给出判定线性方程组有解的定理.

定义 2.21 若将(2.31)中各方程的未知量 $x_1,x_2,\cdots,x_n$ 分别代以数 $c_1,c_2,\cdots,c_n$ 后,(2.31)中的每个方程都成为恒等式,则称

$$x_1=c_1,x_2=c_2,\cdots,x_n=c_n$$

为方程组(2.31)的**一组解**.方程组(2.31)的全体解所构成的集合,称为该方程组的**解集合**(简称**解集**).

定义 2.22 如果两个方程组的解集相同,则称这两个方程组为**同解方程组**或称两个方程组**同解**.

令

$$A=(a_{ij})_{m\times n}=\begin{pmatrix} a_{11} & a_{12} & \cdots & a_{1n} \\ a_{21} & a_{22} & \cdots & a_{2n} \\ \vdots & \vdots & & \vdots \\ a_{m1} & a_{m2} & \cdots & a_{mn} \end{pmatrix},\quad \boldsymbol{x}=\begin{pmatrix} x_1 \\ x_2 \\ \vdots \\ x_n \end{pmatrix},\quad \boldsymbol{\beta}=\begin{pmatrix} b_1 \\ b_2 \\ \vdots \\ b_m \end{pmatrix},$$

则方程组(2.31)的矩阵表达式为

$$A\boldsymbol{x}=\boldsymbol{\beta}, \tag{2.32}$$

称矩阵 A 为线性方程组(2.32)的**系数矩阵**.称矩阵

$$\widetilde{A}=\begin{pmatrix} a_{11} & a_{12} & \cdots & a_{1n} & b_1 \\ a_{21} & a_{22} & \cdots & a_{2n} & b_2 \\ \vdots & \vdots & & \vdots & \vdots \\ a_{m1} & a_{m2} & \cdots & a_{mn} & b_m \end{pmatrix}$$

为线性方程组(2.32)的**增广矩阵**.

如果 $x_1=c_1, x_2=c_2, \cdots, x_n=c_n$ 是(2.32)的一组解，则称

$$\begin{pmatrix} c_1 \\ c_2 \\ \vdots \\ c_n \end{pmatrix}$$

为(2.32)的**解向量**，也简称为**解**.

对于一般的线性方程组(2.32)，需要解决下面的问题：

(1) 方程组是否有解？

(2) 如果(2.32)有解，它有多少解？如何求出它的所有的解？

(3) 线性方程组解的性质与结构.

本节先讨论(1)与(2)，(3)将在第三章讨论.

在本章的开始，我们介绍了解线性方程组的消元法(常称为**高斯**(Gauss)**消元法**). 高斯消元法是对方程组作初等变换，将其化成同解的阶梯形方程组. 用矩阵的语言来说，就是对方程组的增广矩阵作初等行变换使其化为阶梯形矩阵，如果有解，再解以阶梯形矩阵为增广矩阵的线性方程组. 一般地，有下面的定理.

定理 2.9　线性方程组(2.32)经初等行变换所得的新方程组与原线性方程组同解.

证　我们只需证明线性方程组经一次初等行变换后所得方程组与原方程组同解即可. 设线性方程组(2.32)经一次初等行变换后变为方程组

$$A_1\boldsymbol{x}=\boldsymbol{\beta}_1, \tag{2.33}$$

用矩阵的语言来说，就是存在初等矩阵 R，使得

$$R\widetilde{A}=R(A\quad\boldsymbol{\beta})=(RA\quad R\boldsymbol{\beta})=(A_1\quad\boldsymbol{\beta}_1).$$

所以，如果 $\boldsymbol{x}_0$ 是(2.32)的解，即 $A\boldsymbol{x}_0=\boldsymbol{\beta}$，则必有

$$RA\boldsymbol{x}_0=R\boldsymbol{\beta},$$

即

$$A_1\boldsymbol{x}_0=\boldsymbol{\beta}_1,$$

这说明 $\boldsymbol{x}_0$ 是(2.33)的解.

反之，如果 $\boldsymbol{x}_0$ 是(2.33)的解，即 $A_1\boldsymbol{x}_0=\boldsymbol{\beta}_1$，由于初等矩阵都是可逆矩阵，因而必有

$$R^{-1}A_1\boldsymbol{x}_0=R^{-1}\boldsymbol{\beta}_1,$$

显然，$R^{-1}A_1=A, R^{-1}\boldsymbol{\beta}_1=\boldsymbol{\beta}$. 故

$$A\boldsymbol{x}_0=\boldsymbol{\beta},$$

即 $\boldsymbol{x}_0$ 也是(2.32)的解. 因而(2.32)与(2.33)同解. □

例 2.27　解线性方程组

$$\begin{cases} 2x_1+2x_2+3x_3=1, \\ x_1-x_2=2, \\ -x_1+2x_2+x_3=-2. \end{cases}$$

解

$$\widetilde{A}=\begin{pmatrix}2 & 2 & 3 & 1\\ 1 & -1 & 0 & 2\\ -1 & 2 & 1 & -2\end{pmatrix}\xrightarrow{\text{初等行变换}}\left(\begin{array}{ccc:c}1 & 0 & 0 & -1\\ 0 & 1 & 0 & -3\\ 0 & 0 & 1 & 3\end{array}\right)=\widetilde{A}_1,$$

解以 $\widetilde{A}_1$ 为增广矩阵的线性方程组,得

$$\begin{cases}x_1=-1,\\ x_2=-3,\\ x_3=3.\end{cases}$$

□

例 2.28 解线性方程组

$$\begin{cases}2x_1-x_2+3x_3=1,\\ 4x_1-2x_2+5x_3=4,\\ 2x_1-x_2+4x_3=-1,\\ 6x_1-3x_2+5x_3=11.\end{cases}$$

解

$$\widetilde{A}=\begin{pmatrix}2 & -1 & 3 & 1\\ 4 & -2 & 5 & 4\\ 2 & -1 & 4 & -1\\ 6 & -3 & 5 & 11\end{pmatrix}\xrightarrow{\text{初等行变换}}\left(\begin{array}{ccc:c}1 & -\frac{1}{2} & 0 & \frac{7}{2}\\ 0 & 0 & 1 & -2\\ 0 & 0 & 0 & 0\\ 0 & 0 & 0 & 0\end{array}\right)=\widetilde{A}_1.$$

矩阵 $\widetilde{A}_1$ 有两个零行,它们对方程组的解不能提供任何信息,因而考虑以 $\widetilde{A}_1$ 的非零行为增广矩阵的线性方程组

$$\begin{cases}x_1-\frac{1}{2}x_2=\frac{7}{2},\\ x_3=-2.\end{cases}$$

不难看出,每给定变量 x_2 一个值,可唯一地求出 x_1,x_3 的一组值. 由于 x_2 可任意赋值,因而方程组有无穷多组解;另外,只要 x_2 的值确定,则 x_1 与 x_3 的值就唯一地确定了. 因此,可以用 x_2 表达所有的解

$$\begin{cases}x_1=\frac{1}{2}x_2+\frac{7}{2},\\ x_2=x_2,\\ x_3=0\cdot x_2-2.\end{cases}$$

称 x_2 为**自由未知量**. □

例 2.29 解线性方程组

$$\begin{cases}2x_1-x_2+3x_3=1,\\ 4x_1-2x_2+5x_3=4,\\ 6x_1-3x_2+8x_3=4.\end{cases}$$

解

$$\widetilde{A}=\begin{pmatrix}2 & -1 & 3 & 1\\ 4 & -2 & 5 & 4\\ 6 & -3 & 8 & 4\end{pmatrix}\xrightarrow{\text{初等行变换}}\left(\begin{array}{ccc:c}2 & -1 & 3 & 1\\ 0 & 0 & 1 & -2\\ 0 & 0 & 0 & 1\end{array}\right)=\widetilde{A}_1.$$

注意以 $\widetilde{A}_1$ 为增广矩阵的线性方程组的最后一个方程为

$$0=1,$$

这是一个矛盾方程,即不论未知量以什么值代入,都不能满足这个方程.因此,原方程组无解. □

上面三个例子,给出了解线性方程组可能出现的情况.一般地,若用初等行变换将非齐次线性方程组(2.32)的增广矩阵化为简化的阶梯形矩阵 C,C 的一般形式为

$$C=\left(\begin{array}{cccccccccccccccc:c}
1 & c_{12} & \cdots & c_{1,k_2-1} & 0 & * & \cdots & * & 0 & * & \cdots & * & 0 & c_{1,k_r+1} & \cdots & c_{1n} & d_1\\
0 & 0 & \cdots & 0 & 1 & * & \cdots & * & 0 & * & \cdots & * & 0 & c_{2,k_r+1} & \cdots & c_{2n} & d_2\\
0 & 0 & \cdots & 0 & 0 & 0 & \cdots & 0 & 1 & * & \cdots & * & 0 & c_{3,k_r+1} & \cdots & c_{3n} & d_3\\
\vdots & \vdots & & \vdots & \vdots & & & & \vdots & & & & \vdots & \vdots & & \vdots & \vdots\\
0 & 0 & \cdots & 0 & 0 & 0 & \cdots & 0 & 0 & 0 & \cdots & 0 & 1 & c_{r,k_r+1} & \cdots & c_{rn} & d_r\\
0 & 0 & \cdots & 0 & 0 & 0 & \cdots & 0 & 0 & 0 & \cdots & 0 & 0 & 0 & \cdots & 0 & d_{r+1}\\
0 & 0 & \cdots & 0 & 0 & 0 & \cdots & 0 & 0 & 0 & \cdots & 0 & 0 & 0 & \cdots & 0 & 0\\
\vdots & \vdots & & \vdots & \vdots & \vdots & & \vdots & \vdots & \vdots & & \vdots & \vdots & \vdots & & \vdots & \vdots\\
0 & 0 & \cdots & 0 & 0 & 0 & \cdots & 0 & 0 & 0 & \cdots & 0 & 0 & 0 & \cdots & 0 & 0
\end{array}\right)_{m\times n},$$

其中“$*$”表示对应的元素可能不为零.d_{r+1} 可能为 0,也可能为 1. 以 C 的非零行作为增广矩阵的线性方程组有下面几种情况:

(1) $d_{r+1}\neq 0$,则出现矛盾方程,原方程组无解;

(2) $d_{r+1}=0$,且 $r=n$,这时 C 的非零行具有下面的形式:

$$\left(\begin{array}{cccc:c}1 & & & & d_1\\ & 1 & & & d_2\\ & & \ddots & & \vdots\\ & & & 1 & d_n\end{array}\right).$$

因而,对应的方程组有唯一一组解

$$x_1=d_1,x_2=d_2,\cdots,x_n=d_n.$$

(3) $d_{r+1}=0$,但 $r<n$. 不失一般性,为了叙述的方便我们设矩阵 C 的 r 个非零行的第一个非零元素位于前 r 列,即矩阵 C 具有如下的形式:

$$\begin{pmatrix} 1 & 0 & \cdots & 0 & c_{1,r+1} & \cdots & c_{1n} & d_1 \\ 0 & 1 & \cdots & 0 & c_{2,r+1} & \cdots & c_{2n} & d_2 \\ \vdots & \vdots & & \vdots & \vdots & & \vdots & \vdots \\ 0 & 0 & \cdots & 1 & c_{r,r+1} & \cdots & c_{rn} & d_r \\ 0 & 0 & \cdots & 0 & 0 & \cdots & 0 & 0 \\ \vdots & \vdots & & \vdots & \vdots & & \vdots & \vdots \\ 0 & 0 & \cdots & 0 & 0 & \cdots & 0 & 0 \end{pmatrix}.$$

故与原方程组同解的方程组为

$$\begin{cases} x_1 \qquad + c_{1,r+1}x_{r+1} + \cdots + c_{1n}x_n = d_1, \\ \quad x_2 \qquad + c_{2,r+1}x_{r+1} + \cdots + c_{2n}x_n = d_2, \\ \qquad \cdots\cdots \\ \qquad\quad x_r + c_{r,r+1}x_{r+1} + \cdots + c_{rn}x_n = d_r, \end{cases} \tag{2.34}$$

将 $x_{r+1}, x_{r+2}, \cdots, x_n$ 移到等号右端得

$$\begin{cases} x_1 \qquad = d_1 - c_{1,r+1}x_{r+1} - \cdots - c_{1n}x_n, \\ \quad x_2 \qquad = d_2 - c_{2,r+1}x_{r+1} - \cdots - c_{2n}x_n, \\ \qquad \cdots\cdots \\ \qquad\quad x_r = d_r - c_{r,r+1}x_{r+1} - \cdots - c_{rn}x_n, \end{cases} \tag{2.35}$$

由(2.35)可以看出，任意给定 $x_{r+1}, x_{r+2}, \cdots, x_n$ 的一组值 $x_{r+1}=x_{r+1}^0, x_{r+2}=x_{r+2}^0, \cdots, x_n=x_n^0$，由(2.35)可唯一确定 $x_1, x_2, \cdots, x_r$ 的一组值

$$x_1 = x_1^0, x_2 = x_2^0, \cdots, x_r = x_r^0,$$

使得

$$\begin{pmatrix} x_1 \\ \vdots \\ x_r \\ x_{r+1} \\ \vdots \\ x_n \end{pmatrix} = \begin{pmatrix} x_1^0 \\ \vdots \\ x_r^0 \\ x_{r+1}^0 \\ \vdots \\ x_n^0 \end{pmatrix}$$

为方程组(2.34)的解. 由于 $x_{r+1}, x_{r+2}, \cdots, x_n$ 可以任意取值，因而，方程组(2.34)，也即原方程组(2.32)有无穷多组解. 称 $x_{r+1}, x_{r+2}, \cdots, x_n$ 为**自由未知量**.

(1)～(3)说明了线性方程组(2.32)解的所有可能情况. 它们分别对应于原方程组 $r(A)\neq r(\widetilde{A})$，$r(A)=r(\widetilde{A})=n$，$r(A)=r(\widetilde{A})<n$的情形. 综合上面的讨论，有下面的定理.

定理 2.10 线性方程组

$$A\boldsymbol{x} = \boldsymbol{\beta} \tag{2.32}$$

有解的充分必要条件是 $r(A)=r(\widetilde{A})$.

(2.32)有唯一解的充分必要条件是 $r(A)=r(\widetilde{A})=n$;

(2.32)有无穷多组解的充分必要条件是 $r(A)=r(\widetilde{A})<n$;

(2.32)无解的充分必要条件是 $r(A)\neq r(\widetilde{A})$.

当(2.32)有无穷多组解时,可将解写成

$$\begin{cases} x_1 = d_1 - c_{1,r+1}x_{r+1} - \cdots - c_{1n}x_n, \\ x_2 = d_2 - c_{2,r+1}x_{r+1} - \cdots - c_{2n}x_n, \\ \cdots\cdots\cdots\cdots \\ x_r = d_r - c_{r,r+1}x_{r+1} - \cdots - c_{rn}x_n, \\ x_{r+1} = x_{r+1}, \\ \cdots\cdots\cdots\cdots \\ x_n = x_n, \end{cases} \tag{2.36}$$

其中 $x_{r+1},x_{r+2},\cdots,x_n$ 为自由未知量.第三章将证明(2.36)给出了方程组(2.32)的所有解.常称(2.36)为方程组(2.32)的**一般解**.

推论 2.7 齐次线性方程组

$$A\boldsymbol{x}=\boldsymbol{0} \tag{2.37}$$

总有解.它至少有一组零解.

设 A 为 $m\times n$ 矩阵,则它有非零解的充分必要条件是 $r(A)<n$.

推论 2.8 若齐次线性方程组(2.37)中方程的个数小于未知量的个数,即 $m<n$,则它必有非零解.

若 $m=n$,则它有非零解的充分必要条件是 $|A|=0$.它有唯一一组零解的充分必要条件是 $|A|\neq 0$.

习 题 二

(一)

1. 设 $A=\begin{pmatrix}2&4&1\\0&3&2\end{pmatrix}$,$B=\begin{pmatrix}1&-1&0\\3&5&0\end{pmatrix}$,$C=\begin{pmatrix}0&2&0\\0&-1&1\end{pmatrix}$,求 $A+B$,$B-C$,$2A-3C$.

2. 设

$$A=\begin{pmatrix}3&1&0\\-1&2&1\\3&4&2\end{pmatrix},\quad B=\begin{pmatrix}1&0&2\\-1&1&1\\2&1&1\end{pmatrix},$$

且矩阵 X 满足方程 $3A-2X=B$,求 X.

3. 设

$$\begin{pmatrix}a+2b&2a-b\\2c+d&c-2d\end{pmatrix}=\begin{pmatrix}4&-2\\4&-3\end{pmatrix},$$

求 a,b,c 和 d.

4. 设 A 为 $m\times n$ 矩阵，且 $kA=O$，证明：$k=0$ 或 $A=O$.

5. 计算下列矩阵的乘积：

(1) $\begin{pmatrix}3&2\\-1&4\\5&1\end{pmatrix}\begin{pmatrix}1&8&-1\\2&0&3\end{pmatrix}$；　(2) $\begin{pmatrix}1&3&-1\\0&4&2\\7&0&1\end{pmatrix}\begin{pmatrix}1\\-2\\3\end{pmatrix}$；

(3) $\begin{pmatrix}1\\-1\\2\\3\end{pmatrix}(3\quad 2\quad -1\quad 0)$；　(4) $(1\quad 3\quad 2)\begin{pmatrix}1\\2\\-1\end{pmatrix}$；

(5) $(1\quad -1\quad 2)\begin{pmatrix}2&-1&0\\1&1&3\\1&0&-1\end{pmatrix}$；　(6) $(x\quad y\quad 1)\begin{pmatrix}a_{11}&a_{12}&b_1\\a_{12}&a_{22}&b_2\\b_1&b_2&c\end{pmatrix}\begin{pmatrix}x\\y\\1\end{pmatrix}$.

6. 设

$$A=\begin{pmatrix}1&0\\\lambda&1\end{pmatrix},$$

求 A^2,A^3,A^n（n 是正整数）.

7. 计算：

(1) $\begin{pmatrix}\cos\theta&-\sin\theta\\\sin\theta&\cos\theta\end{pmatrix}^n$；　(2) $\begin{pmatrix}1&4&2\\0&-3&-2\\0&4&3\end{pmatrix}^n$；

(3) $\begin{pmatrix}1&-1&-1&-1\\-1&1&-1&-1\\-1&-1&1&-1\\-1&-1&-1&1\end{pmatrix}^n$；　(4) $(\boldsymbol{\alpha}\boldsymbol{\beta}^{\mathrm{T}})^n$，　$\boldsymbol{\alpha}=\begin{pmatrix}a_1\\a_2\\a_3\end{pmatrix}$，　$\boldsymbol{\beta}=\begin{pmatrix}b_1\\b_2\\b_3\end{pmatrix}$.

其中 n 为正整数.

8. 求所有与矩阵 A 可交换的矩阵.

(1) $A=\begin{pmatrix}1&1\\0&1\end{pmatrix}$；　(2) $A=\begin{pmatrix}0&1&0\\0&0&1\\0&0&0\end{pmatrix}$.

9. 设

$$A=\begin{pmatrix}a&&\\&b&\\&&c\end{pmatrix},\quad a,b,c\text{ 互不相同}.$$

证明：与 A 可交换的矩阵必为对角矩阵.

10. 设矩阵 A 与 P 都是 n 阶矩阵，且 A 为对称矩阵，证明：$P^{\mathrm{T}}AP$ 也是对称矩阵.

11. 设矩阵 A 与 B 都是 n 阶对称矩阵，证明：AB 也是对称矩阵的充分必要条件是$AB=BA$.

12. 设 $AB=BA$，证明：

(1) $(A+B)^2=A^2+2AB+B^2$；

(2) $A^2-B^2=(A+B)(A-B)$；

(3) $(AB)^p=A^pB^p$，其中 p 为非负整数.

如果 $AB\neq BA$，上述等式是否成立？

13. 找出一个满足 $A^2=E$ 且 $A\neq E$ 的二阶矩阵 A.

14. 如果 $A=\frac{1}{2}(B+E)$，证明 $A^2=A$ 的充分必要条件是 $B^2=E$.

15. 设 A 是反对称矩阵，B 是对称矩阵，证明：

(1) A^2 是对称矩阵；

(2) $AB-BA$ 是对称矩阵；

(3) AB 是反对称矩阵的充分必要条件是 $AB=BA$.

16. 设 A 是实对称矩阵，且 $A^2=O$，证明：$A=O$.

17. 设 A 为 $m\times n$ 实矩阵，证明：若 $AA^{\mathrm{T}}=O$，则 $A=O$.

18. 设 $A=\begin{pmatrix}1 & -1\\ 2 & 3\end{pmatrix}$，求：

(1) A^2-2A；　　　　(2) $3A^3-2A^2+5A-4E$.

19. 设 $f(\lambda)=\lambda^2-\lambda+1$，$A=\begin{pmatrix}2 & 2 & 3\\ 1 & -1 & 0\\ 3 & 1 & 2\end{pmatrix}$，求 $f(A)$.

20. 设 $A=\begin{pmatrix}a & b\\ c & d\end{pmatrix}$，求 A^*. 若 $ad-bc\neq 0$，证明：A 可逆，并求 A^{-1}.

21. 求下列矩阵的逆矩阵：

(1) $\begin{pmatrix}1 & 6\\ 3 & -2\end{pmatrix}$；　(2) $\begin{pmatrix}\cos\theta & -\sin\theta\\ \sin\theta & \cos\theta\end{pmatrix}$；　(3) $\begin{pmatrix}1 & 2 & -3\\ 0 & 1 & 2\\ 0 & 0 & 1\end{pmatrix}$；

(4) $\begin{pmatrix}1 & & & \\ 1 & 2 & & \\ 2 & 1 & 3 & \\ 1 & 2 & 1 & 4\end{pmatrix}$；　(5) $\begin{pmatrix}1 & 2 & -3\\ 1 & -2 & 1\\ 5 & -2 & -3\end{pmatrix}$；　(6) $\begin{pmatrix}2 & 1 & 3\\ 0 & 1 & 2\\ 1 & 0 & 3\end{pmatrix}$；

(7) $\begin{pmatrix}1 & a & a^2 & a^3\\ 0 & 1 & a & a^2\\ 0 & 0 & 1 & a\\ 0 & 0 & 0 & 1\end{pmatrix}$，　$a\neq 0$.

22. 解下列矩阵方程：

(1) $X\begin{pmatrix}5 & 0 & 0\\ 0 & 3 & 4\\ 0 & 2 & 3\end{pmatrix}=\begin{pmatrix}10 & 1 & -2\\ -5 & -3 & 7\end{pmatrix}$；

(2) $\begin{pmatrix}a & & \\ & b & \\ & & c\end{pmatrix}X=\begin{pmatrix}a\\ b\\ c\end{pmatrix}$，$a,b,c$ 全不为零；

(3) $\begin{pmatrix} 1 & 1 & 1 & \cdots & 1 & 1 \\ 0 & 1 & 1 & \cdots & 1 & 1 \\ 0 & 0 & 1 & \cdots & 1 & 1 \\ \vdots & \vdots & \vdots & & \vdots & \vdots \\ 0 & 0 & 0 & \cdots & 1 & 1 \\ 0 & 0 & 0 & \cdots & 0 & 1 \end{pmatrix}_{n\times n} X=\begin{pmatrix} 2 & 1 & 0 & \cdots & 0 & 0 \\ 1 & 2 & 1 & \cdots & 0 & 0 \\ 0 & 1 & 2 & \cdots & 0 & 0 \\ \vdots & \vdots & \vdots & & \vdots & \vdots \\ 0 & 0 & 0 & \cdots & 2 & 1 \\ 0 & 0 & 0 & \cdots & 1 & 2 \end{pmatrix}_{n\times n}$；

(4) $XP=PB$，其中 $P=\begin{pmatrix} 1 & 0 & 0 \\ 2 & -1 & 0 \\ 2 & 1 & 1 \end{pmatrix}$，$B=\begin{pmatrix} 1 & 0 & 0 \\ 0 & 0 & 0 \\ 0 & 0 & -1 \end{pmatrix}$，并计算 X^5.

23. 设 $A=\begin{pmatrix} -1 & 0 & 0 \\ 1 & -1 & 0 \\ 1 & 1 & -1 \end{pmatrix}$，计算 $(A+2E)^{-1}(A^2+A-2E)$.

24. 设 A,B 为 n 阶矩阵($n\geqslant 2$)，证明：

(1) 若 A,B 为 n 阶可逆矩阵，则 $(AB)^*=B^*A^*$；

(2) $(-A)^*=(-1)^{n-1}A^*$；

(3) $(A^{\mathrm{T}})^*=(A^*)^{\mathrm{T}}$；

(4) 若 A 可逆，则 A^* 也可逆，且 $(A^*)^{-1}=(A^{-1})^*$；

(5) 若 A 可逆，则 $(A^*)^*=|A|^{n-2}A$.

25. 已知矩阵 A 的逆矩阵 $A^{-1}=\begin{pmatrix} 3 & -1 & 1 \\ 1 & 1 & 0 \\ 2 & 1 & 1 \end{pmatrix}$，求 A^* 与 $(A^*)^{-1}$，$(A^*)^*$.

26. 已知矩阵 $A=\begin{pmatrix} 1 & 2 & 3 & 4 \\ 0 & 1 & 2 & 3 \\ 0 & 0 & 1 & 2 \\ 0 & 0 & 0 & 1 \end{pmatrix}$，求 A 中所有元素的代数余子式之和.

27. 设 A 为 n 阶可逆矩阵，$|A|=2$，且 $-A$ 是 A^*+kA^{-1} 的逆矩阵，求 k.

28. (1)已知矩阵 A 与矩阵 X 满足 $AX=B+2X$，且

$$A=\begin{pmatrix} 3 & 0 & 1 \\ 1 & 1 & 1 \\ 1 & 1 & 4 \end{pmatrix},\quad B=\begin{pmatrix} 2 & 1 & 3 \\ 0 & 1 & 2 \\ 1 & 0 & 3 \end{pmatrix},$$

求矩阵 X.

(2) 已知 $A=\begin{pmatrix} 1 & 0 & 0 \\ 1 & 1 & 0 \\ 1 & 1 & 1 \end{pmatrix}$，$B=\begin{pmatrix} 0 & 1 & 1 \\ 1 & 0 & 1 \\ 1 & 1 & 0 \end{pmatrix}$，且矩阵 X 满足

$$AXA+BXB=AXB+BXA+E,$$

其中 E 是 3 阶单位矩阵，求 X.

(3) 已知 A 是 3 阶矩阵，$|A|>0$，$A^*=\mathrm{diag}(1,-1,-4)$，且 $ABA^{-1}=BA^{-1}+3E$，求矩阵 B.

29. 设 A,B,C 都是 n 阶非奇异矩阵,证明:

$$(ABC)^{-1}=C^{-1}B^{-1}A^{-1}.$$

30. 设 A 和 B 是同阶非奇异矩阵,证明下列等式等价,即

$$AB=BA\Leftrightarrow AB^{-1}=B^{-1}A\Leftrightarrow A^{-1}B=BA^{-1}\Leftrightarrow A^{-1}B^{-1}=B^{-1}A^{-1}.$$

31. 设 A,B 都是 n 阶矩阵,下列命题是否成立?

(1) 若 A,B 都可逆,则 $A+B$ 也可逆;

(2) 若 A,B 都可逆,则 AB 也可逆;

(3) 若 AB 可逆,则 A,B 都可逆.

32. 设 n 阶矩阵 A 满足 $A^2-A+E=O$,证明:A 为非奇异矩阵.

33. 设矩阵 B 可逆,A 与 B 为同阶矩阵,且满足 $A^2+AB+B^2=O$,证明:A 和 $A+B$ 都可逆.

34. 设 A 是 $n(n\geqslant 2)$阶矩阵,$A^2=A$ 但 $A\neq E$,A^* 是 A 的伴随矩阵,证明:A^* 不可逆.

35. 设 A,B 为 n 阶可逆矩阵,且 $E+BA^{-1}$ 可逆,证明:$E+A^{-1}B$ 可逆,并给出其逆矩阵的表示式.

36. 设 A 为 3 阶非零实矩阵,且 $A^*=-A^{\mathrm{T}}$,证明:$|A|=-1$.

37. 设 A 为 n 阶矩阵,且 $A^k=O$(k 为正整数,称 A 为**幂零矩阵**),证明:$E-A$ 可逆,且

$$(E-A)^{-1}=E+A+A^2+\cdots+A^{k-1}.$$

38. 设 A 为 5 阶矩阵,且 $|A|=\dfrac{1}{2}$,求 $|A^*|$,$\left|\left(\dfrac{1}{3}A\right)^{-1}-2A^*\right|$.

39. 若 A,B 都是 n 阶矩阵,$B,A-E$ 可逆,且 $(A-E)^{-1}=(B-E)^{\mathrm{T}}$,证明:矩阵 A 也可逆.

40. 设 A 为 n 阶矩阵,$|E-A|\neq O$,证明:

$$(E+A)(E-A)^*=(E-A)^*(E+A).$$

41. 用分块矩阵计算下列乘积:

(1) $\begin{pmatrix}3&2&-1&0\\2&0&1&1\\-2&4&0&1\\1&0&4&0\end{pmatrix}\begin{pmatrix}2&1\\0&2\\-1&0\\0&3\end{pmatrix}$;

(2) $\begin{pmatrix}1&-1&0&0\\3&-1&0&0\\0&1&0&0\\0&0&2&-1\end{pmatrix}\begin{pmatrix}1&0&0&0\\-1&0&0&0\\0&1&3&-1\\0&2&1&4\end{pmatrix}$.

42. (1)设矩阵 A,C 都可逆,求 $\begin{pmatrix}0&A\\C&0\end{pmatrix}^{-1}$.

(2) 设矩阵 $A_1,A_2,\cdots,A_s$ 都可逆,求 $\begin{pmatrix}&&&A_1\\&&A_2&\\&\iddots&&\\A_s&&&\end{pmatrix}^{-1}$.

43. 利用矩阵分块,求下列矩阵的逆矩阵:

(1) $\begin{pmatrix} 1 & 0 & 0 & 0 & 0 \\ 2 & -1 & 0 & 0 & 0 \\ 0 & 0 & 1 & 0 & 1 \\ 0 & 0 & -1 & 1 & 0 \\ 0 & 0 & 3 & 1 & 1 \end{pmatrix}$； (2) $\begin{pmatrix} 0 & 0 & 0 & 1 & 2 \\ 0 & 0 & 0 & 2 & 3 \\ 1 & 1 & 0 & 0 & 0 \\ 0 & 1 & 1 & 0 & 0 \\ 0 & 0 & 1 & 0 & 0 \end{pmatrix}$；

(3) $\begin{pmatrix} 0 & a_2 & 0 & \cdots & 0 & 0 \\ 0 & 0 & a_3 & \cdots & 0 & 0 \\ 0 & 0 & 0 & \ddots & 0 & 0 \\ \vdots & \vdots & \vdots & & \ddots & \vdots \\ 0 & 0 & 0 & \cdots & 0 & a_n \\ a_1 & 0 & 0 & \cdots & 0 & 0 \end{pmatrix}$， 其中 a_1，a_2，…，a_n 为非零常数；

(4) $\begin{pmatrix} & & & & & a_1 \\ & & & & a_2 & \\ & & & \iddots & & \\ & & a_n & & & \\ a_{n+1} & & & & & \\ & a_{n+2} & & & & \\ & & \ddots & & & \\ & & & a_{2n} & & \end{pmatrix}$，其中 $a_1,a_2,\cdots,a_{2n}$ 为非零常数.

44. 设矩阵 $A=\begin{pmatrix} 1 & 1 \\ -3 & -2 \end{pmatrix}$，将矩阵 A 表示成初等矩阵的乘积.

45. 若对可逆矩阵 A 施行下列初等变换：

(1) 交换 A 的第 i 行与第 j 行；

(2) 将 A 的第 i 行乘以非零常数 k；

(3) A 的第 j 行各元素加上第 i 行对应元素的 λ 倍.

则 A^{-1} 相应地发生了什么变化？

46. 设 $B=(b_{ij})_{r\times r}$，$C=(c_{ij})_{r\times n}$，且 $r(C)=r$，证明：

(1) 如果 $BC=O$，则 $B=O$；

(2) 如果 $BC=C$，则 $B=E$.

47. 求下列各矩阵的秩：

(1) $\begin{pmatrix} 3 & 2 & 1 & 1 \\ 1 & 2 & -3 & 2 \\ 4 & 4 & -2 & 3 \end{pmatrix}$； (2) $\begin{pmatrix} 2 & -1 & 3 & 3 \\ 3 & 1 & -5 & 0 \\ 4 & -1 & 1 & 3 \\ 1 & 3 & -13 & -6 \end{pmatrix}$；

(3) $\begin{pmatrix} 1 & 2 & -1 & 0 & 3 \\ 2 & -1 & 0 & 1 & -1 \\ 3 & 1 & -1 & 1 & 2 \\ 0 & -5 & 2 & 1 & -7 \end{pmatrix}$； (4) $\begin{pmatrix} 1 & 3 & -1 & -2 \\ 2 & -1 & 2 & 3 \\ 3 & 2 & 1 & 1 \\ 1 & -4 & 3 & 5 \end{pmatrix}$；

(5) $\begin{pmatrix} a_1b_1 & a_1b_2 & \cdots & a_1b_n \\ a_2b_1 & a_2b_2 & \cdots & a_2b_n \\ \vdots & \vdots & & \vdots \\ a_nb_1 & a_nb_2 & \cdots & a_nb_n \end{pmatrix}$.

48. 已知 $A=\begin{pmatrix} 1 & a & a & a \\ a & 1 & a & a \\ a & a & 1 & a \\ a & a & a & 1 \end{pmatrix}$,

(1) a 取何值时,矩阵 A 可逆?

(2) a 取何值时,矩阵 A 的秩为 3?

(3) a 取何值时,矩阵 A 的秩为 1?

49. 设 $A=\begin{pmatrix} 1 & 1 & 0 \\ 1 & 0 & 1 \\ 0 & 1 & 1 \end{pmatrix}$,$B=\begin{pmatrix} a & 1 & 1 \\ 2 & 1 & a \\ 1 & 1 & a \end{pmatrix}$,且矩阵 AB 的秩为 2,求 a.

50. 设 $A=\begin{pmatrix} 1 & 2 & 3 & -1 \\ 0 & 1 & 1 & 0 \\ 0 & 0 & 0 & 1 \\ 0 & 0 & 0 & 0 \end{pmatrix}$,$B=\begin{pmatrix} 1 & 0 & 1 & 0 \\ 0 & 2 & 0 & 0 \\ 1 & 0 & 2 & 0 \\ 0 & 0 & 0 & 1 \end{pmatrix}$,求矩阵 BA^* 的秩.

51. 讨论下列线性方程组是否有解?如果有解,用高斯消元法求出它的所有的解:

(1) $\begin{cases} x_1+3x_2+3x_3=5, \\ 2x_1-x_2+4x_3=11, \\ \quad -x_2+x_3=3; \end{cases}$

(2) $\begin{cases} x_1+x_2+2x_3+3x_4+4x_5=0, \\ 2x_1+2x_2+7x_3+11x_4+14x_5=0, \\ 3x_1+3x_2+6x_3+10x_4+15x_5=0; \end{cases}$

(3) $\begin{cases} x-2y+z+2u=-2, \\ 2x+3y-z-5u=9, \\ 4x-y+z-u=5, \\ 5x-3y+2z+u=3; \end{cases}$

(4) $\begin{cases} 8x_1+6x_2+5x_3+2x_4=21, \\ 3x_1+3x_2+2x_3+x_4=10, \\ 4x_1+2x_2+3x_3+x_4=8, \\ 3x_1+5x_2+x_3+x_4=15, \\ 7x_1+4x_2+5x_3+2x_4=18; \end{cases}$

(5) $\begin{cases} 2x_1+x_2-x_3=1, \\ 3x_1-2x_2+x_3=4, \\ x_1+4x_2-3x_3=7, \\ x_1+2x_2+x_3=4. \end{cases}$

52. 设有方程组

$$\begin{cases} x_1-x_2=a_1, \\ x_2-x_3=a_2, \\ x_3-x_4=a_3, \\ x_4-x_5=a_4, \\ x_5-x_1=a_5. \end{cases}$$

证明:该方程组有解的充分必要条件为 $\sum_{i=1}^{5} a_i = 0$.

53. 讨论 a,b 满足什么条件时,齐次线性方程组

$$\begin{cases} ax_1+x_2+x_3=0, \\ x_1+bx_2+x_3=0, \\ x_1+2bx_2+x_3=0 \end{cases}$$

有非零解?

54. 讨论 a,b 取何值时,线性方程组

$$\begin{cases} x_1+x_2-x_3=1, \\ 2x_1+(a+2)x_2-(b+2)x_3=3, \\ -3ax_2+(a+2b)x_3=-3 \end{cases}$$

有唯一解?无穷多组解?无解?在有解的情况下,求出所有的解.

(二)

55. 令 E_{ij} 表示第 i 行第 j 列的元素为 1 而其余元素都是零的 n 阶矩阵,$A=(a_{ij})_{n\times n}$.

(1) 求 $E_{ij}E_{kl}$;

(2) 证明:如果 $AE_{ij}=E_{ij}A$,那么,$k\neq i$ 时,$a_{ki}=0$,$k\neq j$ 时,$a_{jk}=0$ 且 $a_{ii}=a_{jj}$;

(3) 证明:如果矩阵 A 与所有的 n 阶矩阵可交换,那么,A 一定是数量矩阵,即 $A=aE$.

56. 设 A,B 都是 n 阶矩阵,证明:$\mathrm{tr}(AB)=\mathrm{tr}(BA)$($n$ 阶矩阵 $P=(p_{ij})_{n\times n}$ 的主对角元之和 $\sum\limits_{i=1}^{n}p_{ii}$ 称为矩阵 P 的迹,记为 $\mathrm{tr}P$).

57. 设 A 为 n 阶矩阵,且对于任意 $n\times 1$ 矩阵 $\boldsymbol{\alpha}$ 都有 $\boldsymbol{\alpha}^{\mathrm{T}}A\boldsymbol{\alpha}=0$,证明:$A$ 为反对称矩阵.

58. 设 A 为 n 阶非零的对称矩阵,证明:存在 $n\times 1$ 矩阵 $\boldsymbol{\alpha}$,使得 $\boldsymbol{\alpha}^{\mathrm{T}}A\boldsymbol{\alpha}\neq 0$.

59. 若 n 阶矩阵 A 满足 $A^2+2A+2E=O$,证明:$A+xE$(其中 x 为任意实数)可逆,并求其逆矩阵的表达式.

60. 设 n 阶矩阵 A 与 B 满足 $A+B=AB$,证明:$AB=BA$,且 $A=B(B-E)^{-1}$.

61. 设 A,B 为 n 阶矩阵,且 $E-AB$ 可逆,证明:$E-BA$ 也可逆.

62. 设 A 为 n 阶可逆矩阵,$\boldsymbol{\alpha}=(a_1,a_2,\cdots,a_n)^{\mathrm{T}}$. 证明:

$$|A-\boldsymbol{\alpha}\boldsymbol{\alpha}^{\mathrm{T}}|=(1-\boldsymbol{\alpha}^{\mathrm{T}}A^{-1}\boldsymbol{\alpha})|A|.$$

63. 设 A,B,C,D 都是 n 阶矩阵,$|A|\neq 0$,且 $AC=CA$,证明:

$$\begin{vmatrix} A & B \\ C & D \end{vmatrix}=|AD-CB|.$$

64. 设 A 为 n 阶可逆矩阵,且 A 的元素都是整数,求证:A^{-1} 的元素为整数的充分必要条件是 $|A|=\pm 1$.

65. 证明:两个 n 阶上三角矩阵的乘积仍为上三角矩阵.

66. 设 A 为 $m\times p$ 矩阵,B 为 $s\times n$ 矩阵,证明:

(1) $r\begin{pmatrix} A & O \\ O & B \end{pmatrix}=r(A)+r(B)$;　　(2) $r\begin{pmatrix} A & C \\ O & B \end{pmatrix}\geqslant r(A)+r(B)$;

(3) 若 $p=s$,则 $r(AB)\geqslant r(A)+r(B)-p$.

67. 设有两个线性方程组如下:

$$(\mathrm{I})\begin{cases}a_{11}y_1+a_{12}y_2+\cdots+a_{1n}y_n=b_1,\\a_{21}y_1+a_{22}y_2+\cdots+a_{2n}y_n=b_2,\\\cdots\cdots\cdots\cdots\\a_{m1}y_1+a_{m2}y_2+\cdots+a_{mn}y_n=b_m;\end{cases}\quad(\mathrm{II})\begin{cases}a_{11}x_1+a_{21}x_2+\cdots+a_{m1}x_m=0,\\a_{12}x_1+a_{22}x_2+\cdots+a_{m2}x_m=0,\\\cdots\cdots\cdots\cdots\\a_{1n}x_1+a_{2n}x_2+\cdots+a_{mn}x_m=0,\\b_1x_1+b_2x_2+\cdots+b_mx_m=1.\end{cases}$$

证明:(Ⅰ)有解的充分必要条件是(Ⅱ)无解.

第三章　n 维向量与线性方程组

第二章介绍的高斯消元法是解线性方程组的一个基本方法．采用不同的消元步骤得到的阶梯型矩阵，其非零行的行数，即所剩方程的个数是唯一的．但当方程组解不唯一时，自由未知量可以有不同的选择，由此而得到的解的集合是否相同？线性方程组的一般解具有怎样的结构？要解决这些问题，就需要引入 n 维向量的概念，定义向量的线性运算，研究向量组的线性相关性，进而引出向量组的秩与极大线性无关组的概念.

本章概念密集，难点不少，需要仔细领会，深入钻研．学好第二章和本章便为学好线性代数打下了坚实的基础.

3.1　n 维向量

3.1.1　n 维向量的定义

在几何空间中，给定一个坐标系，可使几何向量与有序实数组(a_x,a_y,a_z)建立一一对应的关系，从而可将几何向量记为(a_x,a_y,a_z). 在许多实际问题中仅用三个数来刻画是不够的，例如，为了刻画宇宙中某星球的大小和位置，就需要知道四个数，即星球的半径 r 与星球中心的坐标 x,y,z. 若要描述该星球在某一时刻 t 的状态，则需要用到五个数组成的有序数组(r,x,y,z,t). 因此有必要将几何向量推广到 n 维向量.

定义 3.1　n 个数 $a_1,a_2,\cdots,a_n$ 组成的有序数组$(a_1,a_2,\cdots,a_n)$称为 n **维向量**. 数 a_i 称为向量的第 i 个**分量**. n 称为向量的**维数**. 分量是实数的向量称为**实向量**；分量是复数的向量称为**复向量**.

如不特别声明，本章主要讨论实向量.

常用希腊字母如 $\boldsymbol{\alpha},\boldsymbol{\beta},\boldsymbol{\gamma},\cdots$表示 n 维向量. 如

$$\boldsymbol{\alpha}=(a_1,a_2,\cdots,a_n)\quad 或\quad \boldsymbol{\alpha}=\begin{pmatrix}a_1\\a_2\\\vdots\\a_n\end{pmatrix}$$

都表示 n 维向量. 前者称为**行向量**，后者称为**列向量**. 两者没有本质区别，仅是写法上的不同. 可以将行向量看成一个行矩阵，列向量看成一个列矩阵. 利用矩阵的转置，有

$$(a_1,a_2,\cdots,a_n)^{\mathrm{T}}=\begin{pmatrix}a_1\\a_2\\\vdots\\a_n\end{pmatrix},\quad \begin{pmatrix}a_1\\a_2\\\vdots\\a_n\end{pmatrix}^{\mathrm{T}}=(a_1,a_2,\cdots,a_n).$$

设 $\boldsymbol{\alpha}=(a_1,a_2,\cdots,a_n)$，$\boldsymbol{\beta}=(b_1,b_2,\cdots,b_n)$都是 n 维向量，当且仅当它们的各个对应的分量都相等，即 $a_i=b_i(i=1,2,\cdots,n)$时，称向量 $\boldsymbol{\alpha}$ 与向量 $\boldsymbol{\beta}$ **相等**，记作

$$\boldsymbol{\alpha}=\boldsymbol{\beta}.$$

显然，两个不同维数的向量一定不相等.

分量全为零的向量称为**零向量**，记为 $\mathbf{0}$. 即

$$\mathbf{0}=(0,0,\cdots,0).$$

若 $\boldsymbol{\alpha}=(a_1,a_2,\cdots,a_n)$，则称

$$(-a_1,-a_2,\cdots,-a_n)$$

为 $\boldsymbol{\alpha}$ 的**负向量**，记为 $-\boldsymbol{\alpha}$.

3.1.2 向量的运算

定义 3.2 设 $\boldsymbol{\alpha}=(a_1,a_2,\cdots,a_n)$，$\boldsymbol{\beta}=(b_1,b_2,\cdots,b_n)$都是 n 维向量，称向量

$$(a_1+b_1,a_2+b_2,\cdots,a_n+b_n)$$

为向量 $\boldsymbol{\alpha}$ 与 $\boldsymbol{\beta}$ 的**和**，记作 $\boldsymbol{\alpha}+\boldsymbol{\beta}$，即

$$\boldsymbol{\alpha}+\boldsymbol{\beta}=(a_1+b_1,a_2+b_2,\cdots,a_n+b_n).$$

定义 3.3 设 $\boldsymbol{\alpha}=(a_1,a_2,\cdots,a_n)$为 n 维向量，k 为实数，则称向量

$$(ka_1,ka_2,\cdots,ka_n)$$

为数 k 与向量 $\boldsymbol{\alpha}$ 的**数量乘积**，简称**数乘**，记作 $k\boldsymbol{\alpha}$，即

$$k\boldsymbol{\alpha}=(ka_1,ka_2,\cdots,ka_n).$$

有了加法，也可以定义向量的减法. 向量 $\boldsymbol{\alpha}$ 与 $\boldsymbol{\beta}$ 的**差** $\boldsymbol{\alpha}-\boldsymbol{\beta}$ 定义为 $\boldsymbol{\alpha}+(-\boldsymbol{\beta})$，即

$$\boldsymbol{\alpha}-\boldsymbol{\beta}=\boldsymbol{\alpha}+(-\boldsymbol{\beta})=(a_1-b_1,a_2-b_2,\cdots,a_n-b_n).$$

向量的加法和数乘统称为向量的线性运算. 按定义容易验证向量的线性运算满足下面的八条运算律：

(1) 加法交换律：即 $\boldsymbol{\alpha}+\boldsymbol{\beta}=\boldsymbol{\beta}+\boldsymbol{\alpha}$；

(2) 加法结合律：即$(\boldsymbol{\alpha}+\boldsymbol{\beta})+\boldsymbol{\gamma}=\boldsymbol{\alpha}+(\boldsymbol{\beta}+\boldsymbol{\gamma})$；

(3) 对任一向量 $\boldsymbol{\alpha}$，有 $\boldsymbol{\alpha}+\mathbf{0}=\boldsymbol{\alpha}$；

(4) 对任一向量 $\boldsymbol{\alpha}$，有 $\boldsymbol{\alpha}+(-\boldsymbol{\alpha})=\mathbf{0}$；

(5) 对数 1，有 $1\boldsymbol{\alpha}=\boldsymbol{\alpha}$；

(6) $(kl)\boldsymbol{\alpha}=k(l\boldsymbol{\alpha})=l(k\boldsymbol{\alpha})$；

(7) $(k+l)\boldsymbol{\alpha}=k\boldsymbol{\alpha}+l\boldsymbol{\alpha}$；

(8) $k(\boldsymbol{\alpha}+\boldsymbol{\beta})=k\boldsymbol{\alpha}+k\boldsymbol{\beta}$.

(1)～(8)中，$\boldsymbol{\alpha},\boldsymbol{\beta},\boldsymbol{\gamma}$ 为 n 维向量，$\mathbf{0}$ 为 n 维零向量，为 k,l 为实数.

在定义了向量的加法与数乘运算后，n 维实向量的全体称为 n **维向量空间**，记作 $\mathbf{R}^n$.

3.1.3 线性方程组的向量表示

设线性方程组

$$\begin{cases} a_{11}x_1+a_{12}x_2+\cdots+a_{1n}x_n=b_1, \\ a_{21}x_1+a_{22}x_2+\cdots+a_{2n}x_n=b_2, \\ \cdots\cdots\cdots\cdots \\ a_{m1}x_1+a_{m2}x_2+\cdots+a_{mn}x_n=b_m. \end{cases} \tag{3.1}$$

记

$$A=(a_{ij})_{m\times n}=\begin{pmatrix} a_{11} & a_{12} & \cdots & a_{1n} \\ a_{21} & a_{22} & \cdots & a_{2n} \\ \vdots & \vdots & & \vdots \\ a_{m1} & a_{m2} & \cdots & a_{mn} \end{pmatrix}, \quad \boldsymbol{x}=\begin{pmatrix} x_1 \\ x_2 \\ \vdots \\ x_n \end{pmatrix}, \quad \boldsymbol{\beta}=\begin{pmatrix} b_1 \\ b_2 \\ \vdots \\ b_m \end{pmatrix}, \tag{3.2}$$

则线性方程组(3.1)可表示为

$$A\boldsymbol{x}=\boldsymbol{\beta}.$$

引入向量后，矩阵 $A=(a_{ij})_{m\times n}$既可表示为

$$A=\begin{pmatrix} \boldsymbol{\gamma}_1 \\ \boldsymbol{\gamma}_2 \\ \vdots \\ \boldsymbol{\gamma}_m \end{pmatrix}, \text{其中 } \boldsymbol{\gamma}_i=(a_{i1},a_{i2},\cdots,a_{in}), i=1,2,\cdots,m,$$

也可表示为

$$A=(\boldsymbol{\alpha}_1,\boldsymbol{\alpha}_2,\cdots,\boldsymbol{\alpha}_n), \text{其中 } \boldsymbol{\alpha}_j=\begin{pmatrix} a_{1j} \\ a_{2j} \\ \vdots \\ a_{mj} \end{pmatrix}, j=1,2,\cdots,n.$$

这样的表示法与矩阵的分块表示是一致的. 由分块矩阵乘法得

$$A\boldsymbol{x}=(\boldsymbol{\alpha}_1,\boldsymbol{\alpha}_2,\cdots,\boldsymbol{\alpha}_n)\cdot\begin{pmatrix} x_1 \\ x_2 \\ \vdots \\ x_n \end{pmatrix}=x_1\boldsymbol{\alpha}_1+x_2\boldsymbol{\alpha}_2+\cdots+x_n\boldsymbol{\alpha}_n.$$

从而线性方程组(3.1)可表成如下形式：

$$x_1\boldsymbol{\alpha}_1+x_2\boldsymbol{\alpha}_2+\cdots+x_n\boldsymbol{\alpha}_n=\boldsymbol{\beta}. \tag{3.3}$$

称(3.3)式为线性方程组(3.1)的**向量形式**.

事实上，如果将 $\boldsymbol{\alpha}_1,\boldsymbol{\alpha}_2,\cdots,\boldsymbol{\alpha}_n,\boldsymbol{\beta}$ 记为行向量，由向量的线性运算知(3.3)式仍为线性方程组(3.1)，通过比较不难发现，线性方程组(3.1)的系数矩阵此时为

$$(\boldsymbol{\alpha}_1^{\mathrm{T}},\boldsymbol{\alpha}_2^{\mathrm{T}},\cdots,\boldsymbol{\alpha}_n^{\mathrm{T}}).$$

例如，设线性方程组

$$\begin{cases} x_1+2x_2-\ x_3=2, \\ x_1+4x_2+2x_3=15, \\ 2x_1+5x_2-3x_3=3. \end{cases} \tag{3.4}$$

它的向量形式为

$$x_1\boldsymbol{\alpha}_1+x_2\boldsymbol{\alpha}_2+x_3\boldsymbol{\alpha}_3=\boldsymbol{\beta},$$

其中

$$\boldsymbol{\alpha}_1=\begin{pmatrix}1\\1\\2\end{pmatrix},\quad \boldsymbol{\alpha}_2=\begin{pmatrix}2\\4\\5\end{pmatrix},\quad \boldsymbol{\alpha}_3=\begin{pmatrix}-1\\-2\\-3\end{pmatrix},\quad \boldsymbol{\beta}=\begin{pmatrix}2\\15\\3\end{pmatrix}.$$

令 $\boldsymbol{\beta}_1=\boldsymbol{\alpha}_1^{\mathrm{T}},\boldsymbol{\beta}_2=\boldsymbol{\alpha}_2^{\mathrm{T}},\boldsymbol{\beta}_3=\boldsymbol{\alpha}_3^{\mathrm{T}}$，则线性方程组(3.4)可表为

$$x_1\boldsymbol{\beta}_1+x_2\boldsymbol{\beta}_2+x_3\boldsymbol{\beta}_3=\boldsymbol{\beta}^{\mathrm{T}},$$

显然线性方程组(3.4)的系数矩阵为

$$(\boldsymbol{\beta}_1^{\mathrm{T}},\boldsymbol{\beta}_2^{\mathrm{T}},\boldsymbol{\beta}_3^{\mathrm{T}})=\begin{pmatrix}1&2&-1\\1&4&-2\\2&5&-3\end{pmatrix}.$$

3.2　向量的线性关系

这一节进一步研究 n 维向量之间的关系，其中向量的线性相关与线性无关是非常重要的概念，许多数学问题都涉及这个概念.

3.2.1　向量的线性组合

对于两个 n 维向量 $\boldsymbol{\alpha},\boldsymbol{\beta}$，若存在一常数 k，使得

$$\boldsymbol{\alpha}=k\boldsymbol{\beta},$$

常称向量 $\boldsymbol{\alpha}$ 与 $\boldsymbol{\beta}$ 成比例. 例如

$$\boldsymbol{\alpha}=\begin{pmatrix}-1\\3\\2\end{pmatrix},\quad \boldsymbol{\beta}=\begin{pmatrix}-2\\6\\4\end{pmatrix},$$

则 $\boldsymbol{\alpha}=\frac{1}{2}\boldsymbol{\beta}$.

将这个概念推广到有限多个 n 维向量,我们引入线性组合(或线性表示)的概念.

定义 3.4 对于 n 维向量 $\boldsymbol{\alpha}_1,\boldsymbol{\alpha}_2,\cdots,\boldsymbol{\alpha}_m,\boldsymbol{\beta}$,如果存在数 $k_1,k_2,\cdots,k_m$,使

$$\boldsymbol{\beta}=k_1\boldsymbol{\alpha}_1+k_2\boldsymbol{\alpha}_2+\cdots+k_m\boldsymbol{\alpha}_m, \tag{3.5}$$

则称向量 $\boldsymbol{\beta}$ 是向量 $\boldsymbol{\alpha}_1,\boldsymbol{\alpha}_2,\cdots,\boldsymbol{\alpha}_m$ 的一个**线性组合**,或称向量 $\boldsymbol{\beta}$ 可由向量 $\boldsymbol{\alpha}_1,\boldsymbol{\alpha}_2,\cdots,\boldsymbol{\alpha}_m$ **线性表示**. 称 $k_1,k_2,\cdots,k_m$ 为**组合系数**或**表示系数**.

例如,设

$$\boldsymbol{\alpha}_1=(1,2,-1),\quad \boldsymbol{\alpha}_2=(2,-3,1),\quad \boldsymbol{\alpha}_3=(4,1,-1), \tag{3.6}$$

不难验证

$$\boldsymbol{\alpha}_3=2\boldsymbol{\alpha}_1+\boldsymbol{\alpha}_2,$$

$\boldsymbol{\alpha}_3$ 就是向量 $\boldsymbol{\alpha}_1,\boldsymbol{\alpha}_2$ 的一个线性组合,其中数 2,1 就是组合系数. 又如,任一个 n 维向量 $\boldsymbol{\alpha}=(a_1,a_2,\cdots,a_n)^{\mathrm{T}}$ 都是向量

$$\boldsymbol{\varepsilon}_1=\begin{pmatrix}1\\0\\\vdots\\0\end{pmatrix},\ \boldsymbol{\varepsilon}_2=\begin{pmatrix}0\\1\\\vdots\\0\end{pmatrix},\ \cdots,\ \boldsymbol{\varepsilon}_n=\begin{pmatrix}0\\0\\\vdots\\1\end{pmatrix} \tag{3.7}$$

的一个线性组合,显然

$$\boldsymbol{\alpha}=a_1\boldsymbol{\varepsilon}_1+a_2\boldsymbol{\varepsilon}_2+\cdots+a_n\boldsymbol{\varepsilon}_n,$$

即 $\boldsymbol{\alpha}$ 可由 $\boldsymbol{\varepsilon}_1,\boldsymbol{\varepsilon}_2,\cdots,\boldsymbol{\varepsilon}_n$ 线性表示,表示系数就是 $\boldsymbol{\alpha}$ 的分量 $a_1,a_2,\cdots,a_n$.

称(3.7)式的 n 个 n 维向量 $\boldsymbol{\varepsilon}_1,\boldsymbol{\varepsilon}_2,\cdots,\boldsymbol{\varepsilon}_n$ 为 **n 维单位向量**,也可称为 **n 维基本向量**. 如果将 $\boldsymbol{\alpha}$ 与 $\boldsymbol{\varepsilon}_1,\boldsymbol{\varepsilon}_2,\cdots,\boldsymbol{\varepsilon}_n$ 都写成行向量,则也有同样的结果. 向量间的这种线性关系不因其是行向量还是列向量而有所改变.

设(3.5)式中的向量为

$$\boldsymbol{\alpha}_1=\begin{pmatrix}a_{11}\\a_{21}\\\vdots\\a_{n1}\end{pmatrix},\ \boldsymbol{\alpha}_2=\begin{pmatrix}a_{12}\\a_{22}\\\vdots\\a_{n2}\end{pmatrix},\ \cdots,\ \boldsymbol{\alpha}_m=\begin{pmatrix}a_{1m}\\a_{2m}\\\vdots\\a_{nm}\end{pmatrix},\ \boldsymbol{\beta}=\begin{pmatrix}b_1\\b_2\\\vdots\\b_n\end{pmatrix}.$$

将数 $k_1,k_2,\cdots,k_m$ 记成 $x_1,x_2,\cdots,x_m$,则(3.5)式正是线性方程组

$$\begin{cases}a_{11}x_1+a_{12}x_2+\cdots+a_{1m}x_m=b_1,\\ a_{21}x_1+a_{22}x_2+\cdots+a_{2m}x_m=b_2,\\ \cdots\cdots\cdots\cdots\\ a_{n1}x_1+a_{n2}x_2+\cdots+a_{nm}x_m=b_n\end{cases} \tag{3.8}$$

的向量表示法. 如果 $\boldsymbol{\beta}$ 可由向量 $\boldsymbol{\alpha}_1,\boldsymbol{\alpha}_2,\cdots,\boldsymbol{\alpha}_m$ 线性表示, 则表示系数 $k_1,k_2,\cdots,k_m$ 就是线性方程组(3.8)的一组解; 反之,如果方程组(3.8)有一组解

$$x_1 = c_1, x_2 = c_2, \cdots, x_m = c_m,$$

则有

$$c_1\boldsymbol{\alpha}_1 + c_2\boldsymbol{\alpha}_2 + \cdots + c_m\boldsymbol{\alpha}_m = \boldsymbol{\beta},$$

即向量 $\boldsymbol{\beta}$ 可由向量 $\boldsymbol{\alpha}_1, \boldsymbol{\alpha}_2, \cdots, \boldsymbol{\alpha}_m$ 线性表示. 于是有下面的定理.

定理 3.1　设 $\boldsymbol{\alpha}_1, \boldsymbol{\alpha}_2, \cdots, \boldsymbol{\alpha}_m, \boldsymbol{\beta}$ 为 n 维向量，则 $\boldsymbol{\beta}$ 可由 $\boldsymbol{\alpha}_1, \boldsymbol{\alpha}_2, \cdots, \boldsymbol{\alpha}_m$ 线性表示的充分必要条件是线性方程组(3.8)有解.

记

$$A = (a_{ij})_{n\times m} = (\boldsymbol{\alpha}_1, \boldsymbol{\alpha}_2, \cdots, \boldsymbol{\alpha}_m), \quad \boldsymbol{x} = \begin{pmatrix} x_1 \\ x_2 \\ \vdots \\ x_m \end{pmatrix}, \quad \boldsymbol{\beta} = \begin{pmatrix} b_1 \\ b_2 \\ \vdots \\ b_n \end{pmatrix}. \tag{3.9}$$

则(3.8)式又可表示为

$$A\boldsymbol{x} = \boldsymbol{\beta}. \tag{3.10}$$

由定理 3.1 得如下推论.

推论 3.1　n 维向量 $\boldsymbol{\beta}$ 可由 n 维向量组 $\boldsymbol{\alpha}_1, \boldsymbol{\alpha}_2, \cdots, \boldsymbol{\alpha}_m$ 线性表示的充分必要条件为

$$r(A) = r(\widetilde{A}),$$

其中 A 如(3.9)式所示，$\widetilde{A} = (A \quad \boldsymbol{\beta})$. 进而 $\boldsymbol{\beta}$ 可由 $\boldsymbol{\alpha}_1, \boldsymbol{\alpha}_2, \cdots, \boldsymbol{\alpha}_m$ 线性表示且表示系数唯一的充分必要条件是 $r(A) = r(\widetilde{A}) = m$；$\boldsymbol{\beta}$ 可由 $\boldsymbol{\alpha}_1, \boldsymbol{\alpha}_2, \cdots, \boldsymbol{\alpha}_m$ 线性表示但表示系数不唯一的充分必要条件是 $r(A) = r(\widetilde{A}) < m$；$\boldsymbol{\beta}$ 不能由 $\boldsymbol{\alpha}_1, \boldsymbol{\alpha}_2, \cdots, \boldsymbol{\alpha}_m$ 线性表示的充分必要条件是 $r(A) \neq r(\widetilde{A})$.

例 3.1　设向量

$$\boldsymbol{\alpha}_1 = \begin{pmatrix} 1 \\ 1 \\ 1 \end{pmatrix}, \quad \boldsymbol{\alpha}_2 = \begin{pmatrix} 1 \\ 1 \\ 0 \end{pmatrix}, \quad \boldsymbol{\alpha}_3 = \begin{pmatrix} 1 \\ 0 \\ 0 \end{pmatrix},$$

证明：任意一个三维向量都可由 $\boldsymbol{\alpha}_1, \boldsymbol{\alpha}_2, \boldsymbol{\alpha}_3$ 线性表示，且表示式唯一.

证　设 $\boldsymbol{\beta} = (b_1, b_2, b_3)^{\mathrm{T}}$ 为任意一个三维向量，记 $A = (\boldsymbol{\alpha}_1, \boldsymbol{\alpha}_2, \boldsymbol{\alpha}_3)$.

$$\widetilde{A} = (\boldsymbol{\alpha}_1, \boldsymbol{\alpha}_2, \boldsymbol{\alpha}_3, \boldsymbol{\beta}) = \begin{pmatrix} 1 & 1 & 1 & b_1 \\ 1 & 1 & 0 & b_2 \\ 1 & 0 & 0 & b_3 \end{pmatrix} \xrightarrow{\text{初等行变换}} \left(\begin{array}{ccc|c} 1 & 0 & 0 & b_3 \\ 0 & 1 & 0 & b_2 - b_3 \\ 0 & 0 & 1 & b_1 - b_2 \end{array}\right),$$

由于 $r(A) = r(\widetilde{A}) = 3$，所以任意三维向量 $\boldsymbol{\beta}$ 都可由 $\boldsymbol{\alpha}_1, \boldsymbol{\alpha}_2, \boldsymbol{\alpha}_3$ 线性表示，且表示系数唯一，其表示式为

$$\boldsymbol{\beta} = b_3\boldsymbol{\alpha}_1 + (b_2 - b_3)\boldsymbol{\alpha}_2 + (b_1 - b_2)\boldsymbol{\alpha}_3. \qquad \square$$

例 3.2　设向量

$$\boldsymbol{\alpha}_1=\begin{pmatrix}2\\2\\a\\2\end{pmatrix},\quad \boldsymbol{\alpha}_2=\begin{pmatrix}1\\0\\1\\0\end{pmatrix},\quad \boldsymbol{\alpha}_3=\begin{pmatrix}3\\1\\1\\1\end{pmatrix},\quad \boldsymbol{\beta}=\begin{pmatrix}4\\-1\\6\\b\end{pmatrix},$$

讨论 a,b 为何值时,$\boldsymbol{\beta}$ 不能由 $\boldsymbol{\alpha}_1,\boldsymbol{\alpha}_2,\boldsymbol{\alpha}_3$ 线性表示? a,b 为何值时,$\boldsymbol{\beta}$ 可由 $\boldsymbol{\alpha}_1,\boldsymbol{\alpha}_2,\boldsymbol{\alpha}_3$ 线性表示? 并写出所有的表示式.

解 令

$$\widetilde{A}=(\boldsymbol{\alpha}_1,\boldsymbol{\alpha}_2,\boldsymbol{\alpha}_3,\boldsymbol{\beta})=\begin{pmatrix}2&1&3&4\\2&0&1&-1\\a&1&1&6\\2&0&1&b\end{pmatrix}\xrightarrow{\text{初等行变换}}\begin{pmatrix}2&0&1&-1\\0&1&2&5\\0&0&-2-a&2+a\\0&0&0&b+1\end{pmatrix},$$

显然,当 $b\neq-1$ 时,$r(A)\neq r(\widetilde{A})$,线性方程组 $A\boldsymbol{x}=\boldsymbol{\beta}$ 无解,故 $\boldsymbol{\beta}$ 不能由 $\boldsymbol{\alpha}_1,\boldsymbol{\alpha}_2,\boldsymbol{\alpha}_3$ 线性表示;当 $b=-1,a\neq-2$ 时,$r(A)=r(\widetilde{A})=3$,线性方程组 $A\boldsymbol{x}=\boldsymbol{\beta}$ 有唯一解 $x_1=0,x_2=7,x_3=-1$,故 $\boldsymbol{\beta}$ 可由 $\boldsymbol{\alpha}_1,\boldsymbol{\alpha}_2,\boldsymbol{\alpha}_3$ 线性表示,且表示系数唯一,表示式为

$$\boldsymbol{\beta}=0\cdot\boldsymbol{\alpha}_1+7\boldsymbol{\alpha}_2-\boldsymbol{\alpha}_3.$$

当 $b=-1,a=-2$ 时,$r(A)=r(\widetilde{A})=2<3$,线性方程组 $A\boldsymbol{x}=\boldsymbol{\beta}$ 有无穷多解,其解为

$$\begin{cases}x_1=-\dfrac{1}{2}-\dfrac{1}{2}k,\\ x_2=\quad 5-2k,\\ x_3=\quad k,\end{cases}\quad k\text{ 为任意常数},$$

故 $\boldsymbol{\beta}$ 可由 $\boldsymbol{\alpha}_1,\boldsymbol{\alpha}_2,\boldsymbol{\alpha}_3$ 线性表示,且表示式有无穷多,其表示式为

$$\boldsymbol{\beta}=-\left(\frac{1}{2}+\frac{1}{2}k\right)\boldsymbol{\alpha}_1+(5-2k)\boldsymbol{\alpha}_2+k\boldsymbol{\alpha}_3,\quad k\text{ 为任意常数}.$$ □

例 3.3 设向量组 $\boldsymbol{\alpha}_1,\boldsymbol{\alpha}_2,\cdots,\boldsymbol{\alpha}_m$ 为 n 维向量组,证明:向量组中每一向量都可由 $\boldsymbol{\alpha}_1,\boldsymbol{\alpha}_2,\cdots,\boldsymbol{\alpha}_m$ 线性表示.

证 任取 $\boldsymbol{\alpha}_i,1\leqslant i\leqslant m$,有

$$\boldsymbol{\alpha}_i=0\boldsymbol{\alpha}_1+0\boldsymbol{\alpha}_2+\cdots+0\boldsymbol{\alpha}_{i-1}+1\boldsymbol{\alpha}_i+0\boldsymbol{\alpha}_{i+1}+\cdots+0\boldsymbol{\alpha}_m.$$ □

3.2.2 向量组的等价

定义 3.5 设有两个向量组

$$(\text{Ⅰ})\quad \boldsymbol{\alpha}_1,\boldsymbol{\alpha}_2,\cdots,\boldsymbol{\alpha}_s,\qquad (\text{Ⅱ})\quad \boldsymbol{\beta}_1,\boldsymbol{\beta}_2,\cdots,\boldsymbol{\beta}_t,$$

若(Ⅰ)中的每个向量都能由向量组(Ⅱ)线性表示,则称**向量组(Ⅰ)可由向量组(Ⅱ)线性表示**. 若向量组(Ⅰ)与(Ⅱ)可以互相线性表示,则称向量组(Ⅰ)与(Ⅱ)**等价**.

由定理 3.1 不难得到如下命题.

命题 3.1　向量组 $\boldsymbol{\beta}_1,\boldsymbol{\beta}_2,\cdots,\boldsymbol{\beta}_t$ 可由向量组 $\boldsymbol{\alpha}_1,\boldsymbol{\alpha}_2,\cdots,\boldsymbol{\alpha}_s$ 线性表示的充分必要条件为

$$r(A)=r(B),$$

其中矩阵 A 是以向量 $\boldsymbol{\alpha}_1,\boldsymbol{\alpha}_2,\cdots,\boldsymbol{\alpha}_s$ 为列构造的矩阵,矩阵 B 是以向量 $\boldsymbol{\alpha}_1,\boldsymbol{\alpha}_2,\cdots,\boldsymbol{\alpha}_s,\boldsymbol{\beta}_1,\boldsymbol{\beta}_2,\cdots,\boldsymbol{\beta}_t$ 为列构造的矩阵.

例 3.4　设向量

$$\boldsymbol{\alpha}_1=\begin{pmatrix}1\\-1\\0\end{pmatrix},\quad \boldsymbol{\alpha}_2=\begin{pmatrix}2\\0\\1\end{pmatrix},\quad \boldsymbol{\alpha}_3=\begin{pmatrix}1\\1\\-1\end{pmatrix},\quad \boldsymbol{\beta}_1=\begin{pmatrix}3\\-3\\2\end{pmatrix},\quad \boldsymbol{\beta}_2=\begin{pmatrix}-1\\3\\-3\end{pmatrix},$$

问 $\boldsymbol{\beta}_1,\boldsymbol{\beta}_2$ 能否由 $\boldsymbol{\alpha}_1,\boldsymbol{\alpha}_2,\boldsymbol{\alpha}_3$ 线性表示?

解　记 $A=(\boldsymbol{\alpha}_1,\boldsymbol{\alpha}_2,\boldsymbol{\alpha}_3)$,$B=(\boldsymbol{\alpha}_1,\boldsymbol{\alpha}_2,\boldsymbol{\alpha}_3,\boldsymbol{\beta}_1,\boldsymbol{\beta}_2)$,由

$$B=\begin{pmatrix}1&2&1&3&-1\\-1&0&1&-3&3\\0&1&-1&2&-3\end{pmatrix}\xrightarrow{\text{初等行变换}}\begin{pmatrix}1&0&0&2&-1\\0&1&0&1&-1\\0&0&1&-1&2\end{pmatrix},$$

知 $r(A)=r(B)=3$,故 $\boldsymbol{\beta}_1,\boldsymbol{\beta}_2$ 能由 $\boldsymbol{\alpha}_1,\boldsymbol{\alpha}_2,\boldsymbol{\alpha}_3$ 线性表示,且

$$\boldsymbol{\beta}_1=2\boldsymbol{\alpha}_1+\boldsymbol{\alpha}_2-\boldsymbol{\alpha}_3,\qquad \boldsymbol{\beta}_2=-\boldsymbol{\alpha}_1-\boldsymbol{\alpha}_2+2\boldsymbol{\alpha}_3.$$ □

命题 3.2　设向量组 $\boldsymbol{\alpha}_1,\boldsymbol{\alpha}_2,\cdots,\boldsymbol{\alpha}_s$ 可由向量组 $\boldsymbol{\beta}_1,\boldsymbol{\beta}_2,\cdots,\boldsymbol{\beta}_t$ 线性表示,又向量 $\boldsymbol{\gamma}$ 可由向量组 $\boldsymbol{\alpha}_1,\boldsymbol{\alpha}_2,\cdots,\boldsymbol{\alpha}_s$ 线性表示,则向量 $\boldsymbol{\gamma}$ 可由向量组 $\boldsymbol{\beta}_1,\boldsymbol{\beta}_2,\cdots,\boldsymbol{\beta}_t$ 线性表示.

证　由已知条件,可设

$$\gamma=l_1\boldsymbol{\alpha}_1+l_2\boldsymbol{\alpha}_2+\cdots+l_s\boldsymbol{\alpha}_s=\sum_{i=1}^{s}l_i\boldsymbol{\alpha}_i,$$

$$\boldsymbol{\alpha}_i=k_{i1}\boldsymbol{\beta}_1+k_{i2}\boldsymbol{\beta}_2+\cdots+k_{it}\boldsymbol{\beta}_t=\sum_{j=1}^{t}k_{ij}\boldsymbol{\beta}_j,\qquad i=1,2,\cdots,s,$$

于是

$$\boldsymbol{\gamma}=\sum_{i=1}^{s}l_i\boldsymbol{\alpha}_i=\sum_{i=1}^{s}l_i\Big(\sum_{j=1}^{t}k_{ij}\boldsymbol{\beta}_j\Big)=\sum_{j=1}^{t}\Big(\sum_{i=1}^{s}l_ik_{ij}\Big)\boldsymbol{\beta}_j,$$

即向量 $\boldsymbol{\gamma}$ 可由向量组 $\boldsymbol{\beta}_1,\boldsymbol{\beta}_2,\cdots,\boldsymbol{\beta}_t$ 线性表示. □

由此可知,向量组的线性表示是有传递性的,即若向量组(Ⅰ)可由向量组(Ⅱ)线性表示,向量组(Ⅱ)可由向量组(Ⅲ)线性表示,则向量组(Ⅰ)也可由向量组(Ⅲ)线性表示.

与矩阵的等价相仿,关于向量组的等价关系有下面的命题.

命题 3.3　向量组的等价关系具有:

(1) 反身性. 即每个向量组与它自身等价.

(2) 对称性. 即若向量组(Ⅰ)$\boldsymbol{\alpha}_1,\boldsymbol{\alpha}_2,\cdots,\boldsymbol{\alpha}_s$ 与向量组(Ⅱ)$\boldsymbol{\beta}_1,\boldsymbol{\beta}_2,\cdots,\boldsymbol{\beta}_t$ 等价,则

向量组（Ⅱ）也与向量组（Ⅰ）等价.

(3) 传递性. 即若向量组（Ⅰ）$\boldsymbol{\alpha}_1,\boldsymbol{\alpha}_2,\cdots,\boldsymbol{\alpha}_s$ 与向量组（Ⅱ）$\boldsymbol{\beta}_1,\boldsymbol{\beta}_2,\cdots,\boldsymbol{\beta}_t$ 等价，而向量组（Ⅱ）$\boldsymbol{\beta}_1,\boldsymbol{\beta}_2,\cdots,\boldsymbol{\beta}_t$ 与向量组（Ⅲ）$\boldsymbol{\gamma}_1,\boldsymbol{\gamma}_2,\cdots,\boldsymbol{\gamma}_r$ 等价，则向量组（Ⅰ）与向量组（Ⅲ）也等价.

3.2.3　线性相关与线性无关

由定义 3.4 知 n 维零向量可由任何一个 n 维向量组 $\boldsymbol{\alpha}_1,\boldsymbol{\alpha}_2,\cdots,\boldsymbol{\alpha}_m$ 线性表示. 事实上

$$\mathbf{0}=0\boldsymbol{\alpha}_1+0\boldsymbol{\alpha}_2+\cdots+0\boldsymbol{\alpha}_m,$$

这里的表示系数全是零.

然而，对于有些向量来说，可以找到不全为零的数，使得它们的线性组合为零向量. 例如，对于(3.6)式给出的三个向量，就有

$$2\boldsymbol{\alpha}_1+\boldsymbol{\alpha}_2+(-1)\boldsymbol{\alpha}_3=\mathbf{0}.$$

而对有些向量，如(3.7)式所给出的基本向量组，则只有组合系数全为零时，它们的线性组合才能为零向量. 由此，我们引入如下定义.

定义 3.6　设 $\boldsymbol{\alpha}_1,\boldsymbol{\alpha}_2,\cdots,\boldsymbol{\alpha}_m$ 为 n 维向量，若存在不全为零的数 $k_1,k_2,\cdots,k_m$，使

$$k_1\boldsymbol{\alpha}_1+k_2\boldsymbol{\alpha}_2+\cdots+k_m\boldsymbol{\alpha}_m=\mathbf{0},\tag{3.11}$$

则称向量 $\boldsymbol{\alpha}_1,\boldsymbol{\alpha}_2,\cdots,\boldsymbol{\alpha}_m$ **线性相关**. 否则称它们**线性无关**，即仅当

$$k_1=k_2=\cdots=k_m=0$$

时(3.11)式才成立，则 $\boldsymbol{\alpha}_1,\boldsymbol{\alpha}_2,\cdots,\boldsymbol{\alpha}_m$ 线性无关.

对于一个向量构成的向量组，如果这个向量是零向量，则称它线性相关，若它不是零向量则称它线性无关.

由定义可见，如果将 $\boldsymbol{\alpha}_1,\boldsymbol{\alpha}_2,\cdots,\boldsymbol{\alpha}_m$ 看作列向量，则向量 $\boldsymbol{\alpha}_1,\boldsymbol{\alpha}_2,\cdots,\boldsymbol{\alpha}_m$ 线性相关等价于齐次线性方程组

$$x_1\boldsymbol{\alpha}_1+x_2\boldsymbol{\alpha}_2+\cdots+x_m\boldsymbol{\alpha}_m=\mathbf{0}\tag{3.12}$$

有非零解.

定理 3.2　n 维向量 $\boldsymbol{\alpha}_1,\boldsymbol{\alpha}_2,\cdots,\boldsymbol{\alpha}_m$ 线性相关(线性无关)的充分必要条件是齐次线性方程组(3.12)有非零解(仅有零解).

由定理 3.2 可得如下推论.

推论 3.2　令

$$\boldsymbol{\alpha}_1=\begin{pmatrix}a_{11}\\a_{21}\\\vdots\\a_{n1}\end{pmatrix},\boldsymbol{\alpha}_2=\begin{pmatrix}a_{12}\\a_{22}\\\vdots\\a_{n2}\end{pmatrix},\cdots,\boldsymbol{\alpha}_m=\begin{pmatrix}a_{1m}\\a_{2m}\\\vdots\\a_{nm}\end{pmatrix},$$

则向量 $\boldsymbol{\alpha}_1,\boldsymbol{\alpha}_2,\cdots,\boldsymbol{\alpha}_m$ 线性相关的充分必要条件是 $r(A)<m$,其中

$$A=(\boldsymbol{\alpha}_1,\boldsymbol{\alpha}_2,\cdots,\boldsymbol{\alpha}_m).$$

换句话说，向量 $\boldsymbol{\alpha}_1,\boldsymbol{\alpha}_2,\cdots,\boldsymbol{\alpha}_m$ 线性无关的充分必要条件是 $r(A)=m$.

推论 3.3　n 个 n 维向量 $\boldsymbol{\alpha}_1,\boldsymbol{\alpha}_2,\cdots,\boldsymbol{\alpha}_n$ 线性相关的充分必要条件是

$$|A|=0,$$

其中 $A=(\boldsymbol{\alpha}_1,\boldsymbol{\alpha}_2,\cdots,\boldsymbol{\alpha}_n)$,视 $\boldsymbol{\alpha}_1,\boldsymbol{\alpha}_2,\cdots,\boldsymbol{\alpha}_n$ 为列向量.

也就是说，n 个 n 维向量 $\boldsymbol{\alpha}_1,\boldsymbol{\alpha}_2,\cdots,\boldsymbol{\alpha}_n$ 线性无关的充分必要条件是 $|A|\neq 0$.

由推论 2.8 可知,当方程的个数小于未知量的个数时,齐次线性方程组必有非零解,因而有下面的推论.

推论 3.4　对于 $\mathbf{R}^n$ 中任意 m 个向量,当 $m>n$ 时必线性相关.

例 3.5　设有向量组

$$\boldsymbol{\alpha}=(2,-1,1,3),\quad \boldsymbol{\beta}=(1,0,4,2),\quad \boldsymbol{\gamma}=(-4,2,-2,k),$$

讨论 k 取何值时 $\boldsymbol{\alpha},\boldsymbol{\beta},\boldsymbol{\gamma}$ 线性相关? k 取何值时 $\boldsymbol{\alpha},\boldsymbol{\beta},\boldsymbol{\gamma}$ 线性无关?

解　以 $\boldsymbol{\alpha},\boldsymbol{\beta},\boldsymbol{\gamma}$ 为列构造矩阵

$$A=(\boldsymbol{\alpha}^{\mathrm{T}}\quad \boldsymbol{\beta}^{\mathrm{T}}\quad \boldsymbol{\gamma}^{\mathrm{T}})=\begin{pmatrix}2&1&-4\\-1&0&2\\1&4&-2\\3&2&k\end{pmatrix}\xrightarrow{\text{初等行变换}}\begin{pmatrix}1&0&-2\\0&1&0\\0&0&k+6\\0&0&0\end{pmatrix}.$$

由上式右端的矩阵可见,当 $k=-6$ 时,$r(A)=2<3$,$\boldsymbol{\alpha},\boldsymbol{\beta},\boldsymbol{\gamma}$ 线性相关;当 $k\neq-6$ 时,$r(A)=3$,$\boldsymbol{\alpha},\boldsymbol{\beta},\boldsymbol{\gamma}$ 线性无关. □

例 3.6　证明:n 维单位向量 $\boldsymbol{\varepsilon}_1,\boldsymbol{\varepsilon}_2,\cdots,\boldsymbol{\varepsilon}_n$ 组成的向量组线性无关.

证　考察关系式

$$k_1\boldsymbol{\varepsilon}_1+k_2\boldsymbol{\varepsilon}_2+\cdots+k_n\boldsymbol{\varepsilon}_n=\mathbf{0},$$

即

$$k_1\begin{pmatrix}1\\0\\\vdots\\0\end{pmatrix}+k_2\begin{pmatrix}0\\1\\\vdots\\0\end{pmatrix}+\cdots+k_n\begin{pmatrix}0\\0\\\vdots\\1\end{pmatrix}=\begin{pmatrix}k_1\\k_2\\\vdots\\k_n\end{pmatrix}=\begin{pmatrix}0\\0\\\vdots\\0\end{pmatrix},$$

由此得

$$k_1=k_2=\cdots=k_n=0,$$

由定义知,向量组 $\boldsymbol{\varepsilon}_1,\boldsymbol{\varepsilon}_2,\cdots,\boldsymbol{\varepsilon}_n$ 线性无关. □

例 3.7　设向量 $\boldsymbol{\alpha},\boldsymbol{\beta},\boldsymbol{\gamma}$ 线性无关，令

$$\boldsymbol{\xi}=\boldsymbol{\alpha},\quad \boldsymbol{\eta}=\boldsymbol{\alpha}+\boldsymbol{\beta},\quad \boldsymbol{\zeta}=\boldsymbol{\alpha}-\boldsymbol{\beta}-\boldsymbol{\gamma},$$

问向量 $\boldsymbol{\xi},\boldsymbol{\eta},\boldsymbol{\zeta}$ 是否也线性无关?

解　设有一组数 k_1,k_2,k_3 使

$$k_1\boldsymbol{\xi}+k_2\boldsymbol{\eta}+k_3\boldsymbol{\zeta}=\mathbf{0},$$

即

$$(k_1+k_2+k_3)\boldsymbol{\alpha}+(k_2-k_3)\boldsymbol{\beta}-k_3\boldsymbol{\gamma}=\mathbf{0}.$$

因为 $\boldsymbol{\alpha},\boldsymbol{\beta},\boldsymbol{\gamma}$ 线性无关，所以 k_1,k_2,k_3 必定满足

$$\begin{cases}k_1+k_2+k_3=0,\\ \qquad k_2-k_3=0,\\ \qquad\quad -k_3=0.\end{cases}$$

显然，此方程组只有零解 $k_1=k_2=k_3=0$. 所以向量 $\boldsymbol{\xi},\boldsymbol{\eta},\boldsymbol{\zeta}$ 也线性无关. □

例 3.8 讨论下列向量的线性相关性：

(1) $\boldsymbol{\alpha}_1=\begin{pmatrix}1\\1\\1\end{pmatrix},\boldsymbol{\alpha}_2=\begin{pmatrix}9\\9\\0\end{pmatrix},\boldsymbol{\alpha}_3=\begin{pmatrix}9\\5\\3\end{pmatrix},\boldsymbol{\alpha}_4=\begin{pmatrix}9\\0\\1\end{pmatrix}$;

(2) $\boldsymbol{\beta}_1=\begin{pmatrix}2\\0\\1\\4\end{pmatrix},\boldsymbol{\beta}_2=\begin{pmatrix}1\\0\\7\\6\end{pmatrix},\boldsymbol{\beta}_3=\begin{pmatrix}-1\\0\\5\\2\end{pmatrix},\boldsymbol{\beta}_4=\begin{pmatrix}3\\0\\-2\\8\end{pmatrix}$.

解 (1) $\boldsymbol{\alpha}_1,\boldsymbol{\alpha}_2,\boldsymbol{\alpha}_3,\boldsymbol{\alpha}_4$ 是 4 个 3 维向量，由推论 3.4 可知，向量 $\boldsymbol{\alpha}_1,\boldsymbol{\alpha}_2,\boldsymbol{\alpha}_3,\boldsymbol{\alpha}_4$ 线性相关；

(2) 令

$$B=(\boldsymbol{\beta}_1,\boldsymbol{\beta}_2,\boldsymbol{\beta}_3,\boldsymbol{\beta}_4)=\begin{pmatrix}2&1&-1&3\\0&0&0&0\\1&7&5&-2\\4&6&2&8\end{pmatrix},$$

因为 $|B|=0$，由推论 3.3 可知，B 的列向量即 $\boldsymbol{\beta}_1,\boldsymbol{\beta}_2,\boldsymbol{\beta}_3,\boldsymbol{\beta}_4$ 线性相关. □

命题 3.4 若向量组 $\boldsymbol{\alpha}_1,\boldsymbol{\alpha}_2,\cdots,\boldsymbol{\alpha}_m$ 中有部分向量线性相关，则该向量组必线性相关.

证 不失一般性，设 $\boldsymbol{\alpha}_1,\boldsymbol{\alpha}_2,\cdots,\boldsymbol{\alpha}_s$ 线性相关 $(s<m)$. 于是存在不全为零的数 $k_1,k_2,\cdots,k_s$，使得

$$k_1\boldsymbol{\alpha}_1+k_2\boldsymbol{\alpha}_2+\cdots+k_s\boldsymbol{\alpha}_s=\mathbf{0},$$

从而有不全为零的数 $k_1,k_2,\cdots,k_s,0,\cdots,0$，使得

$$k_1\boldsymbol{\alpha}_1+k_2\boldsymbol{\alpha}_2+\cdots+k_s\boldsymbol{\alpha}_s+0\boldsymbol{\alpha}_{s+1}+\cdots+0\boldsymbol{\alpha}_m=\mathbf{0},$$

因此 $\boldsymbol{\alpha}_1,\boldsymbol{\alpha}_2,\cdots,\boldsymbol{\alpha}_m$ 线性相关. □

等价地，命题 3.4 也可叙述为：若向量 $\boldsymbol{\alpha}_1,\boldsymbol{\alpha}_2,\cdots,\boldsymbol{\alpha}_m$ 线性无关，则其任一部分组的向量都线性无关.

命题 3.5 设 $\boldsymbol{\alpha}_1,\boldsymbol{\alpha}_2,\cdots,\boldsymbol{\alpha}_s\in\mathbf{R}^n,\boldsymbol{\beta}_1,\boldsymbol{\beta}_2,\cdots,\boldsymbol{\beta}_s\in\mathbf{R}^m$ 都为列向量. 令 $n+m$ 维列

向量

$$\boldsymbol{\gamma}_i=\begin{pmatrix}\boldsymbol{\alpha}_i\\ \boldsymbol{\beta}_i\end{pmatrix},\quad i=1,2,\cdots,s.$$

若 $\boldsymbol{\gamma}_1,\boldsymbol{\gamma}_2,\cdots,\boldsymbol{\gamma}_s$ 线性相关,则 $\boldsymbol{\alpha}_1,\boldsymbol{\alpha}_2,\cdots,\boldsymbol{\alpha}_s$ 也线性相关.

证　由于 $\boldsymbol{\gamma}_1,\boldsymbol{\gamma}_2,\cdots,\boldsymbol{\gamma}_s$ 线性相关,故存在 s 个不全为零的数 $k_1,k_2,\cdots,k_s$ 使

$$k_1\boldsymbol{\gamma}_1+k_2\boldsymbol{\gamma}_2+\cdots+k_s\boldsymbol{\gamma}_s=\mathbf{0},$$

即

$$k_1\begin{pmatrix}\boldsymbol{\alpha}_1\\ \boldsymbol{\beta}_1\end{pmatrix}+k_2\begin{pmatrix}\boldsymbol{\alpha}_2\\ \boldsymbol{\beta}_2\end{pmatrix}+\cdots+k_s\begin{pmatrix}\boldsymbol{\alpha}_s\\ \boldsymbol{\beta}_s\end{pmatrix}=\begin{pmatrix}\mathbf{0}_1\\ \mathbf{0}_2\end{pmatrix},$$

其中 $\mathbf{0}_1$ 为 n 维零向量,$\mathbf{0}_2$ 为 m 维零向量.由分块矩阵的数乘运算,得

$$k_1\boldsymbol{\alpha}_1+k_2\boldsymbol{\alpha}_2+\cdots+k_s\boldsymbol{\alpha}_s=\mathbf{0}_1,$$

即 $\boldsymbol{\alpha}_1,\boldsymbol{\alpha}_2,\cdots,\boldsymbol{\alpha}_s$ 也线性相关. □

常称 $\boldsymbol{\alpha}_1,\boldsymbol{\alpha}_2,\cdots,\boldsymbol{\alpha}_s$ 为 $\boldsymbol{\gamma}_1,\boldsymbol{\gamma}_2,\cdots,\boldsymbol{\gamma}_s$ 的**截短向量**,或 $\boldsymbol{\gamma}_1,\boldsymbol{\gamma}_2,\cdots,\boldsymbol{\gamma}_s$ 是 $\boldsymbol{\alpha}_1,\boldsymbol{\alpha}_2,\cdots,\boldsymbol{\alpha}_s$ 的**接长向量**.该命题说明:若 $\boldsymbol{\gamma}_1,\boldsymbol{\gamma}_2,\cdots,\boldsymbol{\gamma}_s$ 线性相关,则其截短向量 $\boldsymbol{\alpha}_1,\boldsymbol{\alpha}_2,\cdots,\boldsymbol{\alpha}_s$ 也线性相关.

等价地,命题 3.5 也可叙述为:若向量 $\boldsymbol{\alpha}_1,\boldsymbol{\alpha}_2,\cdots,\boldsymbol{\alpha}_s$ 线性无关,则其接长向量 $\boldsymbol{\gamma}_1,\boldsymbol{\gamma}_2,\cdots,\boldsymbol{\gamma}_s$ 也线性无关.

3.2.4　线性组合与线性相关的关系

定理 3.3　向量 $\boldsymbol{\alpha}_1,\boldsymbol{\alpha}_2,\cdots,\boldsymbol{\alpha}_m(m\geqslant 2)$ 线性相关的充分必要条件是其中至少有一个向量是其余向量的线性组合.

证　必要性　若 $\boldsymbol{\alpha}_1,\boldsymbol{\alpha}_2,\cdots,\boldsymbol{\alpha}_m$ 线性相关,则存在一组不全为零的数 $k_1,k_2,\cdots,k_m$,使得

$$k_1\boldsymbol{\alpha}_1+k_2\boldsymbol{\alpha}_2+\cdots+k_m\boldsymbol{\alpha}_m=\mathbf{0}.$$

不失一般性,设 $k_1\neq 0$,于是

$$\boldsymbol{\alpha}_1=-\frac{k_2}{k_1}\boldsymbol{\alpha}_2-\frac{k_3}{k_1}\boldsymbol{\alpha}_3-\cdots-\frac{k_m}{k_1}\boldsymbol{\alpha}_m,$$

即 $\boldsymbol{\alpha}_1$ 是 $\boldsymbol{\alpha}_2,\boldsymbol{\alpha}_3,\cdots,\boldsymbol{\alpha}_m$ 的线性组合.

充分性　不妨设 $\boldsymbol{\alpha}_1$ 可由 $\boldsymbol{\alpha}_2,\boldsymbol{\alpha}_3,\cdots,\boldsymbol{\alpha}_m$ 线性表示,即存在数 $l_2,l_3,\cdots,l_m$,使

$$\boldsymbol{\alpha}_1=l_2\boldsymbol{\alpha}_2+l_3\boldsymbol{\alpha}_3+\cdots+l_m\boldsymbol{\alpha}_m,$$

从而

$$-\boldsymbol{\alpha}_1+l_2\boldsymbol{\alpha}_2+l_3\boldsymbol{\alpha}_3+\cdots+l_m\boldsymbol{\alpha}_m=\mathbf{0}.$$

显然,$-1,l_2,l_3,\cdots,l_m$ 不全为零,故 $\boldsymbol{\alpha}_1,\boldsymbol{\alpha}_2,\cdots,\boldsymbol{\alpha}_m$ 线性相关. □

定理 3.3 建立了线性相关与线性组合这两个概念之间的联系.显然,由两个向量组成的向量组 $\boldsymbol{\alpha},\boldsymbol{\beta}$ 线性相关的充分必要条件是存在数 k,使 $\boldsymbol{\alpha}=k\boldsymbol{\beta}$ 或 $\boldsymbol{\beta}=k\boldsymbol{\alpha}$,也

就是它们的分量对应成比例. 从几何上看,两个二维或三维向量构成的向量组线性相关表示它们共线. 另外,由定理 3.3 可知,三个三维向量 $\boldsymbol{\alpha},\boldsymbol{\beta},\boldsymbol{\gamma}$ 线性相关,则至少有一个向量是另外两个向量的线性组合,譬如 $\boldsymbol{\gamma}=k\boldsymbol{\alpha}+l\boldsymbol{\beta}$. 如果把它们都看成几何向量,并将它们的起点放在同一个点处,这就表示 $\boldsymbol{\gamma}$ 在 $\boldsymbol{\alpha}$ 与 $\boldsymbol{\beta}$ 所在的平面上. 因而三个三维向量 $\boldsymbol{\alpha},\boldsymbol{\beta},\boldsymbol{\gamma}$ 线性相关的几何意义就是它们共面.

定理 3.4 若向量 $\boldsymbol{\alpha}_1,\boldsymbol{\alpha}_2,\cdots,\boldsymbol{\alpha}_m$ 线性无关,而向量 $\boldsymbol{\alpha}_1,\boldsymbol{\alpha}_2,\cdots,\boldsymbol{\alpha}_m,\boldsymbol{\beta}$ 线性相关,则向量 $\boldsymbol{\beta}$ 可由 $\boldsymbol{\alpha}_1,\boldsymbol{\alpha}_2,\cdots,\boldsymbol{\alpha}_m$ 线性表示,且表示系数唯一.

证 因为 $\boldsymbol{\alpha}_1,\boldsymbol{\alpha}_2,\cdots,\boldsymbol{\alpha}_m,\boldsymbol{\beta}$ 线性相关,所以存在一组不全为零的数

$$k_1,k_2,\cdots,k_m,k,$$

使得

$$k_1\boldsymbol{\alpha}_1+k_2\boldsymbol{\alpha}_2+\cdots+k_m\boldsymbol{\alpha}_m+k\boldsymbol{\beta}=\mathbf{0}.$$

下面用反证法证明 $k\neq0$.

若 $k=0$, 则 $k_1,k_2,\cdots,k_m$ 不全为零,且有

$$k_1\boldsymbol{\alpha}_1+k_2\boldsymbol{\alpha}_2+\cdots+k_m\boldsymbol{\alpha}_m=\mathbf{0}.$$

这与 $\boldsymbol{\alpha}_1,\boldsymbol{\alpha}_2,\cdots,\boldsymbol{\alpha}_m$ 线性无关相矛盾,从而 $k\neq0$. 于是

$$\boldsymbol{\beta}=-\frac{k_1}{k}\boldsymbol{\alpha}_1-\frac{k_2}{k}\boldsymbol{\alpha}_2-\cdots-\frac{k_m}{k}\boldsymbol{\alpha}_m,$$

即 $\boldsymbol{\beta}$ 可由 $\boldsymbol{\alpha}_1,\boldsymbol{\alpha}_2,\cdots,\boldsymbol{\alpha}_m$ 线性表示.

下面也用反证法证明 $\boldsymbol{\beta}$ 由 $\boldsymbol{\alpha}_1,\boldsymbol{\alpha}_2,\cdots,\boldsymbol{\alpha}_m$ 线性表示的表示系数是唯一的.

假设由 $\boldsymbol{\alpha}_1,\boldsymbol{\alpha}_2,\cdots,\boldsymbol{\alpha}_m$ 线性表示 $\boldsymbol{\beta}$ 有两种表示方法,设

$$\boldsymbol{\beta}=l_1\boldsymbol{\alpha}_1+l_2\boldsymbol{\alpha}_2+\cdots+l_m\boldsymbol{\alpha}_m,$$

$$\boldsymbol{\beta}=h_1\boldsymbol{\alpha}_1+h_2\boldsymbol{\alpha}_2+\cdots+h_m\boldsymbol{\alpha}_m,$$

将两式相减,得

$$(l_1-h_1)\boldsymbol{\alpha}_1+(l_2-h_2)\boldsymbol{\alpha}_2+\cdots+(l_m-h_m)\boldsymbol{\alpha}_m=\mathbf{0}.$$

由于 $\boldsymbol{\alpha}_1,\boldsymbol{\alpha}_2,\cdots,\boldsymbol{\alpha}_m$ 线性无关,所以,$l_i-h_i=0$,即

$$l_i=h_i,\qquad i=1,2,\cdots,m.$$

这说明,$\boldsymbol{\beta}$ 由 $\boldsymbol{\alpha}_1,\boldsymbol{\alpha}_2,\cdots,\boldsymbol{\alpha}_m$ 线性表示的表示系数是唯一的. □

例 3.9 若 $\boldsymbol{\alpha}_1,\boldsymbol{\alpha}_2,\cdots,\boldsymbol{\alpha}_n$ 是 n 个线性无关的 n 维向量,向量

$$\boldsymbol{\alpha}_{n+1}=k_1\boldsymbol{\alpha}_1+k_2\boldsymbol{\alpha}_2+\cdots+k_n\boldsymbol{\alpha}_n,\tag{3.13}$$

其中 $k_1,k_2,\cdots,k_n$ 全不为零. 证明:$\boldsymbol{\alpha}_1,\boldsymbol{\alpha}_2,\cdots,\boldsymbol{\alpha}_n,\boldsymbol{\alpha}_{n+1}$ 中任意 n 个向量都线性无关.

证 由于 $\boldsymbol{\alpha}_1,\boldsymbol{\alpha}_2,\cdots,\boldsymbol{\alpha}_n$ 线性无关,所以我们只需证明,将 $\boldsymbol{\alpha}_1,\boldsymbol{\alpha}_2,\cdots,\boldsymbol{\alpha}_n$ 中的任何一个向量换成 $\boldsymbol{\alpha}_{n+1}$ 后所得的向量组线性无关即可. 设将 $\boldsymbol{\alpha}_i$ 换为 $\boldsymbol{\alpha}_{n+1}$ 后所得的向量组为

$$\boldsymbol{\alpha}_1,\boldsymbol{\alpha}_2,\cdots,\boldsymbol{\alpha}_{i-1},\boldsymbol{\alpha}_{i+1},\cdots,\boldsymbol{\alpha}_n,\boldsymbol{\alpha}_{n+1},\quad i=2,\cdots,n,$$

或

$$\boldsymbol{\alpha}_2,\boldsymbol{\alpha}_3,\cdots,\boldsymbol{\alpha}_n,\boldsymbol{\alpha}_{n+1},\quad i=1.$$

我们用反证法证明它们线性无关. 设

$$\boldsymbol{\alpha}_1,\boldsymbol{\alpha}_2,\cdots,\boldsymbol{\alpha}_{i-1},\boldsymbol{\alpha}_{i+1},\cdots,\boldsymbol{\alpha}_n,\boldsymbol{\alpha}_{n+1}$$

线性相关,由于 $\boldsymbol{\alpha}_1,\boldsymbol{\alpha}_2,\cdots,\boldsymbol{\alpha}_{i-1},\boldsymbol{\alpha}_{i+1},\cdots,\boldsymbol{\alpha}_n$ 是 $\boldsymbol{\alpha}_1,\boldsymbol{\alpha}_2,\cdots,\boldsymbol{\alpha}_n$ 的部分组,所以它们线性无关. 由定理 3.4, $\boldsymbol{\alpha}_{n+1}$ 可由 $\boldsymbol{\alpha}_1,\boldsymbol{\alpha}_2,\cdots,\boldsymbol{\alpha}_{i-1},\boldsymbol{\alpha}_{i+1},\cdots,\boldsymbol{\alpha}_n$ 线性表示,且表示系数唯一,即

$$\boldsymbol{\alpha}_{n+1}=l_1\boldsymbol{\alpha}_1+l_2\boldsymbol{\alpha}_2+\cdots+l_{i-1}\boldsymbol{\alpha}_{i-1}+l_{i+1}\boldsymbol{\alpha}_{i+1}+\cdots+l_n\boldsymbol{\alpha}_n.$$

将上式与(3.13)式两端分别相减,得

$$\begin{aligned}\mathbf{0}&=(k_1-l_1)\boldsymbol{\alpha}_1+(k_2-l_2)\boldsymbol{\alpha}_2+\cdots+(k_{i-1}-l_{i-1})\boldsymbol{\alpha}_{i-1}\\&\quad+k_i\boldsymbol{\alpha}_i+(k_{i+1}-l_{i+1})\boldsymbol{\alpha}_{i+1}+\cdots+(k_n-l_n)\boldsymbol{\alpha}_n.\end{aligned}$$

由于 $\boldsymbol{\alpha}_1,\boldsymbol{\alpha}_2,\cdots,\boldsymbol{\alpha}_n$ 线性无关,因而

$$k_i=0,\quad k_s-l_s=0,\quad s=1,2,\cdots,i-1,i+1,\cdots,n.$$

这显然与 $k_1,k_2,\cdots,k_n$ 全不为零相矛盾. 所以 $\boldsymbol{\alpha}_1,\boldsymbol{\alpha}_2,\cdots,\boldsymbol{\alpha}_{i-1},\boldsymbol{\alpha}_{i+1},\cdots,\boldsymbol{\alpha}_{n+1}$ 线性无关.

由 $\boldsymbol{\alpha}_i$ 的任意性可知,结论成立. □

若向量组 $\boldsymbol{\beta}_1,\boldsymbol{\beta}_2,\cdots,\boldsymbol{\beta}_s$ 可由向量组 $\boldsymbol{\alpha}_1,\boldsymbol{\alpha}_2,\cdots,\boldsymbol{\alpha}_m$ 线性表示,设为

$$\begin{cases}\boldsymbol{\beta}_1=a_{11}\boldsymbol{\alpha}_1+a_{21}\boldsymbol{\alpha}_2+\cdots+a_{m1}\boldsymbol{\alpha}_m,\\\boldsymbol{\beta}_2=a_{12}\boldsymbol{\alpha}_1+a_{22}\boldsymbol{\alpha}_2+\cdots+a_{m2}\boldsymbol{\alpha}_m,\\\cdots\cdots\cdots\cdots\\\boldsymbol{\beta}_s=a_{1s}\boldsymbol{\alpha}_1+a_{2s}\boldsymbol{\alpha}_2+\cdots+a_{ms}\boldsymbol{\alpha}_m.\end{cases}\tag{3.14}$$

用矩阵符号记(3.14)式为

$$(\boldsymbol{\beta}_1,\boldsymbol{\beta}_2,\cdots,\boldsymbol{\beta}_s)=(\boldsymbol{\alpha}_1,\boldsymbol{\alpha}_2,\cdots,\boldsymbol{\alpha}_m)A,$$

称矩阵 $A=(a_{ij})_{m\times s}$ 为 $\boldsymbol{\beta}_1,\boldsymbol{\beta}_2,\cdots,\boldsymbol{\beta}_s$ 由 $\boldsymbol{\alpha}_1,\boldsymbol{\alpha}_2,\cdots,\boldsymbol{\alpha}_m$ 线性表示的**表示矩阵**,其中 A 的第 j 列是 $\boldsymbol{\beta}_j$ 由 $\boldsymbol{\alpha}_1,\boldsymbol{\alpha}_2,\cdots,\boldsymbol{\alpha}_m$ 线性表示的表示系数,

$$A=\begin{pmatrix}a_{11}&a_{12}&\cdots&a_{1s}\\a_{21}&a_{22}&\cdots&a_{2s}\\\vdots&\vdots&&\vdots\\a_{m1}&a_{m2}&\cdots&a_{ms}\end{pmatrix}.$$

在上述的记法下,我们有下面的结论.

命题 3.6　设向量组 $\boldsymbol{\alpha}_1,\boldsymbol{\alpha}_2,\cdots,\boldsymbol{\alpha}_m$ 线性无关,向量组 $\boldsymbol{\beta}_1,\boldsymbol{\beta}_2,\cdots,\boldsymbol{\beta}_s$ 可由 $\boldsymbol{\alpha}_1,\boldsymbol{\alpha}_2,\cdots,\boldsymbol{\alpha}_m$ 线性表示,即$(\boldsymbol{\beta}_1,\boldsymbol{\beta}_2,\cdots,\boldsymbol{\beta}_s)=(\boldsymbol{\alpha}_1,\boldsymbol{\alpha}_2,\cdots,\boldsymbol{\alpha}_m)A$,则 $\boldsymbol{\beta}_1,\boldsymbol{\beta}_2,\cdots,\boldsymbol{\beta}_s$ 线性无关(线性相关)的充分必要条件为表示矩阵 A 的秩等于 s(小于 s),即 $r(A)=s$($r(A)<s$).

证　我们先证明 $\boldsymbol{\beta}_1,\boldsymbol{\beta}_2,\cdots,\boldsymbol{\beta}_s$ 线性相关的充分必要条件为 $r(A)<s$.

设 $\boldsymbol{\beta}_1,\boldsymbol{\beta}_2,\cdots,\boldsymbol{\beta}_s$ 线性相关,则齐次线性方程组$(\boldsymbol{\beta}_1,\boldsymbol{\beta}_2,\cdots,\boldsymbol{\beta}_s)\boldsymbol{x}=\mathbf{0}$ 有非零解. 取

它的一个非零解 $\boldsymbol{x}_0$，则$(\boldsymbol{\beta}_1,\boldsymbol{\beta}_2,\cdots,\boldsymbol{\beta}_s)\boldsymbol{x}_0=\boldsymbol{0}$，从而

$$(\boldsymbol{\alpha}_1,\boldsymbol{\alpha}_2,\cdots,\boldsymbol{\alpha}_m)A_{m\times s}\boldsymbol{x}_0=\boldsymbol{0}.$$

由于向量组 $\boldsymbol{\alpha}_1,\boldsymbol{\alpha}_2,\cdots,\boldsymbol{\alpha}_m$ 线性无关，所以

$$A_{m\times s}\boldsymbol{x}_0=\boldsymbol{0},$$

即齐次线性方程组 $A\boldsymbol{x}=\boldsymbol{0}$ 有非零解，故 $r(A)<s$.

反之，若 $r(A)<s$，则齐次线性方程组 $A_{m\times s}\boldsymbol{x}=\boldsymbol{0}$ 有非零解，取它的一个非零解 $\boldsymbol{x}_0$，则 $A_{m\times s}\boldsymbol{x}_0=\boldsymbol{0}$. 此等式两边左乘$(\boldsymbol{\alpha}_1,\boldsymbol{\alpha}_2,\cdots,\boldsymbol{\alpha}_m)$，得

$$(\boldsymbol{\alpha}_1,\boldsymbol{\alpha}_2,\cdots,\boldsymbol{\alpha}_m)A_{m\times s}\boldsymbol{x}_0=\boldsymbol{0}.$$

从而

$$(\boldsymbol{\beta}_1,\boldsymbol{\beta}_2,\cdots,\boldsymbol{\beta}_s)\boldsymbol{x}_0=\boldsymbol{0},$$

故 $\boldsymbol{\beta}_1,\boldsymbol{\beta}_2,\cdots,\boldsymbol{\beta}_s$ 线性相关.

对于 $\boldsymbol{\beta}_1,\boldsymbol{\beta}_2,\cdots,\boldsymbol{\beta}_s$ 线性无关的充分必要条件为 $r(A)=s$ 的证明只需用反证法，利用上面的证明即可得到. 读者可自行试之. □

由此，再重新看一看例 3.7，由于 $\boldsymbol{\alpha},\boldsymbol{\beta},\boldsymbol{\gamma}$ 线性无关，而 $\boldsymbol{\xi},\boldsymbol{\eta},\boldsymbol{\zeta}$ 可由 $\boldsymbol{\beta},\boldsymbol{\alpha},\boldsymbol{\gamma}$ 线性表示，表示系数所组成的矩阵为

$$A=\begin{pmatrix}1&1&1\\0&1&-1\\0&0&-1\end{pmatrix}.$$

显然 $r(A)=3$，所以 $\boldsymbol{\xi},\boldsymbol{\eta},\boldsymbol{\zeta}$ 线性无关.

3.3 向量组的秩

我们在 3.2 节看到，(3.6)式中的向量 $\boldsymbol{\alpha}_1=(1,2,-1)$，$\boldsymbol{\alpha}_2=(2,-3,1)$，$\boldsymbol{\alpha}_3=(4,1,-1)$线性相关，而向量 $\boldsymbol{\alpha}_1,\boldsymbol{\alpha}_2$ 线性无关，向量组中的任意向量都可以由 $\boldsymbol{\alpha}_1,\boldsymbol{\alpha}_2$ 线性表示，即

$$\boldsymbol{\alpha}_1=1\boldsymbol{\alpha}_1+0\boldsymbol{\alpha}_2,\quad \boldsymbol{\alpha}_2=0\boldsymbol{\alpha}_1+1\boldsymbol{\alpha}_2,\quad \boldsymbol{\alpha}_3=2\boldsymbol{\alpha}_1+\boldsymbol{\alpha}_2.$$

同样，$\boldsymbol{\alpha}_2,\boldsymbol{\alpha}_3$ 与 $\boldsymbol{\alpha}_1,\boldsymbol{\alpha}_3$ 也都具有这样的性质. 我们还看到，基本向量组 $\boldsymbol{\varepsilon}_1,\boldsymbol{\varepsilon}_2,\cdots,\boldsymbol{\varepsilon}_n$ 线性无关，任意的 n 维实向量都可以由基本向量组 $\boldsymbol{\varepsilon}_1,\boldsymbol{\varepsilon}_2,\cdots,\boldsymbol{\varepsilon}_n$ 线性表示. 因而使我们想到，对于一般的 n 维向量组，是否也能从中选出线性无关的部分向量组，使向量组的任意向量都可以由这个部分组的向量线性表示？为此讨论下面的概念与有关定理.

3.3.1 极大线性无关组

定义 3.7 设 $\boldsymbol{\alpha}_{i_1},\boldsymbol{\alpha}_{i_2},\cdots,\boldsymbol{\alpha}_{i_r}$ 是向量组 $\boldsymbol{\alpha}_1,\boldsymbol{\alpha}_2,\cdots,\boldsymbol{\alpha}_m$ 的部分向量组，它满足：

(1)$\boldsymbol{\alpha}_{i_1},\boldsymbol{\alpha}_{i_2},\cdots,\boldsymbol{\alpha}_{i_r}$线性无关;

(2)向量组$\boldsymbol{\alpha}_1,\boldsymbol{\alpha}_2,\cdots,\boldsymbol{\alpha}_m$的每一个向量都可由$\boldsymbol{\alpha}_{i_1},\boldsymbol{\alpha}_{i_2},\cdots,\boldsymbol{\alpha}_{i_r}$线性表示,

则称向量组$\boldsymbol{\alpha}_{i_1},\boldsymbol{\alpha}_{i_2},\cdots,\boldsymbol{\alpha}_{i_r}$是向量组$\boldsymbol{\alpha}_1,\boldsymbol{\alpha}_2,\cdots,\boldsymbol{\alpha}_m$的一个**极大线性无关组**,简称**极大无关组**.

由定义与命题3.3不难推出,关于向量组与它的极大无关组成立下述三个命题.

命题3.7　一个向量组若有极大线性无关组,则这个向量组与其极大线性无关组等价.

命题3.8　若向量组的极大线性无关组不唯一,则其任意两个极大线性无关组都等价.

命题3.9　向量组$\boldsymbol{\alpha}_1,\boldsymbol{\alpha}_2,\cdots,\boldsymbol{\alpha}_m$有极大线性无关组的充分必要条件是该向量组中至少有一个非零向量.

证　由于含零向量的向量组一定线性相关,命题的必要性显然.

充分性　设向量组$\boldsymbol{\alpha}_1,\boldsymbol{\alpha}_2,\cdots,\boldsymbol{\alpha}_m$中至少有一个非零向量,记作$\boldsymbol{\alpha}_{i_1}$,若$\boldsymbol{\alpha}_1,\boldsymbol{\alpha}_2,\cdots,\boldsymbol{\alpha}_m$中其余的向量中都可由$\boldsymbol{\alpha}_{i_1}$线性表示,则$\boldsymbol{\alpha}_{i_1}$就是向量组的极大无关组;若$\boldsymbol{\alpha}_1,\boldsymbol{\alpha}_2,\cdots,\boldsymbol{\alpha}_m$其余的向量中有向量不能由$\boldsymbol{\alpha}_{i_1}$线性表示的,从中选一个,记为$\boldsymbol{\alpha}_{i_2}$,则$\boldsymbol{\alpha}_{i_2}$与$\boldsymbol{\alpha}_{i_1}$线性无关.然后用同样的方法再选取$\boldsymbol{\alpha}_{i_3}$,使$\boldsymbol{\alpha}_{i_1},\boldsymbol{\alpha}_{i_2},\boldsymbol{\alpha}_{i_3}$线性无关.依次选下去,直至得到线性无关的向量组$\boldsymbol{\alpha}_{i_1},\boldsymbol{\alpha}_{i_2},\cdots,\boldsymbol{\alpha}_{i_r}$,且$\boldsymbol{\alpha}_1,\boldsymbol{\alpha}_2,\cdots,\boldsymbol{\alpha}_m$中剩余的向量都可由$\boldsymbol{\alpha}_{i_1},\boldsymbol{\alpha}_{i_2},\cdots,\boldsymbol{\alpha}_{i_r}$线性表示为止,则$\boldsymbol{\alpha}_{i_1},\boldsymbol{\alpha}_{i_2},\cdots,\boldsymbol{\alpha}_{i_r}$即为向量组$\boldsymbol{\alpha}_1,\boldsymbol{\alpha}_2,\cdots,\boldsymbol{\alpha}_m$的极大线性无关组.充分性得证. □

例如,本节开始提到的向量组$\boldsymbol{\alpha}_1=(1,2,-1),\boldsymbol{\alpha}_2=(2,-3,1),\boldsymbol{\alpha}_3=(4,1,-1)$中,$\boldsymbol{\alpha}_1,\boldsymbol{\alpha}_2$;$\boldsymbol{\alpha}_2,\boldsymbol{\alpha}_3$与$\boldsymbol{\alpha}_1,\boldsymbol{\alpha}_3$都是它的极大无关组.显然,向量组$\{\boldsymbol{\alpha}_1,\boldsymbol{\alpha}_2,\boldsymbol{\alpha}_3\}$与$\{\boldsymbol{\alpha}_1,\boldsymbol{\alpha}_2\}$等价,极大无关组$\{\boldsymbol{\alpha}_1,\boldsymbol{\alpha}_2\}$与$\{\boldsymbol{\alpha}_2,\boldsymbol{\alpha}_3\}$及$\{\boldsymbol{\alpha}_1,\boldsymbol{\alpha}_3\}$都等价.

由此可见,向量组的极大无关组可以不唯一.但是,向量组的各个极大无关组所含向量个数都相等.这个结果,对于一般的向量组也成立.我们先证明下述定理.

定理3.5　给定两个向量组

$$(\text{I})\quad \boldsymbol{\alpha}_1,\boldsymbol{\alpha}_2,\cdots,\boldsymbol{\alpha}_s,\qquad (\text{II})\quad \boldsymbol{\beta}_1,\boldsymbol{\beta}_2,\cdots,\boldsymbol{\beta}_t,$$

若向量组(Ⅰ)能被向量组(Ⅱ)线性表示,且$s>t$,则向量组(Ⅰ)中的向量线性相关.

证　只要证明存在不全为零的数$k_1,k_2,\cdots,k_s$使得$\sum\limits_{i=1}^{s}k_i\boldsymbol{\alpha}_i=\mathbf{0}$即可.由已知条件,设

$$\boldsymbol{\alpha}_i=\sum_{j=1}^{t}l_{ji}\boldsymbol{\beta}_j=l_{1i}\boldsymbol{\beta}_1+l_{2i}\boldsymbol{\beta}_2+\cdots+l_{ti}\boldsymbol{\beta}_t,\quad i=1,2,\cdots,s,$$

将这些向量视为列向量,即

$$\boldsymbol{\alpha}_i=(\boldsymbol{\beta}_1,\boldsymbol{\beta}_2,\cdots,\boldsymbol{\beta}_t)\begin{pmatrix}l_{1i}\\l_{2i}\\\vdots\\l_{ti}\end{pmatrix},\quad i=1,2,\cdots,s,$$

可将上述 s 个等式合并写成

$$(\boldsymbol{\alpha}_1,\boldsymbol{\alpha}_2,\cdots,\boldsymbol{\alpha}_s)=(\boldsymbol{\beta}_1,\boldsymbol{\beta}_2,\cdots,\boldsymbol{\beta}_t)\begin{pmatrix}l_{11}&l_{12}&\cdots&l_{1s}\\l_{21}&l_{22}&\cdots&l_{2s}\\\vdots&\vdots&&\vdots\\l_{t1}&l_{t2}&\cdots&l_{ts}\end{pmatrix},$$

记

$$C=\begin{pmatrix}l_{11}&l_{12}&\cdots&l_{1s}\\l_{21}&l_{22}&\cdots&l_{2s}\\\vdots&\vdots&&\vdots\\l_{t1}&l_{t2}&\cdots&l_{ts}\end{pmatrix}.$$

因为 $s>t$,故 $r(C)<s$,因而,齐次线性方程组

$$C\boldsymbol{x}=\boldsymbol{0}$$

有非零解,即存在不全为零的数 $k_1,k_2,\cdots,k_s$,使得

$$C\begin{pmatrix}k_1\\k_2\\\vdots\\k_s\end{pmatrix}=\boldsymbol{0}.$$

因而,

$$\sum_{i=1}^{s}k_i\boldsymbol{\alpha}_i=(\boldsymbol{\alpha}_1,\boldsymbol{\alpha}_2,\cdots,\boldsymbol{\alpha}_s)\begin{pmatrix}k_1\\k_2\\\vdots\\k_s\end{pmatrix}=(\boldsymbol{\beta}_1,\boldsymbol{\beta}_2,\cdots,\boldsymbol{\beta}_t)C\begin{pmatrix}k_1\\k_2\\\vdots\\k_s\end{pmatrix}=\boldsymbol{0},$$

即 $\boldsymbol{\alpha}_1,\boldsymbol{\alpha}_2,\cdots,\boldsymbol{\alpha}_s$ 线性相关. □

与定理 3.5 等价的命题是下面的推论 3.5.

推论 3.5 若向量 $\boldsymbol{\alpha}_1,\boldsymbol{\alpha}_2,\cdots,\boldsymbol{\alpha}_s$ 线性无关,且它们可由向量组 $\boldsymbol{\beta}_1,\boldsymbol{\beta}_2,\cdots,\boldsymbol{\beta}_t$ 线性表示,则 $s\leqslant t$.

定理 3.5 常被称为向量组的替换定理,由此定理不难得出如下推论.

推论 3.6 两个线性无关的等价的向量组必含有相同个数的向量.

推论 3.7 一个向量组若有两个极大线性无关组,则它们所含向量的个数相等.

上述两推论的证明留给读者.

3.3.2 向量组的秩

推论 3.7 表明,向量组的极大无关组所含向量个数与极大无关组的选择无关,它是由向量组本身所确定的.这是向量组的一个重要属性.类似于矩阵的秩,我们引入向量组的秩的概念.

定义 3.8 向量组 $\boldsymbol{\alpha}_1,\boldsymbol{\alpha}_2,\cdots,\boldsymbol{\alpha}_m$ 的极大线性无关组所含向量的个数称为**向量组的秩**,记作 $r(\boldsymbol{\alpha}_1,\boldsymbol{\alpha}_2,\cdots,\boldsymbol{\alpha}_m)$.

规定全由零向量组成的向量组的秩为零.

显然,$0\leqslant r(\boldsymbol{\alpha}_1,\boldsymbol{\alpha}_2,\cdots,\boldsymbol{\alpha}_m)\leqslant m$.

由定义,向量组 $\boldsymbol{\alpha}_1=(1,2,-1),\boldsymbol{\alpha}_2=(2,-3,1),\boldsymbol{\alpha}_3=(4,1,-1)$的秩为 2,即

$$r(\boldsymbol{\alpha}_1,\boldsymbol{\alpha}_2,\boldsymbol{\alpha}_3)=2.$$

显然,线性无关的向量组就是其自身的极大无关组,所以有下面的命题.

命题 3.10 向量组 $\boldsymbol{\alpha}_1,\boldsymbol{\alpha}_2,\cdots,\boldsymbol{\alpha}_m$ 线性无关(线性相关)的充分必要条件是 $r(\boldsymbol{\alpha}_1,\boldsymbol{\alpha}_2,\cdots,\boldsymbol{\alpha}_m)=m$. ($r(\alpha_1,\alpha_2,\cdots,\alpha_m)<m$.)

由等价的传递性可知,任意两个等价的向量组的极大无关组也等价.所以有:

命题 3.11 等价的向量组必有相同的秩.

例 3.10 证明向量组 $\boldsymbol{\alpha},\boldsymbol{\beta},\boldsymbol{\gamma}$ 线性无关的充分必要条件是向量组

$$\boldsymbol{\alpha}+\boldsymbol{\beta},\quad \boldsymbol{\beta}+\boldsymbol{\gamma},\quad \boldsymbol{\gamma}+\boldsymbol{\alpha}$$

线性无关.

证 设

$$\begin{cases}\boldsymbol{\xi}=\boldsymbol{\alpha}+\boldsymbol{\beta},\\ \boldsymbol{\eta}=\boldsymbol{\beta}+\boldsymbol{\gamma},\\ \boldsymbol{\zeta}=\boldsymbol{\gamma}+\boldsymbol{\alpha},\end{cases}$$

则有

$$\begin{cases}\boldsymbol{\alpha}=\dfrac{1}{2}(\boldsymbol{\xi}-\boldsymbol{\eta}+\boldsymbol{\zeta}),\\ \boldsymbol{\beta}=\dfrac{1}{2}(\boldsymbol{\xi}+\boldsymbol{\eta}-\boldsymbol{\zeta}),\\ \boldsymbol{\gamma}=\dfrac{1}{2}(-\boldsymbol{\xi}+\boldsymbol{\eta}+\boldsymbol{\zeta}).\end{cases}$$

由定义 3.5,向量组 $\boldsymbol{\alpha},\boldsymbol{\beta},\boldsymbol{\gamma}$ 与 $\boldsymbol{\xi},\boldsymbol{\eta},\boldsymbol{\zeta}$ 等价,从而有相同的秩.所以

$$\begin{aligned}\boldsymbol{\alpha},\boldsymbol{\beta},\boldsymbol{\gamma}\text{ 线性无关 }&\Leftrightarrow r(\boldsymbol{\alpha},\boldsymbol{\beta},\boldsymbol{\gamma})=3\\ &\Leftrightarrow r(\boldsymbol{\xi},\boldsymbol{\eta},\boldsymbol{\zeta})=r(\boldsymbol{\alpha}+\boldsymbol{\beta},\boldsymbol{\beta}+\boldsymbol{\gamma},\boldsymbol{\gamma}+\boldsymbol{\alpha})=3\\ &\Leftrightarrow \boldsymbol{\alpha}+\boldsymbol{\beta},\boldsymbol{\beta}+\boldsymbol{\gamma},\boldsymbol{\gamma}+\boldsymbol{\alpha}\text{ 线性无关.}\end{aligned}$$

□

命题 3.12 如果一个向量组的秩为 $r(r>0)$,则向量组中任意 r 个线性无关

的向量都是它的一个极大无关组.

证 设向量组 $\boldsymbol{\alpha}_1,\boldsymbol{\alpha}_2,\cdots,\boldsymbol{\alpha}_m$ 的秩为 r，且 $\boldsymbol{\alpha}_{i_1},\boldsymbol{\alpha}_{i_2},\cdots,\boldsymbol{\alpha}_{i_r}$ 是 $\boldsymbol{\alpha}_1,\boldsymbol{\alpha}_2,\cdots,\boldsymbol{\alpha}_m$ 中 r 个线性无关的向量. 设 $\boldsymbol{\alpha}_k$ 是向量组中任一个向量，则

$$\boldsymbol{\alpha}_{i_1},\boldsymbol{\alpha}_{i_2},\cdots,\boldsymbol{\alpha}_{i_r},\boldsymbol{\alpha}_k$$

线性相关，否则与 $r(\boldsymbol{\alpha}_1,\boldsymbol{\alpha}_2,\cdots,\boldsymbol{\alpha}_m)=r$ 相矛盾. 由定理 3.4，$\boldsymbol{\alpha}_k$ 可由 $\boldsymbol{\alpha}_{i_1},\boldsymbol{\alpha}_{i_2},\cdots,\boldsymbol{\alpha}_{i_r}$ 线性表示. 由定义，$\boldsymbol{\alpha}_{i_1},\boldsymbol{\alpha}_{i_2},\cdots,\boldsymbol{\alpha}_{i_r}$ 为向量组的一个极大无关组. □

命题 3.13 设向量组 $\boldsymbol{\alpha}_1,\boldsymbol{\alpha}_2,\cdots,\boldsymbol{\alpha}_s$ 可由向量组 $\boldsymbol{\beta}_1,\boldsymbol{\beta}_2,\cdots,\boldsymbol{\beta}_t$ 线性表示，则

$$r(\boldsymbol{\alpha}_1,\boldsymbol{\alpha}_2,\cdots,\boldsymbol{\alpha}_s)\leqslant r(\boldsymbol{\beta}_1,\boldsymbol{\beta}_2,\cdots,\boldsymbol{\beta}_t).$$

证 设向量组 $\boldsymbol{\alpha}_1,\boldsymbol{\alpha}_2,\cdots,\boldsymbol{\alpha}_s$ 与向量组 $\boldsymbol{\beta}_1,\boldsymbol{\beta}_2,\cdots,\boldsymbol{\beta}_t$ 的极大无关组分别为 $\boldsymbol{\alpha}_{i_1}$，$\boldsymbol{\alpha}_{i_2},\cdots,\boldsymbol{\alpha}_{i_r}$ 与 $\boldsymbol{\beta}_{j_1},\boldsymbol{\beta}_{j_2},\cdots,\boldsymbol{\beta}_{j_k}$，则

$$\boldsymbol{\alpha}_{i_1},\boldsymbol{\alpha}_{i_2},\cdots,\boldsymbol{\alpha}_{i_r}\text{ 与 }\boldsymbol{\alpha}_1,\boldsymbol{\alpha}_2,\cdots,\boldsymbol{\alpha}_s\text{ 等价},$$
$$\boldsymbol{\beta}_{j_1},\boldsymbol{\beta}_{j_2},\cdots,\boldsymbol{\beta}_{j_k}\text{ 与 }\boldsymbol{\beta}_1,\boldsymbol{\beta}_2,\cdots,\boldsymbol{\beta}_t\text{ 等价}.$$

因此，$\boldsymbol{\alpha}_{i_1},\boldsymbol{\alpha}_{i_2},\cdots,\boldsymbol{\alpha}_{i_r}$ 可由 $\boldsymbol{\beta}_{j_1},\boldsymbol{\beta}_{j_2},\cdots,\boldsymbol{\beta}_{j_k}$ 线性表示，由推论 3.5，$r\leqslant k$，即

$$r(\boldsymbol{\alpha}_1,\boldsymbol{\alpha}_2,\cdots,\boldsymbol{\alpha}_s)\leqslant r(\boldsymbol{\beta}_1,\boldsymbol{\beta}_2,\cdots,\boldsymbol{\beta}_t).$$ □

3.3.3 向量组的秩与矩阵的秩的关系

定理 3.6 设 A 是 $m\times n$ 矩阵，则 A 的列向量组 $\boldsymbol{\alpha}_1,\boldsymbol{\alpha}_2,\cdots,\boldsymbol{\alpha}_n$ 的秩等于矩阵 A 的秩.

证 我们分两步证明这个定理：

(1) 先证明，若矩阵 A 的秩为 r，则 A 中有 r 个线性无关的列向量.

设 $r(A)=r$，则 A 中必有一个 r 阶子式 $D\neq 0$. 设 D 位于 A 的第 $j_1,j_2,\cdots,j_r$ 列，且

$$j_1<j_2<\cdots<j_r.$$

由 A 的这 r 个列向量 $\boldsymbol{\alpha}_{j_1},\boldsymbol{\alpha}_{j_2},\cdots,\boldsymbol{\alpha}_{j_r}$ 构成的矩阵记为 A_1. 显然，$r(A_1)=r$. 由推论 3.2 知 $\boldsymbol{\alpha}_{j_1},\boldsymbol{\alpha}_{j_2},\cdots,\boldsymbol{\alpha}_{j_r}$ 线性无关.

(2) 再证明，A 中的任一列向量 $\boldsymbol{\alpha}_j$ 都可由(1)中的 r 个线性无关的列向量线性表示.

事实上，若 $\boldsymbol{\alpha}_j$ 是 $\boldsymbol{\alpha}_{j_1},\boldsymbol{\alpha}_{j_2},\cdots,\boldsymbol{\alpha}_{j_r}$ 中的某个向量，则显然 $\boldsymbol{\alpha}_j$ 可由 $\boldsymbol{\alpha}_{j_1},\boldsymbol{\alpha}_{j_2},\cdots,\boldsymbol{\alpha}_{j_r}$ 线性表示；若 $\boldsymbol{\alpha}_j$ 不在 $\boldsymbol{\alpha}_{j_1},\boldsymbol{\alpha}_{j_2},\cdots,\boldsymbol{\alpha}_{j_r}$ 中，不妨设 $j_1<j_2<\cdots<j_i<j<j_{i+1}<\cdots<j_r$，于是矩阵

$$A_2=(\boldsymbol{\alpha}_{j_1},\boldsymbol{\alpha}_{j_2},\cdots,\boldsymbol{\alpha}_{j_i},\boldsymbol{\alpha}_j,\boldsymbol{\alpha}_{j_{i+1}},\cdots,\boldsymbol{\alpha}_{j_r})$$

是矩阵 A 的子阵，故 $r(A_2)\leqslant r(A)=r<r+1$. 仍由推论 3.2 可知，$A_2$ 的列向量线性相关. 由定理 3.4，$\boldsymbol{\alpha}_j$ 可由 $\boldsymbol{\alpha}_{j_1},\boldsymbol{\alpha}_{j_2},\cdots,\boldsymbol{\alpha}_{j_r}$ 线性表示.

由(1)与(2)可见，

$$r(\boldsymbol{\alpha}_1,\boldsymbol{\alpha}_2,\cdots,\boldsymbol{\alpha}_n)=r(A).$$ □

矩阵 A 的列(行)向量组的秩简称 A 的**列(行)秩**. 由于 $r(A)=r(A^{\mathrm{T}})$，而 A 的行秩就是 A^{T} 的列秩，故也等于 A 的秩，所以

$$r(A)=A\text{ 的列秩}=A\text{ 的行秩}.$$

例 3.11　设有向量组

$$\boldsymbol{\alpha}_1=\begin{pmatrix}1\\-2\\1\end{pmatrix},\quad \boldsymbol{\alpha}_2=\begin{pmatrix}2\\-4\\2\end{pmatrix},\quad \boldsymbol{\alpha}_3=\begin{pmatrix}1\\0\\3\end{pmatrix},\quad \boldsymbol{\alpha}_4=\begin{pmatrix}0\\-4\\-4\end{pmatrix},$$

求该向量组的秩和它的一个极大无关组，并将其余向量用所求的极大无关组线性表示.

解　构造矩阵 $A=(\boldsymbol{\alpha}_1,\boldsymbol{\alpha}_2,\boldsymbol{\alpha}_3,\boldsymbol{\alpha}_4)$，对 A 作初等行变换，将其化为简化的阶梯形矩阵，即

$$A=\begin{pmatrix}1&2&1&0\\-2&-4&0&-4\\1&2&3&-4\end{pmatrix}\xrightarrow{\text{初等行变换}}\begin{pmatrix}1&2&0&2\\0&0&1&-2\\0&0&0&0\end{pmatrix}=B.$$

显然，$r(A)=r(B)=2$，即 $r(\boldsymbol{\alpha}_1,\boldsymbol{\alpha}_2,\boldsymbol{\alpha}_3,\boldsymbol{\alpha}_4)=2$. 把上面最后一个矩阵 B 记作 $B=(\boldsymbol{\beta}_1,\boldsymbol{\beta}_2,\boldsymbol{\beta}_3,\boldsymbol{\beta}_4)$. 易见 $\boldsymbol{\beta}_1,\boldsymbol{\beta}_3$ 是 B 的列向量组的一个极大线性无关组，它可以看作是矩阵 $A_1=(\boldsymbol{\alpha}_1,\boldsymbol{\alpha}_3)$经初等行变换得到的，所以 $\boldsymbol{\alpha}_1,\boldsymbol{\alpha}_3$ 是 A 的列向量组的一个极大线性无关组.

令 $\boldsymbol{\alpha}_2=k_1\boldsymbol{\alpha}_1+k_3\boldsymbol{\alpha}_3,\boldsymbol{\alpha}_4=l_1\boldsymbol{\alpha}_1+l_3\boldsymbol{\alpha}_3$，利用简化的阶梯形矩阵 B 求解这两个线性方程组，易得

$$k_1=2,k_3=0;\quad l_1=2,l_3=-2.$$

所以

$$\boldsymbol{\alpha}_2=2\boldsymbol{\alpha}_1,\quad \boldsymbol{\alpha}_4=2\boldsymbol{\alpha}_1-2\boldsymbol{\alpha}_3.$$ □

值得注意的是 $\boldsymbol{\alpha}_2$ 用 $\boldsymbol{\alpha}_1,\boldsymbol{\alpha}_3$ 的表示系数 2,0 与 $\boldsymbol{\alpha}_4$ 用 $\boldsymbol{\alpha}_1,\boldsymbol{\alpha}_3$ 的表示系数 2,−2 恰是简化的阶梯形矩阵 B 第二列与第四列的前两个元素. 这不是偶然的. 因为解线性方程组 $\boldsymbol{\alpha}_2=k_1\boldsymbol{\alpha}_1+k_3\boldsymbol{\alpha}_3$ 等价于解线性方程组 $\boldsymbol{\beta}_2=k_1\boldsymbol{\beta}_1+k_3\boldsymbol{\beta}_3$. 解后面的线性方程组，相当于解以矩阵 B 的第一列与第三列为系数矩阵，以第二列为常数项的线性方程组. 由于矩阵 B 为简化的阶梯形矩阵，去掉它的零行，与第一列与第三列对应的是单位矩阵，因而第二列的前两个元素即为方程组的解. 同理，容易从矩阵 B 得到线性方程组 $\boldsymbol{\alpha}_4=l_1\boldsymbol{\alpha}_1+l_3\boldsymbol{\alpha}_3$ 的解.

如果只需求向量组的秩和极大无关组，那么，只要用初等行变换将 A 化为一般的阶梯形矩阵即可.

从本例的解法可见，对矩阵作初等行变换不改变它的列向量之间的线性关系. 同样，对矩阵作初等列变换也不改变它的行向量之间的线性关系.

命题 3.14 设 $\boldsymbol{\alpha}_1,\boldsymbol{\alpha}_2,\cdots,\boldsymbol{\alpha}_m$ 线性无关，$\boldsymbol{\beta}_j=\sum\limits_{i=1}^{m}a_{ij}\boldsymbol{\alpha}_i$，$j=1,2,\cdots,s$，令 $A=(a_{ij})_{m\times s}$，则 $r(\boldsymbol{\beta}_1,\boldsymbol{\beta}_2,\cdots,\boldsymbol{\beta}_s)=r(A)$.

证 若 $\boldsymbol{\beta}_1,\boldsymbol{\beta}_2,\cdots,\boldsymbol{\beta}_s$ 全为零向量，则 $A=O$，显然 $r(\boldsymbol{\beta}_1,\boldsymbol{\beta}_2,\cdots,\boldsymbol{\beta}_s)=r(A)=0$.

下面设 $\boldsymbol{\beta}_1,\boldsymbol{\beta}_2,\cdots,\boldsymbol{\beta}_s$ 不全为零向量，因此，$A\neq O$，设 $r(A)=r>0$，则 A 的列秩也为 r. 记 $A=(\boldsymbol{\gamma}_1,\boldsymbol{\gamma}_2,\cdots,\boldsymbol{\gamma}_r,\boldsymbol{\gamma}_{r+1},\cdots,\boldsymbol{\gamma}_s)$，不失一般性，设 A 的前 r 个列 $\boldsymbol{\gamma}_1,\boldsymbol{\gamma}_2,\cdots,\boldsymbol{\gamma}_r$ 线性无关，且

$$\boldsymbol{\gamma}_k=l_{1k}\boldsymbol{\gamma}_1+l_{2k}\boldsymbol{\gamma}_2+\cdots+l_{rk}\boldsymbol{\gamma}_r,\quad k=r+1,r+2,\cdots,s. \tag{3.15}$$

记 $A_1=(\boldsymbol{\gamma}_1,\boldsymbol{\gamma}_2,\cdots,\boldsymbol{\gamma}_r)$，$r(A_1)=r$，则由 $\boldsymbol{\beta}_j=\sum\limits_{i=1}^{m}a_{ij}\boldsymbol{\alpha}_i$，$j=1,2,\cdots,s$，可得

$$(\boldsymbol{\beta}_1,\boldsymbol{\beta}_2,\cdots,\boldsymbol{\beta}_s)=(\boldsymbol{\alpha}_1,\boldsymbol{\alpha}_2,\cdots,\boldsymbol{\alpha}_m)A, \tag{3.16}$$

$$(\boldsymbol{\beta}_1,\boldsymbol{\beta}_2,\cdots,\boldsymbol{\beta}_r)=(\boldsymbol{\alpha}_1,\boldsymbol{\alpha}_2,\cdots,\boldsymbol{\alpha}_m)A_1. \tag{3.17}$$

若 r 个数 $c_1,c_2,\cdots,c_r$ 使

$$c_1\boldsymbol{\beta}_1+c_2\boldsymbol{\beta}_2+\cdots+c_r\boldsymbol{\beta}_r=\mathbf{0},$$

即

$$(\boldsymbol{\beta}_1,\boldsymbol{\beta}_2,\cdots,\boldsymbol{\beta}_r)\begin{pmatrix}c_1\\c_2\\\vdots\\c_r\end{pmatrix}=\mathbf{0}.$$

将(3.17)式代入上式得

$$(\boldsymbol{\alpha}_1,\boldsymbol{\alpha}_2,\cdots,\boldsymbol{\alpha}_m)A_1\begin{pmatrix}c_1\\c_2\\\vdots\\c_r\end{pmatrix}=\mathbf{0},$$

由于 $\boldsymbol{\alpha}_1,\boldsymbol{\alpha}_2,\cdots,\boldsymbol{\alpha}_m$ 线性无关，故

$$A_1\begin{pmatrix}c_1\\c_2\\\vdots\\c_r\end{pmatrix}=\mathbf{0}. \tag{3.18}$$

由 $r(A_1)=r$，所以齐次线性方程组(3.18)有唯一的零解：$c_1=c_2=\cdots=c_r=0$，即 $\boldsymbol{\beta}_1,\boldsymbol{\beta}_2,\cdots,\boldsymbol{\beta}_r$ 线性无关.

由(3.16)，(3.17)与(3.15)式得

$$\boldsymbol{\beta}_k=(\boldsymbol{\alpha}_1,\boldsymbol{\alpha}_2,\cdots,\boldsymbol{\alpha}_m)\begin{pmatrix}a_{1k}\\a_{2k}\\\vdots\\a_{mk}\end{pmatrix}=(\boldsymbol{\alpha}_1,\boldsymbol{\alpha}_2,\cdots,\boldsymbol{\alpha}_m)A_1\begin{pmatrix}l_{1k}\\l_{2k}\\\vdots\\l_{rk}\end{pmatrix}$$

$$=(\boldsymbol{\beta}_1,\boldsymbol{\beta}_2,\cdots,\boldsymbol{\beta}_r)\begin{pmatrix}l_{1k}\\l_{2k}\\\vdots\\l_{rk}\end{pmatrix},\quad k=r+1,r+2,\cdots,s.$$

即向量组$\boldsymbol{\beta}_1,\boldsymbol{\beta}_2,\cdots,\boldsymbol{\beta}_s$的其余列都可由$\boldsymbol{\beta}_1,\boldsymbol{\beta}_2,\cdots,\boldsymbol{\beta}_r$线性表示. 故$\boldsymbol{\beta}_1,\boldsymbol{\beta}_2,\cdots,\boldsymbol{\beta}_r$是向量组$\boldsymbol{\beta}_1,\boldsymbol{\beta}_2,\cdots,\boldsymbol{\beta}_s$的极大线性无关组,即$r(\boldsymbol{\beta}_1,\boldsymbol{\beta}_2,\cdots,\boldsymbol{\beta}_s)=r(A)$. □

命题 3.14 及其证明说明：

(1) 若向量组$\boldsymbol{\alpha}_1,\boldsymbol{\alpha}_2,\cdots,\boldsymbol{\alpha}_m$线性无关,而向量组$\boldsymbol{\beta}_1,\boldsymbol{\beta}_2,\cdots,\boldsymbol{\beta}_s$可由$\boldsymbol{\alpha}_1,\boldsymbol{\alpha}_2,\cdots,\boldsymbol{\alpha}_m$线性表示,表示系数构成的矩阵 A 的秩就是向量组$\boldsymbol{\beta}_1,\boldsymbol{\beta}_2,\cdots,\boldsymbol{\beta}_s$的秩；

(2) 若 A 的列向量组的极大线性无关组为$\boldsymbol{\gamma}_{k_1},\boldsymbol{\gamma}_{k_2},\cdots,\boldsymbol{\gamma}_{k_r}$,对应地$\boldsymbol{\beta}_{k_1},\boldsymbol{\beta}_{k_2},\cdots,\boldsymbol{\beta}_{k_r}$就是向量组$\boldsymbol{\beta}_1,\boldsymbol{\beta}_2,\cdots,\boldsymbol{\beta}_s$的极大线性无关组；

(3) A 的第 k 列$\boldsymbol{\gamma}_k$由$\boldsymbol{\gamma}_{k_1},\boldsymbol{\gamma}_{k_2},\cdots,\boldsymbol{\gamma}_{k_r}$线性表示的表示系数就是$\boldsymbol{\beta}_k$由$\boldsymbol{\beta}_{k_1},\boldsymbol{\beta}_{k_2},\cdots,\boldsymbol{\beta}_{k_r}$线性表示的表示系数.

另外,也可由向量组的秩和极大线性无关组讨论矩阵的秩.

例 3.12　设 A,B 均为 $m\times n$ 矩阵,证明

$$r(A+B)\leqslant r(A)+r(B).$$

证　设 $A=(\boldsymbol{\alpha}_1,\boldsymbol{\alpha}_2,\cdots,\boldsymbol{\alpha}_n)$与 $B=(\boldsymbol{\beta}_1,\boldsymbol{\beta}_2,\cdots,\boldsymbol{\beta}_n)$,则

$$A+B=(\boldsymbol{\alpha}_1+\boldsymbol{\beta}_1,\boldsymbol{\alpha}_2+\boldsymbol{\beta}_2,\cdots,\boldsymbol{\alpha}_n+\boldsymbol{\beta}_n).$$

再设 A 与 B 的列向量组的极大线性无关组分别为

$$\boldsymbol{\alpha}_{i_1},\boldsymbol{\alpha}_{i_2},\cdots,\boldsymbol{\alpha}_{i_s}\quad 与\quad \boldsymbol{\beta}_{j_1},\boldsymbol{\beta}_{j_2},\cdots,\boldsymbol{\beta}_{j_t},$$

则矩阵 A 与 B 的列向量分别可由$\boldsymbol{\alpha}_{i_1},\boldsymbol{\alpha}_{i_2},\cdots,\boldsymbol{\alpha}_{i_s}$与$\boldsymbol{\beta}_{j_1},\boldsymbol{\beta}_{j_2},\cdots,\boldsymbol{\beta}_{j_t}$线性表示,即

$$\boldsymbol{\alpha}_p=k_1\boldsymbol{\alpha}_{i_1}+k_2\boldsymbol{\alpha}_{i_2}+\cdots+k_s\boldsymbol{\alpha}_{i_s},$$

$$\boldsymbol{\beta}_p=l_1\boldsymbol{\beta}_{j_1}+l_2\boldsymbol{\beta}_{j_2}+\cdots+l_t\boldsymbol{\beta}_{j_t}.$$

因而

$$\boldsymbol{\alpha}_p+\boldsymbol{\beta}_p=k_1\boldsymbol{\alpha}_{i_1}+k_2\boldsymbol{\alpha}_{i_2}+\cdots+k_s\boldsymbol{\alpha}_{i_s}+l_1\boldsymbol{\beta}_{j_1}+l_2\boldsymbol{\beta}_{j_2}+\cdots+l_t\boldsymbol{\beta}_{j_t},$$

$$p=1,2,\cdots,n,$$

即矩阵 $A+B$ 的列向量组可由矩阵 $C=(\boldsymbol{\alpha}_{i_1},\boldsymbol{\alpha}_{i_2},\cdots,\boldsymbol{\alpha}_{i_s},\boldsymbol{\beta}_{j_1},\boldsymbol{\beta}_{j_2},\cdots,\boldsymbol{\beta}_{j_t})$的列向量组线性表示,由命题 3.13 得

$$r(A+B)\leqslant r(C)\leqslant s+t=r(A)+r(B).$$ □

类似地可以证明,

$$\max\{r(A),r(B)\}\leqslant r(A\quad B)\leqslant r(A)+r(B),$$

其中 A 为 $m\times p$ 矩阵,B 为 $m\times q$ 矩阵,$(A\quad B)$为 $m\times(p+q)$矩阵.

例 3.13　证明

$$r(AB)\leqslant\min\{r(A),r(B)\},$$

其中 A 为 $m\times p$ 矩阵,B 为 $p\times n$ 矩阵.

证 设

$$A=(a_{ij})_{m\times p}=(\boldsymbol{\alpha}_1,\boldsymbol{\alpha}_2,\cdots,\boldsymbol{\alpha}_p),\qquad B=(b_{ij})_{p\times n},$$

则

$$AB=(\boldsymbol{\alpha}_1,\boldsymbol{\alpha}_2,\cdots,\boldsymbol{\alpha}_p)B=(\boldsymbol{\alpha}_1,\boldsymbol{\alpha}_2,\cdots,\boldsymbol{\alpha}_p)\begin{pmatrix} b_{11} & b_{12} & \cdots & b_{1n} \\ b_{21} & b_{22} & \cdots & b_{2n} \\ \vdots & \vdots & & \vdots \\ b_{p1} & b_{p2} & \cdots & b_{pn} \end{pmatrix}.$$

如果记 AB 的列向量为 $\boldsymbol{\gamma}_1,\boldsymbol{\gamma}_2,\cdots,\boldsymbol{\gamma}_n$，则上式说明，$\boldsymbol{\gamma}_1,\boldsymbol{\gamma}_2,\cdots,\boldsymbol{\gamma}_n$ 可由 $\boldsymbol{\alpha}_1,\boldsymbol{\alpha}_2,\cdots,\boldsymbol{\alpha}_p$ 线性表示

$$\boldsymbol{\gamma}_k=b_{1k}\boldsymbol{\alpha}_1+b_{2k}\boldsymbol{\alpha}_2+\cdots+b_{pk}\boldsymbol{\alpha}_p,\quad k=1,2,\cdots,n.$$

由命题 3.13，

$$r(AB)=r(\boldsymbol{\gamma}_1,\boldsymbol{\gamma}_2,\cdots,\boldsymbol{\gamma}_n)\leqslant r(\boldsymbol{\alpha}_1,\boldsymbol{\alpha}_2,\cdots,\boldsymbol{\alpha}_p)=r(A).$$

又因为 $(AB)^{\mathrm{T}}=B^{\mathrm{T}}A^{\mathrm{T}}$，由上面讨论知

$$r(B^{\mathrm{T}}A^{\mathrm{T}})\leqslant r(B^{\mathrm{T}}).$$

而 $r(B)=r(B^{\mathrm{T}})$，$r(AB)=r(B^{\mathrm{T}}A^{\mathrm{T}})$，故

$$r(AB)\leqslant r(B).$$

因而

$$r(AB)\leqslant \min\{r(A),r(B)\}.$$

□

3.4 齐次线性方程组

由 2.7 节与向量组线性关系的讨论，我们已经知道：

齐次线性方程组 $A\boldsymbol{x}=\boldsymbol{0}$ 有非零解 $\Leftrightarrow$ $r(A)<n$ $\Leftrightarrow$ A 的列向量线性相关.

本节要讨论的问题是：当齐次线性方程组有非零解时，解的结构如何？怎样求出它的所有的解？

3.4.1 齐次线性方程组解的性质

命题 3.15 设有齐次线性方程组

$$A\boldsymbol{x}=\boldsymbol{0}, \tag{3.19}$$

其中 $A=(a_{ij})_{m\times n}$，$\boldsymbol{x}=\begin{pmatrix} x_1 \\ x_2 \\ \vdots \\ x_n \end{pmatrix}$. 设 $\boldsymbol{\eta}_1,\boldsymbol{\eta}_2,\cdots,\boldsymbol{\eta}_s$ 是(3.19)的 s 个解向量，则它们的线性组合 $\sum\limits_{i=1}^{s}k_i\boldsymbol{\eta}_i$ 仍是齐次线性方程组 $A\boldsymbol{x}=\boldsymbol{0}$ 的解向量，其中 $k_1,k_2,\cdots,k_s$ 为任意常

数.

由上述性质可知，当齐次线性方程组有非零解时，则它必有无穷多个解. 然而，齐次线性方程组(3.19)的解向量是 n 维向量，由推论 3.4 可知，(3.19)的线性无关的解向量的个数不可能多于 n. 因而使我们想到，是否存在一个与(3.19)的全体解向量等价的线性无关的向量组，使得(3.19)的任何一个解向量都能由它们线性表示?

当齐次线性方程组(3.19)有非零解时，这样一组解向量必定存在. 为此，我们引入齐次线性方程组的基础解系的概念.

3.4.2 基础解系的存在性与求法

定义 3.9 设 $\boldsymbol{\eta}_1,\boldsymbol{\eta}_2,\cdots,\boldsymbol{\eta}_p$ 是齐次线性方程组 $A\boldsymbol{x}=\boldsymbol{0}$ 的一组解向量，如果：

(1) $\boldsymbol{\eta}_1,\boldsymbol{\eta}_2,\cdots,\boldsymbol{\eta}_p$ 线性无关；

(2) 齐次线性方程组 $A\boldsymbol{x}=\boldsymbol{0}$ 的任意一个解向量都可由 $\boldsymbol{\eta}_1,\boldsymbol{\eta}_2,\cdots,\boldsymbol{\eta}_p$ 线性表示，

则称 $\boldsymbol{\eta}_1,\boldsymbol{\eta}_2,\cdots,\boldsymbol{\eta}_p$ 是齐次线性方程组 $A\boldsymbol{x}=\boldsymbol{0}$ 的一个**基础解系**.

定理 3.7 设 A 是 $m\times n$ 矩阵，若 $r(A)=r<n$，则齐次线性方程组 $A\boldsymbol{x}=\boldsymbol{0}$ 存在一个由 $n-r$ 个线性无关的解向量 $\boldsymbol{\eta}_1,\boldsymbol{\eta}_2,\cdots,\boldsymbol{\eta}_{n-r}$ 构成的基础解系，它们的线性组合

$$\tilde{\boldsymbol{\eta}}=k_1\boldsymbol{\eta}_1+k_2\boldsymbol{\eta}_2+\cdots+k_{n-r}\boldsymbol{\eta}_{n-r}, \tag{3.20}$$

其中 $k_1,k_2,\cdots,k_{n-r}$ 为任意常数，给出了齐次线性方程组 $A\boldsymbol{x}=\boldsymbol{0}$ 的所有解.

证 (1) 先证存在 $n-r$ 个线性无关的解向量.

由高斯消元法，对矩阵 A 作初等行变换，将它化为简化的阶梯形矩阵 R. 不失一般性，可设

$$R=\begin{pmatrix} 1 & 0 & \cdots & 0 & c_{1,r+1} & \cdots & c_{1n} \\ 0 & 1 & \cdots & 0 & c_{2,r+1} & \cdots & c_{2n} \\ \vdots & \vdots & & \vdots & \vdots & & \vdots \\ 0 & 0 & \cdots & 1 & c_{r,r+1} & \cdots & c_{rn} \\ 0 & 0 & \cdots & 0 & 0 & \cdots & 0 \\ \vdots & \vdots & & \vdots & \vdots & & \vdots \\ 0 & 0 & \cdots & 0 & 0 & \cdots & 0 \end{pmatrix},$$

则原方程组与阶梯形方程组 $R\boldsymbol{x}=\boldsymbol{0}$ 同解，即

$$\begin{cases} x_1 \qquad\qquad + c_{1,r+1}x_{r+1}+\cdots+c_{1n}x_n=0, \\ \quad x_2 \qquad\quad + c_{2,r+1}x_{r+1}+\cdots+c_{2n}x_n=0, \\ \qquad \cdots\cdots\cdots\cdots \\ \qquad\qquad x_r+c_{r,r+1}x_{r+1}+\cdots+c_{rn}x_n=0 \end{cases} \tag{3.21}$$

是 $Ax=\mathbf{0}$ 的同解方程组. 取 $x_{r+1},x_{r+2},\cdots,x_n$ 为自由未知量,将它们分别代以下面的$n-r$组数:

$$\begin{pmatrix} x_{r+1} \\ x_{r+2} \\ \vdots \\ x_n \end{pmatrix} = \begin{pmatrix} 1 \\ 0 \\ \vdots \\ 0 \end{pmatrix}, \begin{pmatrix} 0 \\ 1 \\ \vdots \\ 0 \end{pmatrix}, \cdots, \begin{pmatrix} 0 \\ 0 \\ \vdots \\ 1 \end{pmatrix},$$

可得方程组 $Rx=\mathbf{0}$ 的 $n-r$ 个解向量

$$\boldsymbol{\eta}_1 = \begin{pmatrix} d_{11} \\ d_{21} \\ \vdots \\ d_{r1} \\ 1 \\ 0 \\ \vdots \\ 0 \end{pmatrix}, \boldsymbol{\eta}_2 = \begin{pmatrix} d_{12} \\ d_{22} \\ \vdots \\ d_{r2} \\ 0 \\ 1 \\ \vdots \\ 0 \end{pmatrix}, \cdots, \boldsymbol{\eta}_{n-r} = \begin{pmatrix} d_{1,n-r} \\ d_{2,n-r} \\ \vdots \\ d_{r,n-r} \\ 0 \\ 0 \\ \vdots \\ 1 \end{pmatrix}.$$

不难看出,$\boldsymbol{\eta}_1,\boldsymbol{\eta}_2,\cdots,\boldsymbol{\eta}_{n-r}$的截短向量组

$$\begin{pmatrix} 1 \\ 0 \\ \vdots \\ 0 \end{pmatrix}, \begin{pmatrix} 0 \\ 1 \\ \vdots \\ 0 \end{pmatrix}, \cdots, \begin{pmatrix} 0 \\ 0 \\ \vdots \\ 1 \end{pmatrix}$$

线性无关,由命题 3.5 知,$\boldsymbol{\eta}_1,\boldsymbol{\eta}_2,\cdots,\boldsymbol{\eta}_{n-r}$也线性无关.

(2) 再证 $Ax=\mathbf{0}$ 的任一解向量都可由 $\boldsymbol{\eta}_1,\boldsymbol{\eta}_2,\cdots,\boldsymbol{\eta}_{n-r}$线性表示.

设

$$\boldsymbol{\eta} = (d_1,d_2,\cdots,d_r,k_1,k_2,\cdots,k_{n-r})^{\mathrm{T}}$$

是方程组 $Ax=\mathbf{0}$ 的一个解向量,由齐次线性方程组解的性质可知,

$$\tilde{\boldsymbol{\eta}} = k_1\boldsymbol{\eta}_1 + k_2\boldsymbol{\eta}_2 + \cdots + k_{n-r}\boldsymbol{\eta}_{n-r}$$

也是 $Ax=\mathbf{0}$ 的一个解向量. 所以

$$\boldsymbol{\eta}-\tilde{\boldsymbol{\eta}} = \begin{pmatrix} d_1 \\ \vdots \\ d_r \\ k_1 \\ k_2 \\ \vdots \\ k_{n-r} \end{pmatrix} - k_1\begin{pmatrix} d_{11} \\ \vdots \\ d_{r1} \\ 1 \\ 0 \\ \vdots \\ 0 \end{pmatrix} - k_2\begin{pmatrix} d_{12} \\ \vdots \\ d_{r2} \\ 0 \\ 1 \\ \vdots \\ 0 \end{pmatrix} - \cdots - k_{n-r}\begin{pmatrix} d_{1,n-r} \\ \vdots \\ d_{r,n-r} \\ 0 \\ 0 \\ \vdots \\ 1 \end{pmatrix} \xlongequal{\text{记为}} \begin{pmatrix} l_1 \\ \vdots \\ l_r \\ 0 \\ 0 \\ \vdots \\ 0 \end{pmatrix}$$

仍是 $Ax=\mathbf{0}$ 的一个解向量. 将它代入同解的阶梯形方程组(3.21)中得

$$l_k = 0,\quad k = 1,2,\cdots,r,$$

从而 $\boldsymbol{\eta}-\tilde{\boldsymbol{\eta}}=\mathbf{0}$. 即

$$\boldsymbol{\eta} = \tilde{\boldsymbol{\eta}} = k_1\boldsymbol{\eta}_1 + k_2\boldsymbol{\eta}_2 + \cdots + k_{n-r}\boldsymbol{\eta}_{n-r},$$

即齐次线性方程组(3.19)的任一个解都可由 $\boldsymbol{\eta}_1,\boldsymbol{\eta}_2,\cdots,\boldsymbol{\eta}_{n-r}$ 线性表示.

由此，$\boldsymbol{\eta}_1,\boldsymbol{\eta}_2,\cdots,\boldsymbol{\eta}_{n-r}$ 是齐次线性方程组 $A\boldsymbol{x}=\mathbf{0}$ 的基础解系. □

可以证明，如果齐次线性方程组(3.19)中，$r(A)=r$，则它的任意 $n-r$ 个线性无关的解都是它的一个基础解系.

形如(3.20)的解称为齐次线性方程组 $A\boldsymbol{x}=\mathbf{0}$ 的**通解**(也称**一般解**).

定理的证明过程也给出了求齐次线性方程组基础解系的一个具体方法. 需要指出的是，自由未知量的取值是自由的，故不是唯一的，而自由未知量的选取也不是唯一的. 事实上，在方程组 $R\boldsymbol{x}=\mathbf{0}$ 中，任何 r 个未知量只要它们的系数行列式不为零，其余 $n-r$ 个未知量都可选作自由未知量. 因此方程组 $A\boldsymbol{x}=\mathbf{0}$ 的基础解系不是唯一的. 但它的任何两个基础解系是等价的，它们所含解向量的个数是唯一确定的，即含有 $n-r$ 个解向量. 因而，用不同的基础解系，或者不同的自由未知量所表达的齐次线性方程组的解集是相同的.

由定理 3.7 还可看出齐次线性方程组解的结构的一个重要特点：

系数矩阵的秩 + 基础解系含解向量的个数 = 未知量的个数.

例 3.14　求齐次线性方程组

$$\begin{cases}3x_1+5x_2+6x_3-4x_4=0,\\ x_1+2x_2+4x_3-3x_4=0,\\ 4x_1+5x_2-2x_3+3x_4=0,\\ 3x_1+8x_2+24x_3-19x_4=0\end{cases}$$

的基础解系与通解.

解　首先将系数矩阵化成简化阶梯形矩阵，

$$A=\begin{pmatrix}3&5&6&-4\\1&2&4&-3\\4&5&-2&3\\3&8&24&-19\end{pmatrix}\longrightarrow\begin{pmatrix}1&2&4&-3\\0&1&6&-5\\0&0&0&0\\0&0&0&0\end{pmatrix}\longrightarrow\begin{pmatrix}1&0&-8&7\\0&1&6&-5\\0&0&0&0\\0&0&0&0\end{pmatrix}.$$

选 x_3,x_4 为自由未知量，分别取 $x_3=1,x_4=0$ 和 $x_3=0,x_4=1$，得基础解系

$$\boldsymbol{\eta}_1=\begin{pmatrix}8\\-6\\1\\0\end{pmatrix},\quad \boldsymbol{\eta}_2=\begin{pmatrix}-7\\5\\0\\1\end{pmatrix}.$$

于是原方程组的通解为 $\boldsymbol{x}=k_1\boldsymbol{\eta}_1+k_2\boldsymbol{\eta}_2$，即

$$\boldsymbol{x}=\begin{pmatrix}x_1\\x_2\\x_3\\x_4\end{pmatrix}=k_1\begin{pmatrix}8\\-6\\1\\0\end{pmatrix}+k_2\begin{pmatrix}-7\\5\\0\\1\end{pmatrix},\quad k_1,k_2\text{ 为任意常数.}$$ □

例 3.15 设齐次线性方程组

$$(\text{Ⅰ})\begin{cases}x_1+x_2=0,\\x_2-x_4=0,\end{cases}\quad(\text{Ⅱ})\begin{cases}x_1-x_2+x_3=0,\\x_2-x_3+x_4=0.\end{cases}$$

(1) 求方程组(Ⅰ)的基础解系；

(2) 求方程组(Ⅰ)和(Ⅱ)的公共解.

解 (1) 记方程组(Ⅰ)为 $A\boldsymbol{x}=\boldsymbol{0}$,

$$A=\begin{pmatrix}1&1&0&0\\0&1&0&-1\end{pmatrix}\xrightarrow{\text{初等行变换}}\begin{pmatrix}1&0&0&1\\0&1&0&-1\end{pmatrix}.$$

(Ⅰ)的基础解系为

$$\boldsymbol{\xi}_1=\begin{pmatrix}0\\0\\1\\0\end{pmatrix},\quad\boldsymbol{\xi}_2=\begin{pmatrix}-1\\1\\0\\1\end{pmatrix}.$$

(2) 由(1)得方程组(Ⅰ)的通解为

$$\boldsymbol{\xi}=a\begin{pmatrix}0\\0\\1\\0\end{pmatrix}+b\begin{pmatrix}-1\\1\\0\\1\end{pmatrix}=\begin{pmatrix}-b\\b\\a\\b\end{pmatrix},\quad a,b\text{ 为任意常数.}$$

将此解代入方程组(Ⅱ),得

$$\begin{cases}-b-b+a=0,\\b-a+b=0,\end{cases}$$

解得 $a=2b$,故(Ⅰ)和(Ⅱ)的公共解为

$$\boldsymbol{x}=\begin{pmatrix}x_1\\x_2\\x_3\\x_4\end{pmatrix}=b\begin{pmatrix}-1\\1\\2\\1\end{pmatrix},\quad b\text{ 为任意常数.}$$ □

求公共解还可用其他方法,例如：

(1)联立方程组(Ⅰ)和(Ⅱ)得 $C\boldsymbol{x}=\boldsymbol{0}$,其通解就是方程组(Ⅰ)和(Ⅱ)的公共解,其中 $C=\begin{bmatrix}A\\B\end{bmatrix}$,$A$,$B$ 分别为方程组(Ⅰ)和(Ⅱ)的系数矩阵.

(2) 分别求出线性方程组(Ⅰ)和(Ⅱ)的通解,设为 $k_1\boldsymbol{\xi}_1+k_2\boldsymbol{\xi}_2$ 和 $l_1\boldsymbol{\eta}_1+l_2\boldsymbol{\eta}_2$,

找出它们的公共解. 也就是求满足线性方程组 $k_1\boldsymbol{\xi}_1+k_2\boldsymbol{\xi}_2-l_1\boldsymbol{\eta}_1-l_2\boldsymbol{\eta}_2=\mathbf{0}$ 的解 k_1,k_2(或 l_1,l_2).

例 3.16　设 A,B 分别是 $m\times n$ 和 $n\times p$ 矩阵,且 $AB=O$,证明

$$r(A)+r(B)\leqslant n.$$

证　将 B 按列分块为 $B=(\boldsymbol{\beta}_1,\boldsymbol{\beta}_2,\cdots,\boldsymbol{\beta}_p)$,由

$$AB=A(\boldsymbol{\beta}_1,\boldsymbol{\beta}_2,\cdots,\boldsymbol{\beta}_p)=(A\boldsymbol{\beta}_1,A\boldsymbol{\beta}_2,\cdots,A\boldsymbol{\beta}_p)=O$$

得

$$A\boldsymbol{\beta}_j=\mathbf{0}\ ,\quad j=1,2,\cdots,p,$$

即 B 的每个列向量都是齐次线性方程组 $A\boldsymbol{x}=\mathbf{0}$ 的解向量.

(1) 若 $B=O$,则显然有 $r(A)+r(B)\leqslant n$.

(2) 若 $B\neq O$,则说明 $A\boldsymbol{x}=\mathbf{0}$ 有非零解,从而有基础解系 $\boldsymbol{\eta}_1,\boldsymbol{\eta}_2,\cdots,\boldsymbol{\eta}_{n-r}$,其中 $r=r(A)$. 因而 B 的列向量 $\boldsymbol{\beta}_1,\boldsymbol{\beta}_2,\cdots,\boldsymbol{\beta}_p$ 都可由 $\boldsymbol{\eta}_1,\boldsymbol{\eta}_2,\cdots,\boldsymbol{\eta}_{n-r}$ 线性表示. 由命题 3.13 可知

$$r(B)=r(\boldsymbol{\beta}_1,\boldsymbol{\beta}_2,\cdots,\boldsymbol{\beta}_p)\leqslant r(\boldsymbol{\eta}_1,\boldsymbol{\eta}_2,\cdots,\boldsymbol{\eta}_{n-r})=n-r(A).$$

综合(1),(2)有

$$r(A)+r(B)\leqslant n.$$ □

3.5　非齐次线性方程组

设有非齐次线性方程组

$$\begin{cases}a_{11}x_1+a_{12}x_2+\cdots+a_{1n}x_n=b_1,\\a_{21}x_1+a_{22}x_2+\cdots+a_{2n}x_n=b_2,\\\quad\cdots\cdots\cdots\cdots\\a_{m1}x_1+a_{m2}x_2+\cdots+a_{mn}x_n=b_m,\end{cases}\tag{3.22}$$

其中 $b_1,b_2,\cdots,b_m$ 不全为零. 其矩阵形式为

$$A\boldsymbol{x}=\boldsymbol{\beta},$$

其向量形式为

$$x_1\boldsymbol{\alpha}_1+x_2\boldsymbol{\alpha}_2+\cdots+x_n\boldsymbol{\alpha}_n=\boldsymbol{\beta},$$

其中

$$A=(a_{ij})_{m\times n}=(\boldsymbol{\alpha}_1,\boldsymbol{\alpha}_2,\cdots,\boldsymbol{\alpha}_n),$$

$$\boldsymbol{\alpha}_j=\begin{pmatrix}a_{1j}\\a_{2j}\\\vdots\\a_{mj}\end{pmatrix},j=1,2,\cdots,n,\quad \boldsymbol{x}=\begin{pmatrix}x_1\\x_2\\\vdots\\x_n\end{pmatrix},\quad \boldsymbol{\beta}=\begin{pmatrix}b_1\\b_2\\\vdots\\b_m\end{pmatrix}.$$

本节要讨论的问题是:非齐次线性方程组(3.22)解的性质及方程组有解时如何求

出它的所有的解.

我们已经知道，

非齐次线性方程组(3.22)有解

$\Leftrightarrow$向量$\boldsymbol{\beta}$可由A的列向量$\boldsymbol{\alpha}_1,\boldsymbol{\alpha}_2,\cdots,\boldsymbol{\alpha}_n$线性表示

$\Leftrightarrow\boldsymbol{\alpha}_1,\boldsymbol{\alpha}_2,\cdots,\boldsymbol{\alpha}_n$与$\boldsymbol{\alpha}_1,\boldsymbol{\alpha}_2,\cdots,\boldsymbol{\alpha}_n,\boldsymbol{\beta}$是等价向量组

$\Leftrightarrow r(\boldsymbol{\alpha}_1,\boldsymbol{\alpha}_2,\cdots,\boldsymbol{\alpha}_n)=r(\boldsymbol{\alpha}_1,\boldsymbol{\alpha}_2,\cdots,\boldsymbol{\alpha}_n,\boldsymbol{\beta})$

$\Leftrightarrow r(A)=r(A,\boldsymbol{\beta})$.

对于每一个非齐次线性方程组(3.22)，令它的常数项为零，则可得到一个齐次线性方程组

$$\begin{cases}a_{11}x_1+a_{12}x_2+\cdots+a_{1n}x_n=0,\\ a_{21}x_1+a_{22}x_2+\cdots+a_{2n}x_n=0,\\ \cdots\cdots\cdots\cdots\\ a_{m1}x_1+a_{m2}x_2+\cdots+a_{mn}x_n=0.\end{cases}\tag{3.23}$$

称(3.23)为非齐次线性方程组(3.22)**对应的齐次线性方程组**，也称(3.23)为(3.22)的**导出组**.

3.5.1 非齐次线性方程组解的性质

关于非齐次线性方程组$A\boldsymbol{x}=\boldsymbol{\beta}$的解有下述命题.

命题 3.16 (1) 若$\boldsymbol{\gamma}_1,\boldsymbol{\gamma}_2$是$A\boldsymbol{x}=\boldsymbol{\beta}$的任意两个解向量，则$\boldsymbol{\gamma}_1-\boldsymbol{\gamma}_2$是对应的齐次线性方程组$A\boldsymbol{x}=\boldsymbol{0}$的解向量.

(2) 设$\boldsymbol{\gamma}_0$是$A\boldsymbol{x}=\boldsymbol{\beta}$的一个解向量，$\boldsymbol{\eta}$是对应的齐次线性方程组$A\boldsymbol{x}=\boldsymbol{0}$的任一解向量，则$\boldsymbol{\gamma}_0+\boldsymbol{\eta}$仍是$A\boldsymbol{x}=\boldsymbol{\beta}$的一个解向量.

(3) $A\boldsymbol{x}=\boldsymbol{\beta}$的任一解向量$\boldsymbol{\gamma}$都可表示成

$$\boldsymbol{\gamma}=\boldsymbol{\gamma}_0+\boldsymbol{\eta},$$

其中$\boldsymbol{\gamma}_0$是$A\boldsymbol{x}=\boldsymbol{\beta}$的某个解向量，$\boldsymbol{\eta}$是对应的齐次线性方程组的某个解向量.

证 事实上，

$$A(\boldsymbol{\gamma}_1-\boldsymbol{\gamma}_2)=A\boldsymbol{\gamma}_1-A\boldsymbol{\gamma}_2=\boldsymbol{\beta}-\boldsymbol{\beta}=\boldsymbol{0},$$
$$A(\boldsymbol{\gamma}_0+\boldsymbol{\eta})=A\boldsymbol{\gamma}_0+A\boldsymbol{\eta}=\boldsymbol{\beta}+\boldsymbol{0}=\boldsymbol{\beta},$$

因而(1)，(2)得证.

由于$\boldsymbol{\gamma}=\boldsymbol{\gamma}_0+(\boldsymbol{\gamma}-\boldsymbol{\gamma}_0)$，由(1)知，$\boldsymbol{\gamma}-\boldsymbol{\gamma}_0$是对应的齐次线性方程组的解向量，记其为$\boldsymbol{\eta}=\boldsymbol{\gamma}-\boldsymbol{\gamma}_0$，(3)即得证. □

3.5.2 非齐次线性方程组解的结构

既然$A\boldsymbol{x}=\boldsymbol{\beta}$的任一解向量都可表示成$\boldsymbol{\gamma}_0+\boldsymbol{\eta}$的形式，而且，形如$\boldsymbol{\gamma}_0+\boldsymbol{\eta}$的向

量必为 $\boldsymbol{A}\boldsymbol{x}=\boldsymbol{\beta}$ 的解向量，因此当 $\boldsymbol{\eta}$ 取遍对应的齐次线性方程组的所有解时，$\boldsymbol{\gamma}_0+\boldsymbol{\eta}$ 就取遍了方程组 $A\boldsymbol{x}=\boldsymbol{\beta}$ 的所有解. 于是有下述定理.

定理 3.8 若非齐次线性方程组(3.22)满足 $r(A)=r(A,\boldsymbol{\beta})=r$，$\boldsymbol{\eta}_1,\boldsymbol{\eta}_2,\cdots,\boldsymbol{\eta}_{n-r}$ 是对应的齐次线性方程组 $A\boldsymbol{x}=\boldsymbol{0}$ 的基础解系，$\boldsymbol{\gamma}_0$ 是 $A\boldsymbol{x}=\boldsymbol{\beta}$ 的某个解，则

$$\boldsymbol{x}=\boldsymbol{\gamma}_0+k_1\boldsymbol{\eta}_1+k_2\boldsymbol{\eta}_2+\cdots+k_{n-r}\boldsymbol{\eta}_{n-r} \tag{3.24}$$

给出了 $A\boldsymbol{x}=\boldsymbol{\beta}$ 的所有解，其中 $k_1,k_2,\cdots,k_{n-r}$ 是任意常数.

称 $\boldsymbol{\gamma}_0$ 为(3.22)的一个**特解**，称(3.24)为 $A\boldsymbol{x}=\boldsymbol{\beta}$ 的**通解**.

可见非齐次线性方程组通解的结构为

非齐次线性方程组的通解＝非齐次线性方程组的特解＋对应的齐次线性方程组的通解.

例 3.17 求非齐次线性方程组

$$\begin{cases} x_1+x_2+2x_3+x_4+2x_5=7, \\ x_1+2x_2+3x_3+4x_4+5x_5=15, \\ 2x_1+3x_2+5x_3+5x_4+7x_5=22 \end{cases}$$

的通解.

解 用初等行变换将其增广矩阵 $\widetilde{A}=(A,\boldsymbol{\beta})$ 化为简化的阶梯形矩阵，

$$(A,\boldsymbol{\beta})\longrightarrow\left(\begin{array}{ccccc:c} 1 & 0 & 1 & -2 & -1 & -1 \\ 0 & 1 & 1 & 3 & 3 & 8 \\ 0 & 0 & 0 & 0 & 0 & 0 \end{array}\right),$$

取 x_3,x_4,x_5 为自由未知量.

令 $x_3=x_4=x_5=0$，得特解

$$\boldsymbol{\gamma}_0=\begin{pmatrix} -1 \\ 8 \\ 0 \\ 0 \\ 0 \end{pmatrix}.$$

分别取 $\begin{pmatrix} x_3 \\ x_4 \\ x_5 \end{pmatrix}$ 为 $\begin{pmatrix} 1 \\ 0 \\ 0 \end{pmatrix},\begin{pmatrix} 0 \\ 1 \\ 0 \end{pmatrix},\begin{pmatrix} 0 \\ 0 \\ 1 \end{pmatrix}$，得出对应的齐次线性方程组的基础解系

$$\boldsymbol{\eta}_1=\begin{pmatrix} -1 \\ -1 \\ 1 \\ 0 \\ 0 \end{pmatrix},\quad \boldsymbol{\eta}_2=\begin{pmatrix} 2 \\ -3 \\ 0 \\ 1 \\ 0 \end{pmatrix},\quad \boldsymbol{\eta}_3=\begin{pmatrix} 1 \\ -3 \\ 0 \\ 0 \\ 1 \end{pmatrix}.$$

于是，原方程组的通解为

$$\boldsymbol{x}=\boldsymbol{\gamma}_0+k_1\boldsymbol{\eta}_1+k_2\boldsymbol{\eta}_2+k_3\boldsymbol{\eta}_3=\begin{pmatrix}-1\\8\\0\\0\\0\end{pmatrix}+k_1\begin{pmatrix}-1\\-1\\1\\0\\0\end{pmatrix}+k_2\begin{pmatrix}2\\-3\\0\\1\\0\end{pmatrix}+k_3\begin{pmatrix}1\\-3\\0\\0\\1\end{pmatrix},$$

其中 k_1,k_2,k_3 是任意常数. □

例 3.18 已知 $\boldsymbol{\gamma}_1,\boldsymbol{\gamma}_2,\boldsymbol{\gamma}_3$ 是三元非齐次线性方程组 $A\boldsymbol{x}=\boldsymbol{\beta}$ 的解，$r(A)=1$，且

$$\boldsymbol{\gamma}_1+\boldsymbol{\gamma}_2=\begin{pmatrix}1\\0\\0\end{pmatrix},\quad \boldsymbol{\gamma}_2+\boldsymbol{\gamma}_3=\begin{pmatrix}1\\1\\0\end{pmatrix},\quad \boldsymbol{\gamma}_1+\boldsymbol{\gamma}_3=\begin{pmatrix}1\\1\\1\end{pmatrix},$$

求方程组 $A\boldsymbol{x}=\boldsymbol{\beta}$ 的通解.

解 令

$$\boldsymbol{\eta}_1=(\boldsymbol{\gamma}_2+\boldsymbol{\gamma}_3)-(\boldsymbol{\gamma}_1+\boldsymbol{\gamma}_2)=\begin{pmatrix}0\\1\\0\end{pmatrix},$$

$$\boldsymbol{\eta}_2=(\boldsymbol{\gamma}_1+\boldsymbol{\gamma}_3)-(\boldsymbol{\gamma}_2+\boldsymbol{\gamma}_3)=\begin{pmatrix}0\\0\\1\end{pmatrix},$$

由非齐次线性方程组解的性质与解的结构可知，$\boldsymbol{\eta}_1,\boldsymbol{\eta}_2$ 是对应的齐次线性方程组的基础解系，$\frac{1}{2}(\boldsymbol{\gamma}_1+\boldsymbol{\gamma}_2)=\begin{pmatrix}\frac{1}{2}\\0\\0\end{pmatrix}$ 是非齐次线性方程组的一个特解. 因而，原方程组的通解为

$$\boldsymbol{x}=\frac{1}{2}(\boldsymbol{\gamma}_1+\boldsymbol{\gamma}_2)+k_1\boldsymbol{\eta}_1+k_2\boldsymbol{\eta}_2=\begin{pmatrix}\frac{1}{2}\\0\\0\end{pmatrix}+k_1\begin{pmatrix}0\\1\\0\end{pmatrix}+k_2\begin{pmatrix}0\\0\\1\end{pmatrix},$$

其中 k_1,k_2 是任意常数. □

习 题 三

(一)

1. 设 $5(\boldsymbol{\alpha}-\boldsymbol{\beta})+4(\boldsymbol{\beta}-\boldsymbol{\gamma})=2(\boldsymbol{\alpha}+\boldsymbol{\gamma})$，求向量 $\boldsymbol{\gamma}$. 其中

$$\boldsymbol{\alpha}=\begin{pmatrix}3\\-1\\0\\1\end{pmatrix},\quad \boldsymbol{\beta}=\begin{pmatrix}1\\-1\\3\\2\end{pmatrix}.$$

2. 把向量 $\boldsymbol{\beta}$ 表示成向量 $\boldsymbol{\alpha}_1,\boldsymbol{\alpha}_2,\boldsymbol{\alpha}_3$ 的线性组合，其中

$$\boldsymbol{\beta}=\begin{pmatrix}1\\2\\3\end{pmatrix},\quad \boldsymbol{\alpha}_1=\begin{pmatrix}1\\0\\1\end{pmatrix},\quad \boldsymbol{\alpha}_2=\begin{pmatrix}1\\1\\0\end{pmatrix},\quad \boldsymbol{\alpha}_3=\begin{pmatrix}1\\1\\1\end{pmatrix}.$$

3. 找出下面的四个向量中哪个向量不能由其余三个向量线性表示？

$$\boldsymbol{\alpha}_1=\begin{pmatrix}1\\1\\1\\1\end{pmatrix},\quad \boldsymbol{\alpha}_2=\begin{pmatrix}0\\5\\2\\1\end{pmatrix},\quad \boldsymbol{\alpha}_3=\begin{pmatrix}1\\-1\\0\\0\end{pmatrix},\quad \boldsymbol{\alpha}_4=\begin{pmatrix}2\\-3\\0\\1\end{pmatrix}.$$

4. 设向量组

$$\boldsymbol{\beta}=\begin{pmatrix}1\\2\\-2\\1\end{pmatrix},\quad \boldsymbol{\alpha}_1=\begin{pmatrix}1\\0\\1\\0\end{pmatrix},\quad \boldsymbol{\alpha}_2=\begin{pmatrix}3\\-1\\2\\1\end{pmatrix},\quad \boldsymbol{\alpha}_3=\begin{pmatrix}1\\a\\b\\0\end{pmatrix}.$$

问：

(1) a,b 取何值时，向量 $\boldsymbol{\beta}$ 是向量 $\boldsymbol{\alpha}_1,\boldsymbol{\alpha}_2,\boldsymbol{\alpha}_3$ 的线性组合，并写出 $a=1,b=\frac{1}{3}$ 时 $\boldsymbol{\beta}$ 的表达式；

(2) a,b 取何值时，向量 $\boldsymbol{\beta}$ 不能由向量 $\boldsymbol{\alpha}_1,\boldsymbol{\alpha}_2,\boldsymbol{\alpha}_3$ 线性表示.

5. 设有向量组

$$\boldsymbol{\alpha}_1=\begin{pmatrix}1\\0\\2\\3\end{pmatrix},\quad \boldsymbol{\alpha}_2=\begin{pmatrix}1\\1\\3\\5\end{pmatrix},\quad \boldsymbol{\alpha}_3=\begin{pmatrix}1\\-1\\a+2\\1\end{pmatrix},\quad \boldsymbol{\alpha}_4=\begin{pmatrix}1\\2\\4\\a+8\end{pmatrix},\quad \boldsymbol{\beta}=\begin{pmatrix}1\\1\\b+3\\5\end{pmatrix}.$$

讨论：(1) a,b 为何值时，$\boldsymbol{\beta}$ 不能由 $\boldsymbol{\alpha}_1,\boldsymbol{\alpha}_2,\boldsymbol{\alpha}_3,\boldsymbol{\alpha}_4$ 线性表示？

(2) a,b 为何值时，$\boldsymbol{\beta}$ 可由 $\boldsymbol{\alpha}_1,\boldsymbol{\alpha}_2,\boldsymbol{\alpha}_3,\boldsymbol{\alpha}_4$ 线性表示，且表示式唯一？写出该表示式.

(3) a,b 为何值时，$\boldsymbol{\beta}$ 可由 $\boldsymbol{\alpha}_1,\boldsymbol{\alpha}_2,\boldsymbol{\alpha}_3,\boldsymbol{\alpha}_4$ 线性表示，但表示式不唯一？并写出所有的表示式.

6. 判断下列向量组的线性相关性：

(1) $\boldsymbol{\alpha}=\begin{pmatrix}2\\4\end{pmatrix},\boldsymbol{\beta}=\begin{pmatrix}1\\0\end{pmatrix},\boldsymbol{\gamma}=\begin{pmatrix}1\\-1\end{pmatrix}$；　(2) $\boldsymbol{\alpha}=\begin{pmatrix}2\\2\\1\end{pmatrix},\boldsymbol{\beta}=\begin{pmatrix}1\\2\\-1\end{pmatrix},\boldsymbol{\gamma}=\begin{pmatrix}1\\0\\2\end{pmatrix}$；

(3) $\boldsymbol{\alpha}=\begin{pmatrix}2\\1\\-1\end{pmatrix},\boldsymbol{\beta}=\begin{pmatrix}1\\-1\\1\end{pmatrix},\boldsymbol{\gamma}=\begin{pmatrix}-1\\1\\2\end{pmatrix}$；　(4) $\boldsymbol{\alpha}=\begin{pmatrix}1\\1\\1\\1\end{pmatrix},\boldsymbol{\beta}=\begin{pmatrix}1\\1\\-1\\-1\end{pmatrix},\boldsymbol{\gamma}=\begin{pmatrix}1\\-1\\1\\-1\end{pmatrix}$.

7. 讨论下列向量组的线性相关性：

(1) $\boldsymbol{\alpha}=\begin{pmatrix}1\\2\\3\\4\end{pmatrix},\boldsymbol{\beta}=\begin{pmatrix}2\\1\\-1\\1\end{pmatrix},\boldsymbol{\gamma}=\begin{pmatrix}-1\\k\\0\\2\end{pmatrix}$； (2) $\boldsymbol{\alpha}=\begin{pmatrix}2\\4\\k\\-2\end{pmatrix},\boldsymbol{\beta}=\begin{pmatrix}1\\2\\-3\\-1\end{pmatrix},\boldsymbol{\gamma}=\begin{pmatrix}4\\5\\-4\\3\end{pmatrix}$.

8. 判别以下命题是否正确：

(1)若存在一组全为零的数 $k_1,k_2,\cdots,k_m$，使向量组 $\boldsymbol{\alpha}_1,\boldsymbol{\alpha}_2,\cdots,\boldsymbol{\alpha}_m$ 的线性组合

$$k_1\boldsymbol{\alpha}_1+k_2\boldsymbol{\alpha}_2+\cdots+k_m\boldsymbol{\alpha}_m=\boldsymbol{0},$$

则 $\boldsymbol{\alpha}_1,\boldsymbol{\alpha}_2,\cdots,\boldsymbol{\alpha}_m$ 线性无关；

(2) 若存在一组不全为零的数 $k_1,k_2,\cdots,k_m$，使向量组 $\boldsymbol{\alpha}_1,\boldsymbol{\alpha}_2,\cdots,\boldsymbol{\alpha}_m$ 的线性组合

$$k_1\boldsymbol{\alpha}_1+k_2\boldsymbol{\alpha}_2+\cdots+k_m\boldsymbol{\alpha}_m\neq\boldsymbol{0},$$

则 $\boldsymbol{\alpha}_1,\boldsymbol{\alpha}_2,\cdots,\boldsymbol{\alpha}_m$ 线性无关；

(3) 若对任何一组不全为零的数 $k_1,k_2,\cdots,k_m$，都有

$$k_1\boldsymbol{\alpha}_1+k_2\boldsymbol{\alpha}_2+\cdots+k_m\boldsymbol{\alpha}_m\neq\boldsymbol{0},$$

则 $\boldsymbol{\alpha}_1,\boldsymbol{\alpha}_2,\cdots,\boldsymbol{\alpha}_m$ 线性无关；

(4) 向量组 $\boldsymbol{\alpha}_1,\boldsymbol{\alpha}_2,\cdots,\boldsymbol{\alpha}_m$ 中 $\boldsymbol{\alpha}_1$ 不能由 $\boldsymbol{\alpha}_2,\cdots,\boldsymbol{\alpha}_m$ 线性表示，则 $\boldsymbol{\alpha}_1,\boldsymbol{\alpha}_2,\cdots,\boldsymbol{\alpha}_m$ 线性无关；

(5) 向量组 $\boldsymbol{\alpha}_1,\boldsymbol{\alpha}_2,\cdots,\boldsymbol{\alpha}_m$ 线性相关，且 $\boldsymbol{\alpha}_1$ 不能由 $\boldsymbol{\alpha}_2,\cdots,\boldsymbol{\alpha}_m$ 线性表示，则$\boldsymbol{\alpha}_2,\cdots,\boldsymbol{\alpha}_m$ 线性相关；

(6) 向量组 $\boldsymbol{\alpha}_1,\boldsymbol{\alpha}_2,\cdots,\boldsymbol{\alpha}_m(m>2)$中任意两个向量都线性无关，则向量组 $\boldsymbol{\alpha}_1,\boldsymbol{\alpha}_2,\cdots,\boldsymbol{\alpha}_m$ 也线性无关.

9. 设向量组 $\boldsymbol{\alpha}_1,\boldsymbol{\alpha}_2,\cdots,\boldsymbol{\alpha}_s(s\geqslant 3)$线性无关，指出向量组

$$\boldsymbol{\alpha}_1+\boldsymbol{\alpha}_2,\boldsymbol{\alpha}_2+\boldsymbol{\alpha}_3,\cdots,\boldsymbol{\alpha}_s+\boldsymbol{\alpha}_1$$

的线性关系并说明理由.

10. 设向量 $\boldsymbol{\alpha},\boldsymbol{\beta},\boldsymbol{\gamma}$ 线性无关，问 l,m 满足什么条件时，向量组

$$l\boldsymbol{\beta}-\boldsymbol{\alpha},\quad m\boldsymbol{\gamma}-\boldsymbol{\beta},\quad \boldsymbol{\alpha}-\boldsymbol{\gamma}$$

也线性无关?

11. 设向量 $\boldsymbol{\alpha},\boldsymbol{\beta},\boldsymbol{\gamma}$ 线性无关，证明向量 $\boldsymbol{\alpha}-\boldsymbol{\beta},\boldsymbol{\beta}+\boldsymbol{\gamma},\boldsymbol{\gamma}-\boldsymbol{\alpha}$ 也线性无关.

12. 证明：向量组 $\boldsymbol{\alpha}_1,\boldsymbol{\alpha}_2,\cdots,\boldsymbol{\alpha}_s(s\geqslant 2)$线性无关的充分必要条件是 $\boldsymbol{\alpha}_1,\boldsymbol{\alpha}_2,\cdots,\boldsymbol{\alpha}_s$ 中任意 $k(1\leqslant k\leqslant s)$个向量都线性无关.

13. 证明：两个 n 维向量($n\geqslant 2$)线性相关的充分必要条件是这两个向量的对应分量成比例.

14. 设向量组 $\boldsymbol{\alpha}_1,\boldsymbol{\alpha}_2,\cdots,\boldsymbol{\alpha}_s$ 线性无关，证明：向量组

$$\boldsymbol{\alpha}_1,\boldsymbol{\alpha}_1+\boldsymbol{\alpha}_2,\boldsymbol{\alpha}_1+\boldsymbol{\alpha}_2+\boldsymbol{\alpha}_3,\cdots,\boldsymbol{\alpha}_1+\boldsymbol{\alpha}_2+\cdots+\boldsymbol{\alpha}_s$$

也线性无关.

15. 设 n 维基本向量组 $\boldsymbol{\varepsilon}_1,\boldsymbol{\varepsilon}_2,\cdots,\boldsymbol{\varepsilon}_n$ 可由 n 维向量组 $\boldsymbol{\alpha}_1,\boldsymbol{\alpha}_2,\cdots,\boldsymbol{\alpha}_n$ 线性表示，证明：$\boldsymbol{\alpha}_1,\boldsymbol{\alpha}_2,\cdots,\boldsymbol{\alpha}_n$ 线性无关.

16. 设 $\boldsymbol{\alpha}_1,\boldsymbol{\alpha}_2,\cdots,\boldsymbol{\alpha}_n$ 是 n 个 n 维向量，证明它们线性无关的充分必要条件是任一个 n 维向量都可被它们线性表示.

17. 设向量 $\boldsymbol{\alpha}_1,\boldsymbol{\alpha}_2,\cdots,\boldsymbol{\alpha}_s$ 线性无关，而向量 $\boldsymbol{\alpha}_1,\boldsymbol{\alpha}_2,\cdots,\boldsymbol{\alpha}_s,\boldsymbol{\beta},\boldsymbol{\gamma}$ 线性相关，且 $\boldsymbol{\beta}$ 与 $\boldsymbol{\gamma}$ 都不能由 $\boldsymbol{\alpha}_1,\boldsymbol{\alpha}_2,\cdots,\boldsymbol{\alpha}_s$ 线性表示. 证明：$\boldsymbol{\alpha}_1,\boldsymbol{\alpha}_2,\cdots,\boldsymbol{\alpha}_s,\boldsymbol{\beta}$ 与 $\boldsymbol{\alpha}_1,\boldsymbol{\alpha}_2,\cdots,\boldsymbol{\alpha}_s,\boldsymbol{\gamma}$ 等价.

18. 设向量 $\boldsymbol{\alpha}_1,\boldsymbol{\alpha}_2,\cdots,\boldsymbol{\alpha}_m$ 线性相关，但其中任意 $m-1$ 个向量都线性无关，证明：必存在 m 个全不为零的数 $k_1,k_2,\cdots,k_m$，使得

$$k_1\boldsymbol{\alpha}_1+k_2\boldsymbol{\alpha}_2+\cdots+k_m\boldsymbol{\alpha}_m=\mathbf{0}.$$

19. 求下列向量组的极大线性无关组与秩：

(1) $\boldsymbol{\alpha}_1=\begin{pmatrix}3\\-5\\2\\1\end{pmatrix},\boldsymbol{\alpha}_2=\begin{pmatrix}1\\1\\0\\-5\end{pmatrix},\boldsymbol{\alpha}_3=\begin{pmatrix}-1\\3\\1\\3\end{pmatrix},\boldsymbol{\alpha}_4=\begin{pmatrix}2\\-4\\-1\\-3\end{pmatrix}$；

(2) $\boldsymbol{\alpha}_1=\begin{pmatrix}2\\1\\3\\0\end{pmatrix},\boldsymbol{\alpha}_2=\begin{pmatrix}0\\2\\-1\\0\end{pmatrix},\boldsymbol{\alpha}_3=\begin{pmatrix}14\\7\\0\\3\end{pmatrix},\boldsymbol{\alpha}_4=\begin{pmatrix}4\\2\\-1\\1\end{pmatrix},\boldsymbol{\alpha}_5=\begin{pmatrix}6\\5\\1\\2\end{pmatrix}$.

20. 求下列向量组的秩及其一个极大线性无关组，并将其余向量用极大线性无关组线性表示：

(1) $\boldsymbol{\alpha}_1=\begin{pmatrix}2\\4\\2\end{pmatrix},\boldsymbol{\alpha}_2=\begin{pmatrix}1\\1\\0\end{pmatrix},\boldsymbol{\alpha}_3=\begin{pmatrix}2\\3\\1\end{pmatrix},\boldsymbol{\alpha}_4=\begin{pmatrix}3\\5\\2\end{pmatrix}$；

(2) $\boldsymbol{\alpha}_1=\begin{pmatrix}6\\4\\1\\-1\\2\end{pmatrix},\boldsymbol{\alpha}_2=\begin{pmatrix}1\\0\\2\\3\\-4\end{pmatrix},\boldsymbol{\alpha}_3=\begin{pmatrix}1\\4\\-9\\-16\\22\end{pmatrix},\boldsymbol{\alpha}_4=\begin{pmatrix}7\\1\\0\\-1\\3\end{pmatrix}$.

21. 设向量 $\boldsymbol{\alpha}=2\boldsymbol{\xi}-\boldsymbol{\eta},\boldsymbol{\beta}=\boldsymbol{\xi}+\boldsymbol{\eta},\boldsymbol{\gamma}=-\boldsymbol{\xi}+3\boldsymbol{\eta}$，试用不同的方法验证向量 $\boldsymbol{\alpha},\boldsymbol{\beta},\boldsymbol{\gamma}$ 线性相关.

22. 设向量组 $\boldsymbol{\alpha}_1,\boldsymbol{\alpha}_2,\cdots,\boldsymbol{\alpha}_s$ 的秩为 r，证明：其中任意选取 m 个向量所构成的向量组的秩 $\geqslant r+m-s$.

23. 设 A,B 均为 $m\times n$ 矩阵，$C=(A\quad B)$ 为 $m\times 2n$ 矩阵，证明

$$\max\{r(A),r(B)\}\leqslant r(C)\leqslant r(A)+r(B).$$

24. 用基础解系表示出下列方程组的全部解：

(1) $\begin{cases}2x-y+3z=0,\\x+3y+2z=0,\\3x-5y+4z=0,\\x+17y+4z=0;\end{cases}$

(2) $\begin{cases}x_1+x_2+x_3+x_4+x_5=0,\\3x_1+2x_2+x_3+x_4-3x_5=0,\\x_2+2x_3+2x_4+6x_5=0,\\5x_1+4x_2+3x_3+3x_4-x_5=0;\end{cases}$

(3) $\begin{cases}x_1+2x_2+4x_3-3x_4=1,\\3x_1+5x_2+6x_3-4x_4=2,\\4x_1+5x_2-2x_3+3x_4=1,\\3x_1+8x_2+24x_3-19x_4=5;\end{cases}$

(4) $\begin{cases}2x+y-z=1,\\3x-2y+z=4,\\x+4y-3z=7,\\x+2y+z=4;\end{cases}$

$$
(5)\begin{cases}x_1+3x_2+5x_3-4x_4=1,\\ x_1+3x_2+2x_3-2x_4+x_5=-1,\\ x_1-2x_2+x_3-x_4-x_5=3,\\ x_1-4x_2+x_3+x_4-x_5=3,\\ x_1+2x_2+x_3-x_4+x_5=-1.\end{cases}
$$

25. 已知矩阵

$$
\begin{pmatrix}1&-11&3&7\\-2&16&-4&-10\\1&-2&0&1\\0&-3&1&2\\0&0&0&0\end{pmatrix}
$$

的各个列向量都是齐次线性方程组

$$
\begin{cases}4x_1+3x_2+2x_3+2x_5=0,\\ x_1+x_2+x_3+x_4+x_5=0,\\ 2x_1+x_2-2x_4=0,\\ 3x_1+2x_2+x_3-x_4+x_5=0\end{cases}
$$

的解向量,问这四个解向量能否构成方程组的基础解系？是多了还是少了？多了如何去掉？少了如何补充？

26. 已知齐次线性方程组

$$
(\text{I})\begin{cases}x_1+x_2=0,\\ x_2-x_4=0,\end{cases}
$$

又已知齐次线性方程组(Ⅱ)的通解

$$
\boldsymbol{\eta}=c_1\begin{pmatrix}0\\1\\1\\0\end{pmatrix}+c_2\begin{pmatrix}-1\\2\\2\\1\end{pmatrix},\quad c_1,c_2\text{ 为任意常数}.
$$

(1) 求齐次线性方程组(Ⅰ)的基础解系；

(2) 线性方程组(Ⅰ)和(Ⅱ)是否有公共非零解？若有,求出所有公共非零解;若没有,则说明理由.

27. k 取何值时,下列方程组无解？有唯一解？或有无穷多组解？在有无穷多组解时,求出其全部解.

$$
(1)\begin{cases}kx+y+z=1,\\ x+ky+z=k,\\ x+y+kz=k^2;\end{cases}\qquad (2)\begin{cases}2x-y-z=2,\\ x-2y+z=k,\\ x+y-2z=k^2.\end{cases}
$$

28. 当 a,b 取何值时,下列线性方程组无解、有唯一解或无穷多组解？在有解时,求出其所有解.

$$
(1)\begin{cases}ax+y+z=4,\\ x+by+z=3,\\ x+2by+z=4;\end{cases}\qquad (2)\begin{cases}x_1+x_2+x_3+x_4=0,\\ x_2+2x_3+2x_4=1,\\ -x_2+(a-3)x_3-2x_4=b,\\ 3x_1+2x_2+x_3+ax_4=-1.\end{cases}
$$

29. 设线性方程组

$$\begin{cases} x_1 + a_1 x_2 + a_1^2 x_3 = a_1^3, \\ x_1 + a_2 x_2 + a_2^2 x_3 = a_2^3, \\ x_1 + a_3 x_2 + a_3^2 x_3 = a_3^3, \\ x_1 + a_4 x_2 + a_4^2 x_3 = a_4^3. \end{cases}$$

(1) 证明:若常数 a_1, a_2, a_3, a_4 互不相等,则此线性方程组无解;

(2) 若 $a_1 = a_3 = a, a_2 = a_4 = -a(a \neq 0)$,且

$$\boldsymbol{\eta}_1 = \begin{pmatrix} -1 \\ 1 \\ 1 \end{pmatrix}, \quad \boldsymbol{\eta}_2 = \begin{pmatrix} 1 \\ 1 \\ -1 \end{pmatrix}$$

是该线性方程组的两个解,试写出此线性方程组的通解.

30. 判别以下命题是否正确:

(1) 若 $\boldsymbol{\eta}_1, \boldsymbol{\eta}_2, \boldsymbol{\eta}_3$ 是方程组 $A\boldsymbol{x} = \boldsymbol{0}$ 的基础解系,则与 $\boldsymbol{\eta}_1, \boldsymbol{\eta}_2, \boldsymbol{\eta}_3$ 等价的向量组也为此方程组的基础解系;

(2) 若 A 是 $m \times n$ 矩阵,当 $m < n$ 时,方程组 $A\boldsymbol{x} = \boldsymbol{\beta}(\boldsymbol{\beta} \neq \boldsymbol{0})$ 必有无穷多解;

(3) 设 A 是 $m \times n$ 矩阵,$r(A) = n$,则方程组 $A\boldsymbol{x} = \boldsymbol{\beta}(\boldsymbol{\beta} \neq \boldsymbol{0})$ 必有唯一解;

(4) 设 A 是 $m \times n$ 矩阵,$r(A) = m$,则方程组 $A\boldsymbol{x} = \boldsymbol{\beta}$ 必有解;

(5) 若方程组 $A\boldsymbol{x} = \boldsymbol{0}$ 只有零解,则方程组 $A\boldsymbol{x} = \boldsymbol{\beta}(\boldsymbol{\beta} \neq \boldsymbol{0})$ 必有唯一解.

31. 设 A 是 n 阶方阵,若对于任意一个 n 维向量 $\boldsymbol{x} = (x_1, x_2, \cdots, x_n)^{\mathrm{T}}$ 都有 $A\boldsymbol{x} = \boldsymbol{0}$,则 $A = O$.

32. 设齐次线性方程组 $\sum_{j=1}^{n} a_{ij} x_j = 0, i = 1, 2, \cdots, n$ 的系数行列式 $|A| = 0$,其中 $A = (a_{ij})_{n \times n}$. 而 A 中某元素 a_{ij} 的代数余子式 $A_{ij} \neq 0$. 证明

$$(A_{i1}, A_{i2}, \cdots, A_{in})^{\mathrm{T}}$$

是该齐次线性方程组的一个基础解系.

33. 证明:非齐次线性方程组

$$\sum_{j=1}^{n} a_{ij} x_j = b_i, \quad i = 1, 2, \cdots, n$$

对任意常数 $b_1, b_2, \cdots, b_n$ 都有解的充分必要条件是其系数矩阵 $A = (a_{ij})_{n \times n}$ 的行列式不为零.

34. 设 $\boldsymbol{\xi}$ 是非齐次线性方程组 $A\boldsymbol{x} = \boldsymbol{\beta}(\boldsymbol{\beta} \neq \boldsymbol{0})$ 的一个解,$\boldsymbol{\eta}_1, \boldsymbol{\eta}_2, \cdots, \boldsymbol{\eta}_r$ 是其对应的齐次线性方程组 $A\boldsymbol{x} = \boldsymbol{0}$ 的一个基础解系,证明:

(1) $\boldsymbol{\eta}_1, \boldsymbol{\eta}_2, \cdots, \boldsymbol{\eta}_r, \boldsymbol{\xi}$ 线性无关;

(2) $\boldsymbol{\xi}, \boldsymbol{\eta}_1 + \boldsymbol{\xi}, \boldsymbol{\eta}_2 + \boldsymbol{\xi}, \cdots, \boldsymbol{\eta}_r + \boldsymbol{\xi}$ 线性无关;

(3) 方程组 $A\boldsymbol{x} = \boldsymbol{\beta}$ 的任一个解 $\boldsymbol{\gamma}$ 都可表示成

$$\boldsymbol{\gamma} = c_0 \boldsymbol{\xi} + c_1(\boldsymbol{\eta}_1 + \boldsymbol{\xi}) + c_2(\boldsymbol{\eta}_2 + \boldsymbol{\xi}) + \cdots + c_r(\boldsymbol{\eta}_r + \boldsymbol{\xi}),$$

其中 $c_0 + c_1 + \cdots + c_r = 1$.

35. 设 A^* 为 n 阶方阵 A 的伴随矩阵,$n \geqslant 2$. 证明:

$$r(A^*) = \begin{cases} n, & \text{当 } r(A) = n, \\ 1, & \text{当 } r(A) = n-1, \\ 0, & \text{当 } r(A) < n-1. \end{cases}$$

（二）

36. 设 $a_1, a_2, \cdots, a_s$ 是 s 个互不相同的数，且 $s<t$. 证明：向量组

$$\boldsymbol{\beta}_1, \boldsymbol{\beta}_2, \cdots, \boldsymbol{\beta}_s$$

线性无关，其中

$$\boldsymbol{\beta}_1 = \begin{pmatrix} 1 \\ a_1 \\ a_1^2 \\ \vdots \\ a_1^{t-1} \end{pmatrix}, \boldsymbol{\beta}_2 = \begin{pmatrix} 1 \\ a_2 \\ a_2^2 \\ \vdots \\ a_2^{t-1} \end{pmatrix}, \cdots, \boldsymbol{\beta}_s = \begin{pmatrix} 1 \\ a_s \\ a_s^2 \\ \vdots \\ a_s^{t-1} \end{pmatrix}.$$

37. 设向量组 $\boldsymbol{\alpha}_1, \boldsymbol{\alpha}_2, \cdots, \boldsymbol{\alpha}_s$ 线性相关，$\boldsymbol{\alpha}_1 \neq \mathbf{0}$，则必存在自然数 k, $2 \leqslant k \leqslant s$，使 $\boldsymbol{\alpha}_k$ 是 $\boldsymbol{\alpha}_1, \boldsymbol{\alpha}_2, \cdots, \boldsymbol{\alpha}_{k-1}$ 的线性组合.

38. 设 $r(\boldsymbol{\alpha}_1, \boldsymbol{\alpha}_2, \cdots, \boldsymbol{\alpha}_s) = r(\boldsymbol{\beta}_1, \boldsymbol{\beta}_2, \cdots, \boldsymbol{\beta}_t)$，且 $\boldsymbol{\alpha}_1, \boldsymbol{\alpha}_2, \cdots, \boldsymbol{\alpha}_s$ 可由 $\boldsymbol{\beta}_1, \boldsymbol{\beta}_2, \cdots, \boldsymbol{\beta}_t$ 线性表示，则向量组 $\boldsymbol{\alpha}_1, \boldsymbol{\alpha}_2, \cdots, \boldsymbol{\alpha}_s$ 与向量组 $\boldsymbol{\beta}_1, \boldsymbol{\beta}_2, \cdots, \boldsymbol{\beta}_t$ 等价.

39. 设向量 $\boldsymbol{\alpha}_1, \boldsymbol{\alpha}_2, \cdots, \boldsymbol{\alpha}_m$ 线性无关，向量 $\boldsymbol{\alpha}_1, \boldsymbol{\alpha}_2, \cdots, \boldsymbol{\alpha}_m, \boldsymbol{\beta}(\boldsymbol{\beta} \neq \mathbf{0})$ 线性相关，则 $\boldsymbol{\alpha}_1, \boldsymbol{\alpha}_2, \cdots, \boldsymbol{\alpha}_m$ 中至少有一个向量 $\boldsymbol{\alpha}_i (1 \leqslant i \leqslant m)$ 可由向量 $\boldsymbol{\alpha}_1, \boldsymbol{\alpha}_2, \cdots, \boldsymbol{\alpha}_{i-1}, \boldsymbol{\alpha}_{i+1}, \cdots, \boldsymbol{\alpha}_m, \boldsymbol{\beta}$ 线性表示.

40. 证明：$m \times n$ 矩阵 A 的列向量组线性无关的充分必要条件是：当 $AB=O$ 时，必有 $B=O$，这里 B 是 $n \times s$ 矩阵.

41. 设 $m \times n$ 矩阵 A 的秩为 r，证明：存在秩为 $n-r$ 的 n 阶矩阵 B，使

$$AB = O.$$

42. 设 $m \times n$ 矩阵 A 的秩为 r, $r<n$. 证明：齐次线性方程组 $A\boldsymbol{x}=\mathbf{0}$ 的任意 $n-r$ 个线性无关的解向量都是它的一个基础解系.

43. 设 A 是 $m \times n$ 实矩阵，证明：

(1) $A\boldsymbol{x}=\mathbf{0}$ 与 $A^{\mathrm{T}}A\boldsymbol{x}=\mathbf{0}$ 是同解方程组；

(2) $r(A)=r(A^{\mathrm{T}}A)=r(A^{\mathrm{T}})=r(AA^{\mathrm{T}})$；

(3) 方程组 $(A^{\mathrm{T}}A)\boldsymbol{x}=A^{\mathrm{T}}\boldsymbol{\beta}$ 必有解.

44. 设 A 是 $m \times n$ 矩阵，B 是 $n \times s$ 矩阵. 证明：方程组 $ABX=O$ 与 $BX=O$ 同解的充分必要条件是 $r(AB)=r(B)$.

45. 设 A 为 n 阶方阵，且 $A^2=A$（称 A 为**幂等矩阵**）. 证明：

$$r(A) + r(A-E) = n.$$

46. 设 A 为 n 阶方阵，且 $A^2=E$（称 A 为**对合矩阵**）. 证明：

$$r(A+E) + r(A-E) = n.$$

47. 设 A 为 $m \times n$ 矩阵，B 为 $m \times 1$ 矩阵，证明：方程组 $A\boldsymbol{x}=B$ 有解的充分必要条件是 $A^{\mathrm{T}}\boldsymbol{y}=\mathbf{0}$ 的任一解向量 $\boldsymbol{y}_0$ 都是 $B^{\mathrm{T}}\boldsymbol{y}=\mathbf{0}$ 的解向量.

48. 设 A 为 n 阶矩阵，且 $n>2$，证明：

$$(A^*)^* = |A|^{n-2}A.$$

49. 设 A 为 n 阶矩阵，证明：$r(A^n)=r(A^{n+1})$.

第四章　线 性 空 间

在这一章我们将讨论线性代数一个最基本的概念——线性空间．第三章在 n 维实向量集合上定义了加法和数乘运算，它们满足八条运算律．回忆在 $m\times n$ 矩阵集合上我们也定义过这两种运算．类似的情况还出现在其他集合，例如在定义域相同的函数集合上，也存在着加法和数乘运算．不难看出，虽然上述集合完全不同，但所定义的加法和数乘都满足八条运算律．对这些集合的共同点加以抽象就导出了线性空间的概念．

4.1　线性空间的概念

4.1.1　数域

首先我们介绍数域的概念．

定义 4.1　设 P 是包含 0 和 1 的数集，若 P 中数的和、差、积、商（0 不作除数）均在 P 内，则称 P 是一个**数域**．

显然，复数集 $\mathbf{C}$、实数集 $\mathbf{R}$ 和有理数集 $\mathbf{Q}$ 都是数域．

例 4.1　数集 $\mathbf{Q}(\sqrt{2})=\{a+b\sqrt{2}\mid a,b\in\mathbf{Q}\}$ 是一个数域．

容易看出，$\mathbf{Q}(\sqrt{2})$ 中任意两个数，如 $a_1+b_1\sqrt{2}$，$a_2+b_2\sqrt{2}$ 的和、差、积仍为 $\mathbf{Q}(\sqrt{2})$ 中的数，而它们的商（此时 a_2，b_2 不同时为 0）为

$$\frac{a_1+b_1\sqrt{2}}{a_2+b_2\sqrt{2}}=\frac{(a_1+b_1\sqrt{2})(a_2-b_2\sqrt{2})}{a_2^2-2b_2^2}=\frac{a_1a_2-2b_1b_2}{a_2^2-2b_2^2}+\frac{a_2b_1-a_1b_2}{a_2^2-2b_2^2}\sqrt{2}.$$

由于 a_1，a_2，b_1 和 b_2 均是有理数，且 a_2，b_2 不同时为 0，故 $\frac{a_1a_2-2b_1b_2}{a_2^2-2b_2^2}$ 和 $\frac{a_2b_1-a_1b_2}{a_2^2-2b_2^2}$ 也是有理数，即 $\frac{a_1+b_1\sqrt{2}}{a_2+b_2\sqrt{2}}\in\mathbf{Q}(\sqrt{2})$．这样我们证明了 $\mathbf{Q}(\sqrt{2})$ 是数域．　□

若集合 U 上定义了某种运算，而 U 中任意元素进行这种运算所得的结果均仍在 U 中，则称 U 对这种运算是**封闭的**．这样我们得到数域的一个等价定义：

包含 0 和 1 的数集 P 若对加、减、乘和除（0 不作除数）运算是封闭的，则称 P 为一个数域．

4.1.2　线性空间的定义和例子

定义 4.2　设 V 是非空集合，P 是数域．在 V 的元素间定义了一种**加法**：$\forall\boldsymbol{\alpha}$，

$\boldsymbol{\beta}\in V$,有唯一的 $\boldsymbol{\delta}\in V$ 与它们对应,称为 $\boldsymbol{\alpha}$ 与 $\boldsymbol{\beta}$ 的**和**,记为 $\boldsymbol{\delta}=\boldsymbol{\alpha}+\boldsymbol{\beta}$;加法满足:

(1) $\boldsymbol{\alpha}+\boldsymbol{\beta}=\boldsymbol{\beta}+\boldsymbol{\alpha}$.

(2) $(\boldsymbol{\alpha}+\boldsymbol{\beta})+\boldsymbol{\gamma}=\boldsymbol{\alpha}+(\boldsymbol{\beta}+\boldsymbol{\gamma})$.

(3) V 中有一个零元素 $\mathbf{0}$,对 $\forall\,\boldsymbol{\alpha}\in V$,有 $\boldsymbol{\alpha}+\mathbf{0}=\boldsymbol{\alpha}$.

(4) $\forall\,\boldsymbol{\alpha}\in V$,存在 $\boldsymbol{\zeta}\in V$,使得 $\boldsymbol{\alpha}+\boldsymbol{\zeta}=\mathbf{0}$,称 $\boldsymbol{\zeta}$ 为 $\boldsymbol{\alpha}$ 的负元素,记 $\boldsymbol{\zeta}$ 为 $-\boldsymbol{\alpha}$.

另外,在 P 和 V 之间还定义了一种**数乘**,对 $\forall\,\boldsymbol{\alpha}\in V$ 和 $k\in P$,有唯一的元素 $\boldsymbol{\eta}\in V$ 与之对应,称为 k 与 $\boldsymbol{\alpha}$ 的**数量乘积**(简称**数乘**),记为 $\boldsymbol{\eta}=k\boldsymbol{\alpha}$;数乘满足:

(5) $1\boldsymbol{\alpha}=\boldsymbol{\alpha}$.

(6) $k(l\boldsymbol{\alpha})=l(k\boldsymbol{\alpha})=(kl)\boldsymbol{\alpha}$.

加法和数乘还满足:

(7) $(k+l)\boldsymbol{\alpha}=k\boldsymbol{\alpha}+l\boldsymbol{\alpha}$.

(8) $k(\boldsymbol{\alpha}+\boldsymbol{\beta})=k\boldsymbol{\alpha}+k\boldsymbol{\beta}$.

以上的运算律(1)~(8)中,$\boldsymbol{\alpha},\boldsymbol{\beta},\boldsymbol{\gamma}$ 是 V 中任意元素,k,l 是 P 中任意数;那么定义了这样两种运算的集合 V 称为**数域 P 上的线性空间**.

线性空间中的元素有时也称为**向量**,然而其含义比第三章中 n 维向量的意义要广泛得多了. 在本书中,我们主要讨论实数域或复数域上的线性空间,分别称之为实线性空间或复线性空间.

下面我们来列举一些线性空间的例子.

例 4.2 所有 n 维实向量依照向量的加法和向量与实数的数乘构成实线性空间,记为 $\mathbf{R}^n$.

例 4.3 所有 $m\times n$ 阶实矩阵,依照矩阵的加法和矩阵与实数的数乘构成实线性空间,记为 $M^{m\times n}$.

例 4.4 所有$[a,b]$上的连续实函数,依照函数的加法和函数与数的乘法作为数乘构成实线性空间,记为 $C[a,b]$.

例 4.5 仅含 n 维零向量 $\mathbf{0}=(0,\cdots,0)^{\mathrm{T}}$ 的集合$\{\mathbf{0}\}$依照 n 维向量的加法和向量与数的数乘构成复线性空间. 这是仅含一个元素的线性空间.

例 4.6 所有的实系数一元多项式(包括零次多项式即常数),依照多项式的加法和多项式与实数的乘法作为数乘构成实线性空间,记为 $P[x]$. 特别地,由所有次数小于 n 次的实系数一元多项式,依照同样的加法和数乘构成的实线性空间,记为 $P[x]_n$.

例 4.7 系数矩阵为实矩阵 $A=(a_{ij})_{m\times n}$ 的线性方程组 $A\boldsymbol{x}=\mathbf{0}$ 的全部解向量依照向量的加法和向量与实数的数乘构成实线性空间. 称为方程组 $A\boldsymbol{x}=\mathbf{0}$ 的**解空间**.

读者很容易验证,上述例子中所涉及的加法和数乘都是符合线性空间定义中(1)~(8)的运算律的.

4.1.3 线性空间的简单性质

由线性空间的定义,容易推出它的一些简单性质.

命题 4.1 在数域 P 上的线性空间 V 中,

(1)零元素是唯一的;

(2)$\forall \boldsymbol{\alpha} \in V$,$\boldsymbol{\alpha}$ 的负元素是唯一的;

(3)$\forall \boldsymbol{\alpha} \in V$,$\forall k \in P$,有 $0\boldsymbol{\alpha}=\mathbf{0}$,$k\mathbf{0}=\mathbf{0}$ 和 $(-1)\boldsymbol{\alpha}=-\boldsymbol{\alpha}$;

(4)若 $k\boldsymbol{\alpha}=\mathbf{0}$,则有 $k=0$ 或 $\boldsymbol{\alpha}=\mathbf{0}$.

证 我们仅证结论(1)和(3),结论(2)和(4)的证明留给读者.

(1)若另有一个零元素 $\mathbf{0}_1$,那么,由线性空间的运算律(1)~(3)

$$\mathbf{0}_1=\mathbf{0}_1+\mathbf{0}=\mathbf{0}+\mathbf{0}_1=\mathbf{0}.$$

(3) 先证 $0\boldsymbol{\alpha}=\mathbf{0}$,

$$\begin{aligned}0\boldsymbol{\alpha}&=0\boldsymbol{\alpha}+\mathbf{0}=0\boldsymbol{\alpha}+(\boldsymbol{\alpha}+(-\boldsymbol{\alpha}))=(0\boldsymbol{\alpha}+\boldsymbol{\alpha})+(-\boldsymbol{\alpha})\\&=(0+1)\boldsymbol{\alpha}+(-\boldsymbol{\alpha})=\boldsymbol{\alpha}+(-\boldsymbol{\alpha})=\mathbf{0}.\end{aligned}$$

再证 $(-1)\boldsymbol{\alpha}=-\boldsymbol{\alpha}$,由于

$$\boldsymbol{\alpha}+(-1)\boldsymbol{\alpha}=(1+(-1))\boldsymbol{\alpha}=0\boldsymbol{\alpha}=\mathbf{0},$$

根据结论(2)负元素的唯一性可知

$$(-1)\boldsymbol{\alpha}=-\boldsymbol{\alpha}.$$

最后证 $k\mathbf{0}=\mathbf{0}$,

$$\begin{aligned}k\mathbf{0}&=k(\boldsymbol{\alpha}+(-\boldsymbol{\alpha}))=k\boldsymbol{\alpha}+k(-\boldsymbol{\alpha})=k\boldsymbol{\alpha}+(k(-1)\boldsymbol{\alpha})\\&=(k+(-k))\boldsymbol{\alpha}=0\boldsymbol{\alpha}=\mathbf{0}.\end{aligned}$$ □

4.1.4 线性子空间

4.1.2 节中的例 4.7 给出了线性方程组 $A\boldsymbol{x}=\mathbf{0}$ 的所有解构成的线性空间. 显然,这个线性空间是 $\mathbf{R}^n$ 的一个子集合. 对于这种情况,我们引进子空间的概念.

定义 4.3 设 V 是数域 P 上的线性空间,W 是 V 的非空子集合,若对于 V 上的加法和数乘运算,W 也成为 P 上的线性空间,则称 W 为 V 的一个**线性子空间**(简称为**子空间**).

W 既然是 V 的子集合,那么 W 中元素满足运算律(1)、(2)和(5)~(8)是必然的. 从而 W 要成为 V 的子空间,只需满足运算律(3)、(4)以及 W 中的元素进行加法和数乘的运算结果仍在 W 中即可. 事实上,我们有如下命题.

命题 4.2 设 V 是数域 P 上的线性空间,如果 V 的非空子集合 W 对于 V 中的加法和数乘运算是封闭的,则 W 是 V 的一个子空间.

证 显然,我们只要证明运算律(3)、(4)在 W 中成立即可. $\forall \boldsymbol{\alpha}\in W$,由于 $0\in P$,而 $-1=0-1\in P$,故有 $\mathbf{0}=0\boldsymbol{\alpha}\in W$ 和 $-\boldsymbol{\alpha}=(-1)\boldsymbol{\alpha}\in W$. □

子空间是线性空间的一部分而其本身又构成一个线性空间. 下面是一些子空间的例子.

例 4.8 线性空间 V 的仅含零向量的子集合是 V 的一个子空间,常称之为**零子空间**;V 本身也是 V 的一个子空间.

例 4.9 n 元实系数线性方程组 $A\boldsymbol{x}=\boldsymbol{0}$ 的解集合是 $\mathbf{R}^n$ 的一个子空间.

例 4.10 三维向量集合

$$\{(x_1,x_2,x_3)^{\mathrm{T}} \mid x_3=0\} \quad 和 \quad \{(x_1,x_2,x_3)^{\mathrm{T}} \mid x_1+x_2+x_3=0\}$$

都是线性空间 $\mathbf{R}^3$ 的子空间.

例 4.11 函数集合 $\{f(x)\in C[a,b] \mid f(a)=0\}$ 是线性空间 $C[a,b]$ 的子空间.

例 4.12 n 阶上三角实矩阵集合、下三角实矩阵集合和实对角矩阵集合都是由所有 n 阶方阵构成的线性空间 $M^{n\times n}$ 的子空间.

例 4.13 设 V 是数域 P 上的线性空间,$\boldsymbol{\alpha}_1,\boldsymbol{\alpha}_2,\cdots,\boldsymbol{\alpha}_m$ 是 V 中的一组元素(向量),则

$$L(\boldsymbol{\alpha}_1,\boldsymbol{\alpha}_2,\cdots,\boldsymbol{\alpha}_m)=\left\{\boldsymbol{\alpha} \mid \boldsymbol{\alpha}=\sum_{i=1}^{m}k_i\boldsymbol{\alpha}_i, k_i\in P, i=1,2,\cdots,m\right\}$$

是 V 的子空间,这个子空间是由 $\boldsymbol{\alpha}_1,\boldsymbol{\alpha}_2,\cdots,\boldsymbol{\alpha}_m$ 的所有线性组合构成的,称为 $\boldsymbol{\alpha}_1,\boldsymbol{\alpha}_2,\cdots,\boldsymbol{\alpha}_m$ 的**生成子空间**.

判定某集合不构成所属线性空间的子空间可以利用命题 4.2;另外一个简单的判定方法是看该集合是否不包含原线性空间的零元素,因为子空间作为线性空间必须包含零元素.

例 4.14 n 元实系数非齐次线性方程组 $A\boldsymbol{x}=\boldsymbol{\beta}$ 的解集合不是 $\mathbf{R}^n$ 的子空间.

例 4.15 三维实向量集合

$$\{(x_1,x_2,x_3)^{\mathrm{T}} \mid x_3\geqslant 0\} \quad 和 \quad \{(x_1,x_2,x_3)^{\mathrm{T}} \mid x_1+x_2+x_3=1\}$$

都不是线性空间 $\mathbf{R}^3$ 的子空间.

例 4.16 函数集合 $\{f(x)\in C[a,b] \mid f(a)=1\}$ 不是线性空间 $C[a,b]$ 的子空间.

例 4.17 一元二次实系数多项式的集合是线性空间 $P[x]_3$ 的子集合,但不是 $P[x]_3$ 的子空间.

请读者自己对以上各例的结论加以验证.

4.2 线性空间的维数、基与坐标

4.2.1 线性相关和线性无关

如同 n 维向量那样,对线性空间的向量(元素)也可以讨论线性相关性.

定义 4.4 设 V 是数域 P 上的线性空间,$\boldsymbol{\alpha}_1,\boldsymbol{\alpha}_2,\cdots,\boldsymbol{\alpha}_m$ 是 V 中向量,若存在 P

中不全为零的数 $k_1,k_2,\cdots,k_m$，使得

$$k_1\boldsymbol{\alpha}_1+k_2\boldsymbol{\alpha}_2+\cdots+k_m\boldsymbol{\alpha}_m=\mathbf{0},$$

则称 $\boldsymbol{\alpha}_1,\boldsymbol{\alpha}_2,\cdots,\boldsymbol{\alpha}_m$ **线性相关**，否则称 $\boldsymbol{\alpha}_1,\boldsymbol{\alpha}_2,\cdots,\boldsymbol{\alpha}_m$ **线性无关**.

显然这一定义与 n 维向量的线性相关和线性无关的定义相同. 事实上，n 维向量的其他一些概念，例如，线性表示、等价、极大线性无关组和秩等，也完全可以引进到线性空间来，而且有关的结论也依然成立. 我们在这里不再列出这些概念和结论，建议读者对这些内容作一个回顾.

4.2.2　维数、基与坐标

我们知道，$n+1$ 个 n 维向量必定线性相关，这意味着只要取定了由 n 个线性无关的 n 维向量组成的向量组，那么其他 n 维向量就可以由这个向量组来表示. 在一般的线性空间中能否有类似的结论？为此我们引进维数和基的概念. 本书仅讨论维数有限的线性空间.

定义 4.5　设 V 是数域 P 上的线性空间，若 $\boldsymbol{\alpha}_1,\boldsymbol{\alpha}_2,\cdots,\boldsymbol{\alpha}_n$ 是 V 中 n 个线性无关的向量，且 V 中任一向量 $\boldsymbol{\alpha}$ 均可以由 $\boldsymbol{\alpha}_1,\boldsymbol{\alpha}_2,\cdots,\boldsymbol{\alpha}_n$ 线性表示，则称线性空间 V 是 n **维线性空间**，而称 $\boldsymbol{\alpha}_1,\boldsymbol{\alpha}_2,\cdots,\boldsymbol{\alpha}_n$ 是 V 的一组**基**.

显然，线性空间作为一个向量集合，基是它的极大线性无关组，而维数是它的秩.

有了维数和基以后，线性空间的任一向量就可以由这组基线性表示，而且表示系数是唯一的，这样在线性空间就可以建立坐标的概念.

定义 4.6　设 $\boldsymbol{\alpha}_1,\boldsymbol{\alpha}_2,\cdots,\boldsymbol{\alpha}_n$ 是 n 维线性空间 V 的一组基，$\boldsymbol{\gamma}\in V$，且有

$$\boldsymbol{\gamma}=a_1\boldsymbol{\alpha}_1+a_2\boldsymbol{\alpha}_2+\cdots+a_n\boldsymbol{\alpha}_n, \tag{4.1}$$

则称 $\begin{pmatrix}a_1\\ \vdots\\ a_n\end{pmatrix}$ 为 $\boldsymbol{\gamma}$ 在基 $\boldsymbol{\alpha}_1,\boldsymbol{\alpha}_2,\cdots,\boldsymbol{\alpha}_n$ 下的**坐标**.

由于 $\boldsymbol{\alpha}_1,\boldsymbol{\alpha}_2,\cdots,\boldsymbol{\alpha}_n$ 是线性无关的，因此 $\boldsymbol{\gamma}$ 的坐标是唯一的.

例 4.18　由所有二阶实方阵构成的实线性空间 $M^{2\times2}$ 中，考虑

$$E_{11}=\begin{pmatrix}1&0\\0&0\end{pmatrix},\quad E_{12}=\begin{pmatrix}0&1\\0&0\end{pmatrix},\quad E_{21}=\begin{pmatrix}0&0\\1&0\end{pmatrix},\quad E_{22}=\begin{pmatrix}0&0\\0&1\end{pmatrix}.$$

若有实数 k_1,k_2,k_3,k_4 使得

$$k_1E_{11}+k_2E_{12}+k_3E_{21}+k_4E_{22}=O,$$

那么显然，只能有 $k_1=k_2=k_3=k_4=0$，故 $E_{11},E_{12},E_{21},E_{22}$ 是线性无关的，而任一 $M=\begin{pmatrix}a&b\\c&d\end{pmatrix}\in M^{2\times2}$，可表示为 $M=aE_{11}+bE_{12}+cE_{21}+dE_{22}$，因此 $M^{2\times2}$ 是 4 维线性空间，$E_{11},E_{12},E_{21},E_{22}$ 是一组基，M 在这组基下的坐标为 $(a,b,c,d)^{\mathrm{T}}$.　□

例 4.19　由所有次数小于 5 次的实系数一元多项式构成的实线性空间 $P[x]_5$

中，容易验证

$$1, x, x^2, x^3, x^4$$

是线性无关的，而 $P[x]_5$ 中任一 $p(x)=a_0x^4+a_1x^3+a_2x^2+a_3x+a_4$ 可以表示为

$$p(x)=a_4+a_3x+a_2x^2+a_1x^3+a_0x^4.$$

因此 $P[x]_5$ 是 5 维的，$1, x, x^2, x^3, x^4$ 是它的一组基，$p(x)$ 在这组基下的坐标为 $(a_4, a_3, a_2, a_1, a_0)^{\mathrm{T}}$. □

例 4.20 三维实向量集合 $D=\{(x_1, x_2, x_3)^{\mathrm{T}}\in\mathbf{R}^3 \mid x_3=0\}$ 是实线性空间，其中

$$\boldsymbol{i}=(1,0,0)^{\mathrm{T}} \quad 与 \quad \boldsymbol{j}=(0,1,0)^{\mathrm{T}}$$

是线性无关的，对 D 中任一向量 $\boldsymbol{\alpha}=(x_1, x_2, 0)^{\mathrm{T}}$ 有

$$\boldsymbol{\alpha}=x_1\boldsymbol{i}+x_2\boldsymbol{j}.$$

因此 D 是二维的，$\boldsymbol{i}, \boldsymbol{j}$ 是它的一组基. □

在上例中，D 作为 $\mathbf{R}^3$ 的子集合，其中的元素是三维向量，然而 D 却是二维线性空间. 下例中也有类似的情况.

例 4.21 n 元实系数线性方程组 $A\boldsymbol{x}=\mathbf{0}$ 的解空间是实线性空间，设 A 的秩为 $r<n$，那么此方程组的基础解系有 $n-r$ 个向量 $\boldsymbol{\alpha}_1, \boldsymbol{\alpha}_2, \cdots, \boldsymbol{\alpha}_{n-r}$，因此这个解空间是 $n-r$ 维的，$\boldsymbol{\alpha}_1, \boldsymbol{\alpha}_2, \cdots, \boldsymbol{\alpha}_{n-r}$ 是它的一组基. □

我们经常将表达式(4.1)写为

$$\boldsymbol{\gamma}=(\boldsymbol{\alpha}_1, \boldsymbol{\alpha}_2, \cdots, \boldsymbol{\alpha}_n)\begin{pmatrix}a_1\\a_2\\\vdots\\a_n\end{pmatrix}, \tag{4.2}$$

这样的写法相当于将 $\boldsymbol{\alpha}_1, \boldsymbol{\alpha}_2, \cdots, \boldsymbol{\alpha}_n$ 看作分块矩阵中的子块. 可以证明，采用这样的写法进行运算时，矩阵的运算法则都成立. 而这种写法在讨论线性空间的一些问题时将是十分方便的.

显而易见，在 n 维线性空间 V 取定了一组基以后，V 中元素将与 n 维向量通过(4.2)式建立一一对应的关系

$$\boldsymbol{\gamma}\xleftrightarrow{(\boldsymbol{\alpha}_1, \boldsymbol{\alpha}_2, \cdots, \boldsymbol{\alpha}_n)}\begin{pmatrix}a_1\\a_2\\\vdots\\a_n\end{pmatrix}.$$

特别当 V 是 n 维实线性空间时，V 与 $\mathbf{R}^n$ 之间就建立了一一对应关系. 由此我们可以理解为什么将线性空间的元素称为向量.

尤其值得注意的是这种一一对应，确切地说是 V 与 $\mathbf{R}^n$ 间的双射，保持了线性关系的不变，即：

设 $\boldsymbol{\alpha}_1,\boldsymbol{\alpha}_2,\cdots,\boldsymbol{\alpha}_n$ 是 V 的一组基，$\forall\boldsymbol{\gamma},\boldsymbol{\delta}\in V$，它们在 $\boldsymbol{\alpha}_1,\boldsymbol{\alpha}_2,\cdots,\boldsymbol{\alpha}_n$ 下的坐标分别为 $\begin{pmatrix}a_1\\a_2\\\vdots\\a_n\end{pmatrix}$ 和 $\begin{pmatrix}b_1\\b_2\\\vdots\\b_n\end{pmatrix}$，设 k,l 为任意实数，那么 $k\boldsymbol{\gamma}+l\boldsymbol{\delta}$ 在 $\boldsymbol{\alpha}_1,\boldsymbol{\alpha}_2,\cdots,\boldsymbol{\alpha}_n$ 的坐标为

$$k\begin{pmatrix}a_1\\a_2\\\vdots\\a_n\end{pmatrix}+l\begin{pmatrix}b_1\\b_2\\\vdots\\b_n\end{pmatrix}.$$

反过来，V 中坐标为 $k\begin{pmatrix}a_1\\a_2\\\vdots\\a_n\end{pmatrix}+l\begin{pmatrix}b_1\\b_2\\\vdots\\b_n\end{pmatrix}$ 的元素必定是 $k\boldsymbol{\gamma}+l\boldsymbol{\delta}$.

4.2.3　同构

定义 4.7　设 V 与 V' 都是实线性空间，σ 是由 V 到 V' 的双射，若 $\forall\boldsymbol{\alpha},\boldsymbol{\beta}\in V$ 和 $k\in P$，成立

$$\sigma(\boldsymbol{\alpha}+\boldsymbol{\beta})=\sigma(\boldsymbol{\alpha})+\sigma(\boldsymbol{\beta}),$$

$$\sigma(k\boldsymbol{\alpha})=k\sigma(\boldsymbol{\alpha}),$$

则称 σ 是 V 到 V' 的**同构映射**，此时称 V 与 V' 是**同构**的.

显然，实 n 维线性空间 V 与 $\mathbf{R}^n$ 是同构的.

由同构定义立即得到：

(1) $\sigma(\mathbf{0})=\mathbf{0}$，$\sigma(-\boldsymbol{\alpha})=-\sigma(\boldsymbol{\alpha})$；

(2) $\forall\boldsymbol{\alpha}_1,\cdots,\boldsymbol{\alpha}_m\in V$ 和 $k_1,\cdots,k_m\in P$，有

$$\sigma(k_1\boldsymbol{\alpha}_1+\cdots+k_m\boldsymbol{\alpha}_m)=k_1\sigma(\boldsymbol{\alpha}_1)+\cdots+k_m\sigma(\boldsymbol{\alpha}_m).$$

从而可以得到同构的重要结论：

命题 4.3　若 σ 是 V 到 V' 的同构映射，则 V 中向量组 $\boldsymbol{\alpha}_1,\cdots,\boldsymbol{\alpha}_m$ 线性相关的充分必要条件是 $\sigma(\boldsymbol{\alpha}_1),\cdots,\sigma(\boldsymbol{\alpha}_m)$ 线性相关.

证　若存在不全为零的 $k_1,\cdots,k_m\in P$，使得

$$k_1\boldsymbol{\alpha}_1+\cdots+k_m\boldsymbol{\alpha}_m=\mathbf{0},$$

于是利用 σ 是同构映射可得

$$k_1\sigma(\boldsymbol{\alpha}_1)+\cdots+k_m\sigma(\boldsymbol{\alpha}_m)=\mathbf{0}.$$

反之，若 $k_1\sigma(\boldsymbol{\alpha}_1)+\cdots+k_m\sigma(\boldsymbol{\alpha}_m)=\mathbf{0}$，则有

$$\sigma(k_1\boldsymbol{\alpha}_1+\cdots+k_m\boldsymbol{\alpha}_m)=\mathbf{0},$$

由于 σ 是双射，只有 $\sigma(\mathbf{0})=\mathbf{0}$，这说明

$$k_1\boldsymbol{\alpha}_1+\cdots+k_m\boldsymbol{\alpha}_m=\mathbf{0}.$$ □

当然命题也可以等价表达为：V 中向量组 $\boldsymbol{\alpha}_1,\cdots,\boldsymbol{\alpha}_m$ 线性无关的充分必要条件是 $\sigma(\boldsymbol{\alpha}_1),\cdots,\sigma(\boldsymbol{\alpha}_m)$ 线性无关.

命题 4.4 同构的实线性空间有相同的维数.

证 设 V 与 V' 是同构的实线性空间，V 是 n 维的，它的一组基为 $\boldsymbol{\alpha}_1,\cdots,\boldsymbol{\alpha}_n$，则依命题 4.3，$\sigma(\boldsymbol{\alpha}_1),\cdots,\sigma(\boldsymbol{\alpha}_n)$ 也是 V' 中线性无关向量. 由于 σ 是双射，V' 任意一个向量 $\boldsymbol{\beta}'$ 必定是 V 中某个 $\boldsymbol{\beta}$ 的象，即 $\boldsymbol{\beta}'=\sigma(\boldsymbol{\beta})$，因为 $\boldsymbol{\beta}$ 可以由 $\boldsymbol{\alpha}_1,\cdots,\boldsymbol{\alpha}_n$ 线性表示，于是 $\boldsymbol{\beta}'$ 即 $\sigma(\boldsymbol{\beta})$ 也可以由 $\sigma(\boldsymbol{\alpha}_1),\cdots,\sigma(\boldsymbol{\alpha}_n)$ 线性表示，从而 V' 也是 n 维的，$\sigma(\boldsymbol{\alpha}_1),\cdots,\sigma(\boldsymbol{\alpha}_n)$ 是它的一组基.

事实上，由于同构映射保持了向量之间线性关系完全相同，而任何一个实 n 维线性空间与 $\mathbf{R}^n$ 是**同构**的. 于是讨论 V 中元素的线性关系，也就可以完全通过讨论它们的坐标向量的线性关系来进行，而后者我们已相当熟悉了.

4.3 基变换与坐标变换

n 维线性空间中任意 n 个线性无关的向量都可以作为一组基，也就是说线性空间的基并不唯一，当然一个向量在两组不同基下的坐标也不相同，我们需要研究它们的关系. 首先来看一个简单的例子.

例 4.22 平面解析几何中的直角坐标系有时需要作旋转(图 4.1)，这实际上是坐标向量 $\boldsymbol{\varepsilon}_1,\boldsymbol{\varepsilon}_2$ 绕原点作旋转，设坐标轴逆时针旋转角度 θ，那么不难看出，新坐标向量$(\boldsymbol{\eta}_1,\boldsymbol{\eta}_2)$与原坐标向量 $\boldsymbol{\varepsilon}_1,\boldsymbol{\varepsilon}_2$ 之间的关系为

$$\begin{cases}\boldsymbol{\eta}_1=\ \ \cos\theta\,\boldsymbol{\varepsilon}_1+\sin\theta\,\boldsymbol{\varepsilon}_2,\\ \boldsymbol{\eta}_2=-\sin\theta\,\boldsymbol{\varepsilon}_1+\cos\theta\,\boldsymbol{\varepsilon}_2,\end{cases}\tag{4.3}$$

或者写为

$$(\boldsymbol{\eta}_1,\boldsymbol{\eta}_2)=(\boldsymbol{\varepsilon}_1,\boldsymbol{\varepsilon}_2)\begin{pmatrix}\cos\theta & -\sin\theta\\ \sin\theta & \cos\theta\end{pmatrix}.\tag{4.4}$$

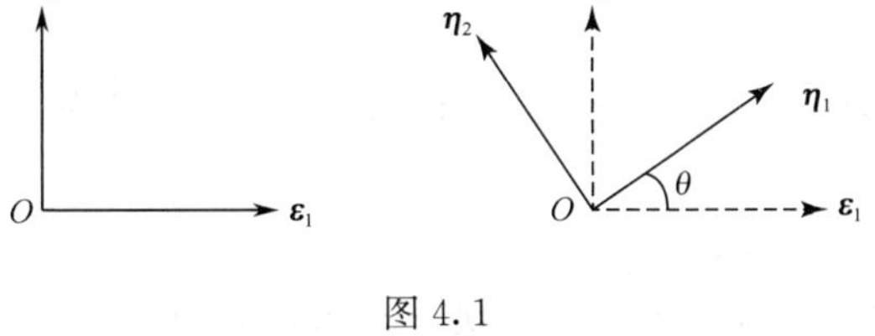

图 4.1

若向量 $\boldsymbol{\xi}$ 在原坐标系和新坐标系的坐标分别为 $\begin{pmatrix} x_1 \\ x_2 \end{pmatrix}$ 和 $\begin{pmatrix} x_1' \\ x_2' \end{pmatrix}$，即

$$\boldsymbol{\xi} = x_1\boldsymbol{\varepsilon}_1 + x_2\boldsymbol{\varepsilon}_2 = x_1'\boldsymbol{\eta}_1 + x_2'\boldsymbol{\eta}_2,$$

将(4.3)代入，有

$$\begin{aligned}\boldsymbol{\xi} &= x_1'(\cos\theta\boldsymbol{\varepsilon}_1 + \sin\theta\boldsymbol{\varepsilon}_2) + x_2'(-\sin\theta\boldsymbol{\varepsilon}_1 + \cos\theta\boldsymbol{\varepsilon}_2) \\ &= (x_1'\cos\theta - x_2'\sin\theta)\boldsymbol{\varepsilon}_1 + (x_1'\sin\theta + x_2'\cos\theta)\boldsymbol{\varepsilon}_2.\end{aligned}$$

由 $\boldsymbol{\xi}$ 在 $\boldsymbol{\varepsilon}_1,\boldsymbol{\varepsilon}_2$ 下坐标的唯一性，比较上面两式，得到

$$\begin{cases} x_1 = x_1'\cos\theta - x_2'\sin\theta, \\ x_2 = x_1'\sin\theta + x_2'\cos\theta, \end{cases} \tag{4.5}$$

或者写为

$$\begin{pmatrix} x_1 \\ x_2 \end{pmatrix} = \begin{pmatrix} \cos\theta & -\sin\theta \\ \sin\theta & \cos\theta \end{pmatrix}\begin{pmatrix} x_1' \\ x_2' \end{pmatrix}. \tag{4.6}$$

对于一般情况，设 $\boldsymbol{\varepsilon}_1,\boldsymbol{\varepsilon}_2,\cdots,\boldsymbol{\varepsilon}_n$ 和 $\boldsymbol{\eta}_1,\boldsymbol{\eta}_2,\cdots,\boldsymbol{\eta}_n$ 是 n 维线性空间 V 中的两组基，且

$$\begin{cases} \boldsymbol{\eta}_1 = c_{11}\boldsymbol{\varepsilon}_1 + c_{21}\boldsymbol{\varepsilon}_2 + \cdots + c_{n1}\boldsymbol{\varepsilon}_n, \\ \boldsymbol{\eta}_2 = c_{12}\boldsymbol{\varepsilon}_1 + c_{22}\boldsymbol{\varepsilon}_2 + \cdots + c_{n2}\boldsymbol{\varepsilon}_n, \\ \cdots\cdots\cdots\cdots \\ \boldsymbol{\eta}_n = c_{1n}\boldsymbol{\varepsilon}_1 + c_{2n}\boldsymbol{\varepsilon}_2 + \cdots + c_{nn}\boldsymbol{\varepsilon}_n, \end{cases} \tag{4.7}$$

或写为

$$(\boldsymbol{\eta}_1,\boldsymbol{\eta}_2,\cdots,\boldsymbol{\eta}_n) = (\boldsymbol{\varepsilon}_1,\boldsymbol{\varepsilon}_2,\cdots,\boldsymbol{\varepsilon}_n)\begin{pmatrix} c_{11} & c_{12} & \cdots & c_{1n} \\ c_{21} & c_{22} & \cdots & c_{2n} \\ \vdots & \vdots & & \vdots \\ c_{n1} & c_{n2} & \cdots & c_{nn} \end{pmatrix}. \tag{4.8}$$

若记 $C=(c_{ij})_{n\times n}$，那么上式即

$$(\boldsymbol{\eta}_1,\boldsymbol{\eta}_2,\cdots,\boldsymbol{\eta}_n) = (\boldsymbol{\varepsilon}_1,\boldsymbol{\varepsilon}_2,\cdots,\boldsymbol{\varepsilon}_n)C,$$

我们称矩阵 C 为由基 $\boldsymbol{\varepsilon}_1,\boldsymbol{\varepsilon}_2,\cdots,\boldsymbol{\varepsilon}_n$ 到基 $\boldsymbol{\eta}_1,\boldsymbol{\eta}_2,\cdots,\boldsymbol{\eta}_n$ 的**过渡矩阵**.

不难看出：

(1)过渡矩阵 C 的第 j 列 $\begin{pmatrix} c_{1j} \\ c_{2j} \\ \vdots \\ c_{nj} \end{pmatrix}$ 恰为 $\boldsymbol{\eta}_j$ 在 $\boldsymbol{\varepsilon}_1,\boldsymbol{\varepsilon}_2,\cdots,\boldsymbol{\varepsilon}_n$ 这组基下的坐标；

(2) 由于 $\boldsymbol{\eta}_1,\boldsymbol{\eta}_2,\cdots,\boldsymbol{\eta}_n$ 线性无关，因此 C 的列向量组线性无关，故 C 是满秩的.

现在我们建立下述定理.

定理 4.1 设 $\boldsymbol{\varepsilon}_1,\boldsymbol{\varepsilon}_2,\cdots,\boldsymbol{\varepsilon}_n$ 和 $\boldsymbol{\eta}_1,\boldsymbol{\eta}_2,\cdots,\boldsymbol{\eta}_n$ 是 n 维线性空间 V 中的两组基，由基 $\boldsymbol{\varepsilon}_1,\boldsymbol{\varepsilon}_2,\cdots,\boldsymbol{\varepsilon}_n$ 到基 $\boldsymbol{\eta}_1,\boldsymbol{\eta}_2,\cdots,\boldsymbol{\eta}_n$ 的**过渡矩阵**为 $C=(c_{ij})_{n\times n}$，即

$$(\boldsymbol{\eta}_1,\boldsymbol{\eta}_2,\cdots,\boldsymbol{\eta}_n) = (\boldsymbol{\varepsilon}_1,\boldsymbol{\varepsilon}_2,\cdots,\boldsymbol{\varepsilon}_n)C.$$

若向量 ξ 在两组基下的坐标分别为 $\boldsymbol{x}=\begin{pmatrix}x_1\\x_2\\\vdots\\x_n\end{pmatrix}$ 和 $\boldsymbol{x}'=\begin{pmatrix}x_1'\\x_2'\\\vdots\\x_n'\end{pmatrix}$，那么成立

$$\boldsymbol{x}=C\boldsymbol{x}',\tag{4.9}$$

或者等价地有

$$\boldsymbol{x}'=C^{-1}\boldsymbol{x},\tag{4.10}$$

(4.9)式或(4.10)式称为**坐标变换公式**.

证 ξ 在 $\boldsymbol{\varepsilon}_1,\boldsymbol{\varepsilon}_2,\cdots,\boldsymbol{\varepsilon}_n$ 下的坐标为 $\boldsymbol{x}$，即

$$\xi=(\boldsymbol{\varepsilon}_1,\boldsymbol{\varepsilon}_2,\cdots,\boldsymbol{\varepsilon}_n)\begin{pmatrix}x_1\\x_2\\\vdots\\x_n\end{pmatrix}=(\boldsymbol{\varepsilon}_1,\boldsymbol{\varepsilon}_2,\cdots,\boldsymbol{\varepsilon}_n)\boldsymbol{x},$$

而 ξ 在 $\boldsymbol{\eta}_1,\boldsymbol{\eta}_2,\cdots,\boldsymbol{\eta}_n$ 下的坐标为 $\boldsymbol{x}'$，并注意到 C 为两组基之间的过渡矩阵，故

$$\begin{aligned}\xi&=(\boldsymbol{\eta}_1,\boldsymbol{\eta}_2,\cdots,\boldsymbol{\eta}_n)\begin{pmatrix}x_1'\\x_2'\\\vdots\\x_n'\end{pmatrix}=(\boldsymbol{\eta}_1,\boldsymbol{\eta}_2,\cdots,\boldsymbol{\eta}_n)\boldsymbol{x}'\\&=(\boldsymbol{\varepsilon}_1,\boldsymbol{\varepsilon}_2,\cdots,\boldsymbol{\varepsilon}_n)C\boldsymbol{x}'.\end{aligned}$$

这意味着 ξ 在 $\boldsymbol{\varepsilon}_1,\boldsymbol{\varepsilon}_2,\cdots,\boldsymbol{\varepsilon}_n$ 下的坐标为 $C\boldsymbol{x}'$. 由坐标的唯一性，得到

$$\boldsymbol{x}=C\boldsymbol{x}'.$$

□

例 4.23 给定 $\mathbf{R}^3$ 中的两组基

$$\boldsymbol{\alpha}_1=\begin{pmatrix}1\\2\\1\end{pmatrix},\quad\boldsymbol{\alpha}_2=\begin{pmatrix}2\\3\\3\end{pmatrix},\quad\boldsymbol{\alpha}_3=\begin{pmatrix}3\\7\\1\end{pmatrix},$$

和

$$\boldsymbol{\beta}_1=\begin{pmatrix}3\\1\\4\end{pmatrix},\quad\boldsymbol{\beta}_2=\begin{pmatrix}5\\2\\1\end{pmatrix},\quad\boldsymbol{\beta}_3=\begin{pmatrix}1\\1\\-6\end{pmatrix}.$$

(1)求由 $\boldsymbol{\alpha}_1,\boldsymbol{\alpha}_2,\boldsymbol{\alpha}_3$ 到 $\boldsymbol{\beta}_1,\boldsymbol{\beta}_2,\boldsymbol{\beta}_3$ 的过渡矩阵 C；

(2)已知向量 $\boldsymbol{\gamma}$ 在 $\boldsymbol{\beta}_1,\boldsymbol{\beta}_2,\boldsymbol{\beta}_3$ 下的坐标为 $(1,-1,0)^{\mathrm{T}}$，求 $\boldsymbol{\gamma}$ 在 $\boldsymbol{\alpha}_1,\boldsymbol{\alpha}_2,\boldsymbol{\alpha}_3$ 的坐标；

(3)已知向量 $\boldsymbol{\delta}$ 在 $\boldsymbol{\alpha}_1,\boldsymbol{\alpha}_2,\boldsymbol{\alpha}_3$ 下的坐标为 $(1,-1,0)^{\mathrm{T}}$，求 $\boldsymbol{\delta}$ 在 $\boldsymbol{\beta}_1,\boldsymbol{\beta}_2,\boldsymbol{\beta}_3$ 的坐标.

解 (1)由于 $(\boldsymbol{\beta}_1,\boldsymbol{\beta}_2,\boldsymbol{\beta}_3)=(\boldsymbol{\alpha}_1,\boldsymbol{\alpha}_2,\boldsymbol{\alpha}_3)C$，这意味着

$$\begin{pmatrix}3&5&1\\1&2&1\\4&1&-6\end{pmatrix}=\begin{pmatrix}1&2&3\\2&3&7\\1&3&1\end{pmatrix}C.$$

这是一个矩阵方程,用初等变换的方法,容易求出

$$C=\begin{pmatrix}1&2&3\\2&3&7\\1&3&1\end{pmatrix}^{-1}\begin{pmatrix}3&5&1\\1&2&1\\4&1&-6\end{pmatrix}=\begin{pmatrix}-27&-71&-41\\9&20&9\\4&12&8\end{pmatrix}.$$

(2) 根据(4.9)式,$\boldsymbol{\gamma}$ 在 $\boldsymbol{\alpha}_1,\boldsymbol{\alpha}_2,\boldsymbol{\alpha}_3$ 的坐标为

$$C\begin{pmatrix}1\\-1\\0\end{pmatrix}=\begin{pmatrix}-27&-71&-41\\9&20&9\\4&12&8\end{pmatrix}\begin{pmatrix}1\\-1\\0\end{pmatrix}=\begin{pmatrix}44\\-11\\-8\end{pmatrix}.$$

(3) 根据(4.10)式,$\boldsymbol{\delta}$ 在 $\boldsymbol{\beta}_1,\boldsymbol{\beta}_2,\boldsymbol{\beta}_3$ 的坐标为

$$C^{-1}\begin{pmatrix}1\\-1\\0\end{pmatrix}=\begin{pmatrix}-27&-71&-41\\9&20&9\\4&12&8\end{pmatrix}^{-1}\begin{pmatrix}1\\-1\\0\end{pmatrix}=\begin{pmatrix}-6\\4\\-3\end{pmatrix}.$$ □

例 4.24　由所有二阶实上三角矩阵构成的实线性空间中

$$E_{11}=\begin{pmatrix}1&0\\0&0\end{pmatrix},\quad E_{12}=\begin{pmatrix}0&1\\0&0\end{pmatrix},\quad E_{22}=\begin{pmatrix}0&0\\0&1\end{pmatrix}.$$

显然是一组基.

(1) 试证:

$$M_1=\begin{pmatrix}1&1\\0&0\end{pmatrix},\quad M_2=\begin{pmatrix}1&0\\0&1\end{pmatrix},\quad M_3=\begin{pmatrix}0&1\\0&1\end{pmatrix}$$

也是一组基,写出由 E_{11},E_{12},E_{22} 到 M_1,M_2,M_3 的过渡矩阵;

(2)求 $M=\begin{pmatrix}2&-1\\0&-3\end{pmatrix}$ 在两组基下的坐标.

解　(1)不难看出 $M_1=E_{11}+E_{12},M_2=E_{11}+E_{22},M_3=E_{12}+E_{22}$,于是 M_1,M_2,M_3 在 E_{11},E_{12},E_{22} 下的坐标分别为

$$\begin{pmatrix}1\\1\\0\end{pmatrix},\begin{pmatrix}1\\0\\1\end{pmatrix},\begin{pmatrix}0\\1\\1\end{pmatrix}.$$

显然这三个向量线性无关,从而 M_1,M_2,M_3 线性无关,它们为一组基. 从 E_{11},E_{12},E_{22} 到 M_1,M_2,M_3 的过渡矩阵为

$$C=\begin{pmatrix}1&1&0\\1&0&1\\0&1&1\end{pmatrix}.$$

(2)M 在 E_{11},E_{12},E_{22} 下的坐标显然为$(2,-1,-3)^{\mathrm{T}}$,因而在 M_1,M_2,M_3 下的坐标则为

$$C^{-1}\begin{pmatrix}2\\-1\\-3\end{pmatrix}=\begin{pmatrix}2\\0\\-3\end{pmatrix}.$$ □

4.4 欧氏空间

线性空间有加法和数乘两种运算,因此,可以讨论元素之间的线性关系.但我们知道在三维的几何向量之间,还有着度量关系,即距离、夹角等,是否可以在线性空间也建立起度量的概念?本节将介绍这一内容.

4.4.1 内积与欧氏空间

定义 4.8 设 V 是实线性空间,在 V 中定义一种内积:$\forall \boldsymbol{\alpha},\boldsymbol{\beta}\in V$,有唯一的实数与它们对应,称为 $\boldsymbol{\alpha}$ 与 $\boldsymbol{\beta}$ 的内积,记为 $(\boldsymbol{\alpha},\boldsymbol{\beta})$,内积满足:

(1) $(\boldsymbol{\alpha},\boldsymbol{\beta})=(\boldsymbol{\beta},\boldsymbol{\alpha})$;

(2) $(k\boldsymbol{\alpha},\boldsymbol{\beta})=k(\boldsymbol{\alpha},\boldsymbol{\beta})$;

(3) $(\boldsymbol{\alpha}+\boldsymbol{\beta},\boldsymbol{\gamma})=(\boldsymbol{\alpha},\boldsymbol{\gamma})+(\boldsymbol{\beta},\boldsymbol{\gamma})$;

(4) $(\boldsymbol{\alpha},\boldsymbol{\alpha})\geqslant 0$,而 $(\boldsymbol{\alpha},\boldsymbol{\alpha})=0$ 当且仅当 $\boldsymbol{\alpha}=\mathbf{0}$.

以上 $\boldsymbol{\alpha},\boldsymbol{\beta},\boldsymbol{\gamma}$ 为 V 中任意向量,k 为任意实数.定义了内积的实线性空间称为**欧几里得空间**,简称**欧氏空间**.

例 4.25 在 $\mathbf{R}^n$ 中,$\forall \boldsymbol{\alpha}=\begin{pmatrix}a_1\\a_2\\\vdots\\a_n\end{pmatrix},\boldsymbol{\beta}=\begin{pmatrix}b_1\\b_2\\\vdots\\b_n\end{pmatrix}$,通常定义内积为

$$(\boldsymbol{\alpha},\boldsymbol{\beta})=a_1b_1+a_2b_2+\cdots+a_nb_n. \tag{4.11}$$

例 4.26 在实线性空间 $M^{m\times n}$ 中,可以定义 $A=(a_{ij})_{m\times n}$,$B=(b_{ij})_{m\times n}$ 的内积为

$$(A,B)=\sum_{i=1}^{m}\sum_{j=1}^{n}a_{ij}b_{ij}.$$

例 4.27 在实函数组成的线性空间 $C[a,b]$ 中,对 $C[a,b]$ 中任意的 $\boldsymbol{f}=f(x)$,$\boldsymbol{g}=g(x)$ 可定义内积:

$$(\boldsymbol{f},\boldsymbol{g})=\int_a^b f(x)g(x)\mathrm{d}x.$$

读者容易验证,以上例子中定义的内积都符合定义 4.7 中(1)~(4).

由内积的概念可以导出长度的概念.

定义 4.9 设 V 是欧氏空间,$\forall \boldsymbol{\alpha}\in V$,定义长度

$$|\boldsymbol{\alpha}|=\sqrt{(\boldsymbol{\alpha},\boldsymbol{\alpha})}. \tag{4.12}$$

特别地，长度为 1 的向量称之为**单位向量**. 对任意非零 $\boldsymbol{\alpha}\in V$，由内积的性质可知，$\dfrac{\boldsymbol{\alpha}}{|\boldsymbol{\alpha}|}$是单位向量，这样得到单位向量的做法称为 $\boldsymbol{\alpha}$ 的**单位化**.

欧氏空间的长度有以下性质：

命题 4.5　设 $\boldsymbol{\alpha},\boldsymbol{\beta}$ 是欧氏空间 V 中的任意向量，k 是任意实数，那么：

(1) $|\boldsymbol{\alpha}|\geqslant 0$，而$|\boldsymbol{\alpha}|=0$ 当且仅当 $\boldsymbol{\alpha}=\mathbf{0}$；

(2) $|k\boldsymbol{\alpha}|=|k||\boldsymbol{\alpha}|$；

(3) $|(\boldsymbol{\alpha},\boldsymbol{\beta})|\leqslant|\boldsymbol{\alpha}||\boldsymbol{\beta}|$，且等号仅当 $\boldsymbol{\alpha},\boldsymbol{\beta}$ 线性相关时成立.　　(4.13)

证　(1)、(2)的证明留给读者做练习，我们来证(3).

我们按两种情形讨论(4.13)式.

若 $\boldsymbol{\alpha},\boldsymbol{\beta}$ 线性相关，即 $\boldsymbol{\alpha},\boldsymbol{\beta}$ 成比例，故有 $\boldsymbol{\beta}=k\boldsymbol{\alpha}$ 或 $\boldsymbol{\alpha}=l\boldsymbol{\beta}$. 不妨设 $\boldsymbol{\beta}=k\boldsymbol{\alpha}$. 则$|\boldsymbol{\beta}|=|k||\boldsymbol{\alpha}|$，于是

$$|(\boldsymbol{\alpha},\boldsymbol{\beta})|=|(\boldsymbol{\alpha},k\boldsymbol{\alpha})|=|k(\boldsymbol{\alpha},\boldsymbol{\alpha})|=|k||\boldsymbol{\alpha}|^2=|\boldsymbol{\alpha}||\boldsymbol{\beta}|.$$

若 $\boldsymbol{\alpha},\boldsymbol{\beta}$ 线性无关，则对任意实数 t，$t\boldsymbol{\alpha}-\boldsymbol{\beta}\neq\mathbf{0}$，因而

$$0<(t\boldsymbol{\alpha}-\boldsymbol{\beta},t\boldsymbol{\alpha}-\boldsymbol{\beta})=t^2(\boldsymbol{\alpha},\boldsymbol{\alpha})-2t(\boldsymbol{\alpha},\boldsymbol{\beta})+(\boldsymbol{\beta},\boldsymbol{\beta}),$$

上式的右边是一个关于 t 的二次三项式，且对任意实数 t 该式都大于零，故

$$[2(\boldsymbol{\alpha},\boldsymbol{\beta})]^2<4(\boldsymbol{\alpha},\boldsymbol{\alpha})(\boldsymbol{\beta},\boldsymbol{\beta}),$$

即

$$|(\boldsymbol{\alpha},\boldsymbol{\beta})|<|\boldsymbol{\alpha}||\boldsymbol{\beta}|.$$

这样就证明了结论.　□

(4.13)式通常称之为**柯西-施瓦茨**(Cauchy-Schwarz)**不等式**，这是一个十分有用的不等式.

例 4.28　在 $\mathbf{R}^n$ 中，设 $\boldsymbol{\alpha}=\begin{pmatrix}a_1\\a_2\\\vdots\\a_n\end{pmatrix}$，$\boldsymbol{\beta}=\begin{pmatrix}b_1\\b_2\\\vdots\\b_n\end{pmatrix}$，它们的长度分别为

$$|\boldsymbol{\alpha}|=\sqrt{a_1^2+a_2^2+\cdots+a_n^2},\quad |\boldsymbol{\beta}|=\sqrt{b_1^2+b_2^2+\cdots+b_n^2}, \tag{4.14}$$

柯西-施瓦茨不等式的形式为

$$|a_1b_1+a_2b_2+\cdots+a_nb_n|\leqslant\sqrt{a_1^2+a_2^2+\cdots+a_n^2}\sqrt{b_1^2+b_2^2+\cdots+b_n^2}. \tag{4.15}$$

例 4.29　在 $C[a,b]$中，对 $\boldsymbol{f}=f(x)$，$\boldsymbol{g}=g(x)$，它们的长度分别为

$$|\boldsymbol{f}|=\sqrt{\int_a^b f^2(x)\mathrm{d}x},\quad |\boldsymbol{g}|=\sqrt{\int_a^b g^2(x)\mathrm{d}x},$$

柯西-施瓦茨不等式的形式为

$$\left|\int_a^b f(x)g(x)\mathrm{d}x\right| \leqslant \sqrt{\int_a^b f^2(x)\mathrm{d}x}\sqrt{\int_a^b g^2(x)\mathrm{d}x}, \tag{4.16}$$

(4.15)式和(4.16)式都是著名的不等式. □

在 $\mathbf{R}^n$ 中,依照(4.11)的定义,任意向量与零向量 $(0,0,\cdots,0)^{\mathrm{T}}$ 的内积显然为零,而在一般的欧氏空间 V 中仍有同样的结论. 设 $\boldsymbol{\alpha}$ 是 V 中任意向量,$\mathbf{0}$ 是零向量,那么

$$(\boldsymbol{\alpha},\mathbf{0}) = (\boldsymbol{\alpha},0\boldsymbol{\alpha}) = 0(\boldsymbol{\alpha},\boldsymbol{\alpha}) = 0.$$

现在我们引进夹角的概念.

定义 4.10 设 V 是欧氏空间,对非零的 $\boldsymbol{\alpha},\boldsymbol{\beta}\in V$,定义 $\boldsymbol{\alpha},\boldsymbol{\beta}$ 的**夹角** $\langle\boldsymbol{\alpha},\boldsymbol{\beta}\rangle$ 为

$$\langle\boldsymbol{\alpha},\boldsymbol{\beta}\rangle = \arccos\frac{(\boldsymbol{\alpha},\boldsymbol{\beta})}{|\boldsymbol{\alpha}||\boldsymbol{\beta}|}, \tag{4.17}$$

特别当 $(\boldsymbol{\alpha},\boldsymbol{\beta})=0$ 时,称 $\boldsymbol{\alpha},\boldsymbol{\beta}$ **正交**,记为 $\boldsymbol{\alpha}\perp\boldsymbol{\beta}$.

我们也可以在线性空间引进距离.

定义 4.11 设 V 是欧氏空间,对 $\boldsymbol{\alpha},\boldsymbol{\beta}\in V$,定义 $\boldsymbol{\alpha},\boldsymbol{\beta}$ 的**距离**为 $|\boldsymbol{\alpha}-\boldsymbol{\beta}|$.

例 4.30 在 $\mathbf{R}^4$ 中,$\boldsymbol{\alpha}=(-1,\sqrt{2},1,0)^{\mathrm{T}}$,$\boldsymbol{\beta}=(2,0,-3,2\sqrt{3})^{\mathrm{T}}$,则易得 $|\boldsymbol{\alpha}|=2$,$|\boldsymbol{\beta}|=5$,$(\boldsymbol{\alpha},\boldsymbol{\beta})=-5$,于是

$$\langle\boldsymbol{\alpha},\boldsymbol{\beta}\rangle = \arccos\frac{(\boldsymbol{\alpha},\boldsymbol{\beta})}{|\boldsymbol{\alpha}||\boldsymbol{\beta}|} = \arccos\frac{-5}{10} = \frac{2\pi}{3},$$

而

$$\begin{aligned}|\boldsymbol{\alpha}-\boldsymbol{\beta}| &= \sqrt{(-1-2)^2+(\sqrt{2}-0)^2+(1-(-3))^2+(0-2\sqrt{3})^2} \\ &= \sqrt{39}.\end{aligned}$$

□

4.4.2 标准正交基

我们知道,在解析几何中,直角坐标系是重要的. 在欧氏空间中,也有类似的情况.

定义 4.12 若欧氏空间 V 中的一组非零向量 $\boldsymbol{\alpha}_1,\boldsymbol{\alpha}_2,\cdots,\boldsymbol{\alpha}_m$ 两两正交,则称之为一个**正交向量组**.

定理 4.2 欧氏空间的正交向量组 $\boldsymbol{\alpha}_1,\boldsymbol{\alpha}_2,\cdots,\boldsymbol{\alpha}_m$ 必定线性无关.

证 我们用反证法证明. 若结论不真,则有不全为零的实数 $k_1,k_2,\cdots,k_m$ 使得

$$k_1\boldsymbol{\alpha}_1+k_2\boldsymbol{\alpha}_2+\cdots+k_m\boldsymbol{\alpha}_m=\mathbf{0},$$

故有

$$(k_1\boldsymbol{\alpha}_1+k_2\boldsymbol{\alpha}_2+\cdots+k_m\boldsymbol{\alpha}_m,\boldsymbol{\alpha}_i)=\mathbf{0},\quad i=1,2,\cdots,m,$$

从而

$$k_1(\boldsymbol{\alpha}_1,\boldsymbol{\alpha}_i)+k_2(\boldsymbol{\alpha}_2,\boldsymbol{\alpha}_i)+\cdots+k_i(\boldsymbol{\alpha}_i,\boldsymbol{\alpha}_i)+\cdots+k_m(\boldsymbol{\alpha}_m,\boldsymbol{\alpha}_i)=0,\quad i=1,2,\cdots,m.$$

由于 $\boldsymbol{\alpha}_1,\boldsymbol{\alpha}_2,\cdots,\boldsymbol{\alpha}_m$ 两两正交，当 $j\neq i$ 时，$(\boldsymbol{\alpha}_j,\boldsymbol{\alpha}_i)=0$，故得

$$k_i(\boldsymbol{\alpha}_i,\boldsymbol{\alpha}_i)=0,\qquad i=1,2,\cdots,m.$$

因 $\boldsymbol{\alpha}_i\neq\mathbf{0}$，知 $(\boldsymbol{\alpha}_i,\boldsymbol{\alpha}_i)>0$，于是

$$k_i=0,\quad i=1,2,\cdots,m,$$

与假设矛盾. 这样就证明了定理. □

定义 4.13　设 $\boldsymbol{\varepsilon}_1,\boldsymbol{\varepsilon}_2,\cdots,\boldsymbol{\varepsilon}_n$ 是 n 维欧氏空间 V 的一组基，且它们两两正交，则称 $\boldsymbol{\varepsilon}_1,\boldsymbol{\varepsilon}_2,\cdots,\boldsymbol{\varepsilon}_n$ 为 V 的一组**正交基**；若正交基中的向量 $\boldsymbol{\varepsilon}_1,\boldsymbol{\varepsilon}_2,\cdots,\boldsymbol{\varepsilon}_n$ 都是单位向量，则称这组正交基为**标准正交基**.

显然，由定义，$\boldsymbol{\varepsilon}_1,\boldsymbol{\varepsilon}_2,\cdots,\boldsymbol{\varepsilon}_n$ 是 n 维欧氏空间的标准正交基的充分必要条件是

$$(\boldsymbol{\varepsilon}_i,\boldsymbol{\varepsilon}_j)=\begin{cases}0, & i\neq j,\\ 1, & i=j.\end{cases}\tag{4.18}$$

欧氏空间的标准正交基是存在的，例如

$$\boldsymbol{\varepsilon}_1=\begin{pmatrix}1\\0\\0\\\vdots\\0\\0\end{pmatrix},\boldsymbol{\varepsilon}_2=\begin{pmatrix}0\\1\\0\\\vdots\\0\\0\end{pmatrix},\cdots,\boldsymbol{\varepsilon}_{n-1}=\begin{pmatrix}0\\0\\0\\\vdots\\1\\0\end{pmatrix},\boldsymbol{\varepsilon}_n=\begin{pmatrix}0\\0\\0\\\vdots\\0\\1\end{pmatrix}$$

就是 $\mathbf{R}^n$ 中一组典型的标准正交基.

若 V 中的向量 $\boldsymbol{\alpha},\boldsymbol{\beta}$ 在一组标准正交基 $\boldsymbol{\varepsilon}_1,\boldsymbol{\varepsilon}_2,\cdots,\boldsymbol{\varepsilon}_n$ 下的坐标分别为 $\begin{pmatrix}a_1\\a_2\\\vdots\\a_n\end{pmatrix}$ 和 $\begin{pmatrix}b_1\\b_2\\\vdots\\b_n\end{pmatrix}$，即

$$\boldsymbol{\alpha}=a_1\boldsymbol{\varepsilon}_1+a_2\boldsymbol{\varepsilon}_2+\cdots+a_n\boldsymbol{\varepsilon}_n,\quad \boldsymbol{\beta}=b_1\boldsymbol{\varepsilon}_1+b_2\boldsymbol{\varepsilon}_2+\cdots+b_n\boldsymbol{\varepsilon}_n,$$

那么依内积的运算律及(4.18)，就有

$$\begin{aligned}(\boldsymbol{\alpha},\boldsymbol{\beta})&=(a_1\boldsymbol{\varepsilon}_1+a_2\boldsymbol{\varepsilon}_2+\cdots+a_n\boldsymbol{\varepsilon}_n,b_1\boldsymbol{\varepsilon}_1+b_2\boldsymbol{\varepsilon}_2+\cdots+b_n\boldsymbol{\varepsilon}_n)\\&=a_1b_1+a_2b_2+\cdots+a_nb_n,\end{aligned}\tag{4.19}$$

从而

$$(\boldsymbol{\alpha},\boldsymbol{\alpha})=a_1^2+a_2^2+\cdots+a_n^2,\quad |\boldsymbol{\alpha}|=\sqrt{a_1^2+a_2^2+\cdots+a_n^2}.\tag{4.20}$$

对照 $\mathbf{R}^n$ 中的计算式(4.11)，(4.14)可知：

在标准正交基下，欧氏空间中向量的内积和长度的计算可归结为它们坐标的内积和长度的计算.

4.4.3　向量组的正交化和单位化

给定欧氏空间中的一组基，能否得到一组标准正交基？为此我们介绍**格拉姆-**

施密特(Gram-Schmidt)**正交化法**.

设 $\boldsymbol{\alpha}_1,\boldsymbol{\alpha}_2,\cdots,\boldsymbol{\alpha}_m$ 是欧氏空间的一组线性无关的向量.

(1)正交化.

取 $\boldsymbol{\beta}_1=\boldsymbol{\alpha}_1$.

取 $\boldsymbol{\beta}_2=\boldsymbol{\alpha}_2-k\boldsymbol{\beta}_1$,其中 k 是待定常数. 令 $(\boldsymbol{\beta}_1,\boldsymbol{\beta}_2)=0$,即有

$$(\boldsymbol{\beta}_1,\boldsymbol{\alpha}_2)=k(\boldsymbol{\beta}_1,\boldsymbol{\beta}_1).$$

从而 $k=\dfrac{(\boldsymbol{\beta}_1,\boldsymbol{\alpha}_2)}{(\boldsymbol{\beta}_1,\boldsymbol{\beta}_1)}$,故得

$$\boldsymbol{\beta}_2=\boldsymbol{\alpha}_2-\frac{(\boldsymbol{\beta}_1,\boldsymbol{\alpha}_2)}{(\boldsymbol{\beta}_1,\boldsymbol{\beta}_1)}\boldsymbol{\beta}_1.$$

显然,$\boldsymbol{\beta}_2\neq\mathbf{0}$,否则就有 $\boldsymbol{\alpha}_2$ 可由 $\boldsymbol{\beta}_1$ 即 $\boldsymbol{\alpha}_1$ 线性表示,与 $\boldsymbol{\alpha}_1,\boldsymbol{\alpha}_2$ 线性无关矛盾.

再取 $\boldsymbol{\beta}_3=\boldsymbol{\alpha}_3-k_1\boldsymbol{\beta}_1-k_2\boldsymbol{\beta}_2$,其中 k_1,k_2 是待定常数. 令 $(\boldsymbol{\beta}_1,\boldsymbol{\beta}_3)=0$,且 $(\boldsymbol{\beta}_2,\boldsymbol{\beta}_3)=0$,注意到 $(\boldsymbol{\beta}_1,\boldsymbol{\beta}_2)=0$,于是有

$$(\boldsymbol{\beta}_1,\boldsymbol{\alpha}_3)=k_1(\boldsymbol{\beta}_1,\boldsymbol{\beta}_1),\quad (\boldsymbol{\beta}_2,\boldsymbol{\alpha}_3)=k_2(\boldsymbol{\beta}_2,\boldsymbol{\beta}_2),$$

从而

$$k_1=\frac{(\boldsymbol{\beta}_1,\boldsymbol{\alpha}_3)}{(\boldsymbol{\beta}_1,\boldsymbol{\beta}_1)},\quad k_2=\frac{(\boldsymbol{\beta}_2,\boldsymbol{\alpha}_3)}{(\boldsymbol{\beta}_2,\boldsymbol{\beta}_2)},$$

故得

$$\boldsymbol{\beta}_3=\boldsymbol{\alpha}_3-\frac{(\boldsymbol{\beta}_1,\boldsymbol{\alpha}_3)}{(\boldsymbol{\beta}_1,\boldsymbol{\beta}_1)}\boldsymbol{\beta}_1-\frac{(\boldsymbol{\beta}_2,\boldsymbol{\alpha}_3)}{(\boldsymbol{\beta}_2,\boldsymbol{\beta}_2)}\boldsymbol{\beta}_2.$$

同理可得 $\boldsymbol{\beta}_3\neq\mathbf{0}$,否则就有 $\boldsymbol{\alpha}_3$ 可以由 $\boldsymbol{\beta}_1,\boldsymbol{\beta}_2$ 线性表示,进而导出 $\boldsymbol{\alpha}_3$ 可由 $\boldsymbol{\alpha}_1,\boldsymbol{\alpha}_2$ 线性表示,与 $\boldsymbol{\alpha}_1,\boldsymbol{\alpha}_2,\boldsymbol{\alpha}_3$ 线性无关矛盾.

归纳地,容易得到

$$\boldsymbol{\beta}_i=\boldsymbol{\alpha}_i-\frac{(\boldsymbol{\beta}_1,\boldsymbol{\alpha}_i)}{(\boldsymbol{\beta}_1,\boldsymbol{\beta}_1)}\boldsymbol{\beta}_1-\frac{(\boldsymbol{\beta}_2,\boldsymbol{\alpha}_i)}{(\boldsymbol{\beta}_2,\boldsymbol{\beta}_2)}\boldsymbol{\beta}_2-\cdots-\frac{(\boldsymbol{\beta}_{i-1},\boldsymbol{\alpha}_i)}{(\boldsymbol{\beta}_{i-1},\boldsymbol{\beta}_{i-1})}\boldsymbol{\beta}_{i-1},\tag{4.21}$$

其中 $i=2,3,\cdots,m$,且 $\boldsymbol{\beta}_1,\boldsymbol{\beta}_2,\cdots,\boldsymbol{\beta}_m$ 均为两两正交的非零向量.

(2)单位化.

令

$$\boldsymbol{\varepsilon}_i=\frac{\boldsymbol{\beta}_i}{|\boldsymbol{\beta}_i|},\quad i=1,2,\cdots,m.\tag{4.22}$$

这样就得到了一组正交的单位向量. 以上的过程给出了如下的定理.

定理 4.3 设 $\boldsymbol{\alpha}_1,\boldsymbol{\alpha}_2,\cdots,\boldsymbol{\alpha}_m$ 为欧氏空间 V 中线性无关的向量组,则由(4.21),(4.22)式可以得到 V 中的正交单位向量组 $\boldsymbol{\varepsilon}_1,\boldsymbol{\varepsilon}_2,\cdots,\boldsymbol{\varepsilon}_m$,且对 $i=1,2,\cdots,m$,$\boldsymbol{\alpha}_1,\boldsymbol{\alpha}_2,\cdots,\boldsymbol{\alpha}_i$ 与 $\boldsymbol{\varepsilon}_1,\boldsymbol{\varepsilon}_2,\cdots,\boldsymbol{\varepsilon}_i$ 等价.

证 由正交化、单位化可知,依 (4.21) 式与(4.22)式得到的 $\boldsymbol{\varepsilon}_1,\boldsymbol{\varepsilon}_2,\cdots,\boldsymbol{\varepsilon}_m$ 为正交单位向量组. 而对定理的后半部分结论,由(4.21),只要证 $\boldsymbol{\alpha}_1,\boldsymbol{\alpha}_2,\cdots,\boldsymbol{\alpha}_i$ 与 $\boldsymbol{\beta}_1$,

$\boldsymbol{\beta}_2,\cdots,\boldsymbol{\beta}_i$ 等价即可. 我们用归纳法来证明：

首先 $\boldsymbol{\beta}_1=\boldsymbol{\alpha}_1$，它们当然是等价的；假设 $\boldsymbol{\alpha}_1,\boldsymbol{\alpha}_2,\cdots,\boldsymbol{\alpha}_{i-1}$ 与 $\boldsymbol{\beta}_1,\boldsymbol{\beta}_2,\cdots,\boldsymbol{\beta}_{i-1}$ 等价，即它们可相互线性表示，那么由(4.21)，可知 $\boldsymbol{\beta}_i$ 可由 $\boldsymbol{\alpha}_1,\boldsymbol{\alpha}_2,\cdots,\boldsymbol{\alpha}_i$ 线性表示. 只要将(4.21)移项，显然 $\boldsymbol{\alpha}_i$ 也可由 $\boldsymbol{\beta}_1,\boldsymbol{\beta}_2,\cdots,\boldsymbol{\beta}_i$ 线性表示，于是 $\boldsymbol{\alpha}_1,\boldsymbol{\alpha}_2,\cdots,\boldsymbol{\alpha}_i$ 与 $\boldsymbol{\beta}_1,\boldsymbol{\beta}_2,\cdots,\boldsymbol{\beta}_i$ 可相互线性表示，即它们等价. □

这样，从 n 维欧氏空间 V 中的任何一组基 $\boldsymbol{\alpha}_1,\boldsymbol{\alpha}_2,\cdots,\boldsymbol{\alpha}_n$ 出发，通过上述的正交化、单位化过程，就可以得到一组标准正交基 $\boldsymbol{\varepsilon}_1,\boldsymbol{\varepsilon}_2,\cdots,\boldsymbol{\varepsilon}_n$. 值得注意的是这两组基的前 i 个向量都是等价的，即有 $\boldsymbol{\alpha}_1,\boldsymbol{\alpha}_2,\cdots,\boldsymbol{\alpha}_i$ 与 $\boldsymbol{\varepsilon}_1,\boldsymbol{\varepsilon}_2,\cdots,\boldsymbol{\varepsilon}_i$ 等价，或者说它们的生成子空间是相同的，即

$$L(\boldsymbol{\alpha}_1,\boldsymbol{\alpha}_2,\cdots,\boldsymbol{\alpha}_i)=L(\boldsymbol{\varepsilon}_1,\boldsymbol{\varepsilon}_2,\cdots,\boldsymbol{\varepsilon}_i).$$

例 4.31 试将 $\mathbf{R}^3$ 的一组基 $\boldsymbol{\alpha}_1,\boldsymbol{\alpha}_2,\boldsymbol{\alpha}_3$ 化为标准正交基，这里

$$\boldsymbol{\alpha}_1=\begin{pmatrix}1\\1\\0\end{pmatrix},\quad \boldsymbol{\alpha}_2=\begin{pmatrix}1\\0\\1\end{pmatrix},\quad \boldsymbol{\alpha}_3=\begin{pmatrix}-1\\0\\0\end{pmatrix}.$$

解 正交化.

$$\boldsymbol{\beta}_1=\boldsymbol{\alpha}_1=\begin{pmatrix}1\\1\\0\end{pmatrix},$$

$$\boldsymbol{\beta}_2=\boldsymbol{\alpha}_2-\frac{(\boldsymbol{\beta}_1,\boldsymbol{\alpha}_2)}{(\boldsymbol{\beta}_1,\boldsymbol{\beta}_1)}\boldsymbol{\beta}_1=\begin{pmatrix}1\\0\\1\end{pmatrix}-\frac{1}{2}\begin{pmatrix}1\\1\\0\end{pmatrix}=\begin{pmatrix}\frac{1}{2}\\-\frac{1}{2}\\1\end{pmatrix},$$

$$\begin{aligned}\boldsymbol{\beta}_3&=\boldsymbol{\alpha}_3-\frac{(\boldsymbol{\beta}_1,\boldsymbol{\alpha}_3)}{(\boldsymbol{\beta}_1,\boldsymbol{\beta}_1)}\boldsymbol{\beta}_1-\frac{(\boldsymbol{\beta}_2,\boldsymbol{\alpha}_3)}{(\boldsymbol{\beta}_2,\boldsymbol{\beta}_2)}\boldsymbol{\beta}_2\\&=\begin{pmatrix}-1\\0\\0\end{pmatrix}-\frac{(-1)}{2}\begin{pmatrix}1\\1\\0\end{pmatrix}-\frac{\left(-\frac{1}{2}\right)}{\frac{3}{2}}\begin{pmatrix}\frac{1}{2}\\-\frac{1}{2}\\1\end{pmatrix}=\begin{pmatrix}-\frac{1}{3}\\\frac{1}{3}\\\frac{1}{3}\end{pmatrix}.\end{aligned}$$

再单位化.

$$\boldsymbol{\varepsilon}_1=\frac{\boldsymbol{\beta}_1}{|\boldsymbol{\beta}_1|}=\begin{pmatrix}\frac{\sqrt{2}}{2}\\\frac{\sqrt{2}}{2}\\0\end{pmatrix},\quad \boldsymbol{\varepsilon}_2=\frac{\boldsymbol{\beta}_2}{|\boldsymbol{\beta}_2|}=\begin{pmatrix}\frac{\sqrt{6}}{6}\\-\frac{\sqrt{6}}{6}\\\frac{\sqrt{6}}{3}\end{pmatrix},\quad \boldsymbol{\varepsilon}_3=\frac{\boldsymbol{\beta}_3}{|\boldsymbol{\beta}_3|}=\begin{pmatrix}-\frac{\sqrt{3}}{3}\\\frac{\sqrt{3}}{3}\\\frac{\sqrt{3}}{3}\end{pmatrix},$$

$\boldsymbol{\varepsilon}_1,\boldsymbol{\varepsilon}_2,\boldsymbol{\varepsilon}_3$ 即为 $\mathbf{R}^3$ 的一组标准正交基. □

习 题 四

(一)

1. 试确定以下集合是否数域,并说明理由.

(1) $K_1=\{a+b\sqrt{3}\,|\,a,b\in\mathbf{Z}\}$,其中 $\mathbf{Z}$ 为整数集;

(2) $K_2=\{a+b\sqrt{3}\,|\,a,b\in\mathbf{Q}\}$,其中 $\mathbf{Q}$ 为有理数集.

2. 试确定以下集合是否数域,并说明理由.

(1) $F_1=\{a+b\mathrm{i}\,|\,a,b\in\mathbf{Z}\}$,其中 $\mathrm{i}=\sqrt{-1}$,$\mathbf{Z}$ 为整数集;

(2) $F_2=\{a+b\mathrm{i}\,|\,a,b\in\mathbf{Q}\}$,其中 $\mathrm{i}=\sqrt{-1}$,$\mathbf{Q}$ 为有理数集.

3. 试考察以下集合对所定义的加法和数乘运算是否构成实数域上的线性空间:

(1) 全体 n 阶实对称矩阵,依照矩阵的加法和数乘;

(2) 平面上不平行于某一向量的全体向量集合,依照二维向量的加法和数乘;

(3) 全体三维向量集合,依照向量的加法和如下规定的数乘:

$$k\begin{pmatrix}x_1\\x_2\\x_3\end{pmatrix}=\begin{pmatrix}0\\0\\0\end{pmatrix},\qquad \forall k\in\mathbf{R},\quad \begin{pmatrix}x_1\\x_2\\x_3\end{pmatrix}\in\mathbf{R}^3;$$

(4) 全体复数集合,依照数的加法以及数的乘法作数乘.

4. 试确定下列集合是否实线性空间 $\mathbf{R}^3$ 的子空间,以下小题中 $\boldsymbol{x}=(x_1,x_2,x_3)^{\mathrm{T}}$.

(1) $W_1=\{\boldsymbol{x}\in\mathbf{R}^3\,|\,x_3=0\}$;

(2) $W_2=\{\boldsymbol{x}\in\mathbf{R}^3\,|\,x_3\geqslant 0\}$;

(3) $W_3=\{\boldsymbol{x}\in\mathbf{R}^3\,|\,x_3=1\}$;

(4) $W_4=\{\boldsymbol{x}\in\mathbf{R}^3\,|\,2x_1+3x_2-x_3=0\}$;

(5) $W_5=\{\boldsymbol{x}\in\mathbf{R}^3\,|\,2x_1+3x_2-x_3=1\}$;

(6) $W_6=\{\boldsymbol{x}\in\mathbf{R}^3\,|\,x_1-x_2^2=0\}$.

5. 试确定下列集合是否实线性空间 $V=C[-1,1]$的子空间:

(1) $U_1=\{f\in V\,|\,f(x)\geqslant 0\}$;

(2) $U_2=\{f\in V\,|\,f(1)-f(-1)=0\}$;

(3) $U_3=\{f\in V\,|\,f(0)f(1)=0\}$;

(4) $U_4=\{f\in V\,|\,f(1)-f^2(1)=0\}$;

(5)$U_5=\{f\in V\mid f(-x)=f(x)\}$；

(6)$U_6=\{f\in V\mid f(x)-f(x^2)=0\}$.

6. 下列集合是实线性空间 $M^{3\times 3}$ 的子空间，试分别求这些子空间的维数和一组基：

(1) 由所有三阶上三角实方阵构成的子空间；

(2) 由所有三阶实对称方阵构成的子空间；

(3) 由所有三阶反对称实方阵构成的子空间.

7. 试求齐次线性方程组

$$\begin{cases}2x_1+x_2-x_3+x_4-3x_5=0,\\ x_1+x_2-x_3\qquad\quad+x_5=0\end{cases}$$

的解空间的维数和一组基.

8. 验证集合

$$\{(a_{ij})_{2\times 2}\in M^{2\times 2}\mid a_{11}+a_{12}+a_{21}+a_{22}=0\}$$

是 $M^{2\times 2}$ 的子空间，且求出它的维数和一组基.

9. 在 $\mathbf{R}^4$ 中，

$$\boldsymbol{\alpha}_1=\begin{pmatrix}1\\1\\-1\\-1\end{pmatrix},\quad \boldsymbol{\alpha}_2=\begin{pmatrix}4\\5\\-2\\-7\end{pmatrix},\quad \boldsymbol{\alpha}_3=\begin{pmatrix}0\\1\\0\\-1\end{pmatrix},\quad \boldsymbol{\alpha}_4=\begin{pmatrix}3\\2\\-1\\-4\end{pmatrix},\quad \boldsymbol{\alpha}_5=\begin{pmatrix}-1\\0\\0\\1\end{pmatrix},$$

求由 $\boldsymbol{\alpha}_1,\boldsymbol{\alpha}_2,\boldsymbol{\alpha}_3,\boldsymbol{\alpha}_4,\boldsymbol{\alpha}_5$ 生成的子空间 $L(\boldsymbol{\alpha}_1,\boldsymbol{\alpha}_2,\boldsymbol{\alpha}_3,\boldsymbol{\alpha}_4,\boldsymbol{\alpha}_5)$ 的维数和一组基.

10. 设 $\boldsymbol{\alpha}_1,\boldsymbol{\alpha}_2,\boldsymbol{\alpha}_3$ 是实线性空间 V 中的向量，且有

$$k_1\boldsymbol{\alpha}_1+k_2\boldsymbol{\alpha}_2+k_3\boldsymbol{\alpha}_3=\mathbf{0},\quad k_1,k_2,k_3\in\mathbf{R},\quad k_1k_3\neq 0.$$

求证：

$$L(\boldsymbol{\alpha}_1,\boldsymbol{\alpha}_2)=L(\boldsymbol{\alpha}_2,\boldsymbol{\alpha}_3).$$

11. 在 $\mathbf{R}^3$ 中，

$$\boldsymbol{\alpha}_1=\begin{pmatrix}1\\0\\1\end{pmatrix},\quad \boldsymbol{\alpha}_2=\begin{pmatrix}0\\1\\0\end{pmatrix},\quad \boldsymbol{\alpha}_3=\begin{pmatrix}1\\2\\2\end{pmatrix},\quad \boldsymbol{\beta}=\begin{pmatrix}1\\3\\0\end{pmatrix}.$$

验证 $\boldsymbol{\alpha}_1,\boldsymbol{\alpha}_2,\boldsymbol{\alpha}_3$ 是一组基，并求 $\boldsymbol{\beta}$ 在 $\boldsymbol{\alpha}_1,\boldsymbol{\alpha}_2,\boldsymbol{\alpha}_3$ 下的坐标.

12. 在 $\mathbf{R}^4$ 中，

$$\boldsymbol{\alpha}_1=\begin{pmatrix}1\\1\\1\\1\end{pmatrix},\quad \boldsymbol{\alpha}_2=\begin{pmatrix}1\\1\\-1\\-1\end{pmatrix},\quad \boldsymbol{\alpha}_3=\begin{pmatrix}1\\-1\\1\\-1\end{pmatrix},\quad \boldsymbol{\alpha}_4=\begin{pmatrix}1\\-1\\-1\\1\end{pmatrix},\quad \boldsymbol{\beta}=\begin{pmatrix}1\\2\\1\\1\end{pmatrix},$$

验证 $\boldsymbol{\alpha}_1,\boldsymbol{\alpha}_2,\boldsymbol{\alpha}_3,\boldsymbol{\alpha}_4$ 是一组基，并求 $\boldsymbol{\beta}$ 在 $\boldsymbol{\alpha}_1,\boldsymbol{\alpha}_2,\boldsymbol{\alpha}_3,\boldsymbol{\alpha}_4$ 下的坐标.

13. 在 $\mathbf{R}^4$ 中，求由基 $\boldsymbol{\alpha}_1,\boldsymbol{\alpha}_2,\boldsymbol{\alpha}_3,\boldsymbol{\alpha}_4$ 到基 $\boldsymbol{\beta}_1,\boldsymbol{\beta}_2,\boldsymbol{\beta}_3,\boldsymbol{\beta}_4$ 的过渡矩阵，并求向量 $\boldsymbol{\xi}$ 在两组基下的坐标.

(1)

$$\boldsymbol{\alpha}_1=\begin{pmatrix}1\\0\\0\\0\end{pmatrix},\quad \boldsymbol{\alpha}_2=\begin{pmatrix}0\\1\\0\\0\end{pmatrix},\quad \boldsymbol{\alpha}_3=\begin{pmatrix}0\\0\\1\\0\end{pmatrix},\quad \boldsymbol{\alpha}_4=\begin{pmatrix}0\\0\\0\\1\end{pmatrix},$$

$$\boldsymbol{\beta}_1=\begin{pmatrix}2\\1\\-1\\1\end{pmatrix},\quad \boldsymbol{\beta}_2=\begin{pmatrix}0\\3\\1\\0\end{pmatrix},\quad \boldsymbol{\beta}_3=\begin{pmatrix}5\\3\\2\\1\end{pmatrix},\quad \boldsymbol{\beta}_4=\begin{pmatrix}6\\6\\1\\3\end{pmatrix},\quad \boldsymbol{\xi}=\begin{pmatrix}x_1\\x_2\\x_3\\x_4\end{pmatrix};$$

(2)

$$\boldsymbol{\alpha}_1=\begin{pmatrix}1\\-1\\2\\0\end{pmatrix},\quad \boldsymbol{\alpha}_2=\begin{pmatrix}1\\1\\-1\\1\end{pmatrix},\quad \boldsymbol{\alpha}_3=\begin{pmatrix}-1\\1\\2\\1\end{pmatrix},\quad \boldsymbol{\alpha}_4=\begin{pmatrix}-1\\0\\-1\\1\end{pmatrix},$$

$$\boldsymbol{\beta}_1=\begin{pmatrix}2\\0\\1\\1\end{pmatrix},\quad \boldsymbol{\beta}_2=\begin{pmatrix}0\\2\\1\\2\end{pmatrix},\quad \boldsymbol{\beta}_3=\begin{pmatrix}-2\\1\\1\\2\end{pmatrix},\quad \boldsymbol{\beta}_4=\begin{pmatrix}1\\1\\3\\2\end{pmatrix},\quad \boldsymbol{\xi}=\begin{pmatrix}1\\0\\0\\0\end{pmatrix}.$$

14. 对第 13 题(1),求非零向量 $\boldsymbol{\eta}\in\mathbf{R}^4$,它在基 $\boldsymbol{\alpha}_1,\boldsymbol{\alpha}_2,\boldsymbol{\alpha}_3,\boldsymbol{\alpha}_4$ 和基 $\boldsymbol{\beta}_1,\boldsymbol{\beta}_2,\boldsymbol{\beta}_3,\boldsymbol{\beta}_4$ 下有相同的坐标.

15. 在三维线性空间的基 $\boldsymbol{\alpha}_1,\boldsymbol{\alpha}_2,\boldsymbol{\alpha}_3$ 下,非零向量 $\boldsymbol{\alpha}$ 的坐标为$(a_1,a_2,a_3)^{\mathrm{T}}$,试选取一组基,使得 $\boldsymbol{\alpha}$ 在这组基下的坐标为$(1,0,0)^{\mathrm{T}}$.

16. 实线性空间 $P[x]_4$ 的两组基分别为 $1,x,x^2,x^3$ 和 $1,1+x,1+x+x^2,1+x+x^2+x^3$.

(1) 求由前一组基到后一组基的过渡矩阵;

(2) 求多项式 $1+2x+3x^2+3x^3$ 在后一组基下的坐标;

(3) 多项式 $p(x)$在后一组基下的坐标为$(1,2,3,4)^{\mathrm{T}}$,求它在前一组基下的坐标.

17. 实线性空间 $M^{2\times 2}$的两组基分别为

$$E_{11}=\begin{pmatrix}1&0\\0&0\end{pmatrix},\quad E_{12}=\begin{pmatrix}0&1\\0&0\end{pmatrix},\quad E_{21}=\begin{pmatrix}0&0\\1&0\end{pmatrix},\quad E_{22}=\begin{pmatrix}0&0\\0&1\end{pmatrix}$$

和

$$M_1=\begin{pmatrix}0&1\\1&1\end{pmatrix},\quad M_2=\begin{pmatrix}1&0\\1&1\end{pmatrix},\quad M_3=\begin{pmatrix}1&1\\0&1\end{pmatrix},\quad M_4=\begin{pmatrix}1&1\\1&0\end{pmatrix},$$

试求从基 $E_{11},E_{12},E_{21},E_{22}$ 到基 M_1,M_2,M_3,M_4 的过渡矩阵,且求矩阵

$$M=\begin{pmatrix}0&1\\2&3\end{pmatrix}$$

在这两组基下的坐标.

18. 在欧氏空间 V 中,试证:

$$|\boldsymbol{\alpha}+\boldsymbol{\beta}|\leqslant|\boldsymbol{\alpha}|+|\boldsymbol{\beta}|,\quad \forall\,\boldsymbol{\alpha},\boldsymbol{\beta}\in V.$$

19. 在 $\mathbf{R}^4$ 中，

$$\boldsymbol{\alpha}_1=\begin{pmatrix}1\\1\\1\\2\end{pmatrix},\quad \boldsymbol{\alpha}_2=\begin{pmatrix}2\\1\\3\\2\end{pmatrix};\quad \boldsymbol{\beta}_1=\begin{pmatrix}3\\1\\-1\\0\end{pmatrix},\quad \boldsymbol{\beta}_2=\begin{pmatrix}1\\2\\-2\\1\end{pmatrix}.$$

(1) 求长度 $|\boldsymbol{\alpha}_1|$ 和 $|\boldsymbol{\beta}_1|$；

(2) 求夹角 $\langle\boldsymbol{\alpha}_1,\boldsymbol{\beta}_1\rangle$ 和 $\langle\boldsymbol{\alpha}_2,\boldsymbol{\beta}_2\rangle$；

(3) 求距离 $|\boldsymbol{\alpha}_1-\boldsymbol{\beta}_1|$ 和 $|\boldsymbol{\alpha}_2-\boldsymbol{\beta}_2|$.

20. 在 $\mathbf{R}^4$ 中求一单位向量与下列向量均正交：

$$\begin{pmatrix}1\\1\\1\\-1\end{pmatrix},\quad \begin{pmatrix}1\\-1\\1\\-1\end{pmatrix},\quad \begin{pmatrix}2\\1\\3\\1\end{pmatrix}.$$

21. 设 V 是 n 维欧氏空间，$\boldsymbol{\alpha}_1,\boldsymbol{\alpha}_2,\cdots,\boldsymbol{\alpha}_n$ 是 V 的一组基，$\boldsymbol{\beta}\in V$. 若 $(\boldsymbol{\beta},\boldsymbol{\alpha}_i)=0$，$i=1,2,\cdots,n$，试证：$\boldsymbol{\beta}=\mathbf{0}$.

22. 设 V 是欧氏空间，$L(\boldsymbol{\alpha}_1,\boldsymbol{\alpha}_2,\cdots,\boldsymbol{\alpha}_m)$ 是向量 $\boldsymbol{\alpha}_1,\boldsymbol{\alpha}_2,\cdots,\boldsymbol{\alpha}_m$ 的生成子空间，若对向量 $\boldsymbol{\beta}$ 有 $(\boldsymbol{\beta},\boldsymbol{\alpha}_i)=0$，$i=1,2,\cdots,m$，试证：$\boldsymbol{\beta}$ 与 $L(\boldsymbol{\alpha}_1,\boldsymbol{\alpha}_2,\cdots,\boldsymbol{\alpha}_m)$ 中的任何向量均正交.

23. 将下列各组向量标准正交化：

$$(1)\ \begin{pmatrix}1\\1\\1\end{pmatrix},\begin{pmatrix}1\\-1\\1\end{pmatrix};\quad (2)\ \begin{pmatrix}1\\1\\0\\0\end{pmatrix},\begin{pmatrix}0\\1\\1\\0\end{pmatrix},\begin{pmatrix}1\\0\\1\\1\end{pmatrix};\quad (3)\ \begin{pmatrix}1\\1\\1\\1\end{pmatrix},\begin{pmatrix}1\\-2\\-3\\-4\end{pmatrix},\begin{pmatrix}1\\2\\2\\3\end{pmatrix}.$$

24. 求齐次线性方程组的解空间的一组标准正交基

$$\begin{cases}x_1+x_2-x_3-x_4-x_5=0,\\ 2x_1+x_2-3x_3+x_4=0,\\ 3x_1+2x_2-4x_3-x_5=0.\end{cases}$$

25. $\mathbf{R}^4$ 中

$$\boldsymbol{\alpha}_1=\begin{pmatrix}1\\1\\1\\1\end{pmatrix},\quad \boldsymbol{\alpha}_2=\begin{pmatrix}1\\-2\\0\\0\end{pmatrix},$$

令

$$S=\{\boldsymbol{\alpha}\in\mathbf{R}^4\mid \boldsymbol{\alpha}\perp\boldsymbol{\alpha}_1,\boldsymbol{\alpha}\perp\boldsymbol{\alpha}_2\}.$$

(1) 试证 S 是 $\mathbf{R}^4$ 的一个子空间；

(2) 求 S 的一组标准正交基；

(3) 扩充(2)所求得的 S 的标准正交基成为 $\mathbf{R}^4$ 的一组标准正交基.

（二）

26. 试证：任一数域 P 必包含有理数域.

27. 试考察以下集合对所指定的加法和数乘是否构成实数域上的线性空间.

(1) 全体正实数集合 $\mathbf{R}_+$，依照如下定义的加法：

$$a \oplus b = ab, \quad \forall a, b \in \mathbf{R}_+,$$

以及数乘

$$k \otimes a = a^k, \quad \forall k \in \mathbf{R}, \quad a \in \mathbf{R}_+;$$

(2) 全体二元实数组集合

$$V = \{(x, y) \mid x \in \mathbf{R}, \quad y \in \mathbf{R}\},$$

依照如下定义的加法：

$$(x_1, y_1) \oplus (x_2, y_2) = (x_1 + x_2, y_1 + y_2 + x_1 x_2), \quad \forall (x_1, y_1), (x_2, y_2) \in V$$

和数乘

$$k \otimes (x, y) = (kx, ky + k(k-1)x^2/2), \quad \forall k \in \mathbf{R}, \quad (x, y) \in V$$

(注：为与通常的加法和数乘记号区别，该题中所定义的向量加法和数乘分别采用了记号$\oplus$和$\otimes$).

28. 证明：在实线性空间 V 中，成立

$$k(\boldsymbol{\alpha} - \boldsymbol{\beta}) = k\boldsymbol{\alpha} - k\boldsymbol{\beta}, \quad \forall k \in \mathbf{R}, \quad \boldsymbol{\alpha}, \boldsymbol{\beta} \in V.$$

29. 证明：$1, x-a, \cdots, (x-a)^{n-1}$ 是实线性空间 $P[x]_n$ 的一组基，其中 a 为实常数.

30. 设 $\boldsymbol{\varepsilon}_1, \boldsymbol{\varepsilon}_2, \cdots, \boldsymbol{\varepsilon}_n$ 是 n 维实线性空间 V 的一组基，$B=(b_{ij})_{n\times s}$ 是 $n \times s$ 实矩阵，试证由

$$(\boldsymbol{\eta}_1, \boldsymbol{\eta}_2, \cdots, \boldsymbol{\eta}_s) = (\boldsymbol{\varepsilon}_1, \boldsymbol{\varepsilon}_2, \cdots, \boldsymbol{\varepsilon}_n)B$$

定义的向量 $\boldsymbol{\eta}_1, \boldsymbol{\eta}_2, \cdots, \boldsymbol{\eta}_s$ 所生成的子空间 $L(\boldsymbol{\eta}_1, \boldsymbol{\eta}_2, \cdots, \boldsymbol{\eta}_s)$ 的维数等于矩阵 B 的秩.

31. 设

$$A = \begin{pmatrix} 1 & 0 & 0 \\ 0 & 1 & 0 \\ 3 & 1 & 2 \end{pmatrix},$$

求证：$M^{3\times 3}$ 中所有与 A 可交换的矩阵集合构成 $M^{3\times 3}$ 的子空间，且求该子空间的维数和一组基.

32. 设 V 是线性空间，W_1, W_2 都是 V 的真子集和子空间，试证：$\exists \boldsymbol{\alpha} \in V$，$\boldsymbol{\alpha}$ 不属于 W_1，也不属于 W_2.

33. 设 C 是 n 阶可逆方阵，$A=C^{\mathrm{T}}C$，在 $\mathbf{R}^n$ 定义内积

$$(\boldsymbol{x}, \boldsymbol{y}) = \boldsymbol{x}^{\mathrm{T}} \boldsymbol{A} \boldsymbol{y}, \quad \forall \boldsymbol{x}, \boldsymbol{y} \in \mathbf{R}^n.$$

(1) 试证：所定义的内积符合定义 4.8 中内积的性质，从而 $\mathbf{R}^n$ 在此内积下构成欧氏空间；

(2) 写出这个欧氏空间的柯西-施瓦茨不等式的具体形式；

(3) 对 $n=3$，试求

$$\boldsymbol{e}_1 = \begin{pmatrix} 1 \\ 0 \\ 0 \end{pmatrix}, \quad \boldsymbol{e}_2 = \begin{pmatrix} 0 \\ 1 \\ 0 \end{pmatrix}, \quad \boldsymbol{e}_3 = \begin{pmatrix} 0 \\ 0 \\ 1 \end{pmatrix}$$

中任意两个的内积$(\boldsymbol{e}_i, \boldsymbol{e}_j)$，$i, j=1,2,3$.

34. 设 V 是 n 维欧氏空间，$\boldsymbol{\gamma}$ 是 V 中一非零向量，试证：

(1) $W=\{\boldsymbol{\alpha}\in V\mid(\boldsymbol{\alpha},\boldsymbol{\gamma})=0\}$ 是 V 的子空间；

(2) W 的维数等于 $n-1$.

35. $P[x]_4$ 中，定义内积

$$(\boldsymbol{p},\boldsymbol{q})=\int_{-1}^{1}p(x)q(x)\mathrm{d}x,\quad \forall\,\boldsymbol{p}=p(x),\quad \boldsymbol{q}=q(x)\in P[x]_4,$$

试由 $P[x]_4$ 的基 $1,x,x^2,x^3$ 出发求得它的一组标准正交基.

36. 设 $\boldsymbol{\alpha}_1,\boldsymbol{\alpha}_2,\cdots,\boldsymbol{\alpha}_m$ 是 n 维欧氏空间中的一组向量，而

$$\Delta\xlongequal{\text{def}}\begin{pmatrix}(\boldsymbol{\alpha}_1,\boldsymbol{\alpha}_1) & (\boldsymbol{\alpha}_1,\boldsymbol{\alpha}_2) & \cdots & (\boldsymbol{\alpha}_1,\boldsymbol{\alpha}_m)\\(\boldsymbol{\alpha}_2,\boldsymbol{\alpha}_1) & (\boldsymbol{\alpha}_2,\boldsymbol{\alpha}_2) & \cdots & (\boldsymbol{\alpha}_2,\boldsymbol{\alpha}_m)\\\vdots & \vdots & & \vdots\\(\boldsymbol{\alpha}_m,\boldsymbol{\alpha}_1) & (\boldsymbol{\alpha}_m,\boldsymbol{\alpha}_2) & \cdots & (\boldsymbol{\alpha}_m,\boldsymbol{\alpha}_m)\end{pmatrix},$$

试证：$\boldsymbol{\alpha}_1,\boldsymbol{\alpha}_2,\cdots,\boldsymbol{\alpha}_m$ 线性无关的充分必要条件是行列式 $|\Delta|\neq 0$.

第五章　矩阵的对角化

本章讨论在理论上和实际应用上都非常重要的矩阵特征值问题，并利用特征值的有关理论，讨论矩阵在相似意义下化简为对角矩阵的问题.

5.1　矩阵的特征值与特征向量

先看一个例子.

设 $A=\begin{pmatrix}-1 & 0\\ 2 & 3\end{pmatrix}$，$\boldsymbol{\alpha}_1=\begin{pmatrix}-2\\ 1\end{pmatrix}$，$\boldsymbol{\alpha}_2=\begin{pmatrix}0\\ 1\end{pmatrix}$，$\boldsymbol{\alpha}_3=\begin{pmatrix}1\\ -1\end{pmatrix}$，作下面的乘法得

$$A\boldsymbol{\alpha}_1=\begin{pmatrix}2\\ -1\end{pmatrix}=-\boldsymbol{\alpha}_1,\quad A\boldsymbol{\alpha}_2=\begin{pmatrix}0\\ 3\end{pmatrix}=3\boldsymbol{\alpha}_2,\quad A\boldsymbol{\alpha}_3=\begin{pmatrix}-1\\ -1\end{pmatrix}.$$

我们可以从映射的角度看待上述运算，即由二阶实矩阵 A 定义了一个由全体二元实向量集合 $\mathbf{R}^2$ 到 $\mathbf{R}^2$ 自身的一个映射，它的对应法则为

$$\forall\,\boldsymbol{\alpha}\in\mathbf{R}^2\longrightarrow A\boldsymbol{\alpha}\in\mathbf{R}^2.$$

在此映射下，二元实向量 $\boldsymbol{\alpha}_1,\boldsymbol{\alpha}_2$ 的像 $A\boldsymbol{\alpha}_1,A\boldsymbol{\alpha}_2$ 只是原像的倍数，即 $A\boldsymbol{\alpha}_i$ 与 $\boldsymbol{\alpha}_i$ 线性相关，$i=1,2$. 从几何上看，像与原像在一条直线上，而向量 $\boldsymbol{\alpha}_3$ 的像 $A\boldsymbol{\alpha}_3$ 就不具有这个性质. 我们把 $\boldsymbol{\alpha}_1,\boldsymbol{\alpha}_2$ 称为矩阵 A 的特征向量，数 -1 与 3 分别称为 $\boldsymbol{\alpha}_1,\boldsymbol{\alpha}_2$ 对应的特征值. 那么，是否任何一个方阵都有特征值与特征向量？特征值与特征向量有些什么性质？这是本节要讨论的主要问题.

5.1.1　矩阵的特征值与特征向量的概念

定义 5.1　设 A 为元素属于数域 P 的 n 阶矩阵，如果存在数域 P 中的数 λ 与元素属于 P 的 n 维非零向量 $\boldsymbol{\alpha}$，使得

$$A\boldsymbol{\alpha}=\lambda\boldsymbol{\alpha},\tag{5.1}$$

则称 λ 为 A 的**特征值**，$\boldsymbol{\alpha}$ 为对应于特征值 λ 的**特征向量**. 同样，也称 λ 为对应于特征向量 $\boldsymbol{\alpha}$ 的特征值.

在定义特征值与特征向量时应指明数域，如不特别指出，本章的数域总指实数域.

由(5.1)式可知，若 λ_0 是矩阵 A 的特征值，$\boldsymbol{\alpha}_0$ 为对应于 λ_0 的特征向量，则 $\boldsymbol{\alpha}_0$ 为齐次线性方程组

$$(\lambda_0E-A)\boldsymbol{x}=\mathbf{0}$$

的非零解. 反之,若能找到数 λ_0,使得齐次线性方程组$(\lambda_0 E-A)\boldsymbol{x}=\boldsymbol{0}$有非零解,则 λ_0 是 A 的一个特征值,这个方程组的任何一个非零解都是 λ_0 对应的特征向量. 因而,由齐次线性方程组解的理论可知:

(1) λ_0 是矩阵 A 的特征值的充分必要条件为$|\lambda_0 E-A|=0$.

(2) 若 $\boldsymbol{\alpha}_1,\boldsymbol{\alpha}_2,\cdots,\boldsymbol{\alpha}_s$ 都是矩阵 A 对应于特征值 λ_0 的特征向量,$k_1,k_2,\cdots,k_s$ 为数,且 $k_1\boldsymbol{\alpha}_1+k_2\boldsymbol{\alpha}_2+\cdots+k_s\boldsymbol{\alpha}_s\neq\boldsymbol{0}$,则 $\sum\limits_{i=1}^{s}k_i\boldsymbol{\alpha}_i$ 也是矩阵 A 对应于特征值 λ_0 的特征向量. 因而 n 阶矩阵 A 对应于特征值 λ_0 的全体特征向量再添上零向量构成一个线性空间,它是齐次线性方程组$(\lambda_0 E-A)\boldsymbol{x}=\boldsymbol{0}$的解空间,称之为矩阵 A 对应于特征值 λ_0 的**特征子空间**,记作 V_{λ_0}. V_{λ_0} 的维数为与 λ_0 对应的线性无关的特征向量的最大个数.

定义 5.2　设矩阵 $A=(a_{ij})_{n\times n}$,称

$$|\lambda E-A|=\begin{vmatrix}\lambda-a_{11} & -a_{12} & \cdots & -a_{1n}\\ -a_{21} & \lambda-a_{22} & \cdots & -a_{2n}\\ \vdots & \vdots & & \vdots\\ a_{n1} & a_{n2} & \cdots & \lambda-a_{nn}\end{vmatrix}\tag{5.2}$$

为矩阵 A 的**特征多项式**. 称 λ 的方程

$$|\lambda E-A|=0\tag{5.3}$$

为矩阵 A 的**特征方程**.

由行列式的定义可知,(5.2)式的展开式为 λ 的 n 次多项式,依代数学基本定理可以证明,n 阶实矩阵 A 的特征方程(5.3)在复数域中恰有 n 个根(k 重根算作 k 个根)(证略).

5.1.2　特征值与特征向量的求法

求矩阵 A 的特征值与特征向量的步骤如下:

(1)计算 A 的特征多项式(5.2),并求出特征方程(5.3)的所有的根. 设矩阵 A 有 s 个不同的特征值 $\lambda_1,\lambda_2,\cdots,\lambda_s$.

(2)对 A 的每个特征值 $\lambda_i(i=1,2,\cdots,s)$,求齐次线性方程组

$$(\lambda_i E-A)\boldsymbol{x}=\boldsymbol{0}$$

的基础解系. 设它的一个基础解系为 $\boldsymbol{\alpha}_{i1},\boldsymbol{\alpha}_{i2},\cdots,\boldsymbol{\alpha}_{ir_i}$,那么,$\sum\limits_{j=1}^{r_i}k_{ij}\boldsymbol{\alpha}_{ij}$(其中 $k_{i1},k_{i2},\cdots,k_{ir_i}$ 为不同时为零的任意常数)即为矩阵 A 对应于 λ_i 的全部特征向量.

例 5.1　设矩阵 $A=\begin{pmatrix}0&1&1\\1&0&1\\1&1&0\end{pmatrix}$,求 A 的特征值与特征向量.

解

$$|\lambda E-A|=\begin{vmatrix}\lambda & -1 & -1\\ -1 & \lambda & -1\\ -1 & -1 & \lambda\end{vmatrix}=(\lambda-2)(\lambda+1)^2,$$

所以 A 的特征值为

$$\lambda_1=2,\quad \lambda_2=\lambda_3=-1.$$

对于 $\lambda_1=2$,解齐次线性方程组 $(2E-A)\boldsymbol{x}=\boldsymbol{0}$,得其基础解系为 $\begin{pmatrix}1\\1\\1\end{pmatrix}$,故与 $\lambda_1=2$ 对应的全体特征向量为

$$c_1\begin{pmatrix}1\\1\\1\end{pmatrix},$$

其中 c_1 为任意非零常数.

对于 $\lambda_2=\lambda_3=-1$,解齐次线性方程组 $(-E-A)\boldsymbol{x}=\boldsymbol{0}$,得其基础解系为 $\begin{pmatrix}-1\\1\\0\end{pmatrix}$, $\begin{pmatrix}-1\\0\\1\end{pmatrix}$,故与 $\lambda_2=\lambda_3=-1$ 对应的全体特征向量为

$$c_2\begin{pmatrix}-1\\1\\0\end{pmatrix}+c_3\begin{pmatrix}-1\\0\\1\end{pmatrix},$$

其中 c_2,c_3 为不同时为零的任意常数. □

例 5.2 设矩阵 $A=\begin{pmatrix}-1 & 1 & 0\\ -4 & 3 & 0\\ 1 & 0 & 2\end{pmatrix}$,求 A 的特征值与特征向量.

解

$$|\lambda E-A|=\begin{vmatrix}\lambda+1 & -1 & 0\\ 4 & \lambda-3 & 0\\ -1 & 0 & \lambda-2\end{vmatrix}=(\lambda-2)(\lambda-1)^2,$$

所以,A 的特征值为 $\lambda_1=2,\lambda_2=\lambda_3=1$.

对于 $\lambda_1=2$,齐次线性方程组 $(2E-A)\boldsymbol{x}=\boldsymbol{0}$ 的一个基础解系为 $\begin{pmatrix}0\\0\\1\end{pmatrix}$,故与 $\lambda_1=2$ 对应的全体特征向量为

$$c_1\begin{pmatrix}0\\0\\1\end{pmatrix},$$

其中 c_1 为任意非零常数.

对于 $\lambda_2=\lambda_3=1$,齐次线性方程组 $(E-A)\boldsymbol{x}=\boldsymbol{0}$ 的一个基础解系为 $\begin{pmatrix}1\\2\\-1\end{pmatrix}$,故与 $\lambda_2=\lambda_3=1$ 对应的全体特征向量为

$$c_2\begin{pmatrix}1\\2\\-1\end{pmatrix},$$

其中 c_2 为任意非零常数. □

例 5.3　$A=\begin{pmatrix}a&&\\&b&\\&&c\end{pmatrix}$,其中 a,b,c 为三个不相等的实数,求 A 的特征值与特征向量.

解　A 的特征多项式为

$$|\lambda E-A|=(\lambda-a)(\lambda-b)(\lambda-c),$$

故 A 有三个不同的特征值:$\lambda_1=a,\lambda_2=b,\lambda_3=c$. 不难求得,与它们对应的全体特征向量分别为

$$c_1\begin{pmatrix}1\\0\\0\end{pmatrix},\quad c_2\begin{pmatrix}0\\1\\0\end{pmatrix},\quad c_3\begin{pmatrix}0\\0\\1\end{pmatrix},$$

其中 c_1,c_2,c_3 为任意非零常数. □

例 5.4　设 $A=\begin{pmatrix}0&-1\\1&0\end{pmatrix}$,求 A 的特征值与特征向量.

解　A 的特征多项式为

$$|\lambda E-A|=\begin{vmatrix}\lambda&1\\-1&\lambda\end{vmatrix}=\lambda^2+1,$$

显然,A 在实数域中没有特征值,在复数域中 A 的特征值为 $\lambda_1=\mathrm{i},\lambda_2=-\mathrm{i}$(其中 i 为虚数单位,$\mathrm{i}=\sqrt{-1}$). 可以求得与它们对应的全体特征向量分别为

$$c_1\begin{pmatrix}\mathrm{i}\\1\end{pmatrix},\quad c_2\begin{pmatrix}-\mathrm{i}\\1\end{pmatrix},$$

其中 c_1,c_2 为任意非零常数. □

例 5.5　设矩阵 A 为 n 阶对合矩阵(即 $A^2=E$),且 A 的特征值都是 1,证

明:$A=E$.

证 由 $A^2=E$ 可得

$$(E+A)(E-A)=O, \tag{5.4}$$

由于 A 的特征值都是 1,这说明 -1 不是 A 的特征值,即

$$|-E-A|=(-1)^n\,|E+A|\neq 0.$$

因而 $E+A$ 可逆. 用 $(E+A)^{-1}$ 左乘(5.4)式两端即可得 $A=E$. □

5.1.3 特征值与特征向量的性质

定理 5.1 设 $\lambda_1,\lambda_2,\cdots,\lambda_n$ 为 n 阶矩阵 $A=(a_{ij})_{n\times n}$ 的 n 个特征值(k 重特征值算作 k 个特征值),则

$$\sum_{j=1}^{n}\lambda_j=\sum_{i=1}^{n}a_{ii}, \tag{5.5}$$

$$\prod_{j=1}^{n}\lambda_j=|A|. \tag{5.6}$$

证 由行列式的定义可知,矩阵 A 的特征多项式((5.2)式)的展开式中,有一项是主对角线上 n 个元素的乘积

$$(\lambda-a_{11})(\lambda-a_{22})\cdots(\lambda-a_{nn}), \tag{5.7}$$

而其他各项至多含有主对角线上的 $n-2$ 个元素. 因而,A 的特征多项式中,λ^n 与 λ^{n-1} 的系数由(5.7)式确定. 不难看出,λ^n 的系数为 1,λ^{n-1} 的系数为 $-(a_{11}+a_{22}+\cdots+a_{nn})$. 另外,在特征多项式中令 $\lambda=0$ 可得其常数项为 $|-A|=(-1)^n|A|$. 故

$$|\lambda E-A|=\lambda^n-(a_{11}+a_{22}+\cdots+a_{nn})\lambda^{n-1}+\cdots+(-1)^n\,|A|. \tag{5.8}$$

另一方面,由于 $\lambda_1,\lambda_2,\cdots,\lambda_n$ 是 A 的 n 个特征值,所以 A 的特征多项式亦可表示为

$$|\lambda E-A|=(\lambda-\lambda_1)(\lambda-\lambda_2)\cdots(\lambda-\lambda_n), \tag{5.9}$$

比较(5.8)式与(5.9)式可得

$$\sum_{j=1}^{n}\lambda_j=\sum_{i=1}^{n}a_{ii},\quad \prod_{j=1}^{n}\lambda_j=|A|.$$ □

称 $\sum\limits_{i=1}^{n}a_{ii}$ 为矩阵 A 的**迹**,记作 $\mathrm{tr}A$.

定理 5.2 设 $\lambda_1,\lambda_2,\cdots,\lambda_s$ 是 n 阶矩阵 A 的 s 个不同的特征值,$\boldsymbol{\alpha}_1,\boldsymbol{\alpha}_2,\cdots,\boldsymbol{\alpha}_s$ 分别是它们对应的特征向量,则 $\boldsymbol{\alpha}_1,\boldsymbol{\alpha}_2,\cdots,\boldsymbol{\alpha}_s$ 线性无关.

证 对特征值的个数 s 用数学归纳法来证明这个定理.

当 $s=1$ 时,由于 $\boldsymbol{\alpha}_1\neq\mathbf{0}$,因而结论成立.

设 $s=k$ 时结论成立,即如果 $\lambda_1,\lambda_2,\cdots,\lambda_k$ 是矩阵 A 的 k 个不同的特征值,$\boldsymbol{\alpha}_1,\boldsymbol{\alpha}_2,\cdots,\boldsymbol{\alpha}_k$ 分别是它们对应的特征向量,则 $\boldsymbol{\alpha}_1,\boldsymbol{\alpha}_2,\cdots,\boldsymbol{\alpha}_k$ 线性无关.

现设 $\lambda_1,\lambda_2,\cdots,\lambda_{k+1}$ 是矩阵 A 的 $k+1$ 个不同的特征值,$\boldsymbol{\alpha}_1,\boldsymbol{\alpha}_2,\cdots,\boldsymbol{\alpha}_{k+1}$ 分别是

它们对应的特征向量，下面证明 $\boldsymbol{\alpha}_1,\boldsymbol{\alpha}_2,\cdots,\boldsymbol{\alpha}_{k+1}$ 线性无关.

设

$$c_1\boldsymbol{\alpha}_1+c_2\boldsymbol{\alpha}_2+\cdots+c_k\boldsymbol{\alpha}_k+c_{k+1}\boldsymbol{\alpha}_{k+1}=\mathbf{0}, \tag{5.10}$$

用矩阵 A 左乘上式两端，得

$$c_1A\boldsymbol{\alpha}_1+c_2A\boldsymbol{\alpha}_2+\cdots+c_kA\boldsymbol{\alpha}_k+c_{k+1}A\boldsymbol{\alpha}_{k+1}=\mathbf{0}.$$

由于 $A\boldsymbol{\alpha}_i=\lambda_i\boldsymbol{\alpha}_i,i=1,2,\cdots,k+1$，故上式可化为

$$c_1\lambda_1\boldsymbol{\alpha}_1+c_2\lambda_2\boldsymbol{\alpha}_2+\cdots+c_k\lambda_k\boldsymbol{\alpha}_k+c_{k+1}\lambda_{k+1}\boldsymbol{\alpha}_{k+1}=\mathbf{0}. \tag{5.11}$$

再将(5.10)式两端乘以 λ_{k+1}，得

$$c_1\lambda_{k+1}\boldsymbol{\alpha}_1+c_2\lambda_{k+1}\boldsymbol{\alpha}_2+\cdots+c_k\lambda_{k+1}\boldsymbol{\alpha}_k+c_{k+1}\lambda_{k+1}\boldsymbol{\alpha}_{k+1}=\mathbf{0}, \tag{5.12}$$

(5.12)式两端分别减(5.11)式两端，得

$$c_1(\lambda_{k+1}-\lambda_1)\boldsymbol{\alpha}_1+c_2(\lambda_{k+1}-\lambda_2)\boldsymbol{\alpha}_2+\cdots+c_k(\lambda_{k+1}-\lambda_k)\boldsymbol{\alpha}_k=\mathbf{0}.$$

由假设，$\boldsymbol{\alpha}_1,\boldsymbol{\alpha}_2,\cdots,\boldsymbol{\alpha}_k$ 线性无关，于是有

$$c_i(\lambda_{k+1}-\lambda_i)\boldsymbol{\alpha}_i=\mathbf{0},\quad i=1,2,\cdots,k.$$

由已知条件，$\lambda_1,\lambda_2,\cdots,\lambda_{k+1}$ 是矩阵 A 的 $k+1$ 个不同的特征值，因而，$\lambda_{k+1}-\lambda_i\neq0$，且 $\boldsymbol{\alpha}_i\neq\mathbf{0},i=1,2,\cdots,k$，故

$$c_i=0,\quad i=1,2,\cdots,k.$$

将此结果代入(5.10)式得

$$c_{k+1}\boldsymbol{\alpha}_{k+1}=\mathbf{0},$$

由于 $\boldsymbol{\alpha}_{k+1}\neq\mathbf{0}$，故

$$c_{k+1}=0.$$

由此说明，只有 $c_i=0(i=1,2,\cdots,k+1)$ 时，(5.10)式才能成立，即结论对 $s=k+1$ 成立. 由归纳法，$\boldsymbol{\alpha}_1,\boldsymbol{\alpha}_2,\cdots,\boldsymbol{\alpha}_s$ 线性无关. □

推论 5.1　设 $\lambda_1,\lambda_2,\cdots,\lambda_s$ 是 n 阶矩阵 A 的 s 个不同的特征值，$\boldsymbol{\alpha}_{i1},\boldsymbol{\alpha}_{i2},\cdots,\boldsymbol{\alpha}_{ir_i}$ 是矩阵 A 对应于特征值 $\lambda_i(i=1,2,\cdots,s)$ 的线性无关的特征向量，则

$$\boldsymbol{\alpha}_{11},\boldsymbol{\alpha}_{12},\cdots,\boldsymbol{\alpha}_{1r_1},\boldsymbol{\alpha}_{21},\boldsymbol{\alpha}_{22},\cdots,\boldsymbol{\alpha}_{2r_2},\cdots,\boldsymbol{\alpha}_{s1},\boldsymbol{\alpha}_{s2},\cdots,\boldsymbol{\alpha}_{sr_s}$$

线性无关.

证　设

$$\sum_{j=1}^{r_1}c_{1j}\boldsymbol{\alpha}_{1j}+\sum_{j=1}^{r_2}c_{2j}\boldsymbol{\alpha}_{2j}+\cdots+\sum_{j=1}^{r_s}c_{sj}\boldsymbol{\alpha}_{sj}=\mathbf{0}, \tag{5.13}$$

记

$$\boldsymbol{\xi}_i=\sum_{j=1}^{r_i}c_{ij}\boldsymbol{\alpha}_{ij},\quad i=1,2,\cdots,s, \tag{5.14}$$

则(5.13)式可记为

$$\boldsymbol{\xi}_1+\boldsymbol{\xi}_2+\cdots+\boldsymbol{\xi}_s=\mathbf{0}. \tag{5.15}$$

若某个 $\boldsymbol{\xi}_i\neq\mathbf{0}$，则 $\boldsymbol{\xi}_i$ 必为 λ_i 对应的特征向量，且由(5.15)式可知，若有一个 $\boldsymbol{\xi}_i\neq\mathbf{0}$，

则至少还有一个 $\boldsymbol{\xi}_j\neq\mathbf{0},j\neq i$. 不失一般性,设(5.14)中非零的向量为 $\boldsymbol{\xi}_1,\boldsymbol{\xi}_2,\cdots,\boldsymbol{\xi}_k$ $(2\leqslant k\leqslant s)$,它们分别是 $\lambda_1,\lambda_2,\cdots,\lambda_k$ 对应的特征向量,则(5.15)变为

$$\boldsymbol{\xi}_1+\boldsymbol{\xi}_2+\cdots+\boldsymbol{\xi}_k=\mathbf{0}.$$

这说明 $\boldsymbol{\xi}_1,\boldsymbol{\xi}_2,\cdots,\boldsymbol{\xi}_k$ 线性相关,与定理 5.2 矛盾,故

$$\boldsymbol{\xi}_i=\mathbf{0},\quad i=1,2,\cdots,s,$$

即

$$\sum_{j=1}^{r_i}c_{ij}\boldsymbol{\alpha}_{ij}=\mathbf{0},\quad i=1,2,\cdots,s.$$

由已知条件,$\boldsymbol{\alpha}_{i1},\boldsymbol{\alpha}_{i2},\cdots,\boldsymbol{\alpha}_{ir_i}$ 线性无关,所以

$$c_{i1}=c_{i2}=\cdots=c_{ir_i}=0,\quad i=1,2,\cdots,s,$$

即 $\boldsymbol{\alpha}_{11},\boldsymbol{\alpha}_{12},\cdots,\boldsymbol{\alpha}_{1r_1},\boldsymbol{\alpha}_{21},\boldsymbol{\alpha}_{22},\cdots,\boldsymbol{\alpha}_{2r_2},\cdots,\boldsymbol{\alpha}_{s1},\boldsymbol{\alpha}_{s2},\cdots,\boldsymbol{\alpha}_{sr_s}$ 线性无关. □

由例 5.1 与例 5.2 可见,如果矩阵的一个特征值 λ_0 为 k 重特征值,则 V_{λ_0} 的维数 $\leqslant k$. 在例 5.1 中,$\lambda_2=\lambda_3=-1$ 为二重特征值,$V_{\lambda=-1}$ 的维数为 2;在例 5.2 中,$\lambda_2=\lambda_3=1$ 也为二重特征值,但 $V_{\lambda=1}$ 的维数为 1. 这个结果对一般的 n 阶矩阵也成立. 有下面的定理.

定理 5.3 设 λ_0 为 n 阶矩阵 A 的 k 重特征值,则矩阵 A 与 λ_0 对应至多有 k 个线性无关的特征向量.

称 k 为特征值 λ_0 的**代数重数**;设 r 为 V_{λ_0} 的维数,称 r 为特征值 λ_0 的**几何重数**. 定理说明,特征值的几何重数 $\leqslant$ 代数重数. 定理 5.3 的证明放在下一节.

矩阵的特征值与特征向量还有以下性质:

性质 1 矩阵 A 与 A^{T} 有相同的特征值.

证 由于

$$|\lambda E-A^{\mathrm{T}}|=|(\lambda E-A)^{\mathrm{T}}|=|\lambda E-A|,$$

故 A^{T} 与 A 有相同的特征多项式,因而有相同的特征值. □

性质 2 设 λ 为矩阵 A 的特征值,$\boldsymbol{\alpha}$ 为对应的特征向量,则

(1) $k\lambda$ 是 kA 的特征值,$\boldsymbol{\alpha}$ 是 kA 对应于特征值 $k\lambda$ 的特征向量,其中 k 为常数;

(2) λ^m 是 A^m 的特征值,$\boldsymbol{\alpha}$ 是 A^m 对应于特征值 λ^m 的特征向量,其中 m 为正整数;

(3) 若 $g(A)=a_0A^m+a_1A^{m-1}+\cdots+a_{m-1}A+a_mE$,其中 $a_0,a_1,\cdots,a_m$ 为已知常数,E 为与 A 同阶的单位矩阵,m 为正整数,则

$$g(\lambda)=a_0\lambda^m+a_1\lambda^{m-1}+\cdots+a_{m-1}\lambda+a_m$$

是 $g(A)$ 的特征值,$\boldsymbol{\alpha}$ 是 $g(A)$ 对应于特征值 $g(\lambda)$ 的特征向量.

证 (留作习题)

例 5.6 设 A 为可逆矩阵,λ 为 A 的特征值,$\boldsymbol{\alpha}$ 为对应的特征向量. 证明:

(1)$\frac{1}{\lambda}$是A^{-1}的特征值,$\boldsymbol{\alpha}$是A^{-1}与$\frac{1}{\lambda}$对应的特征向量;

(2)$\frac{|A|}{\lambda}$是A^*的特征值,$\boldsymbol{\alpha}$是A^*与$\frac{|A|}{\lambda}$对应的特征向量.

证　由已知条件可知

$$A\boldsymbol{\alpha}=\lambda\boldsymbol{\alpha} \tag{5.16}$$

且A可逆,因此

$$|A|=\prod_{i=1}^{n}\lambda_i\neq 0.$$

所以$\lambda\neq 0$.用$\frac{A^{-1}}{\lambda}$左乘(5.16)式两端得

$$A^{-1}\boldsymbol{\alpha}=\frac{1}{\lambda}\boldsymbol{\alpha},$$

上式两端再乘$|A|$,得

$$A^*\boldsymbol{\alpha}=\frac{|A|}{\lambda}\boldsymbol{\alpha}.$$

由特征值与特征向量的定义,可知(1),(2)的结论成立.　□

例 5.7　设$A^2=E$,证明A的特征值只能是± 1.

证　设λ为A的特征值,$\boldsymbol{\alpha}$是对应的特征向量,则

$$A\boldsymbol{\alpha}=\lambda\boldsymbol{\alpha}.$$

用矩阵A左乘上式两端,得

$$A^2\boldsymbol{\alpha}=\lambda A\boldsymbol{\alpha}.$$

利用$A^2=E$与$A\boldsymbol{\alpha}=\lambda\boldsymbol{\alpha}$,上式可化为

$$(\lambda^2-1)\boldsymbol{\alpha}=\mathbf{0}.$$

由于特征向量$\boldsymbol{\alpha}$为非零向量,因而

$$\lambda^2-1=0,$$

即$\lambda=\pm 1$.　□

例 5.8　设n阶矩阵A的特征值为$0,1,2,\cdots,n-1$,求$A+2E$的特征值与行列式$|A+2E|$.

解法一　$A+2E$是A的矩阵多项式,由性质2(3)可知,$A+2E$的特征值为$0+2,1+2,\cdots,(n-1)+2$,即

$$2,3,\cdots,n+1,$$

故由定理5.1可知

$$|A+2E|=2\cdot 3\cdots(n+1)=(n+1)!.$$　□

本例也可利用特征多项式求行列式$|A+2E|$的值.

解法二　由于A的特征值为$0,1,2,\cdots,n-1$,所以A的特征多项式为

$$|\lambda E - A| = \lambda(\lambda-1)\cdots[\lambda-(n-1)],$$

故

$$\begin{aligned}|A+2E| &= (-1)^n|-2E-A| = (-1)^n|\lambda E - A|_{\lambda=-2} \\ &= (-1)^n(-2-0)(-2-1)\cdots[-2-(n-1)] \\ &= (n+1)!.\end{aligned}$$

□

5.2 相似矩阵和矩阵的对角化

作为矩阵特征值理论的一个应用,本节我们讨论相似矩阵的概念与性质,以及方阵相似于对角矩阵的条件.

5.2.1 相似矩阵的概念

定义 5.3 设 A,B 为 n 阶矩阵,P 为 n 阶可逆矩阵,且

$$P^{-1}AP = B,$$

则称**矩阵 A 相似于矩阵** B,记作 $A \sim B$.

相似描述了 n 阶矩阵之间的一种关系,这种关系具有下面的性质:

(1) 自反性,即 $A\sim A$;

(2) 对称性,即若 $A\sim B$,则 $B\sim A$;

(3) 传递性,即若 $A\sim B$,$B\sim C$,则 $A\sim C$.

由定义不难证明这些性质,它们的证明留给读者.

由于相似矩阵的对称性,我们常称两矩阵相似,不再强调 A 相似于 B 还是 B 相似于 A.

5.2.2 相似矩阵的性质

相似矩阵具有如下的性质:下设 A,B 都是 n 阶矩阵.

性质 1 若 $A\sim B$,则 $|\lambda E - A| = |\lambda E - B|$,因而 A 与 B 有相同的特征值,相同的行列式与相同的迹.

证 只需证 A 与 B 有相同的特征多项式即可. 由于 $A\sim B$,所以,必有可逆矩阵 P,使得

$$P^{-1}AP = B,$$

故

$$\begin{aligned}|\lambda E - B| &= |\lambda P^{-1}EP - P^{-1}AP| \\ &= |P^{-1}||\lambda E - A||P| = |\lambda E - A|.\end{aligned}$$

□

性质 2 若 $A\sim B$,且矩阵 A 可逆,则矩阵 B 也可逆,且 $A^{-1}\sim B^{-1}$.

证 由性质 1,当 $A\sim B$ 时,$|A| = |B|$,所以,当 $|A|\neq 0$ 时,必有 $|B|\neq 0$,即 A

可逆时,B 也可逆. 设 P 为可逆矩阵,且 $B=P^{-1}AP$,则

$$B^{-1}=(P^{-1}AP)^{-1}=P^{-1}A^{-1}P,$$

即 $A^{-1}\sim B^{-1}$. □

性质 3 若 $A\sim B$,则

$$kA\sim kB,\quad k \text{ 是常数},$$

$$A^m\sim B^m,\quad m \text{ 是正整数},$$

$$g(A)\sim g(B),\quad \text{其中 } g(x)=a_0x^m+a_1x^{m-1}+\cdots+a_m.$$

证 (留给读者)

在矩阵的运算中,对角矩阵的运算很简便,如果一个矩阵能够相似于对角矩阵,则可简化某些运算. 例如,如果令

$$P=\begin{pmatrix}1&2\\1&3\end{pmatrix},\quad A=\begin{pmatrix}7&-6\\9&-8\end{pmatrix},$$

不难验证,

$$P^{-1}AP=\begin{pmatrix}1&\\&-2\end{pmatrix}\xlongequal{\text{记为}}\Lambda.$$

直接计算 A^{10} 或 A^n 运算量很大也不易找出规律. 利用 A 相似于对角矩阵的性质,易得

$$A^n=(P\Lambda P^{-1})^n=P\Lambda^nP^{-1}=\begin{pmatrix}3+(-2)^{n+1}&-2-(-2)^{n+1}\\3-3(-2)^n&-2+3(-2)^n\end{pmatrix}.$$

那么,是否每个矩阵都能相似于对角矩阵? 如果能相似于对角矩阵,怎样求出这个对角矩阵及相应的可逆矩阵 P? 下面我们就来讨论这个问题.

5.2.3 矩阵相似于对角矩阵的条件

定理 5.4 n 阶矩阵 A 相似于对角矩阵 Λ 的充分必要条件是 A 有 n 个线性无关的特征向量.

证 必要性 设有可逆矩阵 P,使得

$$P^{-1}AP=\Lambda,\quad \text{其中 } \Lambda=\mathrm{diag}(\lambda_1,\lambda_2,\cdots,\lambda_n).$$

将矩阵 P 按列分块,令 $P=(\boldsymbol{p}_1,\boldsymbol{p}_2,\cdots,\boldsymbol{p}_n)$,则有

$$A(\boldsymbol{p}_1,\boldsymbol{p}_2,\cdots,\boldsymbol{p}_n)=(\boldsymbol{p}_1,\boldsymbol{p}_2,\cdots,\boldsymbol{p}_n)\begin{pmatrix}\lambda_1&&&\\&\lambda_2&&\\&&\ddots&\\&&&\lambda_n\end{pmatrix},$$

因而

$$A\boldsymbol{p}_i=\lambda_i\boldsymbol{p}_i,\quad i=1,2,\cdots,n.$$

因为 P 为可逆矩阵,所以 $\boldsymbol{p}_1,\boldsymbol{p}_2,\cdots,\boldsymbol{p}_n$ 为线性无关的非零向量,上式说明它们分

别是矩阵 A 对应于特征值 $\lambda_1,\lambda_2,\cdots,\lambda_n$ 的特征向量.

充分性 由必要性的证明可见,如果矩阵 A 有 n 个线性无关的特征向量,设它们为 $\boldsymbol{p}_1,\boldsymbol{p}_2,\cdots,\boldsymbol{p}_n$,对应的特征值分别为 $\lambda_1,\lambda_2,\cdots,\lambda_n$,则有

$$A\boldsymbol{p}_i=\lambda_i\boldsymbol{p}_i,\quad i=1,2,\cdots,n.$$

以这些向量为列构造矩阵 $P=(\boldsymbol{p}_1,\boldsymbol{p}_2,\cdots,\boldsymbol{p}_n)$,则 P 可逆,且

$$AP=P\Lambda,\quad 其中\ \Lambda=\mathrm{diag}(\lambda_1,\lambda_2,\cdots,\lambda_n),$$

即

$$P^{-1}AP=\Lambda.$$ □

推论 5.2 若 n 阶矩阵 A 有 n 个不同的特征值,则 A 必能相似于对角矩阵.

证 由定理 5.2 可知,不同的特征值对应的特征向量线性无关,因而,当 A 有 n 个不同的特征值时,必有 n 个线性无关的特征向量,故 A 能相似于对角矩阵. □

下面给出定理 5.3 的证明,并进一步给出矩阵相似于对角矩阵的充分必要条件.

定理 5.3 的证* 设 V_{λ_0} 的一组基为

$$\boldsymbol{\alpha}_1,\boldsymbol{\alpha}_2,\cdots,\boldsymbol{\alpha}_r,$$

再补充 $n-r$ 个向量 $\boldsymbol{\beta}_1,\boldsymbol{\beta}_2,\cdots,\boldsymbol{\beta}_{n-r}$,使 $\boldsymbol{\alpha}_1,\boldsymbol{\alpha}_2,\cdots,\boldsymbol{\alpha}_r,\boldsymbol{\beta}_1,\boldsymbol{\beta}_2,\cdots,\boldsymbol{\beta}_{n-r}$ 为 n 个线性无关的 n 维向量,则任一 n 维向量可由它们线性表示,且

$$\begin{aligned}A\boldsymbol{\alpha}_i&=\lambda_0\boldsymbol{\alpha}_i,\quad i=1,2,\cdots,r,\\A\boldsymbol{\beta}_j&=c_{1j}\boldsymbol{\alpha}_1+c_{2j}\boldsymbol{\alpha}_2+\cdots+c_{rj}\boldsymbol{\alpha}_r\\&\quad+b_{1j}\boldsymbol{\beta}_1+b_{2j}\boldsymbol{\beta}_2+\cdots+b_{n-r,j}\boldsymbol{\beta}_{n-r},\quad j=1,2,\cdots,n-r.\end{aligned}$$

令

$$P=(\boldsymbol{\alpha}_1,\boldsymbol{\alpha}_2,\cdots,\boldsymbol{\alpha}_r,\boldsymbol{\beta}_1,\boldsymbol{\beta}_2,\cdots,\boldsymbol{\beta}_{n-r}),$$

并利用分块矩阵的乘法,得

$$\begin{aligned}AP&=A(\boldsymbol{\alpha}_1,\boldsymbol{\alpha}_2,\cdots,\boldsymbol{\alpha}_r,\boldsymbol{\beta}_1,\boldsymbol{\beta}_2,\cdots,\boldsymbol{\beta}_{n-r})\\&=(A\boldsymbol{\alpha}_1,A\boldsymbol{\alpha}_2,\cdots,A\boldsymbol{\alpha}_r,A\boldsymbol{\beta}_1,A\boldsymbol{\beta}_2,\cdots,A\boldsymbol{\beta}_{n-r})\\&=(\boldsymbol{\alpha}_1,\boldsymbol{\alpha}_2,\cdots,\boldsymbol{\alpha}_r,\boldsymbol{\beta}_1,\boldsymbol{\beta}_2,\cdots,\boldsymbol{\beta}_{n-r})\begin{pmatrix}\lambda_0E_r&C\\0&B\end{pmatrix}\\&=P\begin{pmatrix}\lambda_0E_r&C\\0&B\end{pmatrix},\end{aligned}$$

其中

$$C=\begin{pmatrix}c_{11}&c_{12}&\cdots&c_{1,n-r}\\c_{21}&c_{22}&\cdots&c_{2,n-r}\\\vdots&\vdots&&\vdots\\c_{r1}&c_{r2}&\cdots&c_{r,n-r}\end{pmatrix},\qquad B=\begin{pmatrix}b_{11}&b_{12}&\cdots&b_{1,n-r}\\b_{21}&b_{22}&\cdots&b_{2,n-r}\\\vdots&\vdots&&\vdots\\b_{n-r,1}&b_{n-r,2}&\cdots&b_{n-r,n-r}\end{pmatrix}.$$

显然,矩阵 P 可逆,且 $P^{-1}AP=\begin{pmatrix}\lambda_0E_r & C\\ 0 & B\end{pmatrix}$,即 $A\sim\begin{pmatrix}\lambda_0E_r & C\\ 0 & B\end{pmatrix}$. 因而,$A$ 的特征多项式为

$$|\lambda E-A|=(\lambda-\lambda_0)^r|\lambda E-B|.$$

这说明,λ_0 至少是 $|\lambda E-A|$ 的 r 重根,即 $r\leqslant k$. □

推论 5.3 设 n 阶矩阵 A 有 s 个不同的特征值 $\lambda_1,\lambda_2,\cdots,\lambda_s$,它们的代数重数分别为 $n_1,n_2,\cdots,n_s$,$n_1+n_2+\cdots+n_s=n$;几何重数分别为 $m_1,m_2,\cdots,m_s$,则矩阵 A 相似于对角矩阵的充分必要条件为 $m_i=n_i$,$i=1,2,\cdots,s$.

证* 必要性 设 $A\sim\Lambda$,即存在可逆矩阵 P,使得 $P^{-1}AP=\Lambda$,

$$\Lambda=\begin{pmatrix}\lambda_1E_{n_1} & & & \\ & \lambda_2E_{n_2} & & \\ & & \ddots & \\ & & & \lambda_sE_{n_s}\end{pmatrix},$$

其中 $E_{n_1},E_{n_2},\cdots,E_{n_s}$ 分别是 $n_1,n_2,\cdots,n_s$ 阶单位矩阵. 矩阵 P 的列向量为 A 的 n 个线性无关的特征向量,且它与 $\lambda_iE_{n_i}$ 对应的 n_i 个列是与 λ_i 对应的特征向量. 这说明矩阵 A 与 λ_i 对应至少有 n_i 个线性无关的特征向量,即 $m_i\geqslant n_i$,$i=1,2,\cdots,s$. 由定理 5.3 可知,$m_i\leqslant n_i$,$i=1,2,\cdots,s$. 故 $m_i=n_i$,$i=1,2,\cdots,s$.

充分性 当 $m_i=n_i$,$i=1,2,\cdots,s$ 时,由推论 5.1 可知,A 有 n 个线性无关的特征向量,故 A 能相似于对角矩阵. □

由此可归纳出判断一个矩阵 A 能否相似于对角矩阵,在 A 能相似于对角矩阵时,求其相似对角矩阵 Λ 及可逆矩阵 P 使 $P^{-1}AP=\Lambda$ 的步骤如下:

(1) 求出矩阵 A 的所有的特征值,设 A 有 s 个不同的特征值 $\lambda_1,\lambda_2,\cdots,\lambda_s$,它们的重数分别为 $n_1,n_2,\cdots,n_s$,$n_1+n_2+\cdots+n_s=n$.

(2) 对 A 的每个特征值 λ_i,计算 $r(\lambda_iE-A)$,若对某个 i,

$$r(\lambda_iE-A)>n-n_i,$$

则矩阵 A 不能相似于对角矩阵;

若对所有的 i,都有

$$r(\lambda_iE-A)=n-n_i,\quad i=1,2,\cdots,s,$$

则矩阵 A 能相似于对角矩阵.

(3) 当 A 能相似于对角矩阵时,对 A 的每个特征值 λ_i,求 $(\lambda_iE-A)\boldsymbol{x}=\boldsymbol{0}$ 的基础解系,设为 $\boldsymbol{\alpha}_{i1},\boldsymbol{\alpha}_{i2},\cdots,\boldsymbol{\alpha}_{in_i}$,$i=1,2,\cdots,s$. 以这些向量为列构造矩阵

$$P=(\boldsymbol{\alpha}_{11},\boldsymbol{\alpha}_{12},\cdots,\boldsymbol{\alpha}_{1n_1},\boldsymbol{\alpha}_{21},\boldsymbol{\alpha}_{22},\cdots,\boldsymbol{\alpha}_{2n_2},\cdots,\boldsymbol{\alpha}_{s1},\boldsymbol{\alpha}_{s2},\cdots,\boldsymbol{\alpha}_{sn_s}),$$

则

$$P^{-1}AP=\mathrm{diag}(\underbrace{\lambda_1,\cdots,\lambda_1}_{n_1\text{个}},\underbrace{\lambda_2,\cdots,\lambda_2}_{n_2\text{个}},\cdots,\underbrace{\lambda_s,\cdots,\lambda_s}_{n_s\text{个}}).$$

要注意矩阵 P 的列与对角矩阵 Λ 主对角线上的元素(矩阵 A 的特征值)之间的对应关系.

例 5.9 判断例 5.1 与例 5.2 中的矩阵 A 能否相似于对角矩阵? 如果能相似于对角矩阵,求出 A 的相似对角矩阵 Λ 及可逆矩阵 P,使 $P^{-1}AP=\Lambda$.

解 (1)例 5.1 的矩阵 A 有 3 个线性无关的特征向量

$$\begin{pmatrix}1\\1\\1\end{pmatrix},\quad \begin{pmatrix}-1\\1\\0\end{pmatrix},\quad \begin{pmatrix}-1\\0\\1\end{pmatrix}$$

分别对应于特征值 $\lambda_1=2,\lambda_2=\lambda_3=-1$,所以,矩阵 A 能相似于对角矩阵. 令

$$P=\begin{pmatrix}1 & -1 & -1\\1 & 1 & 0\\1 & 0 & 1\end{pmatrix},$$

则 $P^{-1}AP=\mathrm{diag}(2,-1,-1)$.

(2)对于例 5.2 的矩阵 A,其特征值 $\lambda_2=\lambda_3=-1$ 的特征子空间 $V_{\lambda=-1}$ 的维数$=1<2$,所以,矩阵 A 不能相似于对角矩阵. □

例 5.10 判断矩阵 A 能否相似于矩阵 B,若能相似,求可逆矩阵 P,使 $P^{-1}AP=B$.

$$(1)A=\begin{pmatrix}3 & 1 & 0\\0 & 3 & 1\\0 & 0 & 3\end{pmatrix},\quad B=\begin{pmatrix}3 & 0 & 0\\0 & 3 & 0\\0 & 0 & 3\end{pmatrix};$$

$$(2)A=\begin{pmatrix}1 & & \\ & 3 & \\ & & 2\end{pmatrix},\quad B=\begin{pmatrix}1 & 1 & 0\\0 & 2 & 1\\0 & 0 & 3\end{pmatrix}.$$

解 (1)B 为对角矩阵,且矩阵 A 与矩阵 B 都有三重特征值 $\lambda_1=\lambda_2=\lambda_3=3$,但 $r(3E-A)=r\begin{pmatrix}0 & -1 & 0\\0 & 0 & -1\\0 & 0 & 0\end{pmatrix}=2\neq 3-3$,故矩阵 A 不能相似于矩阵 B.

(2)矩阵 A 为对角矩阵,且矩阵 A 与矩阵 B 都有三个不同的特征值 $\lambda_1=1$,$\lambda_2=2,\lambda_3=3$. 所以,矩阵 A 能相似于矩阵 B. 不难求得矩阵 B 对应于 $\lambda_1=1,\lambda_2=2$,$\lambda_3=3$ 的特征向量分别为

$$\begin{pmatrix}1\\0\\0\end{pmatrix},\quad \begin{pmatrix}1\\1\\0\end{pmatrix},\quad \begin{pmatrix}1\\2\\2\end{pmatrix}.$$

令

$$Q = \begin{pmatrix} 1 & 1 & 1 \\ 0 & 2 & 1 \\ 0 & 2 & 0 \end{pmatrix},$$

则 $Q^{-1}BQ=A$. 令

$$P = Q^{-1} = \begin{pmatrix} 1 & -1 & \frac{1}{2} \\ 0 & 0 & \frac{1}{2} \\ 0 & 1 & -1 \end{pmatrix},$$

则 $P^{-1}AP=B$. □

例 5.11* 　设 n 阶矩阵 A 满足 $A^2=E$,证明:A 能相似于对角矩阵

$$\Lambda = \mathrm{diag}(\underbrace{1,\cdots,1}_{r(-E-A)\text{个}1},\underbrace{-1,\cdots,-1}_{r(E-A)\text{个}-1}).$$

证　由例 5.7 可知,A 的特征值只能是 ±1,由习题三第 45 题可知

$$r(E-A)+r(-E-A)=n. \tag{5.17}$$

与特征值 1 对应的特征子空间的维数为齐次线性方程组 $(E-A)\boldsymbol{x}=\boldsymbol{0}$ 的基础解系所含解向量的个数,(5.17)式说明矩阵 A 与特征值 1 对应有 $n-r(E-A)=r(-E-A)$ 个线性无关的特征向量.

同理,矩阵 A 与特征值 -1 对应有 $r(E-A)$ 个线性无关的特征向量.

由(5.17)式可知,矩阵 A 有 $r(E-A)+r(-E-A)=n$ 个线性无关的特征向量,因而 A 能相似于对角矩阵

$$\Lambda = \mathrm{diag}(\underbrace{1,\cdots,1}_{r(-E-A)\text{个}1},\underbrace{-1,\cdots,-1}_{r(E-A)\text{个}-1}).$$ □

5.3　正交矩阵与实对称矩阵的相似对角矩阵

从 5.2 节我们看到,不是每一个矩阵都能相似于对角矩阵. 本节我们将讨论一种特殊的方阵——实对称矩阵,它必能相似于对角矩阵. 而且它还能正交相似于对角矩阵. 为此先讨论正交矩阵的有关概念.

5.3.1　正交矩阵

定义 5.4　设 A 为 n 阶实矩阵,E 为 n 阶单位矩阵且 $A^{\mathrm{T}}A=E$,则称 A 为**正交矩阵**.

例如，$\begin{pmatrix}\cos\theta & -\sin\theta\\ \sin\theta & \cos\theta\end{pmatrix}$，$\begin{pmatrix}1 & 0 & 0\\ 0 & \frac{1}{\sqrt{2}} & \frac{1}{\sqrt{2}}\\ 0 & \frac{1}{\sqrt{2}} & -\frac{1}{\sqrt{2}}\end{pmatrix}$都是正交矩阵.

由定义不难推得下列命题.

命题 5.1 (1) 若矩阵 A 为正交矩阵，则 $|A|=\pm1$；

(2) 实矩阵 A 为正交矩阵的充分必要条件是 A 可逆，且 $A^{-1}=A^{\mathrm{T}}$；

(3) 实矩阵 A 为正交矩阵的充分必要条件是 A 的行(列)向量组是两两正交的单位向量组.

证 (1)与(2)是显而易见的. 下证(3). 将矩阵 A 按列分块，

$$A=(\boldsymbol{\alpha}_1 \quad \boldsymbol{\alpha}_2 \quad \cdots \quad \boldsymbol{\alpha}_n)$$

则

$$A^{\mathrm{T}}=\begin{pmatrix}\boldsymbol{\alpha}_1^{\mathrm{T}}\\ \boldsymbol{\alpha}_2^{\mathrm{T}}\\ \vdots\\ \boldsymbol{\alpha}_n^{\mathrm{T}}\end{pmatrix},$$

因而

$$A^{\mathrm{T}}A=\begin{pmatrix}\boldsymbol{\alpha}_1^{\mathrm{T}}\\ \boldsymbol{\alpha}_2^{\mathrm{T}}\\ \vdots\\ \boldsymbol{\alpha}_n^{\mathrm{T}}\end{pmatrix}(\boldsymbol{\alpha}_1 \quad \boldsymbol{\alpha}_2 \quad \cdots \quad \boldsymbol{\alpha}_n)=\begin{pmatrix}\boldsymbol{\alpha}_1^{\mathrm{T}}\boldsymbol{\alpha}_1 & \boldsymbol{\alpha}_1^{\mathrm{T}}\boldsymbol{\alpha}_2 & \cdots & \boldsymbol{\alpha}_1^{\mathrm{T}}\boldsymbol{\alpha}_n\\ \boldsymbol{\alpha}_2^{\mathrm{T}}\boldsymbol{\alpha}_1 & \boldsymbol{\alpha}_2^{\mathrm{T}}\boldsymbol{\alpha}_2 & \cdots & \boldsymbol{\alpha}_2^{\mathrm{T}}\boldsymbol{\alpha}_n\\ \vdots & \vdots & & \vdots\\ \boldsymbol{\alpha}_n^{\mathrm{T}}\boldsymbol{\alpha}_1 & \boldsymbol{\alpha}_n^{\mathrm{T}}\boldsymbol{\alpha}_2 & \cdots & \boldsymbol{\alpha}_n^{\mathrm{T}}\boldsymbol{\alpha}_n\end{pmatrix}.$$

由定义，A 为正交矩阵的充分必要条件是 $A^{\mathrm{T}}A=E$，即

$$(\boldsymbol{\alpha}_i,\boldsymbol{\alpha}_j)=\boldsymbol{\alpha}_i^{\mathrm{T}}\boldsymbol{\alpha}_j=\begin{cases}1, & i=j,\\ 0, & i\neq j.\end{cases}$$

这说明，矩阵 A 为正交矩阵的充分必要条件是 A 的两个不同的列向量的内积为零，而每个列向量与其自身的内积为 1，即 A 的列向量组是两两正交的单位向量组.

同理可证，A 是正交矩阵的充分必要条件是 A 的行向量组也是两两正交的单位向量组. □

命题 5.2 若矩阵 A 与矩阵 B 是同阶的正交矩阵，则它们的乘积矩阵 AB 也是正交矩阵.

证 (留给读者)

例 5.12 设 A 为正交矩阵，证明：A 的实特征值只能为 ±1.

证 设 λ 为 A 的实特征值，$\boldsymbol{\alpha}$ 为对应的实特征向量，则

$$A\boldsymbol{\alpha} = \lambda\boldsymbol{\alpha},$$

因而

$$(A\boldsymbol{\alpha})^{\mathrm{T}}(A\boldsymbol{\alpha}) = \boldsymbol{\alpha}^{\mathrm{T}}A^{\mathrm{T}}A\boldsymbol{\alpha} = \boldsymbol{\alpha}^{\mathrm{T}}\boldsymbol{\alpha} = |\boldsymbol{\alpha}|^2.$$

又

$$(A\boldsymbol{\alpha})^{\mathrm{T}}(A\boldsymbol{\alpha}) = (\lambda\boldsymbol{\alpha})^{\mathrm{T}}(\lambda\boldsymbol{\alpha}) = \lambda^2(\boldsymbol{\alpha}^{\mathrm{T}}\boldsymbol{\alpha}) = \lambda^2|\boldsymbol{\alpha}|^2,$$

所以

$$(\lambda^2 - 1)|\boldsymbol{\alpha}|^2 = 0.$$

由于$\boldsymbol{\alpha}\neq\mathbf{0}$,因而$\lambda=\pm1$. □

例 5.13 设A为三阶非零实方阵,且$a_{ij}=A_{ij}$,其中A_{ij}是a_{ij}的代数余子式,$i,j=1,2,3$. 证明:$|A|=1$,且A是正交矩阵.

证 由于$a_{ij}=A_{ij}$,故

$$AA^{\mathrm{T}} = AA^* = |A|E,$$

两边取行列式,得

$$|A|^2 = |A|^3.$$

由于A是非零实方阵,所以,A至少有一个元素不为零,设这个非零元素位于第i行,将$|A|$按第i行展开得

$$|A| = a_{i1}A_{i1} + a_{i2}A_{i2} + a_{i3}A_{i3} = a_{i1}^2 + a_{i2}^2 + a_{i3}^2 \neq 0.$$

所以,$|A|=1$,且$AA^{\mathrm{T}}=E$,即A为正交矩阵. □

5.3.2 实对称矩阵的特征值与特征向量

实对称矩阵的特征值与特征向量具有下列性质.

性质 1 实对称矩阵的特征值全是实数.

证 设矩阵A为实对称矩阵,即A为实矩阵,且$A^{\mathrm{T}}=A$. 设λ为A的特征值,$\boldsymbol{\alpha}$为对应的特征向量,则有

$$A\boldsymbol{\alpha} = \lambda\boldsymbol{\alpha},$$

两端取共轭,得

$$\overline{A}\,\overline{\boldsymbol{\alpha}} = \overline{\lambda}\,\overline{\boldsymbol{\alpha}},$$

注意到$\overline{A}=A=\overline{A}^{\mathrm{T}}$,因而

$$\overline{\boldsymbol{\alpha}}^{\mathrm{T}}(A\boldsymbol{\alpha}) = (\overline{\boldsymbol{\alpha}}^{\mathrm{T}}\,\overline{A}^{\mathrm{T}})\boldsymbol{\alpha} = (\overline{A}\,\overline{\boldsymbol{\alpha}})^{\mathrm{T}}\boldsymbol{\alpha} = \overline{\lambda}\,\overline{\boldsymbol{\alpha}}^{\mathrm{T}}\boldsymbol{\alpha}.$$

又

$$\overline{\boldsymbol{\alpha}}^{\mathrm{T}}(A\boldsymbol{\alpha}) = \overline{\boldsymbol{\alpha}}^{\mathrm{T}}\lambda\boldsymbol{\alpha} = \lambda\,\overline{\boldsymbol{\alpha}}^{\mathrm{T}}\boldsymbol{\alpha},$$

故

$$(\lambda - \overline{\lambda})\,\overline{\boldsymbol{\alpha}}^{\mathrm{T}}\boldsymbol{\alpha} = 0.$$

设 $\boldsymbol{\alpha}=\begin{pmatrix}a_1\\a_2\\\vdots\\a_n\end{pmatrix}$,则 $\overline{\boldsymbol{\alpha}}^{\mathrm{T}}\boldsymbol{\alpha}=\sum\limits_{i=1}^{n}|a_i|^2>0$,因而

$$\lambda=\overline{\lambda},$$

即 λ 为实数. □

性质 2 实对称矩阵不同特征值对应的实特征向量正交.

证 设 λ_1,λ_2 为实对称矩阵 A 的两个不同的特征值,$\boldsymbol{\alpha}_1,\boldsymbol{\alpha}_2$ 分别为它们对应的实特征向量,则

$$A\boldsymbol{\alpha}_1=\lambda_1\boldsymbol{\alpha}_1,\quad A\boldsymbol{\alpha}_2=\lambda_2\boldsymbol{\alpha}_2,$$

故

$$\lambda_2\boldsymbol{\alpha}_2^{\mathrm{T}}\boldsymbol{\alpha}_1=\boldsymbol{\alpha}_2^{\mathrm{T}}A^{\mathrm{T}}\boldsymbol{\alpha}_1=\boldsymbol{\alpha}_2^{\mathrm{T}}A\boldsymbol{\alpha}_1=\lambda_1\boldsymbol{\alpha}_2^{\mathrm{T}}\boldsymbol{\alpha}_1,$$

因而

$$(\lambda_2-\lambda_1)\boldsymbol{\alpha}_2^{\mathrm{T}}\boldsymbol{\alpha}_1=0.$$

由于 $\lambda_1\neq\lambda_2$,所以,

$$(\boldsymbol{\alpha}_2,\boldsymbol{\alpha}_1)=\boldsymbol{\alpha}_2^{\mathrm{T}}\boldsymbol{\alpha}_1=0,$$

即 $\boldsymbol{\alpha}_1,\boldsymbol{\alpha}_2$ 正交. □

定理 5.5 设 A 为 n 阶实对称矩阵,则存在正交矩阵 Q,使得

$$Q^{-1}AQ=Q^{\mathrm{T}}AQ=\Lambda,$$

其中

$$\Lambda=\begin{pmatrix}\lambda_1&&&\\&\lambda_2&&\\&&\ddots&\\&&&\lambda_n\end{pmatrix},\quad \lambda_1,\lambda_2,\cdots,\lambda_n \text{ 为 } A \text{ 的特征值.}$$

证* 对矩阵 A 的阶数 n 用数学归纳法.

当 $n=1$ 时,结论显然成立.

设当 $n=k-1$ 时结论成立.

现设 A 为 k 阶实对称矩阵,$\boldsymbol{\alpha}_1$ 为 A 的实特征向量,且为单位向量,λ_1 为对应的特征值,则

$$A\boldsymbol{\alpha}_1=\lambda_1\boldsymbol{\alpha}_1,\qquad |\boldsymbol{\alpha}_1|=1.$$

由格拉姆-施密特正交化过程可知,必能找到 $k-1$ 个 k 维实单位向量 $\boldsymbol{\beta}_2,\boldsymbol{\beta}_3,\cdots,\boldsymbol{\beta}_k$,使 $\boldsymbol{\alpha}_1,\boldsymbol{\beta}_2,\boldsymbol{\beta}_3,\cdots,\boldsymbol{\beta}_k$ 为两两正交的单位向量组. 令

$$Q_1=(\boldsymbol{\alpha}_1,\boldsymbol{\beta}_2,\boldsymbol{\beta}_3,\cdots,\boldsymbol{\beta}_k),$$

则 Q_1 为正交矩阵，且

$$Q_1^{-1}AQ_1 = Q_1^{\mathrm{T}}AQ_1 = \begin{pmatrix} \boldsymbol{\alpha}_1^{\mathrm{T}} \\ \boldsymbol{\beta}_2^{\mathrm{T}} \\ \vdots \\ \boldsymbol{\beta}_k^{\mathrm{T}} \end{pmatrix} A(\boldsymbol{\alpha}_1, \boldsymbol{\beta}_2, \cdots, \boldsymbol{\beta}_k) = \begin{pmatrix} \boldsymbol{\alpha}_1^{\mathrm{T}}A\boldsymbol{\alpha}_1 & \boldsymbol{\alpha}_1^{\mathrm{T}}A\boldsymbol{\beta}_2 & \cdots & \boldsymbol{\alpha}_1^{\mathrm{T}}A\boldsymbol{\beta}_k \\ \boldsymbol{\beta}_2^{\mathrm{T}}A\boldsymbol{\alpha}_1 & \boldsymbol{\beta}_2^{\mathrm{T}}A\boldsymbol{\beta}_2 & \cdots & \boldsymbol{\beta}_2^{\mathrm{T}}A\boldsymbol{\beta}_k \\ \vdots & \vdots & & \vdots \\ \boldsymbol{\beta}_k^{\mathrm{T}}A\boldsymbol{\alpha}_1 & \boldsymbol{\beta}_k^{\mathrm{T}}A\boldsymbol{\beta}_2 & \cdots & \boldsymbol{\beta}_k^{\mathrm{T}}A\boldsymbol{\beta}_k \end{pmatrix}$$

$$= \begin{pmatrix} \lambda_1 & \mathbf{0} \\ \mathbf{0} & B_1 \end{pmatrix},$$

其中

$$B_1 = \begin{pmatrix} \boldsymbol{\beta}_2^{\mathrm{T}}A\boldsymbol{\beta}_2 & \cdots & \boldsymbol{\beta}_2^{\mathrm{T}}A\boldsymbol{\beta}_k \\ \vdots & & \vdots \\ \boldsymbol{\beta}_k^{\mathrm{T}}A\boldsymbol{\beta}_2 & \cdots & \boldsymbol{\beta}_k^{\mathrm{T}}A\boldsymbol{\beta}_k \end{pmatrix}$$

为 $k-1$ 阶实对称矩阵. 由归纳法假设，存在 $k-1$ 阶正交矩阵 P，使得

$$P^{-1}B_1P = P^{\mathrm{T}}B_1P = \begin{pmatrix} \lambda_2 & & \\ & \ddots & \\ & & \lambda_k \end{pmatrix}.$$

令

$$Q_2 = \begin{pmatrix} 1 & \mathbf{0} \\ \mathbf{0} & P \end{pmatrix},$$

显然，Q_2 为正交矩阵，且

$$Q_2^{-1}\begin{pmatrix} \lambda_1 & \mathbf{0} \\ \mathbf{0} & B_1 \end{pmatrix}Q_2 = Q_2^{\mathrm{T}}\begin{pmatrix} \lambda_1 & \mathbf{0} \\ \mathbf{0} & B_1 \end{pmatrix}Q_2 = \begin{pmatrix} 1 & \mathbf{0} \\ \mathbf{0} & P^{\mathrm{T}} \end{pmatrix}\begin{pmatrix} \lambda_1 & \mathbf{0} \\ \mathbf{0} & B_1 \end{pmatrix}\begin{pmatrix} 1 & \mathbf{0} \\ \mathbf{0} & P \end{pmatrix}$$

$$= \begin{pmatrix} \lambda_1 & \mathbf{0} \\ \mathbf{0} & P^{\mathrm{T}}B_1P \end{pmatrix} = \begin{pmatrix} \lambda_1 & & & \\ & \lambda_2 & & \\ & & \ddots & \\ & & & \lambda_k \end{pmatrix} \xlongequal{\text{记为}} \Lambda_k.$$

令 $Q=Q_1Q_2$，显然 Q 为正交矩阵，且

$$Q^{\mathrm{T}}AQ = \Lambda_k. \qquad \square$$

这个定理说明，n 阶实对称矩阵一定有 n 个线性无关的特征向量. 因而有下面的推论.

推论 5.4　实对称矩阵每个特征值的几何重数等于代数重数.

5.3.3　实对称矩阵的相似对角矩阵的求法

由定理 5.5 可知，实对称矩阵必能相似于对角矩阵. 除了可以用 5.2.3 节介绍

的方法求可逆矩阵 P 使得 $P^{-1}AP=\Lambda$ 外，还存在正交矩阵 Q，使得 $Q^{-1}AQ=Q^{\mathrm{T}}AQ=\Lambda$. 要找出这个正交矩阵 Q，只要用正交化、单位化的方法求出每个特征值所对应的特征子空间的一组标准正交基即可.

例 5.14 设 $A=\begin{pmatrix}1&-2&-2&-2\\-2&1&-2&-2\\-2&-2&1&-2\\-2&-2&-2&1\end{pmatrix}$，求正交矩阵 Q，使 $Q^{-1}AQ=Q^{\mathrm{T}}AQ$ 为对角矩阵.

解 A 的特征多项式为

$$|\lambda E-A|=(\lambda-3)^3(\lambda+5),$$

故 A 的特征值为

$$\lambda_1=\lambda_2=\lambda_3=3,\quad \lambda_4=-5.$$

对 $\lambda_1=\lambda_2=\lambda_3=3$，齐次线性方程组 $(3E-A)\boldsymbol{x}=\mathbf{0}$ 的基础解系为

$$\begin{pmatrix}-1\\1\\0\\0\end{pmatrix},\quad \begin{pmatrix}-1\\0\\1\\0\end{pmatrix},\quad \begin{pmatrix}-1\\0\\0\\1\end{pmatrix},$$

将它们正交化单位化得

$$\boldsymbol{\varepsilon}_1=\frac{1}{\sqrt{2}}\begin{pmatrix}-1\\1\\0\\0\end{pmatrix},\quad \boldsymbol{\varepsilon}_2=\frac{1}{\sqrt{6}}\begin{pmatrix}-1\\-1\\2\\0\end{pmatrix},\quad \boldsymbol{\varepsilon}_3=\frac{1}{2\sqrt{3}}\begin{pmatrix}-1\\-1\\-1\\3\end{pmatrix}.$$

对 $\lambda_4=-5$，齐次线性方程组 $(-5E-A)\boldsymbol{x}=\mathbf{0}$ 的基础解系为

$$\begin{pmatrix}1\\1\\1\\1\end{pmatrix},$$

单位化得

$$\boldsymbol{\varepsilon}_4=\frac{1}{2}\begin{pmatrix}1\\1\\1\\1\end{pmatrix}.$$

令

$$Q=(\boldsymbol{\varepsilon}_1\quad \boldsymbol{\varepsilon}_2\quad \boldsymbol{\varepsilon}_3\quad \boldsymbol{\varepsilon}_4)=\begin{pmatrix} -\frac{1}{\sqrt{2}} & -\frac{1}{\sqrt{6}} & -\frac{1}{2\sqrt{3}} & \frac{1}{2} \\ \frac{1}{\sqrt{2}} & -\frac{1}{\sqrt{6}} & -\frac{1}{2\sqrt{3}} & \frac{1}{2} \\ 0 & \frac{2}{\sqrt{6}} & -\frac{1}{2\sqrt{3}} & \frac{1}{2} \\ 0 & 0 & \frac{\sqrt{3}}{2} & \frac{1}{2} \end{pmatrix},$$

则

$$Q^{-1}AQ=Q^{\mathrm{T}}AQ=\begin{pmatrix} 3 & & & \\ & 3 & & \\ & & 3 & \\ & & & -5 \end{pmatrix}.$$ □

例 5.15　求一个三阶实对称矩阵 A，它的特征值为 6，3，3，且特征值 6 对应的一个特征向量为 $\boldsymbol{\alpha}_1=(1,1,1)^{\mathrm{T}}$.

解　设特征值 3 对应的特征向量为 $\boldsymbol{x}=(x_1,x_2,x_3)^{\mathrm{T}}$，由于实对称矩阵不同特征值对应的特征向量正交，故

$$(\boldsymbol{\alpha}_1,\boldsymbol{x})=x_1+x_2+x_3=0,$$

即 $\boldsymbol{x}$ 的各分量是上面的齐次线性方程组的非零解. 求得这个方程组的基础解系为

$$\boldsymbol{\alpha}_2=\begin{pmatrix} -1 \\ 1 \\ 0 \end{pmatrix},\quad \boldsymbol{\alpha}_3=\begin{pmatrix} -1 \\ 0 \\ 1 \end{pmatrix},$$

取 $\boldsymbol{\alpha}_2,\boldsymbol{\alpha}_3$ 为特征值 3 对应的两个线性无关的特征向量，并令

$$P=(\boldsymbol{\alpha}_1,\boldsymbol{\alpha}_2,\boldsymbol{\alpha}_3)=\begin{pmatrix} 1 & -1 & -1 \\ 1 & 1 & 0 \\ 1 & 0 & 1 \end{pmatrix},$$

则

$$P^{-1}AP=\begin{pmatrix} 6 & & \\ & 3 & \\ & & 3 \end{pmatrix}=\Lambda,$$

因而

$$A=P\Lambda P^{-1}=P\begin{pmatrix} 6 & & \\ & 3 & \\ & & 3 \end{pmatrix}P^{-1}=\begin{pmatrix} 4 & 1 & 1 \\ 1 & 4 & 1 \\ 1 & 1 & 4 \end{pmatrix}.$$ □

例 5.16　设 A 为 n 阶对称的正交矩阵，且 1 为 A 的 r 重特征值，求：

(1) A 的相似对角矩阵；

(2) $|3E-A|$.

解 (1) 由于 A 为 n 阶对称的正交矩阵，即 $A^{\mathrm{T}}A=A^2=E$，故 A 必能相似于对角矩阵，且 A 的特征值只能为 ± 1.

由于 1 为 A 的 r 重特征值，故 -1 为 A 的 $n-r$ 重特征值，因而 A 的相似对角矩阵为

$$\Lambda=\mathrm{diag}(\underbrace{1,\cdots,1}_{r个},\underbrace{-1,\cdots,-1}_{(n-r)个}).$$

(2) 由(1)可知，A 的特征多项式为

$$|\lambda E-A|=(\lambda-1)^r(\lambda+1)^{n-r},$$

故

$$|3E-A|=(3-1)^r(3+1)^{n-r}=2^{2n-r}.$$ □

习 题 五

(一)

1. 求下列矩阵的特征值与特征向量：

(1) $A=\begin{pmatrix}1&1\\1&1\end{pmatrix}$；　(2) $A=\begin{pmatrix}0&0&1\\0&1&0\\1&0&0\end{pmatrix}$；　(3) $A=\begin{pmatrix}2&-1&2\\5&-3&3\\-1&0&-2\end{pmatrix}$；

(4) $A=\begin{pmatrix}0&1&0&0\\1&0&0&0\\0&0&0&-1\\0&0&-1&0\end{pmatrix}$；　(5) $A=\begin{pmatrix}1&3&1&2\\0&-1&1&3\\0&0&2&5\\0&0&0&2\end{pmatrix}$；　(6) $A=\begin{pmatrix}0&1&&\\&0&1&\\&&\ddots&1\\&&&0\end{pmatrix}_{n\times n}$.

2. 设 A 为 n 阶矩阵，且 $A^2=A$，证明：A 的特征值只能是 1 和 0.

3. 设 A 为 n 阶矩阵，若存在正整数 k 使得 $A^k=O$，则称 A 为**幂零矩阵**. 证明：幂零矩阵的特征值只能是 0.

4. 设 A 为 n 阶矩阵，λ 是 A 的特征值，$\boldsymbol{\alpha}$ 是对应的特征向量，证明：

$$g(\lambda)=a_0\lambda^m+a_1\lambda^{m-1}+\cdots+a_{m-1}\lambda+a_m$$

是矩阵 $g(A)=a_0A^m+a_1A^{m-1}+\cdots+a_{m-1}A+a_mE$ 的特征值，$\boldsymbol{\alpha}$ 是对应的特征向量.

5. 设 $\boldsymbol{\alpha}$ 是 n 阶对称矩阵 A 的对应于特征值 λ 的特征向量，P 为 n 阶可逆矩阵，求矩阵 $(P^{-1}AP)^{\mathrm{T}}$ 对应于特征值 λ 的特征向量.

6. 设 $\boldsymbol{\alpha}_1,\boldsymbol{\alpha}_2$ 分别是矩阵 A 对应于特征值 λ_1,λ_2 的特征向量，且 $\lambda_1\neq\lambda_2$，$\boldsymbol{\alpha}=a\boldsymbol{\alpha}_1+b\boldsymbol{\alpha}_2$，$a,b$ 为常数，且 $a\neq0,b\neq0$，证明：$\boldsymbol{\alpha}$ 不是 A 的特征向量.

7. 设 $A=(a_{ij})_{5\times5}$，$\lambda=-2$ 是 A 的四重特征值，$\lambda=1$ 是 A 的单特征值，求 A 的特征多项式.

8. 证明：若 $A\sim B$，则 $A^{\mathrm{T}}\sim B^{\mathrm{T}}$.

9. 若 $P^{-1}A_1P=B_1$，$P^{-1}A_2P=B_2$，证明：$A_1+A_2\sim B_1+B_2$，$A_1A_2\sim B_1B_2$.

10. 证明:若 A 可逆,则 $AB\sim BA$.

11. 若矩阵 $A_i\sim B_i, i=1,2,\cdots,s$,证明:

$$\mathrm{diag}(A_1,A_2,\cdots,A_s)\sim\mathrm{diag}(B_1,B_2,\cdots,B_s).$$

12. 设矩阵 A 满足 $A^2=A$,证明:$3E-A$ 可逆.

13. 若 $|A-A^2|=0$,证明:0 与 1 至少有一个是 A 的特征值.

14. 第 1 题中哪些矩阵能相似于对角矩阵,对于能相似于对角矩阵的矩阵,求可逆矩阵 P,使 $P^{-1}AP$ 为对角矩阵.

15. 设二阶实矩阵 A 的行列式 $|A|<0$,证明:A 能相似于对角矩阵.

16. 已知

$$A=\begin{pmatrix}1&1\\0&1\end{pmatrix},\quad M=\begin{pmatrix}2&1\\3&2\end{pmatrix},$$

求 $(M^{-1}AM)^n$(n 为正整数).

17. 求 A^{100},A^{101},其中

$$(1)A=\begin{pmatrix}0&1&-1\\-2&0&2\\-1&1&0\end{pmatrix};\qquad (2)A=\begin{pmatrix}0&-1&1\\1&0&2\\-1&-2&0\end{pmatrix}.$$

18. 设矩阵 $A=\begin{pmatrix}0&2&-1\\-2&5&-2\\-4&8&-3\end{pmatrix}$,求 A^n,其中 n 为正整数.

19. 若 A 与 B 都是对角矩阵,证明 $A\sim B$ 的充分必要条件是 A 与 B 的主对角元除了排列次序外是完全相同的.

20. 已知矩阵 $A=\begin{pmatrix}-2&0&0\\2&x&2\\3&1&1\end{pmatrix}$ 与矩阵 $B=\begin{pmatrix}-1&&\\&2&\\&&y\end{pmatrix}$ 相似.

(1) 求 x 与 y;

(2) 求可逆矩阵 P,使 $P^{-1}AP=B$.

21. 设 $\lambda_1,\lambda_2,\lambda_3$ 是三阶矩阵 A 的特征值,对应的特征向量分别为

$$\begin{pmatrix}1\\1\\1\end{pmatrix},\quad\begin{pmatrix}0\\1\\1\end{pmatrix},\quad\begin{pmatrix}0\\0\\1\end{pmatrix},$$

求 $(A^n)^{\mathrm{T}}$,其中 n 是正整数.

22. 设矩阵 $A=\begin{pmatrix}1&0&0&0\\a&1&0&0\\2&b&2&0\\2&3&c&2\end{pmatrix}$,问 a,b,c 取何值时,A 可相似于对角矩阵?求出它的相似对角矩阵.

23. 设三阶矩阵 A 的特征值为 $\lambda_1=1,\lambda_2=0,\lambda_3=-1$,对应的特征向量分别为

$$\begin{pmatrix}1\\2\\2\end{pmatrix},\quad \begin{pmatrix}-2\\-1\\2\end{pmatrix},\quad \begin{pmatrix}2\\-2\\1\end{pmatrix},$$

求矩阵 A.

24. 下列矩阵是否是正交矩阵?

(1) $\begin{pmatrix}\frac{\sqrt{3}}{2} & -\frac{1}{2}\\ \frac{1}{2} & \frac{\sqrt{3}}{2}\end{pmatrix}$;　　(2) $\begin{pmatrix}1 & -\frac{1}{2} & \frac{1}{3}\\ -\frac{1}{2} & 1 & \frac{1}{2}\\ \frac{1}{3} & \frac{1}{2} & 1\end{pmatrix}$.

25. 讨论 a,b,c 取何值时,下列矩阵是正交矩阵:

(1) $\begin{pmatrix}a & c\\ b & 2c\end{pmatrix}$;　　(2) $\begin{pmatrix}0 & 1 & 0\\ a & 0 & c\\ b & 0 & 1/2\end{pmatrix}$.

26. 若矩阵 A 为正交矩阵,证明:A^* 也是正交矩阵.

27. 若实矩阵 A 满足 $A^2+6A+8E=O$,且 $A^{\mathrm{T}}=A$,证明:$A+3E$ 是正交矩阵.

28. 若矩阵 $A=\begin{pmatrix}A_1 & & & \\ & A_2 & & \\ & & \ddots & \\ & & & A_s\end{pmatrix}$,其中 A_i 为正交矩阵,$i=1,2,\cdots,s$,证明:A 也为正交矩阵.

29. 设 A 为奇数阶正交矩阵,且 $|A|=1$,证明:$E-A$ 为不可逆矩阵.

30. 求一单位向量 $\boldsymbol{\alpha}$,使其与向量 $\boldsymbol{\alpha}_1=(1,2,-1,-2)$,$\boldsymbol{\alpha}_2=(1,-1,-1,1)$,$\boldsymbol{\alpha}_3=(2,1,1,3)$ 都正交.

31. 求正交矩阵 Q,使 $Q^{-1}AQ$ 为对角矩阵.

(1) $A=\begin{pmatrix}2 & 0 & 0\\ 0 & 3 & 2\\ 0 & 2 & 3\end{pmatrix}$;　　(2) $A=\begin{pmatrix}2 & 2 & -2\\ 2 & 5 & -4\\ -2 & -4 & 5\end{pmatrix}$;

(3) $A=\begin{pmatrix}3 & -2 & 0\\ -2 & 2 & -2\\ 0 & -2 & 1\end{pmatrix}$;　　(4) $A=\begin{pmatrix}3 & 1 & 0 & -1\\ 1 & 3 & -1 & 0\\ 0 & -1 & 3 & 1\\ -1 & 0 & 1 & 3\end{pmatrix}$.

32. 已知三阶实对称矩阵 A 的特征值为 $-1,-1,8$,且对应于 -1 的特征向量为

$$\begin{pmatrix}1\\-2\\0\end{pmatrix},\quad \begin{pmatrix}1\\0\\-1\end{pmatrix},$$

求矩阵 A.

33. 证明:如果 A 和 B 都是 n 阶实对称矩阵,并且 A 和 B 有相同的特征多项式,则 $A\sim B$.

（二）

34. 设 A,B 为 n 阶矩阵，且 AB 有 n 个不相等的特征值，证明：AB 与 BA 相似于同一个对角矩阵.

35. 设 $\boldsymbol{\alpha}=(a_1,a_2,\cdots,a_n)$，$\boldsymbol{\beta}=(b_1,b_2,\cdots,b_n)(n>2)$是两个非零的正交向量，且

$$A=\begin{pmatrix} a_1b_1 & a_1b_2 & \cdots & a_1b_n \\ a_2b_1 & a_2b_2 & \cdots & a_2b_n \\ \vdots & \vdots & & \vdots \\ a_nb_1 & a_nb_2 & \cdots & a_nb_n \end{pmatrix},$$

证明：(1)$A=\boldsymbol{\alpha}^{\mathrm{T}}\boldsymbol{\beta}$；

(2)$A^2=O$；

(3)$A^*=O$；

(4)A 的所有特征值都等于零.

36. 已知 A_1,A_2,A_3 是三个非零的三阶矩阵，且 $A_i^2=A_i(i=1,2,3)$，$A_iA_j=O,(i\neq j,i,j=1,2,3)$，证明：

(1) A_i 属于特征值 1 的特征向量是 A_j 属于特征值 0 的特征向量($i\neq j,i,j=1,2,3$)；

(2) 若 $\boldsymbol{\alpha}_1,\boldsymbol{\alpha}_2,\boldsymbol{\alpha}_3$ 分别是 A_1,A_2,A_3 属于特征值 1 的特征向量，则 $\boldsymbol{\alpha}_1,\boldsymbol{\alpha}_2,\boldsymbol{\alpha}_3$ 线性无关.

37. 设 $a_0,a_1,\cdots,a_{n-1}$是 n 个实数，矩阵

$$A=\begin{pmatrix} 0 & 1 & 0 & \cdots & 0 & 0 \\ 0 & 0 & 1 & \cdots & 0 & 0 \\ 0 & 0 & 0 & \cdots & 0 & 0 \\ \vdots & \vdots & \vdots & & \vdots & \vdots \\ 0 & 0 & 0 & \cdots & 0 & 1 \\ -a_0 & -a_1 & -a_2 & \cdots & -a_{n-2} & -a_{n-1} \end{pmatrix}.$$

(1) 若 λ 是 A 的特征值，证明：$\boldsymbol{\alpha}=(1,\lambda,\lambda^2,\cdots,\lambda^{n-1})^{\mathrm{T}}$ 是对应于 λ 的特征向量；

(2) 若 A 的特征值两两互异，求可逆矩阵 P，使 $P^{-1}AP$ 为对角矩阵.

38. 证明：矩阵 A 只与自己相似的充分必要条件是 A 为数量矩阵.

39. 已知矩阵 A 相似于对角矩阵 $\mathrm{diag}(\lambda_1,\lambda_2,\cdots,\lambda_n)$，$g(\lambda)$是 λ 的多项式，求$|g(A)|$.

40. 设 n 阶矩阵 A 满足 $A^2=A$，证明：A 必能相似于对角矩阵. 写出 A 的相似对角矩阵的形式.

41. 设 n 阶矩阵 A 满足 $2A^2-A-3E=O$，证明：A 必能相似于对角矩阵. 写出 A 的相似对角矩阵的形式.

42. 证明：若 A 为正交矩阵，则 A 的复特征值的模为 1.

43. 若矩阵 A 与矩阵 B 是同阶的正交矩阵，$A+B$ 是否为正交矩阵？若是，证明你的结论；若不是，举出一个反例.

第六章　实 二 次 型

二次型的理论起源于二次曲线(曲面)的化简问题.在力学、物理学以及数学的其他分支常需要通过坐标变换把一个二次齐次多项式的非平方项去掉,变成只含平方项的二次齐次式,这样可以使问题简化.

本章主要讨论化实二次型为只含平方项的二次型的方法和一种重要的二次型——正定二次型以及与之相应的正定矩阵.

6.1　实二次型的基本概念及其标准形式

6.1.1　实二次型的概念

定义 6.1　称 n 个变量的二次齐次式

$$\begin{aligned} f(x_1,x_2,\cdots,x_n) = b_{11}x_1^2 + b_{12}x_1x_2 + \cdots + b_{1n}x_1x_n \\ + b_{22}x_2^2 + \cdots + b_{2n}x_2x_n \\ + \cdots + b_{nn}x_n^2 \end{aligned} \tag{6.1}$$

为**二次型**.若 $b_{ij}\in\mathbf{R},i,j=1,2,\cdots,n$,则称对应的二次型为**实二次型**.

本章中我们只讨论实二次型,为了用线性代数的方法讨论二次型,记

$$a_{ij}=\begin{cases} a_{ji}=\dfrac{1}{2}b_{ij}, & i\neq j, \quad i,j=1,2,\cdots,n, \\ b_{ii}, & i=j, \quad i=1,2,\cdots,n, \end{cases}$$

则二次型(6.1)可以写成下面的形式:

$$\begin{aligned} f(x_1,x_2,\cdots,x_n) &= a_{11}x_1^2 + a_{12}x_1x_2 + \cdots + a_{1n}x_1x_n \\ &\quad + a_{21}x_2x_1 + a_{22}x_2^2 + \cdots + a_{2n}x_2x_n \\ &\quad + \cdots \\ &\quad + a_{n1}x_nx_1 + a_{n2}x_nx_2 + \cdots + a_{nn}x_n^2 \\ &= (x_1,x_2,\cdots,x_n)\begin{pmatrix} a_{11} & a_{12} & \cdots & a_{1n} \\ a_{21} & a_{22} & \cdots & a_{2n} \\ \vdots & \vdots & & \vdots \\ a_{n1} & a_{n2} & \cdots & a_{nn} \end{pmatrix}\begin{pmatrix} x_1 \\ x_2 \\ \vdots \\ x_n \end{pmatrix} \\ &= \sum_{i=1}^{n}\sum_{j=1}^{n}a_{ij}x_ix_j. \end{aligned}$$

若记 $A=(a_{ij})_{n\times n}$,$\boldsymbol{x}=(x_1,x_2,\cdots,x_n)^{\mathrm{T}}$,则(6.1)式的二次型可以表示成

$$f(x_1,x_2,\cdots,x_n)=\sum_{i=1}^{n}\sum_{j=1}^{n}a_{ij}x_ix_j=\boldsymbol{x}^{\mathrm{T}}A\boldsymbol{x}, \tag{6.2}$$

其中 $A^{\mathrm{T}}=A$ 为实对称矩阵，称 A 为**二次型的矩阵**. 称 $r(A)$ 为**二次型的秩**. 这样，实二次型与实对称矩阵之间就建立起一一对应的关系.

例 6.1 已知二次型

$$f(x,y)=x^2+4xy+y^2,$$

写出二次型的矩阵 A，并求出二次型的秩.

解 设 $f=\boldsymbol{x}^{\mathrm{T}}A\boldsymbol{x}$，则

$$A=\begin{pmatrix}1&2\\2&1\end{pmatrix},\quad \boldsymbol{x}=\begin{pmatrix}x\\y\end{pmatrix},$$

显然，$r(A)=2$. □

在例 6.1 中，如果将 $\boldsymbol{x}=\begin{pmatrix}x\\y\end{pmatrix}$ 看成平面直角坐标系中点的坐标，则满足方程 $f(x,y)=1$ 的点表示一条平面曲线. 如果作变量的线性代换

$$\begin{cases}x=\dfrac{1}{\sqrt{2}}u-\dfrac{1}{\sqrt{2}}v,\\[2mm] y=\dfrac{1}{\sqrt{2}}u+\dfrac{1}{\sqrt{2}}v,\end{cases} \tag{6.3}$$

并代入例 6.1 的二次型中，则曲线 $f(x,y)=1$ 的方程变为

$$3u^2-v^2=1.$$

在新坐标系下，方程左端只含变量的平方项. 容易看出，如果将 (u,v) 看成是一新的平面直角坐标系中点的坐标，它的图形是双曲线. 我们将(6.3)中的代换写成矩阵形式，即

$$\boldsymbol{x}=P\boldsymbol{y},$$

其中

$$\boldsymbol{x}=\begin{pmatrix}x\\y\end{pmatrix},\quad \boldsymbol{y}=\begin{pmatrix}u\\v\end{pmatrix},\quad P=\begin{pmatrix}\dfrac{1}{\sqrt{2}}&-\dfrac{1}{\sqrt{2}}\\[2mm] \dfrac{1}{\sqrt{2}}&\dfrac{1}{\sqrt{2}}\end{pmatrix}.$$

矩阵 P 可逆(事实上，它还是正交矩阵)，称这样的线性代换为非退化的线性代换. 非退化的意义在于 $\boldsymbol{x}$ 与 $\boldsymbol{y}$ 的对应是一一的，

$$\boldsymbol{x}=P\boldsymbol{y}\quad\Leftrightarrow\quad\boldsymbol{y}=P^{-1}\boldsymbol{x}.$$

一般地，对于 n 个变量的二次型，如果也作变量的非退化的线性代换，那么，二次型会发生什么变化？是否也能找到一个非退化的线性代换，使得二次型在新变量下只含平方项？我们先看二次型在非退化的线性代换下会发生什么变化.

设

$$x = \begin{pmatrix} x_1 \\ x_2 \\ \vdots \\ x_n \end{pmatrix}, \quad y = \begin{pmatrix} y_1 \\ y_2 \\ \vdots \\ y_n \end{pmatrix}, \quad P = \begin{pmatrix} p_{11} & p_{12} & \cdots & p_{1n} \\ p_{21} & p_{22} & \cdots & p_{2n} \\ \vdots & \vdots & & \vdots \\ p_{n1} & p_{n2} & \cdots & p_{nn} \end{pmatrix}, \tag{6.4}$$

其中 P 为可逆矩阵，则称 $\boldsymbol{x}=P\boldsymbol{y}$ 为变量 $x_1,x_2,\cdots,x_n$ 到变量 $y_1,y_2,\cdots,y_n$ 的**非退化的线性代换**.

如果对二次型(6.2)施行(6.4)式的非退化线性代换，则

$$f = \boldsymbol{x}^{\mathrm{T}}A\boldsymbol{x} = (P\boldsymbol{y})^{\mathrm{T}}A(P\boldsymbol{y}) = \boldsymbol{y}^{\mathrm{T}}(P^{\mathrm{T}}AP)\boldsymbol{y}. \tag{6.5}$$

显然 $P^{\mathrm{T}}AP$ 也是对称矩阵，二次型 f 关于新变量 $y_1,y_2,\cdots,y_n$ 也是二次型. 这可归结为下面的定理.

定理 6.1 二次型 $f=\boldsymbol{x}^{\mathrm{T}}A\boldsymbol{x}$ 经非退化线性代换 $\boldsymbol{x}=P\boldsymbol{y}$ 后，仍为二次型

$$f = \boldsymbol{y}^{\mathrm{T}}(P^{\mathrm{T}}AP)\boldsymbol{y}.$$

二次型的矩阵为 $P^{\mathrm{T}}AP$，其中 $\boldsymbol{x},\boldsymbol{y},P$ 如(6.4)式所示.

记 f 关于变量 $y_1,y_2,\cdots,y_n$ 的二次型的矩阵为 B，则两个二次型的矩阵有下述关系：

$$B = P^{\mathrm{T}}AP, \tag{6.6}$$

我们称具有这样关系的两个 n 阶矩阵合同.

6.1.2 矩阵的合同关系

定义 6.2 设 A,B 为两个 n 阶矩阵，如果存在可逆矩阵 P，使得

$$B = P^{\mathrm{T}}AP,$$

则称矩阵 A 和矩阵 B **合同**.

合同反映了矩阵之间的一种关系，类似于矩阵的相似关系，它具有如下的性质：

(1) 自反性；

(2) 对称性；

(3) 传递性.

6.2 化实二次型为标准形

定义 6.3 如果一个二次型只含变量的平方项，则称这个二次型为**标准形**.

由于实二次型的矩阵为实对称矩阵，因此必有正交矩阵 Q，使得 $Q^{\mathrm{T}}AQ=\Lambda$，其中 Λ 为对角矩阵(见 5.3 节定理 5.5). 可见，只要取 Q 为线性代换的矩阵，令 $\boldsymbol{x}=Q\boldsymbol{y}$，就可以将二次型化为标准形. 矩阵 Q 非奇异，因而线性代换 $\boldsymbol{x}=Q\boldsymbol{y}$ 为非退化

的线性代换. 有下面的定理.

定理 6.2 对任何实二次型 $\boldsymbol{x}^{\mathrm{T}}A\boldsymbol{x}$,必存在非退化的线性代换 $\boldsymbol{x}=P\boldsymbol{y}$,使得关于新变量的二次型 $\boldsymbol{y}^{\mathrm{T}}(P^{\mathrm{T}}AP)\boldsymbol{y}=\boldsymbol{y}^{\mathrm{T}}\Lambda\boldsymbol{y}$ 为标准形.

常用下列三种方法将一个二次型化为标准形:

(1)正交代换法;

(2)配平方法;

(3)初等变换法.

6.2.1 正交代换法

正交代换法就是找一个正交矩阵 Q,作变量的线性代换 $\boldsymbol{x}=Q\boldsymbol{y}$,使二次型化为标准形. 这与求正交矩阵使实对称矩阵正交相似于对角矩阵的方法是一样的. 我们通过下面的例题说明其具体步骤.

例 6.2 用正交代换法将二次型

$$f(x_1,x_2,x_3,x_4)=2x_1x_2+2x_1x_3-2x_1x_4-2x_2x_3+2x_2x_4+2x_3x_4$$

化为标准形,并求出所用的正交代换.

解 按照化实对称矩阵为对角矩阵的方法,具体步骤如下:

(1) 写出二次型的矩阵

$$A=\begin{pmatrix}0&1&1&-1\\1&0&-1&1\\1&-1&0&1\\-1&1&1&0\end{pmatrix}.$$

(2) 求出矩阵 A 所有的特征值和对应的特征向量,并将每个特征值对应的特征向量正交化单位化.

A 的特征方程为

$$|\lambda E-A|=(\lambda-1)^3(\lambda+3)=0.$$

A 的特征值为

$$\lambda_1=\lambda_2=\lambda_3=1,\quad \lambda_4=-3.$$

与 $\lambda_1=\lambda_2=\lambda_3=1$ 对应的特征子空间的一组基为

$$\begin{pmatrix}1\\1\\0\\0\end{pmatrix},\quad \begin{pmatrix}1\\0\\1\\0\end{pmatrix},\quad \begin{pmatrix}-1\\0\\0\\1\end{pmatrix},\tag{6.7}$$

正交化,单位化得

$$\boldsymbol{\varepsilon}_1=\frac{1}{\sqrt{2}}\begin{pmatrix}1\\1\\0\\0\end{pmatrix},\quad \boldsymbol{\varepsilon}_2=\frac{1}{\sqrt{6}}\begin{pmatrix}1\\-1\\2\\0\end{pmatrix},\quad \boldsymbol{\varepsilon}_3=\frac{1}{2\sqrt{3}}\begin{pmatrix}-1\\1\\1\\3\end{pmatrix}.$$

与 $\lambda_4=-3$ 对应的特征子空间的基经单位化后得

$$\boldsymbol{\varepsilon}_4=\frac{1}{2}\begin{pmatrix}1\\-1\\-1\\1\end{pmatrix}.$$

(3) 写出变量的正交代换,化二次型为标准形.

令 $Q=(\boldsymbol{\varepsilon}_1,\boldsymbol{\varepsilon}_2,\boldsymbol{\varepsilon}_3,\boldsymbol{\varepsilon}_4)$,$\boldsymbol{x}=Q\boldsymbol{y}$,即

$$\begin{cases}x_1=\dfrac{1}{\sqrt{2}}y_1+\dfrac{1}{\sqrt{6}}y_2-\dfrac{1}{2\sqrt{3}}y_3+\dfrac{1}{2}y_4,\\ x_2=\dfrac{1}{\sqrt{2}}y_1-\dfrac{1}{\sqrt{6}}y_2+\dfrac{1}{2\sqrt{3}}y_3-\dfrac{1}{2}y_4,\\ x_3=\dfrac{2}{\sqrt{6}}y_2+\dfrac{1}{2\sqrt{3}}y_3-\dfrac{1}{2}y_4,\\ x_4=\dfrac{\sqrt{3}}{2}y_3+\dfrac{1}{2}y_4,\end{cases}\tag{6.8}$$

则新变量的二次型为

$$f=y_1^2+y_2^2+y_3^2-3y_4^2.\tag{6.9}$$

□

由于矩阵 Q 为正交矩阵,所作的线性代换(6.8)又称为**正交代换**. 由定理 5.5 可知,用正交代换化二次型为标准形时,标准形中变量的系数为二次型矩阵 A 的特征值,即

$$f=\lambda_1y_1^2+\lambda_2y_2^2+\cdots+\lambda_ny_n^2,\tag{6.10}$$

其中 $\lambda_1,\lambda_2,\cdots,\lambda_n$ 是矩阵 A 的 n 个特征值.

6.2.2 配方法

配方法就是初等数学中的配完全平方的方法. 我们仍通过例题来说明这种方法.

例 6.3 用配方法将例 6.2 中的二次型

$$f(x_1,x_2,x_3,x_4)=2x_1x_2+2x_1x_3-2x_1x_4-2x_2x_3+2x_2x_4+2x_3x_4$$

化为标准形,并求出所用的非退化的线性代换.

解 由于二次型中没有变量的平方项,故针对某个交叉乘积项,如 $2x_1x_2$ 作如

下的非退化的线性代换以产生新变量的平方项：

$$\begin{cases} x_1 = y_1 + y_2, \\ x_2 = y_1 - y_2, \\ x_3 = \qquad y_3, \\ x_4 = \qquad\qquad y_4, \end{cases} \tag{6.11}$$

则原二次型变为

$$\begin{aligned} f &= 2(y_1+y_2)(y_1-y_2)+2(y_1+y_2)y_3-2(y_1+y_2)y_4 \\ &\quad -2(y_1-y_2)y_3+2(y_1-y_2)y_4+2y_3y_4 \\ &= 2y_1^2-2y_2^2+4y_2y_3-4y_2y_4+2y_3y_4. \end{aligned}$$

由于新变量的二次型中含有平方项，如 y_1^2 或 y_2^2，并注意到，二次型中除 y_1^2 外其他项中均不含变量 y_1，所以，只需将所有含 y_2 的项配成完全平方

$$f = 2y_1^2 - 2(y_2 - y_3 + y_4)^2 + 2y_3^2 + 2y_4^2 - 2y_3y_4.$$

配平方后，剩余的项中不再含有 y_1 和 y_2，但含有 y_3 和 y_4 的平方项，故可继续使用上面的配完全平方法，将含 y_3 的项都配成完全平方，则二次型变为

$$f = 2y_1^2 - 2(y_2 - y_3 + y_4)^2 + 2\left(y_3 - \frac{1}{2}y_4\right)^2 + \frac{3}{2}y_4^2.$$

令

$$\begin{cases} z_1 = y_1, \\ z_2 = \qquad y_2 - y_3 + y_4, \\ z_3 = \qquad\qquad y_3 - \dfrac{1}{2}y_4, \\ z_4 = \qquad\qquad\qquad y_4, \end{cases} \tag{6.12}$$

则二次型化为标准形

$$f = 2z_1^2 - 2z_2^2 + 2z_3^2 + \frac{3}{2}z_4^2. \tag{6.13}$$

由(6.12)式中解得

$$\begin{cases} y_1 = z_1, \\ y_2 = \qquad z_2 + z_3 - \dfrac{1}{2}z_4, \\ y_3 = \qquad\qquad z_3 + \dfrac{1}{2}z_4, \\ y_4 = \qquad\qquad\qquad z_4, \end{cases}$$

代入(6.11)式，得到所作的线性代换为

$$\begin{cases} x_1 = z_1 + z_2 + z_3 - \dfrac{1}{2}z_4, \\ x_2 = z_1 - z_2 - z_3 + \dfrac{1}{2}z_4, \\ x_3 = \qquad\qquad z_3 + \dfrac{1}{2}z_4, \\ x_4 = \qquad\qquad\qquad z_4. \end{cases} \tag{6.14}$$

(6.11),(6.12),(6.14)式中的线性代换可以用矩阵的形式表示如下：

令

$$\boldsymbol{x} = \begin{pmatrix} x_1 \\ x_2 \\ x_3 \\ x_4 \end{pmatrix}, \quad \boldsymbol{y} = \begin{pmatrix} y_1 \\ y_2 \\ y_3 \\ y_4 \end{pmatrix}, \quad \boldsymbol{z} = \begin{pmatrix} z_1 \\ z_2 \\ z_3 \\ z_4 \end{pmatrix},$$

$$C_1 = \begin{pmatrix} 1 & 1 & 0 & 0 \\ 1 & -1 & 0 & 0 \\ 0 & 0 & 1 & 0 \\ 0 & 0 & 0 & 1 \end{pmatrix}, \quad C_2 = \begin{pmatrix} 1 & 0 & 0 & 0 \\ 0 & 1 & 1 & -\dfrac{1}{2} \\ 0 & 0 & 1 & \dfrac{1}{2} \\ 0 & 0 & 0 & 1 \end{pmatrix},$$

则 $\boldsymbol{x}=C_1\boldsymbol{y}$，$\boldsymbol{y}=C_2\boldsymbol{z}$，故 $\boldsymbol{x}=(C_1C_2)\boldsymbol{z}$，若记 $C=C_1C_2$，则

$$C = C_1C_2 = \begin{pmatrix} 1 & 1 & 1 & -\dfrac{1}{2} \\ 1 & -1 & -1 & \dfrac{1}{2} \\ 0 & 0 & 1 & \dfrac{1}{2} \\ 0 & 0 & 0 & 1 \end{pmatrix}.$$

不难看出，矩阵 C 非奇异，因而，所作的线性代换是非退化的. □

对一般的二次型，总可用本例所示的方法化为标准形.

6.2.3* 初等变换法

引理 对 n 阶实对称矩阵 A，存在初等矩阵 $P_1, P_2, \cdots, P_s$，使得

$$P_s^{\mathrm{T}}(\cdots(P_2^{\mathrm{T}}(P_1^{\mathrm{T}}AP_1)P_2)\cdots)P_s = \mathrm{diag}(\mu_1, \mu_2, \cdots, \mu_n). \tag{6.15}$$

证 我们可以将实对称矩阵 A 看作是实二次型 $\boldsymbol{x}^{\mathrm{T}}A\boldsymbol{x}$ 的矩阵. 由定理 6.2，存在非退化的线性代换 $\boldsymbol{x}=P\boldsymbol{y}$，使得二次型化为标准形，因而二次型的矩阵 A 合同于对角矩阵，即

$$P^{\mathrm{T}}AP = \Lambda = \mathrm{diag}(\mu_1, \mu_2, \cdots, \mu_n).$$

由于任何可逆矩阵都能表示成有限个初等矩阵的乘积，设

$$P = P_1P_2\cdots P_s,$$

其中 $P_1,P_2,\cdots,P_s$ 为初等矩阵，则

$$P^{\mathrm{T}} = P_s^{\mathrm{T}}\cdots P_2^{\mathrm{T}}P_1^{\mathrm{T}},$$

因而

$$\Lambda = P_s^{\mathrm{T}}(\cdots(P_2^{\mathrm{T}}(P_1^{\mathrm{T}}AP_1)P_2)\cdots)P_s. \qquad \square$$

注意到如果 P_k 是单位矩阵作某种初等列变换得到的初等矩阵，则 P_k^{T} 就是单位矩阵作同种初等行变换得到的初等矩阵(例如，P_k 是单位矩阵交换第 i 列与第 j 列得到的初等矩阵，P_k^{T} 就是单位矩阵交换第 i 行和第 j 行得到的初等矩阵)，因而 $P_k^{\mathrm{T}}AP_k$ 相当于对矩阵 A 施行了一次初等列变换与一次同样的初等行变换，称之为对矩阵 A 施行了**一对相应的初等变换**. 另外，如果矩阵 A 经过(6.15)式所示的各对相应的初等变换变为对角矩阵，则单位矩阵 E 经过同样的初等列变换变为矩阵 P. 因而，可以用下面的方法，将二次型化为标准形，同时求出所用的初等变换：

(1) 构造矩阵

$$C = \begin{pmatrix} A \\ E \end{pmatrix},$$

其中 $A=(a_{ij})_{n\times n}$ 为二次型的矩阵，E 为 n 阶单位矩阵.

(2) 如果 $a_{11}\neq 0$，则将 A 的第一行的适当倍数加到 A 的其余各行，使 A 的第一列的其余各元素都变为零，每对 A 作一次初等行变换时，对矩阵 C 施行一次同样的初等列变换. 由于 A 为对称矩阵，这样变换后，A 的第一行的其余元素也必变为零.

如果 $a_{11}=0$，但存在某个 $a_{j1}=a_{1j}\neq 0$，则将 A 的第 j 行加至第一行，并将 C 的第 j 列加至第一列，使 C 的第一行第一列的元素不为零. 为简单起见，仍记 C 中与矩阵 A 对应的子块为 A，再用上面的方法将矩阵 A 的第一列与 C 的第一行其余元素都变为零.

可用下面的分块矩阵表示上述结果：

$$\begin{pmatrix} A \\ E \end{pmatrix} \Rightarrow \begin{bmatrix} \mu_1 & 0 \\ 0 & A_1 \\ R_1 & R_2 \end{bmatrix},$$

其中 A_1 是 $n-1$ 阶实对称矩阵，单位矩阵 E 经过上述初等列变换后所变成的矩阵写成了与 A 的分块形式相应的形式 $(R_1 \quad R_2)$.

(3)用同样的方法变换矩阵 $\begin{bmatrix} A_1 \\ R_2 \end{bmatrix}$，经过有限次一对相应的初等变换，必可将矩阵 $\begin{pmatrix} A \\ E \end{pmatrix}$ 化成矩阵 $\begin{pmatrix} \Lambda \\ P \end{pmatrix}$，则 $\boldsymbol{x}=P\boldsymbol{y}$，即为所作的非退化的线性代换.

例 6.4　用初等变换法将例 6.2 中的二次型化为标准形，并求出所用的非退化的线性代换．

解　例 6.2 的二次型为

$$f(x_1,x_2,x_3,x_4)=2x_1x_2+2x_1x_3-2x_1x_4-2x_2x_3+2x_2x_4+2x_3x_4,$$

二次型的矩阵为

$$A=\begin{pmatrix}0&1&1&-1\\1&0&-1&1\\1&-1&0&1\\-1&1&1&0\end{pmatrix},$$

构造矩阵

$$\begin{pmatrix}A\\E\end{pmatrix}=\left(\begin{array}{cccc}0&1&1&-1\\1&0&-1&1\\1&-1&0&1\\-1&1&1&0\\\hline 1&0&0&0\\0&1&0&0\\0&0&1&0\\0&0&0&1\end{array}\right)\xrightarrow{r_1+r_2\to r_1}\left(\begin{array}{cccc}1&1&0&0\\1&0&-1&1\\1&-1&0&1\\-1&1&1&0\\\hline 1&0&0&0\\0&1&0&0\\0&0&1&0\\0&0&0&1\end{array}\right)$$

$$\xrightarrow[c_1+c_2\to c_1]{}\left(\begin{array}{cccc}2&1&0&0\\1&0&-1&1\\0&-1&0&1\\0&1&1&0\\\hline 1&0&0&0\\1&1&0&0\\0&0&1&0\\0&0&0&1\end{array}\right)\xrightarrow{r_2+(-1/2)r_1\to r_2}\left(\begin{array}{cccc}2&1&0&0\\0&-\frac{1}{2}&-1&1\\0&-1&0&1\\0&1&1&0\\\hline 1&0&0&0\\1&1&0&0\\0&0&1&0\\0&0&0&1\end{array}\right)$$

$$\xrightarrow[c_2+(-1/2)c_1\to c_2]{}\left(\begin{array}{cccc}2&0&0&0\\0&-\frac{1}{2}&-1&1\\0&-1&0&1\\0&1&1&0\\\hline 1&-\frac{1}{2}&0&0\\1&\frac{1}{2}&0&0\\0&0&1&0\\0&0&0&1\end{array}\right)\xrightarrow[c_3+(-2)c_2\to c_3]{r_3+(-2)r_2\to r_3}\left(\begin{array}{cccc}2&0&0&0\\0&-\frac{1}{2}&0&1\\0&0&2&-1\\0&1&-1&0\\\hline 1&-\frac{1}{2}&1&0\\1&\frac{1}{2}&-1&0\\0&0&1&0\\0&0&0&1\end{array}\right)$$

$$\xrightarrow[c_4+2c_2\to c_4]{r_4+2r_2\to r_4}\begin{pmatrix}2&0&0&0\\0&-\frac{1}{2}&0&0\\0&0&2&-1\\0&0&-1&2\\\hdashline 1&-\frac{1}{2}&1&-1\\1&\frac{1}{2}&-1&1\\0&0&1&0\\0&0&0&1\end{pmatrix}\xrightarrow[c_4+\frac{1}{2}c_3\to c_4]{r_4+\frac{1}{2}r_3\to r_4}\begin{pmatrix}2&0&0&0\\0&-\frac{1}{2}&0&0\\0&0&2&0\\0&0&0&\frac{3}{2}\\\hdashline 1&-\frac{1}{2}&1&-\frac{1}{2}\\1&\frac{1}{2}&-1&\frac{1}{2}\\0&0&1&\frac{1}{2}\\0&0&0&1\end{pmatrix},$$

令 $\boldsymbol{x}=P\boldsymbol{y}$,其中

$$P=\begin{pmatrix}1&-\frac{1}{2}&1&-\frac{1}{2}\\1&\frac{1}{2}&-1&\frac{1}{2}\\0&0&1&\frac{1}{2}\\0&0&0&1\end{pmatrix},$$

则二次型化为标准形

$$f=2y_1^2-\frac{1}{2}y_2^2+2y_3^2+\frac{3}{2}y_4^2. \tag{6.16}$$

□

上面我们介绍了三种化二次型为标准形的方法,所用的非退化的线性代换不同,得到的二次型的标准形的形式也不同. 后两种非退化线性代换的矩阵 P 未必为正交矩阵,所得标准形的平方项的系数也不一定是二次型矩阵的特征值.

观察(6.9),(6.13),(6.16)式可以发现,虽然它们的具体形式不同,但是它们都含有 4 个平方项. 这是由于矩阵 P 非奇异,因而矩阵 $P^{\mathrm{T}}AP$ 与矩阵 A 的秩相同,而标准形中平方项的个数恰等于二次型的秩. 不仅如此,三个标准形中,都有 3 个系数为正的项,1 个系数为负的项. 这也不是偶然的,它是下面 6.3 节惯性定理的结论.

6.3 实二次型的正惯性指数

我们先引入规范标准形的概念.

定义 6.4 形如

$$z_1^2+z_2^2+\cdots+z_p^2-z_{p+1}^2-\cdots-z_r^2$$

的二次型标准形称为**规范标准形**.

定理 6.3(惯性定理) 对任何实二次型 $f=\boldsymbol{x}^{\mathrm{T}}A\boldsymbol{x}=\sum_{i=1}^{n}\sum_{j=1}^{n}a_{ij}x_ix_j$，必存在非退化的线性代换化二次型为规范标准形,一个二次型的规范标准形是唯一的.

证 由定理 6.2 可知,对任何实二次型 $f=\sum_{i=1}^{n}\sum_{j=1}^{n}a_{ij}x_ix_j$，必存在非退化的线性代换使其化为标准形,再适当地交换变量的标号(也是非退化的线性代换)使其具有如下的形式:

$$f=\mu_1y_1^2+\mu_2y_2^2+\cdots+\mu_py_p^2-\mu_{p+1}y_{p+1}^2-\cdots-\mu_ry_r^2, \qquad (6.17)$$

其中 $\mu_1,\mu_2,\cdots,\mu_p,\mu_{p+1},\cdots,\mu_r$ 为正数,r 为二次型的秩. 然后作非退化的线性代换,

$$\begin{cases} y_1 = \dfrac{1}{\sqrt{\mu_1}}z_1, \\ \quad\vdots \qquad \ddots \\ y_r = \dfrac{1}{\sqrt{\mu_r}}z_r, \\ y_{r+1} = z_{r+1}, \\ \quad\vdots \qquad \ddots \\ y_n = z_n, \end{cases}$$

则可将(6.17)式化为规范标准形

$$f=z_1^2+z_2^2+\cdots+z_p^2-z_{p+1}^2-\cdots-z_r^2.$$

下面用反证法证明唯一性.

设有两个非退化的线性代换 $\boldsymbol{x}=P\boldsymbol{y}$ 与 $\boldsymbol{x}=Q\boldsymbol{z}$ 都将实二次型 $f=\boldsymbol{x}^{\mathrm{T}}A\boldsymbol{x}$ 化为规范标准形

$$f=y_1^2+y_2^2+\cdots+y_p^2-y_{p+1}^2-\cdots-y_r^2,$$
$$f=z_1^2+z_2^2+\cdots+z_q^2-z_{q+1}^2-\cdots-z_r^2,$$

但 $p<q$. 则对于给定的 $\boldsymbol{x}=(x_1,x_2,\cdots,x_n)^{\mathrm{T}}$,对应的 $\boldsymbol{y}=(y_1,y_2,\cdots,y_n)^{\mathrm{T}}$ 与 $\boldsymbol{z}=(z_1,z_2,\cdots,z_n)^{\mathrm{T}}$ 满足

$$\begin{aligned} f&=y_1^2+y_2^2+\cdots+y_p^2-y_{p+1}^2-\cdots-y_r^2 \\ &=z_1^2+z_2^2+\cdots+z_q^2-z_{q+1}^2-\cdots-z_r^2, \end{aligned} \qquad (6.18)$$

其中

$$\boldsymbol{y}=P^{-1}Q\boldsymbol{z}. \qquad (6.19)$$

设 $P^{-1}Q=(m_{ij})_{n\times n}$,并在(6.19)式中令 $y_1=y_2=\cdots=y_p=z_{q+1}=z_{q+2}=\cdots=z_n=0$,即

$$\begin{cases} m_{11}z_1 + m_{12}z_2 + \cdots + m_{1n}z_n = 0, \\ \cdots\cdots \\ m_{p1}z_1 + m_{p2}z_2 + \cdots + m_{pn}z_n = 0, \\ z_{q+1} = 0, \\ \cdots\cdots \\ z_n = 0. \end{cases} \tag{6.20}$$

方程组(6.20)是含有 n 个未知量,$p+n-q$ 个方程的齐次线性方程组. 由假设,$p+n-q<n$,因而它有非零解. 设 $\boldsymbol{z}=(z_1^*,z_2^*,\cdots,z_q^*,0,\cdots,0)^{\mathrm{T}}$ 是(6.20)式的一组非零解,对应的 $\boldsymbol{y}=(0,0,\cdots,0,y_{p+1}^*,y_{p+2}^*,\cdots,y_n^*)^{\mathrm{T}}$,其中 $y_{p+1}^*,y_{p+2}^*,\cdots,y_n^*$ 不全为零. 将 $\boldsymbol{z}$ 与 $\boldsymbol{y}$ 的这两组值分别代入(6.18)式 f 的两个表达式中,得

$$f=-(y_{p+1}^*)^2-(y_{p+2}^*)^2-\cdots-(y_r^*)^2\leqslant 0,$$

$$f=(z_1^*)^2+(z_2^*)^2+\cdots+(z_q^*)^2>0.$$

矛盾的结果说明 $p\geqslant q$.

同理可证,$q\geqslant p$,因而 $p=q$. 唯一性得证. □

由惯性定理可知,实二次型的标准形中,系数为正的平方项的个数 p 与化二次型为标准形时所用的非退化线性代换无关,它是由二次型唯一确定的. 同样,系数为负的平方项的个数 $r-p$ 也是由二次型唯一确定的.

定义 6.5 实二次型 $f(x_1,x_2,\cdots,x_n)$ 的标准形中,系数为正的平方项的个数 p 称为二次型 $f(x_1,x_2,\cdots,x_n)$ 的**正惯性指数**;系数为负的平方项的个数 $r-p$ 称为二次型 $f(x_1,x_2,\cdots,x_n)$ 的**负惯性指数**,其中 r 为二次型 $f(x_1,x_2,\cdots,x_n)$ 的秩. $p-(r-p)=2p-r$ 称为二次型 $f(x_1,x_2,\cdots,x_n)$ 的**符号差**.

将定理 6.3 应用于实对称矩阵,即得下面的推论.

推论 6.1 任何实对称矩阵 A 都合同于对角矩阵

$$\mathrm{diag}(\underbrace{1,\cdots,1}_{p\text{个}},\underbrace{-1,\cdots,-1}_{r-p\text{个}},0,0,\cdots,0),$$

其中 $r=r(A)$,p 为与矩阵 A 对应的二次型的正惯性指数.

推论 6.2 如果 $f(x_1,x_2,\cdots,x_n)=\boldsymbol{x}^{\mathrm{T}}A\boldsymbol{x}$ 与 $g(y_1,y_2,\cdots,y_n)=\boldsymbol{y}^{\mathrm{T}}B\boldsymbol{y}$ 都是 n 个变量的实二次型,它们有相同的秩与正惯性指数,则必有非退化的线性代换 $\boldsymbol{x}=P\boldsymbol{y}$,使得 $\boldsymbol{x}^{\mathrm{T}}A\boldsymbol{x}=\boldsymbol{y}^{\mathrm{T}}(P^{\mathrm{T}}AP)\boldsymbol{y}=\boldsymbol{y}^{\mathrm{T}}B\boldsymbol{y}$.

证 设两个二次型的秩为 r,正惯性指数为 p. 则由定理 6.3 可知,存在非退化的线性代换

$$\boldsymbol{x}=P_1\boldsymbol{z} \quad \text{与} \quad \boldsymbol{y}=P_2\boldsymbol{z},$$

使得

$$\boldsymbol{x}^{\mathrm{T}}A\boldsymbol{x}=\boldsymbol{z}^{\mathrm{T}}(P_1^{\mathrm{T}}AP_1)\boldsymbol{z}=z_1^2+z_2^2+\cdots+z_p^2-z_{p+1}^2-\cdots-z_r^2,$$

$$\boldsymbol{y}^{\mathrm{T}}B\boldsymbol{y}=\boldsymbol{z}^{\mathrm{T}}(P_2^{\mathrm{T}}BP_2)\boldsymbol{z}=z_1^2+z_2^2+\cdots+z_p^2-z_{p+1}^2-\cdots-z_r^2.$$

因此,令 $\boldsymbol{x}=P_1P_2^{-1}\boldsymbol{y}\xlongequal{\text{记作}}P\boldsymbol{y}$,就有

$$\begin{aligned}\boldsymbol{x}^{\mathrm{T}}A\boldsymbol{x}&=\boldsymbol{y}^{\mathrm{T}}(P^{\mathrm{T}}AP)\boldsymbol{y}=\boldsymbol{y}^{\mathrm{T}}((P_1P_2^{-1})^{\mathrm{T}}A(P_1P_2^{-1}))\boldsymbol{y}\\&=(P_2^{-1}\boldsymbol{y})^{\mathrm{T}}(P_1^{\mathrm{T}}AP_1)(P_2^{-1}\boldsymbol{y})\\&=\boldsymbol{z}^{\mathrm{T}}(P_1^{\mathrm{T}}AP_1)\boldsymbol{z}=\boldsymbol{z}^{\mathrm{T}}(P_2^{\mathrm{T}}BP_2)\boldsymbol{z}\\&=(P_2\boldsymbol{z})^{\mathrm{T}}B(P_2\boldsymbol{z})=\boldsymbol{y}^{\mathrm{T}}B\boldsymbol{y}.\end{aligned}$$

□

6.4 正定二次型

本节我们讨论一种重要的实二次型——正定二次型.

定义 6.6 设 $f(x_1,x_2,\cdots,x_n)=\boldsymbol{x}^{\mathrm{T}}A\boldsymbol{x}$ 为 n 个变量的实二次型,如果对于任意一组不全为零的实数 $c_1,c_2,\cdots,c_n$,都有

$$f(c_1,c_2,\cdots,c_n)>0,$$

则称二次型为**正定二次型**. 称正定二次型的矩阵为**正定矩阵**.

例如,实二次型 $f(x_1,x_2,x_3)=x_1^2+x_2^2+x_3^2$ 为正定二次型,而 $g(x_1,x_2,x_3)=x_1^2+x_2^2-x_3^2$ 与 $h(x_1,x_2,x_3)=x_1^2+x_2^2$ 就不是正定二次型. $g(0,0,1)=-1<0$, $h(0,0,1)=0$. 如何判断一个二次型是否为正定二次型呢? 由上述各例可见,如果一个二次型是标准形或规范标准形,则比较容易判断它的正定性. 对于标准形式的二次型,有下面的判定定理.

定理 6.4 n 个变量的实二次型 $f(x_1,x_2,\cdots,x_n)=\mu_1x_1^2+\mu_2x_2^2+\cdots+\mu_nx_n^2$ 为正定二次型的充分必要条件是 $\mu_1>0,\mu_2>0,\cdots,\mu_n>0$,即二次型的正惯性指数为 n.

证 记 $f(x_1,x_2,\cdots,x_n)=\mu_1x_1^2+\mu_2x_2^2+\cdots+\mu_nx_n^2=\boldsymbol{x}^{\mathrm{T}}\Lambda\boldsymbol{x}$.

必要性 依次取 $\boldsymbol{x}_i=(0,\cdots,\underset{i}{1},\cdots,0)^{\mathrm{T}}$, $i=1,2,\cdots,n$,代入二次型得

$$\boldsymbol{x}_i^{\mathrm{T}}\Lambda\boldsymbol{x}_i=\mu_i>0,\quad i=1,2,\cdots,n.$$

必要性得证.

充分性 由于 $\mu_1>0,\mu_2>0,\cdots,\mu_n>0$,显然

$$f(x_1,x_2,\cdots,x_n)=\mu_1x_1^2+\mu_2x_2^2+\cdots+\mu_nx_n^2\geqslant 0.$$

对任意 $\boldsymbol{x}=(x_1,x_2,\cdots,x_n)^{\mathrm{T}}\neq\boldsymbol{0}$, $x_1,x_2,\cdots,x_n$ 中至少有一个不为零,因而

$$f(x_1,x_2,\cdots,x_n)=\mu_1x_1^2+\mu_2x_2^2+\cdots+\mu_nx_n^2>0,$$

由定义,二次型为正定二次型. □

我们知道,对于一般的实二次型,一定存在非退化的线性代换将其化为标准形. 只要二次型的正定性经非退化的线性代换后不变,就不难判定其正定性.

定理 6.5 n 个变量的实二次型 $f(x_1,x_2,\cdots,x_n)=\boldsymbol{x}^{\mathrm{T}}A\boldsymbol{x}$ 经非退化的实线性代换后其正定性不变.

证　设实二次型 $f(x_1,x_2,\cdots,x_n)=\boldsymbol{x}^{\mathrm{T}}A\boldsymbol{x}$ 经非退化的实线性代换 $\boldsymbol{x}=P\boldsymbol{y}$ 后变为

$$f(x_1,x_2,\cdots,x_n)=\boldsymbol{x}^{\mathrm{T}}A\boldsymbol{x}=\boldsymbol{y}^{\mathrm{T}}(P^{\mathrm{T}}AP)\boldsymbol{y}=\boldsymbol{y}^{\mathrm{T}}B\boldsymbol{y}=g(y_1,y_2,\cdots,y_n).$$

现设 $\boldsymbol{x}^{\mathrm{T}}A\boldsymbol{x}$ 为正定二次型,即 $\forall\,\boldsymbol{x}\neq\boldsymbol{0},\boldsymbol{x}^{\mathrm{T}}A\boldsymbol{x}>0$,那么,$\forall\,\boldsymbol{y}_0\neq\boldsymbol{0}$,由于是非退化的线性代换,必有 $\boldsymbol{x}_0=P\boldsymbol{y}_0\neq\boldsymbol{0}$,因而必有

$$\boldsymbol{y}_0^{\mathrm{T}}B\boldsymbol{y}_0=\boldsymbol{y}_0^{\mathrm{T}}(P^{\mathrm{T}}AP)\boldsymbol{y}_0=\boldsymbol{x}_0^{\mathrm{T}}A\boldsymbol{x}_0>0,$$

即 $\boldsymbol{y}^{\mathrm{T}}B\boldsymbol{y}$ 也为正定二次型.

同理,若 $\boldsymbol{y}^{\mathrm{T}}B\boldsymbol{y}$ 是正定二次型,则 $\boldsymbol{x}^{\mathrm{T}}A\boldsymbol{x}$ 也是正定二次型.

因而,$\boldsymbol{x}^{\mathrm{T}}A\boldsymbol{x}$ 与 $\boldsymbol{y}^{\mathrm{T}}B\boldsymbol{y}$ 有相同的正定性. □

由定理 6.4 与 6.5 可见,要判断 n 个变量的实二次型 $f(x_1,x_2,\cdots,x_n)=\boldsymbol{x}^{\mathrm{T}}A\boldsymbol{x}$ 是否为正定二次型只要看它的正惯性指数是否等于 n 或它的标准形(或规范标准形)是否为正定二次型即可. 有下述定理.

定理 6.6　设矩阵 A 为实对称矩阵,则下述的四个命题等价:

(1) A 为正定矩阵;

(2) A 的特征值全大于零;

(3) A 合同于单位矩阵;

(4) 存在非奇异实矩阵 M,使得 $A=M^{\mathrm{T}}M$.

定理 6.7　正定矩阵的行列式大于零.

定理 6.6 与 6.7 的证明留给读者.

实际上,还常用下面的方法判定二次型的正定性.

定义 6.7　设 $A=(a_{ij})_{n\times n}$ 为 n 阶矩阵,称子式

$$D_k=\begin{vmatrix} a_{11} & a_{12} & \cdots & a_{1k}\\ a_{21} & a_{22} & \cdots & a_{2k}\\ \vdots & \vdots & & \vdots\\ a_{k1} & a_{k2} & \cdots & a_{kk}\end{vmatrix}$$

为矩阵 A 的 k 阶**顺序主子式**,$k=1,2,\cdots,n$.

定理 6.8　n 个变量的实二次型 $f(x_1,x_2,\cdots,x_n)=\boldsymbol{x}^{\mathrm{T}}A\boldsymbol{x}$ 为正定二次型的充分必要条件为矩阵 A 的顺序主子式全大于零.

证*　必要性　A 为 n 阶正定矩阵,则 $\forall\,x=(x_1,x_2,\cdots,x_n)^{\mathrm{T}}\neq\boldsymbol{0},,\boldsymbol{x}^{\mathrm{T}}A\boldsymbol{x}>0$. 设 A 的 k 阶顺序主子式对应的 k 阶实对称矩阵为 A_k,$\forall\,\boldsymbol{y}_k=(x_1,x_2,\cdots,x_k)^{\mathrm{T}}\neq\boldsymbol{0}$,取

$$\boldsymbol{x}=\begin{pmatrix}\boldsymbol{y}_k\\ \boldsymbol{0}\end{pmatrix}=(x_1,x_2,\cdots,x_k,0,\cdots,0)^{\mathrm{T}},$$

则

$$x^{T}Ax=\sum_{i=1}^{k}\sum_{j=1}^{k}a_{ij}x_{i}x_{j}=y^{T}A_{k}y>0,$$

即 A_k 为正定矩阵，由定理 6.7，$|A_k|>0(k=1,2,\cdots,n)$.

充分性　对 A 的阶数用数学归纳法.

$n=1$ 时，$A=(a_{11})$，$a_{11}>0$，对应的二次型为 $f(x_1)=a_{11}x_1^2$，显然为正定二次型.

设对 $n-1$ 阶实对称矩阵结论正确，则对 n 阶实对称矩阵 $A=(a_{ij})_{n\times n}$ 按下面的形式分块：

$$A=\begin{pmatrix}A_{n-1} & \boldsymbol{\alpha}\\ \boldsymbol{\alpha}^{T} & a_{nn}\end{pmatrix},$$

其中 A_{n-1} 是 A 的 $n-1$ 阶顺序主子式所对应的矩阵，对 A 施行下面的分块矩阵的初等变换：

$$\begin{pmatrix}E_{n-1} & \mathbf{0}\\ -\boldsymbol{\alpha}^{T}A_{n-1}^{-1} & 1\end{pmatrix}\begin{pmatrix}A_{n-1} & \boldsymbol{\alpha}\\ \boldsymbol{\alpha}^{T} & a_{nn}\end{pmatrix}\begin{pmatrix}E_{n-1} & -A_{n-1}^{-1}\boldsymbol{\alpha}\\ \mathbf{0}^{T} & 1\end{pmatrix}=\begin{pmatrix}A_{n-1} & \mathbf{0}\\ \mathbf{0}^{T} & a_{nn}-\boldsymbol{\alpha}^{T}A_{n-1}^{-1}\boldsymbol{\alpha}\end{pmatrix},$$

记 $Q=\begin{pmatrix}E_{n-1} & -A_{n-1}^{-1}\boldsymbol{\alpha}\\ \mathbf{0}^{T} & 1\end{pmatrix}$，其中 E_{n-1} 是 $n-1$ 阶单位矩阵，则上式可写成

$$Q^{T}AQ=\begin{pmatrix}A_{n-1} & \mathbf{0}\\ \mathbf{0}^{T} & a_{nn}-\boldsymbol{\alpha}^{T}A_{n-1}^{-1}\boldsymbol{\alpha}\end{pmatrix}.$$

显然 Q 可逆，$|Q|=1$，且

$$|Q^{T}AQ|=|A|=\begin{vmatrix}A_{n-1} & \mathbf{0}\\ \mathbf{0}^{T} & a_{nn}-\boldsymbol{\alpha}^{T}A_{n-1}^{-1}\boldsymbol{\alpha}\end{vmatrix}=|A_{n-1}|\cdot(a_{nn}-\boldsymbol{\alpha}^{T}A_{n-1}^{-1}\boldsymbol{\alpha}).$$

由于 $|A|>0$，$|A_{n-1}|>0$，故 $a_{nn}-\boldsymbol{\alpha}^{T}A_{n-1}^{-1}\boldsymbol{\alpha}>0$. 因此，$\forall\, x=\begin{pmatrix}z_{n-1}\\ x_n\end{pmatrix}\neq\mathbf{0}$，其中 $z_{n-1}=(x_1,x_2,\cdots,x_{n-1})^{T}$，

$$x^{T}Q^{T}AQx=x^{T}\begin{pmatrix}A_{n-1} & \mathbf{0}\\ \mathbf{0}^{T} & a_{nn}-\boldsymbol{\alpha}^{T}A_{n-1}^{-1}\boldsymbol{\alpha}\end{pmatrix}x=z_{n-1}^{T}A_{n-1}z_{n-1}+(a_{nn}-\boldsymbol{\alpha}^{T}A_{n-1}^{-1}\boldsymbol{\alpha})x_n^2>0,$$

即 $Q^{T}AQ$ 为正定矩阵，由定理 6.5，A 也为正定矩阵. □

例 6.5　判断二次型

$$f(x_1,x_2,x_3)=3x_1^2-4x_1x_2+2x_2^2-4x_2x_3+7x_3^2$$

是否为正定二次型?

解法一　二次型的矩阵为

$$A=\begin{pmatrix}3 & -2 & 0\\ -2 & 2 & -2\\ 0 & -2 & 7\end{pmatrix},$$

它的各阶顺序主子式依次为 $D_1=3, D_2=2, D_3=2$，由定理 6.8，f 为正定二次型.

□

解法二　配方法

$$f(x_1,x_2,x_3)=3\left(x_1-\frac{2}{3}x_2\right)^2+\frac{2}{3}(x_2-3x_3)^2+x_3^2,$$

f 的正惯性指数为 3，由定理 6.4，f 为正定二次型. □

例 6.6　判定二次型 $f(x_1,x_2,\cdots,x_n)=\sum\limits_{i=1}^{n}x_i^2+\sum\limits_{1\leqslant i<j\leqslant n}x_ix_j$ 的正定性.

解　二次型的矩阵为

$$A=\begin{pmatrix}1 & \frac{1}{2} & \cdots & \frac{1}{2}\\ \frac{1}{2} & 1 & \cdots & \frac{1}{2}\\ \vdots & \vdots & & \vdots\\ \frac{1}{2} & \frac{1}{2} & \cdots & 1\end{pmatrix},$$

A 的 k 阶顺序主子式为

$$D_k=\begin{vmatrix}1 & \frac{1}{2} & \cdots & \frac{1}{2}\\ \frac{1}{2} & 1 & \cdots & \frac{1}{2}\\ \vdots & \vdots & & \vdots\\ \frac{1}{2} & \frac{1}{2} & \cdots & 1\end{vmatrix}_{k\times k}=\frac{k+1}{2}\left(\frac{1}{2}\right)^{k-1},\quad k=1,2,\cdots,n,$$

它们全大于零，因此，二次型为正定二次型. □

例 6.7　设 $f(x_1,x_2,\cdots,x_n)=\boldsymbol{x}^{\mathrm{T}}A\boldsymbol{x}$ 为正定二次型，证明：$|E+A|>1$.

证　设矩阵 A 的特征值为 $\lambda_1,\lambda_2,\cdots,\lambda_n$，因为 $f(x_1,x_2,\cdots,x_n)=\boldsymbol{x}^{\mathrm{T}}A\boldsymbol{x}$ 为正定二次型，所以 A 的特征值全大于零，即

$$\lambda_1>0,\lambda_2>0,\cdots,\lambda_n>0,$$

而 $E+A$ 的特征值为 $\lambda_1+1,\lambda_2+1,\cdots,\lambda_n+1$，故

$$|E+A|=(\lambda_1+1)(\lambda_2+1)\cdots(\lambda_n+1)>1.$$ □

例 6.8　设 B 为 $m\times n$ 实矩阵，证明：$B\boldsymbol{x}=\boldsymbol{0}$ 只有零解的充分必要条件是 $B^{\mathrm{T}}B$ 为正定矩阵.

证　显然 $B^{\mathrm{T}}B$ 为实对称矩阵.

$B\boldsymbol{x}=\boldsymbol{0}$ 只有零解　$\Leftrightarrow$　$\forall\,\boldsymbol{x}\neq\boldsymbol{0}, B\boldsymbol{x}\neq\boldsymbol{0}$

$\Leftrightarrow$　$\forall\,\boldsymbol{x}\neq\boldsymbol{0}, \boldsymbol{x}^{\mathrm{T}}(B^{\mathrm{T}}B)\boldsymbol{x}=|B\boldsymbol{x}|^2>0$

$\Leftrightarrow$　$B^{\mathrm{T}}B$ 为正定矩阵. □

除了正定二次型外，实二次型中还有负定二次型，半正(负)定二次型以及不定二次型. 它们的定义如下：

定义 6.8 设 $f(x_1,x_2,\cdots,x_n)=\boldsymbol{x}^{\mathrm{T}}A\boldsymbol{x}$ 为 n 个变量的实二次型，如果对于任意一组不全为零的实数 $c_1,c_2,\cdots,c_n$，都有

$$f(c_1,c_2,\cdots,c_n)<0,$$

则称 $f(x_1,x_2,\cdots,x_n)$ 为**负定二次型**；如果对于任意一组不全为零的实数 $c_1,c_2,\cdots,c_n$，都有

$$f(c_1,c_2,\cdots,c_n)\geqslant 0(f(c_1,c_2,\cdots,c_n)\leqslant 0),$$

则称 $f(x_1,x_2,\cdots,x_n)$ 为**半正(负)定二次型**；如果 $f(x_1,x_2,\cdots,x_n)$ 既不是半正定二次型，又不是半负定二次型，则称它为**不定二次型**.

负定二次型，半正定二次型及半负定二次型的矩阵分别称为**负定矩阵，半正定矩阵与半负定矩阵**.

可以像正定二次型(正定矩阵)那样讨论负定二次型(负定矩阵)，半正定(半负定)二次型(半正定(半负定)矩阵)的相关性质，这里不再展开了.

习 题 六

(一)

1. 写出下列二次型的矩阵并求出二次型的秩：

(1) $f(x,y,z)=x^2+4xy+4y^2+2xz+z^2+4yz$；

(2) $f(x_1,x_2,x_3)=x_1^2-2x_1x_2+2x_2^2-2x_1x_3+x_3^2+2x_2x_3$；

(3) $f(x_1,x_2,\cdots,x_n)=\sum\limits_{i=1}^{n-1}(x_i-x_{i+1})^2$.

2. 已知二次型的矩阵如下，写出对应的二次型：

(1) $\begin{pmatrix}2&5&8\\5&3&1\\8&1&0\end{pmatrix}$； (2) $\begin{pmatrix}1&0&-1&0&\cdots&0&0&0\\0&1&0&-1&\cdots&0&0&0\\-1&0&1&0&\ddots&0&0&0\\0&-1&0&1&\ddots&0&0&0\\\vdots&\vdots&\ddots&\ddots&\ddots&\ddots&\ddots&\vdots\\0&0&0&0&\ddots&1&0&-1\\0&0&0&0&\ddots&0&1&0\\0&0&0&0&\cdots&-1&0&1\end{pmatrix}$.

3. 用正交代换法化下列二次型为标准形，并求出所用的正交代换：

(1) $f(x_1,x_2,x_3)=2x_1^2+3x_2^2+x_3^2+4x_1x_2-4x_1x_3$；

(2) $f(x_1,x_2,x_3,x_4)=2x_1x_2-2x_3x_4$；

(3) $f(x_1,x_2,x_3)=2x_1x_2+2x_1x_3+2x_2x_3$；

(4) $f(x_1,x_2,x_3)=x_1^2+4x_2^2+x_3^2-4x_1x_2-8x_1x_3-4x_2x_3$.

4. 用配方法化下列二次型为标准形，并求出所作的非退化线性代换：

(1) $f(x_1,x_2,x_3)=x_1^2-x_3^2+2x_1x_2+2x_2x_3$；

(2) $f(x_1,x_2,x_3)=x_1x_2+x_1x_3+x_2x_3$.

5*. 用初等变换法将第 4 题的二次型化为标准形，并求出所作的非退化线性代换.

6. 化第 3 题中的二次型为规范标准形.

7. 设矩阵 A 和矩阵 B 合同，矩阵 C 和矩阵 D 合同，证明：

$$\begin{pmatrix} A & O \\ O & C \end{pmatrix} \quad 与 \quad \begin{pmatrix} B & O \\ O & D \end{pmatrix}$$

合同.

8. 证明：矩阵

$$\begin{pmatrix} \lambda_1 & & & \\ & \lambda_2 & & \\ & & \ddots & \\ & & & \lambda_n \end{pmatrix} \quad 与 \quad \begin{pmatrix} \lambda_{i_1} & & & \\ & \lambda_{i_2} & & \\ & & \ddots & \\ & & & \lambda_{i_n} \end{pmatrix}$$

合同，其中 $i_1,i_2,\cdots,i_n$ 是 $1,2,\cdots,n$ 的一个排列.

9. 判定下列二次型是否为正定二次型：

(1) $f(x_1,x_2,x_3)=x_1^2+2x_2^2-3x_3^2+4x_1x_2+2x_2x_3$；

(2) $f(x_1,x_2,x_3,x_4)=3x_1^2+3x_2^2+3x_3^2+x_4^2+2x_1x_2+2x_1x_3+2x_2x_3$；

(3) $f(x_1,x_2,\cdots,x_n)=\sum\limits_{i=1}^{n}x_i^2+\sum\limits_{i=1}^{n-1}x_ix_{i+1}$.

10. 判定下列矩阵是否为正定矩阵：

(1) $A=\begin{pmatrix} 10 & 4 & 12 \\ 4 & 2 & -14 \\ 12 & -14 & 1 \end{pmatrix}$； (2) $A=\begin{pmatrix} 1 & 1 & 1 & 1 \\ 1 & 2 & 2 & 2 \\ 1 & 2 & 3 & 3 \\ 1 & 2 & 3 & 4 \end{pmatrix}$.

11. 讨论参数 t 满足什么条件时下列二次型正定：

(1) $f(x_1,x_2,x_3)=x_1^2+4x_2^2+2x_3^2+2tx_1x_2+2x_1x_3$；

(2) $f(x_1,x_2,x_3)=x_1^2+4x_2^2+x_3^2+2tx_1x_2+10x_1x_3+6x_2x_3$；

(3) $f(x_1,x_2,x_3)=tx_1^2+x_2^2+5x_3^2-4x_1x_2-2tx_1x_3+4x_2x_3$.

12. 设 n 阶矩阵 A 是正定矩阵($n\geqslant 2$)，证明：A^{-1} 和 A^* 也是正定矩阵.

13. 设 A 为正定矩阵，

(1) 证明：A^m(m 是正整数)也是正定矩阵；

(2) 设 $g(x)=x^m+x^{m-1}+\cdots+x+1$，证明：$g(A)$也是正定矩阵.

14. 设 A,B 都为 n 阶正定矩阵，k,l 为正实数，证明：$kA+lB,BAB$ 也是正定矩阵.

15. 设 A 为 $m\times n$ 实矩阵，且 $r(A)=n$，证明：$A^{\mathrm{T}}A$ 也是正定矩阵.

16. 设 A 为 n 阶正定矩阵，P 为 n 阶可逆实矩阵，证明：$P^{\mathrm{T}}AP$ 为正定矩阵.

17. 设 A 为实对称矩阵，且满足 $A^2-3A+2E=O$，证明：A 为正定矩阵.

18. 设 $A=(a_{ij})_{n\times n}$是正定矩阵，b_i 为非零实数，$i=1,2,\cdots,n$，证明：$B=(a_{ij}b_ib_j)_{n\times n}$也是正

定矩阵.

19. 证明：矩阵 A 为正定矩阵的充分必要条件是，存在非奇异实矩阵 M 使得 $A=M^{\mathrm{T}}M$.

20. 设 A 为实对称矩阵，t 为实数. 证明：t 充分大之后，$tE+A$ 是正定矩阵.

(二)

21. 证明：正定矩阵 A 为正交矩阵的充分必要条件是 A 为单位矩阵.

22. 用正交代换化二次型 $\sum\limits_{i=1}^{n}x_i^2+\sum\limits_{1\leqslant i<k\leqslant n}x_ix_k$ 为标准形.

23. 把 n 阶实二次型按其矩阵的合同关系分类(即矩阵合同的二次型都归为同一类)，共分几类？

24. 设 $f(x_1,x_2,\cdots,x_n)=\boldsymbol{x}^{\mathrm{T}}A\boldsymbol{x}$ 为一个实二次型，且有 n 维实向量 $\boldsymbol{x}_1,\boldsymbol{x}_2$，使得

$$\boldsymbol{x}_1^{\mathrm{T}}A\boldsymbol{x}_1>0,\quad \boldsymbol{x}_2^{\mathrm{T}}A\boldsymbol{x}_2<0.$$

证明：必存在 n 维实向量 $\boldsymbol{x}_0\neq\boldsymbol{0}$，使得 $\boldsymbol{x}_0^{\mathrm{T}}A\boldsymbol{x}_0=0$.

25. 设 A 和 B 是两个 n 阶实对称矩阵，并且 A 是正定矩阵. 证明：存在一个 n 阶实可逆矩阵 P，使得 $P^{\mathrm{T}}AP$ 与 $P^{\mathrm{T}}BP$ 都是对角矩阵.

26. 设矩阵 A 为 n 阶实对称矩阵，且 $A^2=A$. 证明：$E+A+A^2+\cdots+A^k$(k 为正整数)为正定矩阵.

27. 设 A,B 为同阶正定矩阵，且 $|xA-B|=0$ 的根全为 1，证明：$A=B$.

28. 设 A,B 为 n 阶正定矩阵，且 $AB=BA$，证明：AB 也是正定矩阵.

29. 设 $\boldsymbol{\alpha}_1,\boldsymbol{\alpha}_2,\cdots,\boldsymbol{\alpha}_n$ 是两两正交的 n 维单位实列向量，k 为实数，$H=E-k\boldsymbol{\alpha}_1\boldsymbol{\alpha}_1^{\mathrm{T}}$，其中 E 为 n 阶单位矩阵. 证明：

(1) H 是实对称矩阵；

(2) $\boldsymbol{\alpha}_1$ 是 H 的特征向量，并求对应的特征值；

(3) $\boldsymbol{\alpha}_2,\cdots,\boldsymbol{\alpha}_n$ 也是 H 的特征向量，并求对应的特征值；

(4) k 取何值时，H 为正交矩阵？

(5) k 取何值时，H 为可逆矩阵？

(6) k 取何值时，H 为正定矩阵？

第七章　线 性 变 换

线性变换是将线性空间映到自身的一种映射，它的特点是保持向量间的线性关系不变，即保持了向量的加法和数乘关系不变．本章将介绍线性变换的概念和性质，讨论线性变换与矩阵的对应关系，并介绍两种特殊的线性变换．

7.1　线性变换的概念

7.1.1　线性变换

定义 7.1　设 V 是数域 P 上的线性空间，若存在一个 V 到自身的映射 $\mathscr{A}$，即 $\forall\boldsymbol{\alpha}\in V$，有唯一的 $\mathscr{A}\boldsymbol{\alpha}\in V$ 与 $\boldsymbol{\alpha}$ 对应，则称 $\mathscr{A}$ 为 V 的一个**变换**，$\mathscr{A}\boldsymbol{\alpha}$ 称为 $\boldsymbol{\alpha}$ 在变换 $\mathscr{A}$ 下的**像**，$\boldsymbol{\alpha}$ 称为 $\mathscr{A}\boldsymbol{\alpha}$ 的**原像**．

有时也将 $\mathscr{A}\boldsymbol{\alpha}$ 记作 $\mathscr{A}(\boldsymbol{\alpha})$．

定义 7.2　设 V 是数域 P 上的线性空间，$\mathscr{A}$ 为 V 的一个变换，若 $\forall\boldsymbol{\alpha},\boldsymbol{\beta}\in V$ 和 $\forall k\in P$，成立

$$\mathscr{A}(\boldsymbol{\alpha}+\boldsymbol{\beta})=\mathscr{A}(\boldsymbol{\alpha})+\mathscr{A}(\boldsymbol{\beta}),$$
$$\mathscr{A}(k\boldsymbol{\alpha})=k\mathscr{A}(\boldsymbol{\alpha}),$$

则称 $\mathscr{A}$ 是**线性的**，也称 $\mathscr{A}$ 为 V 的一个**线性变换**．

例 7.1　设 V 是数域 P 上的线性空间，c 是数域 P 中的一个常数，定义变换 $\mathscr{A}$ 为

$$\mathscr{A}\boldsymbol{\alpha}=c\,\boldsymbol{\alpha},\quad \forall\boldsymbol{\alpha}\in V,$$

那么容易验证 $\mathscr{A}$ 是线性变换，通常称之为**数乘变换**．

特别，当 $c=1$，记此变换为 $\mathscr{E}$，称为**恒等变换**，即有

$$\mathscr{E}\boldsymbol{\alpha}=\boldsymbol{\alpha},\quad \forall\boldsymbol{\alpha}\in V.$$

而当 $c=0$，记此变换为 $\mathscr{O}$，称为**零变换**，有

$$\mathscr{O}\boldsymbol{\alpha}=\mathbf{0},\quad \forall\boldsymbol{\alpha}\in V.$$

□

例 7.2　在所有一元实系数多项式组成的实线性空间 $P[x]$上定义变换 $\mathscr{D}$ 为

$$\mathscr{D}(p(x))=\frac{\mathrm{d}}{\mathrm{d}x}(p(x)),\quad \forall p(x)\in P[x].$$

称之为**微分变换**．由求导法则可知，$\mathscr{D}$ 是线性变换．　□

例 7.3　在实线性空间 $C[a,b]$上定义变换 $\mathscr{I}$ 为

$$\mathscr{I}(f(x))=\int_a^x f(t)\mathrm{d}t,\quad \forall f(x)\in C[a,b].$$

称之为**积分变换**,由积分法则可知,$\mathscr{I}$是线性变换. □

例 7.4 在 $\mathbf{R}^3$ 中,定义下列变换:对任意的 $\begin{pmatrix} x_1 \\ x_2 \\ x_3 \end{pmatrix} \in \mathbf{R}^3$,

$$\mathscr{A}_1\left(\begin{pmatrix} x_1 \\ x_2 \\ x_3 \end{pmatrix}\right) = \begin{pmatrix} x_1 + x_2 \\ x_3 \\ x_1 \end{pmatrix}, \quad \mathscr{A}_2\left(\begin{pmatrix} x_1 \\ x_2 \\ x_3 \end{pmatrix}\right) = \begin{pmatrix} 1 \\ 0 \\ x_3 \end{pmatrix}, \quad \mathscr{A}_3\left(\begin{pmatrix} x_1 \\ x_2 \\ x_3 \end{pmatrix}\right) = \begin{pmatrix} x_1 x_2 \\ x_2 x_3 \\ x_3^2 \end{pmatrix},$$

试确定它们是否为线性变换?

解 对任意的 $\begin{pmatrix} x_1 \\ x_2 \\ x_3 \end{pmatrix}, \begin{pmatrix} y_1 \\ y_2 \\ y_3 \end{pmatrix} \in \mathbf{R}^3$ 和 $k \in \mathbf{R}$,

$$\begin{aligned} \mathscr{A}_1\left(\begin{pmatrix} x_1 \\ x_2 \\ x_3 \end{pmatrix} + \begin{pmatrix} y_1 \\ y_2 \\ y_3 \end{pmatrix}\right) &= \mathscr{A}_1\left(\begin{pmatrix} x_1 + y_1 \\ x_2 + y_2 \\ x_3 + y_3 \end{pmatrix}\right) = \begin{pmatrix} x_1 + y_1 + x_2 + y_2 \\ x_3 + y_3 \\ x_1 + y_1 \end{pmatrix} \\ &= \begin{pmatrix} x_1 + x_2 \\ x_3 \\ x_1 \end{pmatrix} + \begin{pmatrix} y_1 + y_2 \\ y_3 \\ y_1 \end{pmatrix} = \mathscr{A}_1\left(\begin{pmatrix} x_1 \\ x_2 \\ x_3 \end{pmatrix}\right) + \mathscr{A}_1\left(\begin{pmatrix} y_1 \\ y_2 \\ y_3 \end{pmatrix}\right), \end{aligned}$$

$$\mathscr{A}_1\left(k\begin{pmatrix} x_1 \\ x_2 \\ x_3 \end{pmatrix}\right) = \mathscr{A}_1\left(\begin{pmatrix} kx_1 \\ kx_2 \\ kx_3 \end{pmatrix}\right) = \begin{pmatrix} kx_1 + kx_2 \\ kx_3 \\ kx_1 \end{pmatrix} = k\begin{pmatrix} x_1 + x_2 \\ x_3 \\ x_1 \end{pmatrix} = k\mathscr{A}_1\left(\begin{pmatrix} x_1 \\ x_2 \\ x_3 \end{pmatrix}\right),$$

故 $\mathscr{A}_1$ 是线性变换.

$$\mathscr{A}_2\left(\begin{pmatrix} x_1 \\ x_2 \\ x_3 \end{pmatrix} + \begin{pmatrix} y_1 \\ y_2 \\ y_3 \end{pmatrix}\right) = \mathscr{A}_2\left(\begin{pmatrix} x_1 + y_1 \\ x_2 + y_2 \\ x_3 + y_3 \end{pmatrix}\right) = \begin{pmatrix} 1 \\ 0 \\ x_3 + y_3 \end{pmatrix},$$

$$\mathscr{A}_2\left(\begin{pmatrix} x_1 \\ x_2 \\ x_3 \end{pmatrix}\right) + \mathscr{A}_2\left(\begin{pmatrix} y_1 \\ y_2 \\ y_3 \end{pmatrix}\right) = \begin{pmatrix} 1 \\ 0 \\ x_3 \end{pmatrix} + \begin{pmatrix} 1 \\ 0 \\ y_3 \end{pmatrix} + \begin{pmatrix} 2 \\ 0 \\ x_3 + y_3 \end{pmatrix},$$

上两式不等,故 $\mathscr{A}_2$ 不是线性变换.

当 $k \neq 0$ 且 $k \neq 1$ 时,

$$\mathscr{A}_3\left(k\begin{pmatrix} x_1 \\ x_2 \\ x_3 \end{pmatrix}\right) = \mathscr{A}_3\left(\begin{pmatrix} kx_1 \\ kx_2 \\ kx_3 \end{pmatrix}\right) = \begin{pmatrix} k^2 x_1 x_2 \\ k^2 x_2 x_3 \\ k^2 x_3^2 \end{pmatrix} = k^2\begin{pmatrix} x_1 x_2 \\ x_2 x_3 \\ x_3^2 \end{pmatrix} \neq k\mathscr{A}_3\left(\begin{pmatrix} x_1 \\ x_2 \\ x_3 \end{pmatrix}\right),$$

故 $\mathscr{A}_3$ 不是线性变换. □

7.1.2　线性变换的性质

命题 7.1　若 $\mathscr{A}$ 是数域 P 上线性空间 V 中的线性变换，那么：

(1) $\mathscr{A}(\mathbf{0})=\mathbf{0}$；$\mathscr{A}(-\boldsymbol{\alpha})=-\mathscr{A}(\boldsymbol{\alpha})$，$\forall\,\boldsymbol{\alpha}\in V$；

(2) 线性变换保持线性关系不变，即 $\forall\,\boldsymbol{\alpha}_1,\boldsymbol{\alpha}_2,\cdots,\boldsymbol{\alpha}_m\in V$，$k_1,k_2,\cdots,k_m\in P$，有

$$\mathscr{A}(k_1\boldsymbol{\alpha}_1+k_2\boldsymbol{\alpha}_2+\cdots+k_m\boldsymbol{\alpha}_m)=k_1\mathscr{A}(\boldsymbol{\alpha}_1)+k_2\mathscr{A}(\boldsymbol{\alpha}_2)+\cdots+k_m\mathscr{A}(\boldsymbol{\alpha}_m),\quad(7.1)$$

即

$$\mathscr{A}[(\boldsymbol{\alpha}_1,\boldsymbol{\alpha}_2,\cdots,\boldsymbol{\alpha}_m)\boldsymbol{k}]=(\mathscr{A}\boldsymbol{\alpha}_1,\mathscr{A}\boldsymbol{\alpha}_2,\cdots,\mathscr{A}\boldsymbol{\alpha}_m)\boldsymbol{k},$$

其中 $\boldsymbol{k}=(k_1,k_2,\cdots,k_m)^{\mathrm{T}}$.

证　(1)

$$\mathscr{A}(\mathbf{0})=\mathscr{A}(0\boldsymbol{\alpha})=0\mathscr{A}(\boldsymbol{\alpha})=\mathbf{0},$$

$$\mathscr{A}(-\boldsymbol{\alpha})=\mathscr{A}((-1)\boldsymbol{\alpha})=(-1)\mathscr{A}(\boldsymbol{\alpha})=-\mathscr{A}(\boldsymbol{\alpha}).$$

(2)用归纳法证. 当 $m=1$，结论显然；设 $\forall\,\boldsymbol{\alpha}_1,\boldsymbol{\alpha}_2,\cdots,\boldsymbol{\alpha}_{m-1}\in V$，$k_1,k_2,\cdots,k_{m-1}\in P$，有

$$\mathscr{A}(k_1\boldsymbol{\alpha}_1+k_2\boldsymbol{\alpha}_2+\cdots+k_{m-1}\boldsymbol{\alpha}_{m-1})=k_1\mathscr{A}(\boldsymbol{\alpha}_1)+k_2\mathscr{A}(\boldsymbol{\alpha}_2)+\cdots+k_{m-1}\mathscr{A}(\boldsymbol{\alpha}_{m-1}),$$

那么 $\forall\,\boldsymbol{\alpha}_1,\boldsymbol{\alpha}_2,\cdots,\boldsymbol{\alpha}_m\in V$，$k_1,k_2,\cdots,k_m\in P$，

$$\begin{aligned}&\mathscr{A}(k_1\boldsymbol{\alpha}_1+k_2\boldsymbol{\alpha}_2+\cdots+k_{m-1}\boldsymbol{\alpha}_{m-1}+k_m\boldsymbol{\alpha}_m)\\=\;&\mathscr{A}(k_1\boldsymbol{\alpha}_1+k_2\boldsymbol{\alpha}_2+\cdots+k_{m-1}\boldsymbol{\alpha}_{m-1})+\mathscr{A}(k_m\boldsymbol{\alpha}_m)\\=\;&k_1\mathscr{A}(\boldsymbol{\alpha}_1)+k_2\mathscr{A}(\boldsymbol{\alpha}_2)+\cdots+k_{m-1}\mathscr{A}(\boldsymbol{\alpha}_{m-1})+k_m\mathscr{A}(\boldsymbol{\alpha}_m).\end{aligned}$$

这样就证明了结论(2).　□

利用结论(1)，有时可以很简捷地判定一个变换不是线性的，例如，例 7.4 中的 $\mathscr{A}_2$，由

$$\mathscr{A}_2\begin{pmatrix}0\\0\\0\end{pmatrix}=\begin{pmatrix}1\\0\\0\end{pmatrix}\neq\begin{pmatrix}0\\0\\0\end{pmatrix}.$$

可知 $\mathscr{A}_2$ 不是线性变换.

由命题 7.1 的结论(2)，立刻得到下面的推论.

推论　线性变换 $\mathscr{A}$ 将 V 中线性相关的向量组 $\boldsymbol{\alpha}_1,\boldsymbol{\alpha}_2,\cdots,\boldsymbol{\alpha}_m$ 变换到线性相关的向量组 $\mathscr{A}\boldsymbol{\alpha}_1,\mathscr{A}\boldsymbol{\alpha}_2,\cdots,\mathscr{A}\boldsymbol{\alpha}_m$.

注意：由于线性变换 $\mathscr{A}$ 未必是一一对应的，因此，不能够从 $\mathscr{A}\boldsymbol{\alpha}_1,\mathscr{A}\boldsymbol{\alpha}_2,\cdots,\mathscr{A}\boldsymbol{\alpha}_m$ 线性相关得出 $\boldsymbol{\alpha}_1,\boldsymbol{\alpha}_2,\cdots,\boldsymbol{\alpha}_m$ 线性相关的结论. 换言之，线性变换不能把线性无关的向量组变换到线性无关的向量组. 例 7.1 的零变换 $\mathscr{O}$ 就可以说明这一点：若 $\boldsymbol{\alpha}$ 是 V 中非零向量，我们知道单个非零向量是线性无关的，然而 $\mathscr{O}\boldsymbol{\alpha}=\mathbf{0}$，单个零向量是线性相关的.

7.2　线性变换与矩阵

线性空间 V 中的线性变换 $\mathscr{A}$ 将 V 中任意一个向量 ξ 变换到它的像 $\mathscr{A}\boldsymbol{\xi}$，而 $\mathscr{A}\boldsymbol{\xi}$ 仍是 V 中的向量. 若 $\boldsymbol{\alpha}_1,\boldsymbol{\alpha}_2,\cdots,\boldsymbol{\alpha}_n$ 是 V 的一组基，则 $\boldsymbol{\xi}$ 和 $\mathscr{A}\boldsymbol{\xi}$ 都可以由它们在这组基下的坐标来表示，很自然的一个问题是：它们的坐标之间有着什么关系？

7.2.1　线性变换的矩阵

设 $\boldsymbol{\alpha}_1,\boldsymbol{\alpha}_2,\cdots,\boldsymbol{\alpha}_n$ 是 n 维线性空间 V 的一组基，$\mathscr{A}$ 是 V 中的线性变换，那么对 V 中的向量

$$\boldsymbol{\xi}=x_1\boldsymbol{\alpha}_1+x_2\boldsymbol{\alpha}_2+\cdots+x_n\boldsymbol{\alpha}_n.$$

依线性变换的性质，有

$$\mathscr{A}\boldsymbol{\xi}=x_1\mathscr{A}\boldsymbol{\alpha}_1+x_2\mathscr{A}\boldsymbol{\alpha}_2+\cdots+x_n\mathscr{A}\boldsymbol{\alpha}_n. \tag{7.2}$$

这表明我们只要知道 $\mathscr{A}\boldsymbol{\alpha}_1,\mathscr{A}\boldsymbol{\alpha}_2,\cdots,\mathscr{A}\boldsymbol{\alpha}_n$，就可以由(7.2)式知道 V 中任何一个向量 $\boldsymbol{\xi}$ 的像 $\mathscr{A}\boldsymbol{\xi}$. 换句话说，这意味着只要确定了线性变换 $\mathscr{A}$ 在一组基下的像，就完全确定了 $\mathscr{A}$.

定义 7.3　设 n 维线性空间 V 的一组基 $\boldsymbol{\alpha}_1,\boldsymbol{\alpha}_2,\cdots,\boldsymbol{\alpha}_n$ 在线性变换 $\mathscr{A}$ 下的像为

$$\begin{aligned}\mathscr{A}\boldsymbol{\alpha}_1&=a_{11}\boldsymbol{\alpha}_1+a_{21}\boldsymbol{\alpha}_2+\cdots+a_{n1}\boldsymbol{\alpha}_n,\\ \mathscr{A}\boldsymbol{\alpha}_2&=a_{12}\boldsymbol{\alpha}_1+a_{22}\boldsymbol{\alpha}_2+\cdots+a_{n2}\boldsymbol{\alpha}_n,\\ &\cdots\cdots\cdots\cdots\\ \mathscr{A}\boldsymbol{\alpha}_n&=a_{1n}\boldsymbol{\alpha}_1+a_{2n}\boldsymbol{\alpha}_2+\cdots+a_{nn}\boldsymbol{\alpha}_n,\end{aligned} \tag{7.3}$$

或者写为

$$(\mathscr{A}\boldsymbol{\alpha}_1,\mathscr{A}\boldsymbol{\alpha}_2,\cdots,\mathscr{A}\boldsymbol{\alpha}_n)=(\boldsymbol{\alpha}_1,\boldsymbol{\alpha}_2,\cdots,\boldsymbol{\alpha}_n)A, \tag{7.4}$$

则称矩阵

$$A=(a_{ij})_{n\times n}=\begin{pmatrix}a_{11}&a_{12}&\cdots&a_{1n}\\ a_{21}&a_{22}&\cdots&a_{2n}\\ \vdots&\vdots&&\vdots\\ a_{n1}&a_{n2}&\cdots&a_{nn}\end{pmatrix}$$

为线性变换 $\mathscr{A}$ **在基** $\boldsymbol{\alpha}_1,\boldsymbol{\alpha}_2,\cdots,\boldsymbol{\alpha}_n$ **下的矩阵**.

若引进

$$\mathscr{A}(\boldsymbol{\alpha}_1,\boldsymbol{\alpha}_2,\cdots,\boldsymbol{\alpha}_n)=(\mathscr{A}\boldsymbol{\alpha}_1,\mathscr{A}\boldsymbol{\alpha}_2,\cdots,\mathscr{A}\boldsymbol{\alpha}_n),$$

则(7.4)式还可写为

$$\mathscr{A}(\boldsymbol{\alpha}_1,\boldsymbol{\alpha}_2,\cdots,\boldsymbol{\alpha}_n)=(\boldsymbol{\alpha}_1,\boldsymbol{\alpha}_2,\cdots,\boldsymbol{\alpha}_n)A. \tag{7.5}$$

注意到 $\mathscr{A}\boldsymbol{\alpha}_i(i=1,2,\cdots,n)$ 在基 $\boldsymbol{\alpha}_1,\boldsymbol{\alpha}_2,\cdots,\boldsymbol{\alpha}_n$ 下的坐标是唯一的，从而 $\mathscr{A}$ 在基 $\boldsymbol{\alpha}_1,\boldsymbol{\alpha}_2,\cdots,\boldsymbol{\alpha}_n$ 下的矩阵也是唯一的.

例 7.5 试求例 7.4 中的线性变换 $\mathscr{A}_1$ 在下面一组基下的矩阵 A：

$$\boldsymbol{\varepsilon}_1=\begin{pmatrix}1\\0\\0\end{pmatrix},\quad \boldsymbol{\varepsilon}_2=\begin{pmatrix}0\\1\\0\end{pmatrix},\quad \boldsymbol{\varepsilon}_3=\begin{pmatrix}0\\0\\1\end{pmatrix}.$$

解 由 $\mathscr{A}_1$ 的定义

$$\mathscr{A}_1\left(\begin{pmatrix}x_1\\x_2\\x_3\end{pmatrix}\right)=\begin{pmatrix}x_1+x_2\\x_3\\x_1\end{pmatrix},$$

得到

$$\mathscr{A}_1\boldsymbol{\varepsilon}_1=\begin{pmatrix}1\\0\\1\end{pmatrix}=\boldsymbol{\varepsilon}_1+\boldsymbol{\varepsilon}_3,\quad \mathscr{A}_1\boldsymbol{\varepsilon}_2=\begin{pmatrix}1\\0\\0\end{pmatrix}=\boldsymbol{\varepsilon}_1,\quad \mathscr{A}_1\boldsymbol{\varepsilon}_3=\begin{pmatrix}0\\1\\0\end{pmatrix}=\boldsymbol{\varepsilon}_2.$$

于是 $\mathscr{A}_1$ 在 $\boldsymbol{\varepsilon}_1,\boldsymbol{\varepsilon}_2,\boldsymbol{\varepsilon}_3$ 下的矩阵为

$$A=\begin{pmatrix}1&1&0\\0&0&1\\1&0&0\end{pmatrix}.$$ □

例 7.6 试求实线性空间 $P[x]_3$ 上微分变换 $\mathscr{D}$：

$$\mathscr{D}(p(x))=p'(x),\quad \forall\, p(x)\in P[x]_3$$

在基 $1,x,x^2$ 下的矩阵.

解 由 $\mathscr{D}(1)=0,\mathscr{D}(x)=1,\mathscr{D}(x^2)=2x$ 可立即得到 $\mathscr{D}$ 在 $1,x,x^2$ 下的矩阵为

$$D=\begin{pmatrix}0&1&0\\0&0&2\\0&0&0\end{pmatrix}.$$ □

由线性变换 $\mathscr{A}$ 在一组基下的矩阵，很容易得出 V 中向量 $\boldsymbol{\xi}$ 的坐标和它的像 $\mathscr{A}\boldsymbol{\xi}$ 的坐标之间的关系.

定理 7.1 设 $\boldsymbol{\alpha}_1,\boldsymbol{\alpha}_2,\cdots,\boldsymbol{\alpha}_n$ 是 n 维线性空间 V 的一组基，V 中的线性变换 $\mathscr{A}$ 在 $\boldsymbol{\alpha}_1,\boldsymbol{\alpha}_2,\cdots,\boldsymbol{\alpha}_n$ 下的矩阵为 A. 若向量 $\boldsymbol{\xi}$ 在 $\boldsymbol{\alpha}_1,\boldsymbol{\alpha}_2,\cdots,\boldsymbol{\alpha}_n$ 下的坐标为 $\boldsymbol{x}=(x_1,x_2,\cdots,x_n)^{\mathrm{T}}$，那么 $\boldsymbol{\xi}$ 的像 $\mathscr{A}\boldsymbol{\xi}$ 在 $\boldsymbol{\alpha}_1,\boldsymbol{\alpha}_2,\cdots,\boldsymbol{\alpha}_n$ 下的坐标为 $A\boldsymbol{x}$.

证 由 $\boldsymbol{\xi}$ 的坐标为 $\boldsymbol{x}=(x_1,x_2,\cdots,x_n)^{\mathrm{T}}$，即有 $\boldsymbol{\xi}=(\boldsymbol{\alpha}_1,\boldsymbol{\alpha}_2,\cdots,\boldsymbol{\alpha}_n)\boldsymbol{x}$，故

$$\mathscr{A}\boldsymbol{\xi}=\mathscr{A}[(\boldsymbol{\alpha}_1,\boldsymbol{\alpha}_2,\cdots,\boldsymbol{\alpha}_n)\boldsymbol{x}]=(\mathscr{A}\boldsymbol{\alpha}_1,\mathscr{A}\boldsymbol{\alpha}_2,\cdots,\mathscr{A}\boldsymbol{\alpha}_n)\boldsymbol{x}=(\boldsymbol{\alpha}_1,\boldsymbol{\alpha}_2,\cdots,\boldsymbol{\alpha}_n)A\boldsymbol{x},$$

上面等式的第二步是根据线性变换 $\mathscr{A}$ 保持线性关系不变的性质，上式的结果就给出了定理的结论. □

例 7.7 已知 $\mathbf{R}^3$ 中的一组基为

$$\boldsymbol{\alpha}_1=\begin{pmatrix}1\\-1\\0\end{pmatrix},\quad \boldsymbol{\alpha}_2=\begin{pmatrix}0\\2\\-1\end{pmatrix},\quad \boldsymbol{\alpha}_3=\begin{pmatrix}0\\1\\-1\end{pmatrix},$$

线性变换 $\mathscr{A}$ 将 $\boldsymbol{\alpha}_1,\boldsymbol{\alpha}_2,\boldsymbol{\alpha}_3$ 分别变到

$$\boldsymbol{\beta}_1=\begin{pmatrix}1\\1\\-1\end{pmatrix},\quad \boldsymbol{\beta}_2=\begin{pmatrix}0\\3\\-2\end{pmatrix},\quad \boldsymbol{\beta}_3=\begin{pmatrix}1\\0\\-1\end{pmatrix}.$$

求：(1) $\mathscr{A}$ 在 $\boldsymbol{\alpha}_1,\boldsymbol{\alpha}_2,\boldsymbol{\alpha}_3$ 下的矩阵 A；

(2) $\xi=(1,-2,1)^{\mathrm{T}}$ 以及 $\mathscr{A}\boldsymbol{\xi}$ 在 $\boldsymbol{\alpha}_1,\boldsymbol{\alpha}_2,\boldsymbol{\alpha}_3$ 下的坐标.

解 (1)由 $(\boldsymbol{\beta}_1,\boldsymbol{\beta}_2,\boldsymbol{\beta}_3)=(\mathscr{A}\boldsymbol{\alpha}_1,\mathscr{A}\boldsymbol{\alpha}_2,\mathscr{A}\boldsymbol{\alpha}_3)=(\boldsymbol{\alpha}_1,\boldsymbol{\alpha}_2,\boldsymbol{\alpha}_3)A$ 知有矩阵方程

$$\begin{pmatrix}1&0&1\\1&3&0\\-1&-2&-1\end{pmatrix}=\begin{pmatrix}1&0&0\\-1&2&1\\0&-1&-1\end{pmatrix}A,$$

利用初等变换易得

$$A=\begin{pmatrix}1&0&1\\1&1&0\\0&1&1\end{pmatrix}.$$

(2) 设 $\boldsymbol{\xi}$ 在 $\boldsymbol{\alpha}_1,\boldsymbol{\alpha}_2,\boldsymbol{\alpha}_3$ 下的坐标为 $\boldsymbol{x}=(x_1,x_2,x_3)^{\mathrm{T}}$，那么

$$(\boldsymbol{\alpha}_1,\boldsymbol{\alpha}_2,\boldsymbol{\alpha}_3)\boldsymbol{x}=\boldsymbol{\xi},$$

即

$$\begin{pmatrix}1&0&0\\-1&2&1\\0&-1&-1\end{pmatrix}\begin{pmatrix}x_1\\x_2\\x_3\end{pmatrix}=\begin{pmatrix}1\\-2\\1\end{pmatrix},$$

可得

$$\boldsymbol{x}=\begin{pmatrix}x_1\\x_2\\x_3\end{pmatrix}=\begin{pmatrix}1\\0\\-1\end{pmatrix},$$

而 $\mathscr{A}\boldsymbol{\xi}$ 在 $\boldsymbol{\alpha}_1,\boldsymbol{\alpha}_2,\boldsymbol{\alpha}_3$ 下的坐标为

$$A\boldsymbol{x}=\begin{pmatrix}1&0&1\\1&1&0\\0&1&1\end{pmatrix}\begin{pmatrix}1\\0\\-1\end{pmatrix}=\begin{pmatrix}0\\1\\-1\end{pmatrix}.$$ □

由线性变换在一组基下的矩阵的定义可知，只要选定了 V 的一组基 $\boldsymbol{\alpha}_1,\boldsymbol{\alpha}_2,\cdots,\boldsymbol{\alpha}_n$，$V$ 中的任何一个线性变换 $\mathscr{A}$ 就对应了唯一的一个 n 阶方阵 A，即

$$\mathscr{A}\xrightarrow{(\boldsymbol{\alpha}_1,\boldsymbol{\alpha}_2,\cdots,\boldsymbol{\alpha}_n)}A.$$

那么，反过来，任给一个 n 阶方阵 A，能否唯一确定或者对应一个线性变换 $\mathscr{A}$？也就是说，是否有

$$\mathscr{A}\xleftarrow{(\boldsymbol{\alpha}_1,\boldsymbol{\alpha}_2,\cdots,\boldsymbol{\alpha}_n)}A,$$

结论是肯定的.

定理 7.2 设 $\boldsymbol{\alpha}_1,\boldsymbol{\alpha}_2,\cdots,\boldsymbol{\alpha}_n$ 是数域 P 上的 n 维线性空间 V 的一组基，$A=(a_{ij})_{n\times n}$是一个 n 阶方阵，那么必定存在唯一的线性变换 $\mathscr{A}$，它在基 $\boldsymbol{\alpha}_1,\boldsymbol{\alpha}_2,\cdots,\boldsymbol{\alpha}_n$ 下的矩阵为 A.

证 对 V 中任一向量 $\boldsymbol{\xi}=x_1\boldsymbol{\alpha}_1+x_2\boldsymbol{\alpha}_2+\cdots+x_n\boldsymbol{\alpha}_n$，定义变换 $\mathscr{A}$ 为

$$\mathscr{A}\boldsymbol{\xi}=(\boldsymbol{\alpha}_1,\boldsymbol{\alpha}_2,\cdots,\boldsymbol{\alpha}_n)\begin{pmatrix}a_{11}&a_{12}&\cdots&a_{1n}\\a_{21}&a_{22}&\cdots&a_{2n}\\\vdots&\vdots&&\vdots\\a_{n1}&a_{n2}&\cdots&a_{nn}\end{pmatrix}\begin{pmatrix}x_1\\x_2\\\vdots\\x_n\end{pmatrix}. \tag{7.6}$$

若记

$$\boldsymbol{x}=(x_1,x_2,\cdots,x_n)^{\mathrm{T}},$$

则(7.6)式可写为

$$\mathscr{A}\boldsymbol{\xi}=(\boldsymbol{\alpha}_1,\boldsymbol{\alpha}_2,\cdots,\boldsymbol{\alpha}_n)A\boldsymbol{x}.$$

显然 $\mathscr{A}\boldsymbol{\xi}\in V$.

下面我们先证明 $\mathscr{A}$ 是线性的. $\forall\,\boldsymbol{\xi},\boldsymbol{\eta}\in V$ 和 $k\in P$，设

$$\boldsymbol{\xi}=x_1\boldsymbol{\alpha}_1+x_2\boldsymbol{\alpha}_2+\cdots+x_n\boldsymbol{\alpha}_n,$$
$$\boldsymbol{\eta}=y_1\boldsymbol{\alpha}_1+y_2\boldsymbol{\alpha}_2+\cdots+y_n\boldsymbol{\alpha}_n,$$

那么，由 $\mathscr{A}$ 的定义

$$\mathscr{A}\boldsymbol{\xi}=(\boldsymbol{\alpha}_1,\boldsymbol{\alpha}_2,\cdots,\boldsymbol{\alpha}_n)A\boldsymbol{x},$$
$$\mathscr{A}\boldsymbol{\eta}=(\boldsymbol{\alpha}_1,\boldsymbol{\alpha}_2,\cdots,\boldsymbol{\alpha}_n)A\boldsymbol{y},$$

其中 $\boldsymbol{y}=(y_1,y_2\cdots,y_n)^{\mathrm{T}}$. 于是依照 $\mathscr{A}$ 的定义和矩阵运算的法则，就有

$$\begin{aligned}\mathscr{A}(\boldsymbol{\xi}+\boldsymbol{\eta})&=(\boldsymbol{\alpha}_1,\boldsymbol{\alpha}_2,\cdots,\boldsymbol{\alpha}_n)A(\boldsymbol{x}+\boldsymbol{y})=(\boldsymbol{\alpha}_1,\boldsymbol{\alpha}_2,\cdots,\boldsymbol{\alpha}_n)(A\boldsymbol{x}+A\boldsymbol{y})\\&=(\boldsymbol{\alpha}_1,\boldsymbol{\alpha}_2,\cdots,\boldsymbol{\alpha}_n)A\boldsymbol{x}+(\boldsymbol{\alpha}_1,\boldsymbol{\alpha}_2,\cdots,\boldsymbol{\alpha}_n)A\boldsymbol{y}\\&=\mathscr{A}\boldsymbol{\xi}+\mathscr{A}\boldsymbol{\eta},\\\mathscr{A}(k\boldsymbol{\xi})&=(\boldsymbol{\alpha}_1,\boldsymbol{\alpha}_2,\cdots,\boldsymbol{\alpha}_n)A(k\boldsymbol{x})=(\boldsymbol{\alpha}_1,\boldsymbol{\alpha}_2,\cdots,\boldsymbol{\alpha}_n)(kA\boldsymbol{x})\\&=k(\boldsymbol{\alpha}_1,\boldsymbol{\alpha}_2,\cdots,\boldsymbol{\alpha}_n)A\boldsymbol{x}\\&=k\mathscr{A}\boldsymbol{\xi},\end{aligned}$$

从而 $\mathscr{A}$ 是线性变换.

其次，由于 $\boldsymbol{\alpha}_i$ 在基 $\boldsymbol{\alpha}_1,\boldsymbol{\alpha}_2,\cdots,\boldsymbol{\alpha}_n$ 下的坐标的第 i 个分量为 1，其余分量为零，那么依(7.6)式立即可得

$$\mathscr{A}\boldsymbol{\alpha}_i=a_{1i}\boldsymbol{\alpha}_1+a_{2i}\boldsymbol{\alpha}_2+\cdots+a_{ni}\boldsymbol{\alpha}_n,\quad i=1,\cdots,n.$$

即

$$(\mathscr{A}\boldsymbol{\alpha}_1,\mathscr{A}\boldsymbol{\alpha}_2,\cdots,\mathscr{A}\boldsymbol{\alpha}_n)=(\boldsymbol{\alpha}_1,\boldsymbol{\alpha}_2,\cdots,\boldsymbol{\alpha}_n)\begin{pmatrix}a_{11}&a_{12}&\cdots&a_{1n}\\a_{21}&a_{22}&\cdots&a_{2n}\\\vdots&\vdots&&\vdots\\a_{n1}&a_{n2}&\cdots&a_{nn}\end{pmatrix}$$

$$=(\boldsymbol{\alpha}_1,\boldsymbol{\alpha}_2,\cdots,\boldsymbol{\alpha}_n)A.$$

这说明 $\mathscr{A}$ 在基 $\boldsymbol{\alpha}_1,\boldsymbol{\alpha}_2,\cdots,\boldsymbol{\alpha}_n$ 下的矩阵为 A.

最后,证唯一性,若另有线性变换 $\mathscr{B}$ 在基 $\boldsymbol{\alpha}_1,\boldsymbol{\alpha}_2,\cdots,\boldsymbol{\alpha}_n$ 下的矩阵也为 A,则

$$(\mathscr{B}\boldsymbol{\alpha}_1,\mathscr{B}\boldsymbol{\alpha}_2,\cdots,\mathscr{B}\boldsymbol{\alpha}_n)=(\boldsymbol{\alpha}_1,\boldsymbol{\alpha}_2,\cdots,\boldsymbol{\alpha}_n)A,$$

那么 $\forall\,\xi=x_1\boldsymbol{\alpha}_1+x_2\boldsymbol{\alpha}_2+\cdots+x_n\boldsymbol{\alpha}_n$,就有

$$\begin{aligned}\mathscr{B}\boldsymbol{\xi}&=x_1\mathscr{B}\boldsymbol{\alpha}_1+x_2\mathscr{B}\boldsymbol{\alpha}_2+\cdots+x_n\mathscr{B}\boldsymbol{\alpha}_n=(\mathscr{B}\boldsymbol{\alpha}_1,\mathscr{B}\boldsymbol{\alpha}_2,\cdots,\mathscr{B}\boldsymbol{\alpha}_n)\boldsymbol{x}\\&=(\boldsymbol{\alpha}_1,\boldsymbol{\alpha}_2,\cdots,\boldsymbol{\alpha}_n)A\boldsymbol{x}=\mathscr{A}\boldsymbol{\xi},\end{aligned}$$

从而变换 $\mathscr{B}$ 就是变换 $\mathscr{A}$,这就证明了定理. □

根据定义 7.3 和定理 7.2,立即得到如下定理.

定理 7.3 设 $\boldsymbol{\alpha}_1,\boldsymbol{\alpha}_2,\cdots,\boldsymbol{\alpha}_n$ 是 n 维线性空间 V 的一组基,那么 V 中所有的线性变换与所有的 n 阶方阵之间存在一一对应的关系,这种关系由

$$\mathscr{A}(\boldsymbol{\alpha}_1,\boldsymbol{\alpha}_2,\cdots,\boldsymbol{\alpha}_n)=(\boldsymbol{\alpha}_1,\boldsymbol{\alpha}_2,\cdots,\boldsymbol{\alpha}_n)A$$

确定.

定理 7.2 证明中的(7.6)式给出了如何由矩阵 A 式对应的线性变换 $\mathscr{A}$. 这样的定义方式是很自然的,因为如果线性变换 $\mathscr{A}$ 在基 $\boldsymbol{\alpha}_1,\boldsymbol{\alpha}_2,\cdots,\boldsymbol{\alpha}_n$ 下的矩阵为 A,则必定成立(7.6)式.

例 7.8 已知 $\mathbf{R}^3$ 的一组基为

$$\boldsymbol{\alpha}_1=\begin{pmatrix}1\\0\\-1\end{pmatrix},\quad\boldsymbol{\alpha}_2=\begin{pmatrix}0\\2\\1\end{pmatrix},\quad\boldsymbol{\alpha}_3=\begin{pmatrix}-1\\-1\\0\end{pmatrix},$$

试给出一个线性变换,使得它在 $\boldsymbol{\alpha}_1,\boldsymbol{\alpha}_2,\boldsymbol{\alpha}_3$ 下的矩阵为

$$A=\begin{pmatrix}0&-1&-2\\1&0&-3\\2&3&0\end{pmatrix}.$$

解 对任意的 $\boldsymbol{\xi}=x_1\boldsymbol{\alpha}_1+x_2\boldsymbol{\alpha}_2+x_3\boldsymbol{\alpha}_3\in\mathbf{R}^3$,定义

$$\mathscr{A}\boldsymbol{\xi}=(\boldsymbol{\alpha}_1,\boldsymbol{\alpha}_2,\boldsymbol{\alpha}_3)A\begin{pmatrix}x_1\\x_2\\x_3\end{pmatrix}=\begin{pmatrix}-2&-4&-2\\0&-3&-6\\1&1&-1\end{pmatrix}\begin{pmatrix}x_1\\x_2\\x_3\end{pmatrix},$$

则 $\mathscr{A}$ 就是所求的线性变换. □

在这个表达式中,注意 $(x_1,x_2,x_3)^{\mathrm{T}}$ 是 $\boldsymbol{\xi}$ 在 $\boldsymbol{\alpha}_1,\boldsymbol{\alpha}_2,\boldsymbol{\alpha}_3$ 下的坐标.

7.2.2 线性变换在不同基下矩阵间的关系

线性变换的矩阵依赖于基的选取. 一般说来,一个线性变换在两组不同的基下的矩阵是不同的,因此我们要讨论它们之间的关系.

定理 7.4 设 $\boldsymbol{\alpha}_1,\boldsymbol{\alpha}_2,\cdots,\boldsymbol{\alpha}_n$ 和 $\boldsymbol{\beta}_1,\boldsymbol{\beta}_2,\cdots,\boldsymbol{\beta}_n$ 是 n 维线性空间 V 的两组基,V 中

的线性变换 $\mathscr{A}$ 在这两组基下的矩阵分别为 A 和 B，且从 $\boldsymbol{\alpha}_1,\boldsymbol{\alpha}_2,\cdots,\boldsymbol{\alpha}_n$ 到 $\boldsymbol{\beta}_1,\boldsymbol{\beta}_2,\cdots,\boldsymbol{\beta}_n$ 的过渡矩阵为 C，那么

$$B=C^{-1}AC. \tag{7.7}$$

证　据定理的条件可知

$$\mathscr{A}(\boldsymbol{\alpha}_1,\boldsymbol{\alpha}_2,\cdots,\boldsymbol{\alpha}_n)=(\boldsymbol{\alpha}_1,\boldsymbol{\alpha}_2,\cdots,\boldsymbol{\alpha}_n)A,$$
$$\mathscr{A}(\boldsymbol{\beta}_1,\boldsymbol{\beta}_2,\cdots,\boldsymbol{\beta}_n)=(\boldsymbol{\beta}_1,\boldsymbol{\beta}_2,\cdots,\boldsymbol{\beta}_n)B,$$
$$(\boldsymbol{\beta}_1,\boldsymbol{\beta}_2,\cdots,\boldsymbol{\beta}_n)=(\boldsymbol{\alpha}_1,\boldsymbol{\alpha}_2,\cdots,\boldsymbol{\alpha}_n)C,$$

于是由 $\mathscr{A}$ 的线性性质

$$\begin{aligned}\mathscr{A}(\boldsymbol{\beta}_1,\boldsymbol{\beta}_2,\cdots,\boldsymbol{\beta}_n)&=\mathscr{A}[(\boldsymbol{\alpha}_1,\boldsymbol{\alpha}_2,\cdots,\boldsymbol{\alpha}_n)C]=[\mathscr{A}(\boldsymbol{\alpha}_1,\boldsymbol{\alpha}_2,\cdots,\boldsymbol{\alpha}_n)]C\\&=(\boldsymbol{\alpha}_1,\boldsymbol{\alpha}_2,\cdots,\boldsymbol{\alpha}_n)AC=(\boldsymbol{\beta}_1,\boldsymbol{\beta}_2,\cdots,\boldsymbol{\beta}_n)C^{-1}AC.\end{aligned}$$

因 $\mathscr{A}$ 在基 $\boldsymbol{\beta}_1,\boldsymbol{\beta}_2,\cdots,\boldsymbol{\beta}_n$ 下的矩阵是唯一的，故有

$$B=C^{-1}AC.$$ □

定理 7.4 告诉我们，线性变换在不同基下的矩阵是相似的.

例 7.9　试求 $P[x]_3$ 上微分变换 $\mathscr{D}$ 在基 $1+x,2x+x^2,3-x^2$ 下的矩阵.

解　我们在例 7.6 已求出 $\mathscr{D}$ 在基 $1,x,x^2$ 下的矩阵为

$$D=\begin{pmatrix}0&1&0\\0&0&2\\0&0&0\end{pmatrix}.$$

由基 $1,x,x^2$ 到基 $1+x,2x+x^2,3-x^2$ 的过渡矩阵显然为

$$C=\begin{pmatrix}1&0&3\\1&2&0\\0&1&-1\end{pmatrix}.$$

故 $\mathscr{D}$ 在基 $1+x,2x+x^2,3-x^2$ 下的矩阵为

$$\widetilde{D}=C^{-1}DC=\begin{pmatrix}1&0&3\\1&2&0\\0&1&-1\end{pmatrix}^{-1}\begin{pmatrix}0&1&0\\0&0&2\\0&0&0\end{pmatrix}\begin{pmatrix}1&0&3\\1&2&0\\0&1&-1\end{pmatrix}=\begin{pmatrix}-2&2&-6\\1&0&2\\1&0&2\end{pmatrix}.$$ □

例 7.10　已知 $\mathbf{R}^3$ 中的线性变换 $\mathscr{A}$ 在基

$$\boldsymbol{\alpha}_1=\begin{pmatrix}1\\0\\-1\end{pmatrix},\quad\boldsymbol{\alpha}_2=\begin{pmatrix}0\\2\\1\end{pmatrix},\quad\boldsymbol{\alpha}_3=\begin{pmatrix}-1\\-1\\0\end{pmatrix}$$

下的矩阵为

$$A=\begin{pmatrix}0&-1&-2\\1&0&-3\\2&3&0\end{pmatrix}.$$

试求 $\mathscr{A}$ 在基

$$\boldsymbol{\varepsilon}_1=\begin{pmatrix}1\\0\\0\end{pmatrix},\quad \boldsymbol{\varepsilon}_2=\begin{pmatrix}0\\1\\0\end{pmatrix},\quad \boldsymbol{\varepsilon}_3=\begin{pmatrix}0\\0\\1\end{pmatrix}$$

下的矩阵 $\widetilde{A}$.

解 从基 $\boldsymbol{\varepsilon}_1,\boldsymbol{\varepsilon}_2,\boldsymbol{\varepsilon}_3$ 到基 $\boldsymbol{\alpha}_1,\boldsymbol{\alpha}_2,\boldsymbol{\alpha}_3$ 的过渡矩阵显然为

$$C=\begin{pmatrix}1&0&-1\\0&2&-1\\-1&1&0\end{pmatrix},$$

于是有

$$A=C^{-1}\widetilde{A}C,$$

即

$$\begin{aligned}\widetilde{A}&=CAC^{-1}\\&=\begin{pmatrix}1&0&-1\\0&2&-1\\-1&1&0\end{pmatrix}\begin{pmatrix}0&-1&-2\\1&0&-3\\2&3&0\end{pmatrix}\begin{pmatrix}1&0&-1\\0&2&-1\\-1&1&0\end{pmatrix}^{-1}=\begin{pmatrix}10&-8&12\\15&-9&15\\0&1&-1\end{pmatrix}.\end{aligned}$$

□

7.3* 欧氏空间的正交变换和对称变换

7.3.1 正交变换

定义 7.4 若欧氏空间 V 中的线性变换 $\mathscr{A}$ 满足

$$(\mathscr{A}\boldsymbol{\alpha},\mathscr{A}\boldsymbol{\beta})=(\boldsymbol{\alpha},\boldsymbol{\beta}),\quad \forall\,\boldsymbol{\alpha},\boldsymbol{\beta}\in V,\tag{7.8}$$

则称 $\mathscr{A}$ 为**正交变换**.

定义 7.4 表明正交变换是保持向量内积不变的线性变换.

定理 7.5 欧氏空间 V 中的线性变换 $\mathscr{A}$ 为正交变换的充分必要条件是 $\mathscr{A}$ 保持向量长度不变,即

$$|\mathscr{A}\boldsymbol{\alpha}|=|\boldsymbol{\alpha}|,\quad \forall\,\boldsymbol{\alpha}\in V.\tag{7.9}$$

证 必要性是显然的,我们来证充分性.

$\forall\,\boldsymbol{\alpha},\boldsymbol{\beta}\in V$,则有

$$|\mathscr{A}(\boldsymbol{\alpha}+\boldsymbol{\beta})|=|\boldsymbol{\alpha}+\boldsymbol{\beta}|,\quad |\mathscr{A}\boldsymbol{\alpha}|=|\boldsymbol{\alpha}|,\quad |\mathscr{A}\boldsymbol{\beta}|=|\boldsymbol{\beta}|,$$

也就有

$$(\mathscr{A}(\boldsymbol{\alpha}+\boldsymbol{\beta}),\mathscr{A}(\boldsymbol{\alpha}+\boldsymbol{\beta}))=(\boldsymbol{\alpha}+\boldsymbol{\beta},\boldsymbol{\alpha}+\boldsymbol{\beta})\tag{7.10}$$

和

$$(\mathscr{A}\boldsymbol{\alpha},\mathscr{A}\boldsymbol{\alpha})=(\boldsymbol{\alpha},\boldsymbol{\alpha}),\quad (\mathscr{A}\boldsymbol{\beta},\mathscr{A}\boldsymbol{\beta})=(\boldsymbol{\beta},\boldsymbol{\beta}).\tag{7.11}$$

利用线性变换和内积的性质可由(7.10)式得

$$(\mathscr{A}\boldsymbol{\alpha},\mathscr{A}\boldsymbol{\alpha})+2(\mathscr{A}\boldsymbol{\alpha},\mathscr{A}\boldsymbol{\beta})+(\mathscr{A}\boldsymbol{\beta},\mathscr{A}\boldsymbol{\beta})=(\boldsymbol{\alpha},\boldsymbol{\alpha})+2(\boldsymbol{\alpha},\boldsymbol{\beta})+(\boldsymbol{\beta},\boldsymbol{\beta}).$$

再由(7.11)式得

$$(\mathscr{A}\boldsymbol{\alpha},\mathscr{A}\boldsymbol{\beta})=(\boldsymbol{\alpha},\boldsymbol{\beta}).$$ □

注意因正交变换保持向量的内积和长度不变,从而它也保持向量的夹角不变.

例 7.11　在 $\mathbf{R}^2$ 中考虑如下定义的线性变换:

$$\mathscr{A}\begin{bmatrix}x_1\\x_2\end{bmatrix}=\begin{pmatrix}\cos\theta & \sin\theta\\-\sin\theta & \cos\theta\end{pmatrix}\begin{bmatrix}x_1\\x_2\end{bmatrix},\quad \forall \boldsymbol{x}=\begin{bmatrix}x_1\\x_2\end{bmatrix}\in\mathbf{R}^2.$$

由于

$$\begin{aligned}|\mathscr{A}\boldsymbol{x}|&=\sqrt{(x_1\cos\theta+x_2\sin\theta)^2+(-x_1\sin\theta+x_2\cos\theta)^2}\\&=\sqrt{x_1^2+x_2^2}=|\boldsymbol{x}|,\end{aligned}$$

因此 $\mathscr{A}$ 是正交变换. 这是 $\mathbf{R}^2$ 平面上的**旋转变换.** □

我们在第五章 5.3.1 节介绍过正交矩阵,它与正交变换有什么关系呢?

定理 7.6　设 $\boldsymbol{\varepsilon}_1,\boldsymbol{\varepsilon}_2,\cdots,\boldsymbol{\varepsilon}_n$ 是欧氏空间 V 的一组标准正交基,则 V 中的线性变换 $\mathscr{A}$ 为正交变换的充分必要条件是 $\mathscr{A}$ 在 $\boldsymbol{\varepsilon}_1,\boldsymbol{\varepsilon}_2,\cdots,\boldsymbol{\varepsilon}_n$ 下的矩阵 A 为正交矩阵.

证　必要性　设 $A=(a_{ij})_{n\times n}$. 由于线性变换 $\mathscr{A}$ 在 $\boldsymbol{\varepsilon}_1,\boldsymbol{\varepsilon}_2,\cdots,\boldsymbol{\varepsilon}_n$ 下的矩阵为 A,故

$$\mathscr{A}(\boldsymbol{\varepsilon}_1,\boldsymbol{\varepsilon}_2,\cdots,\boldsymbol{\varepsilon}_n)=(\boldsymbol{\varepsilon}_1,\boldsymbol{\varepsilon}_2,\cdots,\boldsymbol{\varepsilon}_n)A.$$

因而

$$\mathscr{A}\boldsymbol{\varepsilon}_i=(\boldsymbol{\varepsilon}_1,\boldsymbol{\varepsilon}_2,\cdots,\boldsymbol{\varepsilon}_n)\begin{pmatrix}a_{1i}\\a_{2i}\\\vdots\\a_{ni}\end{pmatrix}=\sum_{k=1}^{n}a_{ki}\boldsymbol{\varepsilon}_k,\quad i=1,2,\cdots,n,$$

即 $\mathscr{A}\boldsymbol{\varepsilon}_i$ 的坐标为矩阵 A 的第 i 个列向量. 又因 $\boldsymbol{\varepsilon}_1,\boldsymbol{\varepsilon}_2,\cdots,\boldsymbol{\varepsilon}_n$ 是标准正交基,故向量的内积就是它们坐标向量的内积,即

$$(\mathscr{A}\boldsymbol{\varepsilon}_i,\mathscr{A}\boldsymbol{\varepsilon}_j)=\Big(\sum_{k=1}^{n}a_{ki}\boldsymbol{\varepsilon}_k,\sum_{l=1}^{n}a_{l_j}\boldsymbol{\varepsilon}_l\Big)=a_{1i}a_{1j}+a_{2i}a_{2j}+\cdots+a_{ni}a_{nj}.\tag{7.12}$$

若 $\mathscr{A}$ 为正交变换,则

$$(\mathscr{A}\boldsymbol{\varepsilon}_i,\mathscr{A}\boldsymbol{\varepsilon}_j)=(\boldsymbol{\varepsilon}_i,\boldsymbol{\varepsilon}_j)=\delta_{ij}=\begin{cases}0, & i\neq j,\\1, & i=j.\end{cases}$$

这样

$$a_{1i}a_{1j}+a_{2i}a_{2j}+\cdots+a_{ni}a_{nj}=\begin{cases}0, & i\neq j,\\1, & i=j.\end{cases}\tag{7.13}$$

即

$$A^{\mathrm{T}}A = E,$$

从而 A 是正交矩阵.

充分性 若 A 是正交矩阵,那么对 A 的元素(7.13)式成立,从而依(7.12)式有

$$(\mathscr{A}\boldsymbol{\varepsilon}_i, \mathscr{A}\boldsymbol{\varepsilon}_j) = a_{1i}a_{1j} + a_{2i}a_{2j} + \cdots + a_{ni}a_{nj} = \begin{cases} 0, & i \neq j, \\ 1, & i = j. \end{cases}$$

这说明 $\mathscr{A}\boldsymbol{\varepsilon}_1, \mathscr{A}\boldsymbol{\varepsilon}_2, \cdots, \mathscr{A}\boldsymbol{\varepsilon}_n$ 也是 V 的一组标准正交基,因而,对任意的向量

$$\boldsymbol{\alpha} = (\boldsymbol{\varepsilon}_1, \boldsymbol{\varepsilon}_2, \cdots, \boldsymbol{\varepsilon}_n)\boldsymbol{x} = (\boldsymbol{\varepsilon}_1, \boldsymbol{\varepsilon}_2, \cdots, \boldsymbol{\varepsilon}_n)\begin{pmatrix} x_1 \\ x_2 \\ \vdots \\ x_n \end{pmatrix},$$

$$\boldsymbol{\beta} = (\boldsymbol{\varepsilon}_1, \boldsymbol{\varepsilon}_2, \cdots, \boldsymbol{\varepsilon}_n)\boldsymbol{y} = (\boldsymbol{\varepsilon}_1, \boldsymbol{\varepsilon}_2, \cdots, \boldsymbol{\varepsilon}_n)\begin{pmatrix} y_1 \\ y_2 \\ \vdots \\ y_n \end{pmatrix}.$$

由 $\mathscr{A}$ 的线性性,可得

$$\mathscr{A}\boldsymbol{\alpha} = (\mathscr{A}\boldsymbol{\varepsilon}_1, \mathscr{A}\boldsymbol{\varepsilon}_2, \cdots, \mathscr{A}\boldsymbol{\varepsilon}_n)\boldsymbol{x},$$
$$\mathscr{A}\boldsymbol{\beta} = (\mathscr{A}\boldsymbol{\varepsilon}_1, \mathscr{A}\boldsymbol{\varepsilon}_2, \cdots, \mathscr{A}\boldsymbol{\varepsilon}_n)\boldsymbol{y}.$$

于是

$$(\mathscr{A}\boldsymbol{\alpha}, \mathscr{A}\boldsymbol{\beta}) = (\boldsymbol{x}, \boldsymbol{y}) = x_1y_1 + x_2y_2 + \cdots + x_ny_n = (\boldsymbol{\alpha}, \boldsymbol{\beta}),$$

故 $\mathscr{A}$ 是正交变换. □

定理 7.5 表明了在一组标准正交基下正交变换与正交矩阵的一一对应,从而对正交变换的讨论常可转化为对应的正交矩阵的讨论.

7.3.2 对称变换

定义 7.5 若欧氏空间 V 中的线性变换 $\mathscr{A}$ 满足

$$(\mathscr{A}\boldsymbol{\alpha}, \boldsymbol{\beta}) = (\boldsymbol{\alpha}, \mathscr{A}\boldsymbol{\beta}), \quad \forall\, \boldsymbol{\alpha}, \boldsymbol{\beta} \in V, \tag{7.14}$$

则称 $\mathscr{A}$ 为**对称变换**.

对称变换与对称矩阵的关系反映在如下的定理中.

定理 7.7 设 $\boldsymbol{\varepsilon}_1, \boldsymbol{\varepsilon}_2, \cdots, \boldsymbol{\varepsilon}_n$ 是欧氏空间 V 的一组标准正交基,则 V 中线性变换 $\mathscr{A}$ 为对称变换的充分必要条件是 $\mathscr{A}$ 在 $\boldsymbol{\varepsilon}_1, \boldsymbol{\varepsilon}_2, \cdots, \boldsymbol{\varepsilon}_n$ 下的矩阵 A 为对称矩阵.

证 设 $A=(a_{ij})_{n\times n}$, $\boldsymbol{\alpha}, \boldsymbol{\beta}$ 为 V 中任意向量, $\boldsymbol{\alpha}, \boldsymbol{\beta}$ 在 $\boldsymbol{\varepsilon}_1, \boldsymbol{\varepsilon}_2, \cdots, \boldsymbol{\varepsilon}_n$ 下的坐标分别 $\boldsymbol{x}, \boldsymbol{y}$,即

$$\boldsymbol{\alpha} = (\boldsymbol{\varepsilon}_1, \boldsymbol{\varepsilon}_2, \cdots, \boldsymbol{\varepsilon}_n)\boldsymbol{x}, \quad \boldsymbol{\beta} = (\boldsymbol{\varepsilon}_1, \boldsymbol{\varepsilon}_2, \cdots, \boldsymbol{\varepsilon}_n)\boldsymbol{y}.$$

这样

$$\mathscr{A}\boldsymbol{\alpha}=\mathscr{A}(\boldsymbol{\varepsilon}_1,\boldsymbol{\varepsilon}_2,\cdots,\boldsymbol{\varepsilon}_n)\boldsymbol{x}=(\boldsymbol{\varepsilon}_1,\boldsymbol{\varepsilon}_2,\cdots,\boldsymbol{\varepsilon}_n)A\boldsymbol{x},$$
$$\mathscr{A}\boldsymbol{\beta}=\mathscr{A}(\boldsymbol{\varepsilon}_1,\boldsymbol{\varepsilon}_2,\cdots,\boldsymbol{\varepsilon}_n)\boldsymbol{y}=(\boldsymbol{\varepsilon}_1,\boldsymbol{\varepsilon}_2,\cdots,\boldsymbol{\varepsilon}_n)A\boldsymbol{y}.$$

由于 $\boldsymbol{\varepsilon}_1,\boldsymbol{\varepsilon}_2,\cdots,\boldsymbol{\varepsilon}_n$ 是标准正交基，故

$$(\mathscr{A}\boldsymbol{\alpha},\boldsymbol{\beta})=(A\boldsymbol{x},\boldsymbol{y})=(A\boldsymbol{x})^{\mathrm{T}}\boldsymbol{y}=\boldsymbol{x}^{\mathrm{T}}A^{\mathrm{T}}\boldsymbol{y},$$
$$(\boldsymbol{\alpha},\mathscr{A}\boldsymbol{\beta})=(\boldsymbol{x},A\boldsymbol{y})=\boldsymbol{x}^{\mathrm{T}}A\boldsymbol{y}.$$

若 $\mathscr{A}$ 是对称变换，那么

$$(\mathscr{A}\boldsymbol{\alpha},\boldsymbol{\beta})=(\boldsymbol{\alpha},\mathscr{A}\boldsymbol{\beta}),\quad\forall\,\boldsymbol{\alpha},\boldsymbol{\beta}\in V.\tag{7.15}$$

这意味着

$$\boldsymbol{x}^{\mathrm{T}}A^{\mathrm{T}}\boldsymbol{y}=\boldsymbol{x}^{\mathrm{T}}A\boldsymbol{y},\quad\forall\,\boldsymbol{x},\boldsymbol{y}\in\mathbf{R}^n.\tag{7.16}$$

即

$$[\boldsymbol{x}^{\mathrm{T}}(A^{\mathrm{T}}-A)]\boldsymbol{y}=0.$$

由 $\boldsymbol{y}$ 的任意性可得

$$\boldsymbol{x}^{\mathrm{T}}(A^{\mathrm{T}}-A)=\boldsymbol{0},$$

又因 $\boldsymbol{x}$ 的任意性，知 $(A^{\mathrm{T}}-A)$ 为零矩阵，从而

$$A^{\mathrm{T}}=A,$$

即 A 为对称矩阵.

反之，若 A 为对称矩阵即

$$A^{\mathrm{T}}=A,$$

那么(7.16)式成立，从而(7.15)式成立，故 $\mathscr{A}$ 为对称变换. □

定理 7.5 表明在一组标准正交基下对称变换与对称矩阵的一一对应，从而对对称变换的讨论常可转化为对对应的对称矩阵的讨论.

例 7.12　设 $\boldsymbol{\varepsilon}_1,\boldsymbol{\varepsilon}_2,\boldsymbol{\varepsilon}_3$ 是欧氏空间 V 的一组标准正交基，V 的线性变换 $\mathscr{A}$ 满足

$$\mathscr{A}(\boldsymbol{\varepsilon}_1+\boldsymbol{\varepsilon}_2)=\boldsymbol{\varepsilon}_1+3\boldsymbol{\varepsilon}_2-\boldsymbol{\varepsilon}_3,\quad\mathscr{A}(\boldsymbol{\varepsilon}_2+2\boldsymbol{\varepsilon}_3)=-\boldsymbol{\varepsilon}_1+2\boldsymbol{\varepsilon}_2+6\boldsymbol{\varepsilon}_3,$$
$$\mathscr{A}(3\boldsymbol{\varepsilon}_1+\boldsymbol{\varepsilon}_3)=-\boldsymbol{\varepsilon}_1+3\boldsymbol{\varepsilon}_2.$$

证明：$\mathscr{A}$ 是对称变换.

证　设 $\mathscr{A}$ 在 $\boldsymbol{\varepsilon}_1,\boldsymbol{\varepsilon}_2,\boldsymbol{\varepsilon}_3$ 的矩阵为 A，那么由 $\mathscr{A}$ 满足的条件可知

$$A\begin{pmatrix}1\\1\\0\end{pmatrix}=\begin{pmatrix}1\\3\\-1\end{pmatrix},\quad A\begin{pmatrix}0\\1\\2\end{pmatrix}=\begin{pmatrix}-1\\2\\6\end{pmatrix},\quad A\begin{pmatrix}3\\0\\1\end{pmatrix}=\begin{pmatrix}-1\\3\\0\end{pmatrix},$$

即有

$$A\begin{pmatrix}1&0&3\\1&1&0\\0&2&1\end{pmatrix}=\begin{pmatrix}1&-1&-1\\3&2&3\\-1&6&0\end{pmatrix},$$

从而

$$A=\begin{pmatrix}1&-1&-1\\3&2&3\\-1&6&0\end{pmatrix}\begin{pmatrix}1&0&3\\1&1&0\\0&2&1\end{pmatrix}^{-1}=\begin{pmatrix}0&1&-1\\1&2&0\\-1&0&3\end{pmatrix}.$$

显然 A 为对称矩阵,故 $\mathscr{A}$ 是对称变换. □

习 题 七

(一)

1. 试考察 $\mathbf{R}^3$ 中的下列变换是否是线性变换:

(1) $\mathscr{A}\begin{pmatrix}x_1\\x_2\\x_3\end{pmatrix}=\begin{pmatrix}x_1\\3x_2+x_1\\x_3-1\end{pmatrix}$; (2) $\mathscr{A}\begin{pmatrix}x_1\\x_2\\x_3\end{pmatrix}=\begin{pmatrix}-2x_2\\0\\0\end{pmatrix}$; (3) $\mathscr{A}\begin{pmatrix}x_1\\x_2\\x_3\end{pmatrix}=\begin{pmatrix}x_2\\x_1x_3\\0\end{pmatrix}$.

2. 试考察下列线性空间所定义的变换是否是线性变换:

(1) V 是一线性空间,$\boldsymbol{\alpha}_0$ 是 V 中非零向量,定义

$$\mathscr{A}\boldsymbol{\alpha}=\boldsymbol{\alpha}+\boldsymbol{\alpha}_0,\quad \forall\,\boldsymbol{\alpha}\in V;$$

(2) V 是一线性空间,$\boldsymbol{\alpha}_0$ 是 V 中非零向量,定义

$$\mathscr{A}\boldsymbol{\alpha}=\boldsymbol{\alpha}_0,\quad \forall\,\boldsymbol{\alpha}\in V;$$

(3) V 是一欧氏空间,$\boldsymbol{\alpha}_0$ 是 V 中非零向量,定义

$$\mathscr{A}\boldsymbol{\alpha}=(\boldsymbol{\alpha},\boldsymbol{\alpha}_0)\boldsymbol{\alpha}_0,\quad \forall\,\boldsymbol{\alpha}\in V;$$

(4) $P[x]$中,定义

$$\mathscr{A}(p(x))=p(x+1),\quad \forall\,p(x)\in P[x];$$

(5) $P[x]$中,定义

$$\mathscr{A}(p(x))=p(x_0),\quad \forall\,p(x)\in P[x],$$

其中 x_0 是固定的数;

(6) $P[x]$中,定义

$$\mathscr{A}(p(x))=p(x+1)-p(x),\quad \forall\,p(x)\in P[x];$$

(7) $P[x]$中,定义

$$\mathscr{A}(p(x))=xp(x),\quad \forall\,p(x)\in P[x];$$

(8) $P[x]$中,定义

$$\mathscr{A}(p(x))=p^2(x),\quad \forall\,p(x)\in P[x];$$

(9) $M^{n\times s}$中,定义

$$\mathscr{A}A=AB,\quad \forall\,A\in M^{n\times s},$$

其中 B 是一个固定的 $s\times s$ 矩阵;

(10) $M^{n\times n}$中,定义

$$\mathscr{A}A=A^2,\quad \forall\,A\in M^{n\times n}.$$

3. $\mathbf{R}^3$ 中的**投影变换** $\mathscr{P}$ 的定义为

$$\mathscr{P}\left(\begin{pmatrix}x_1\\x_2\\x_3\end{pmatrix}\right)=\begin{pmatrix}x_1\\x_2\\0\end{pmatrix},\quad \forall\begin{pmatrix}x_1\\x_2\\x_3\end{pmatrix}\in\mathbf{R}^3.$$

试证:$\mathscr{P}$ 是 $\mathbf{R}^3$ 中的线性变换.

4. 对第 1 题中的那些线性变换:

(1)求出它们在基 $\boldsymbol{\varepsilon}_1,\boldsymbol{\varepsilon}_2,\boldsymbol{\varepsilon}_3$ 下的矩阵,其中

$$\boldsymbol{\varepsilon}_1=\begin{pmatrix}1\\0\\0\end{pmatrix},\quad \boldsymbol{\varepsilon}_2=\begin{pmatrix}0\\1\\0\end{pmatrix},\quad \boldsymbol{\varepsilon}_3=\begin{pmatrix}0\\0\\1\end{pmatrix};$$

(2)求出它们在基 $\boldsymbol{\eta}_1,\boldsymbol{\eta}_2,\boldsymbol{\eta}_3$ 下的矩阵,其中

$$\boldsymbol{\eta}_1=\begin{pmatrix}1\\0\\-1\end{pmatrix},\quad \boldsymbol{\eta}_2=\begin{pmatrix}-1\\1\\0\end{pmatrix},\quad \boldsymbol{\eta}_3=\begin{pmatrix}-2\\2\\-1\end{pmatrix}.$$

5. 设 V 是实线性空间 $C\left[0,\frac{\pi}{2}\right]$ 中由函数

$$\boldsymbol{f}_1=\mathrm{e}^{2x}\cos3x,\quad \boldsymbol{f}_2=\mathrm{e}^{2x}\sin3x,\quad \boldsymbol{f}_3=x\mathrm{e}^{2x}\cos3x,\quad \boldsymbol{f}_4=x\mathrm{e}^{2x}\sin3x$$

所生成的子空间.

(1) 试证 $\boldsymbol{f}_1,\boldsymbol{f}_2,\boldsymbol{f}_3,\boldsymbol{f}_4$ 为 V 的一组基.

(2) 求微分变换 $\mathscr{D}$ 在这组基下的矩阵.

6. 已知 $\mathbf{R}^3$ 的两组基分别为

$$\boldsymbol{\varepsilon}_1=\begin{pmatrix}1\\0\\0\end{pmatrix},\boldsymbol{\varepsilon}_2=\begin{pmatrix}0\\1\\0\end{pmatrix},\boldsymbol{\varepsilon}_3=\begin{pmatrix}0\\0\\1\end{pmatrix};\quad \boldsymbol{\beta}_1=\begin{pmatrix}-1\\1\\1\end{pmatrix},\boldsymbol{\beta}_2=\begin{pmatrix}1\\0\\-1\end{pmatrix},\boldsymbol{\beta}_3=\begin{pmatrix}0\\1\\1\end{pmatrix}.$$

线性变换 $\mathscr{A}$ 在基 $\boldsymbol{\beta}_1,\boldsymbol{\beta}_2,\boldsymbol{\beta}_3$ 下的矩阵为

$$B=\begin{pmatrix}1&0&1\\1&1&0\\-1&2&1\end{pmatrix}.$$

求 $\mathscr{A}$ 在基 $\boldsymbol{\varepsilon}_1,\boldsymbol{\varepsilon}_2,\boldsymbol{\varepsilon}_3$ 下的矩阵.

7. $\mathbf{R}^3$ 中的线性变换 $\mathscr{A}$ 将一组基 $\boldsymbol{\alpha}_1,\boldsymbol{\alpha}_2,\boldsymbol{\alpha}_3$ 变到 $\mathscr{A}\boldsymbol{\alpha}_1,\mathscr{A}\boldsymbol{\alpha}_2,\mathscr{A}\boldsymbol{\alpha}_3$,这些向量分别是

$$\boldsymbol{\alpha}_1=\begin{pmatrix}-1\\0\\2\end{pmatrix},\quad \boldsymbol{\alpha}_2=\begin{pmatrix}0\\1\\1\end{pmatrix},\quad \boldsymbol{\alpha}_3=\begin{pmatrix}-3\\-1\\0\end{pmatrix};$$

$$\mathscr{A}\boldsymbol{\alpha}_1=\begin{pmatrix}-5\\0\\3\end{pmatrix},\quad \mathscr{A}\boldsymbol{\alpha}_2=\begin{pmatrix}0\\-1\\6\end{pmatrix},\quad \mathscr{A}\boldsymbol{\alpha}_3=\begin{pmatrix}-5\\-1\\9\end{pmatrix}.$$

求:(1) $\mathscr{A}$ 在基 $\boldsymbol{\alpha}_1,\boldsymbol{\alpha}_2,\boldsymbol{\alpha}_3$ 下的矩阵.

(2) $\mathscr{A}$ 在基 $\boldsymbol{\varepsilon}_1,\boldsymbol{\varepsilon}_2,\boldsymbol{\varepsilon}_3$ 下的矩阵,其中

$$\boldsymbol{\varepsilon}_1=\begin{pmatrix}1\\0\\0\end{pmatrix},\quad \boldsymbol{\varepsilon}_2=\begin{pmatrix}0\\1\\0\end{pmatrix},\quad \boldsymbol{\varepsilon}_3=\begin{pmatrix}0\\0\\1\end{pmatrix}.$$

(3) $\mathscr{A}\boldsymbol{x}$ 的表达式,这里 $\boldsymbol{x}=(x_1,x_2,x_3)^{\mathrm{T}}$.

8. $P[x]_3$ 中的一组基为 $2-x,1+2x-x^2,-1+2x^2$,求微分变换 $\mathscr{D}$ 在这组基下的矩阵.

9. 在 $M^{2\times2}$ 中,定义了线性变换

$$\mathscr{A}_1(M)=MM_0,\quad \mathscr{A}_2(M)=M_0M,\quad \forall M\in M^{2\times 2},$$

其中 M_0 是一个固定的矩阵

$$M_0=\begin{pmatrix} a & b \\ c & d \end{pmatrix}.$$

(1) 分别求 $\mathscr{A}_1,\mathscr{A}_2$ 在基

$$E_{11}=\begin{pmatrix} 1 & 0 \\ 0 & 0 \end{pmatrix},\quad E_{12}=\begin{pmatrix} 0 & 1 \\ 0 & 0 \end{pmatrix},\quad E_{21}=\begin{pmatrix} 0 & 0 \\ 1 & 0 \end{pmatrix},\quad E_{22}=\begin{pmatrix} 0 & 0 \\ 0 & 1 \end{pmatrix}$$

下的矩阵.

(2) 分别求 $\mathscr{A}_1,\mathscr{A}_2$ 在基

$$M_1=\begin{pmatrix} 1 & 1 \\ 1 & 1 \end{pmatrix},\quad M_2=\begin{pmatrix} 1 & -1 \\ 1 & -1 \end{pmatrix},\quad M_3=\begin{pmatrix} 1 & 1 \\ -1 & -1 \end{pmatrix},\quad M_4=\begin{pmatrix} -1 & 1 \\ 1 & -1 \end{pmatrix}$$

下的矩阵.

10. $\mathbf{R}^3$ 中的线性变换 $\mathscr{A}$ 在基 $\boldsymbol{\alpha}_1,\boldsymbol{\alpha}_2,\boldsymbol{\alpha}_3$ 下的矩阵为

$$A=\begin{pmatrix} a_{11} & a_{12} & a_{13} \\ a_{21} & a_{22} & a_{23} \\ a_{31} & a_{32} & a_{33} \end{pmatrix}.$$

试求:(1) $\mathscr{A}$ 在基 $\boldsymbol{\alpha}_3,\boldsymbol{\alpha}_2,\boldsymbol{\alpha}_1$ 下的矩阵.

(2) $\mathscr{A}$ 在基 $\boldsymbol{\alpha}_3,3\boldsymbol{\alpha}_2,\boldsymbol{\alpha}_1$ 下的矩阵.

(3) $\mathscr{A}$ 在基 $\boldsymbol{\alpha}_1+\boldsymbol{\alpha}_3,\boldsymbol{\alpha}_2,\boldsymbol{\alpha}_3$ 下的矩阵.

11. $\mathbf{R}^3$ 中的两组基为

$$\boldsymbol{\alpha}_1=\begin{pmatrix} 1 \\ 0 \\ 1 \end{pmatrix},\ \boldsymbol{\alpha}_2=\begin{pmatrix} 2 \\ 1 \\ 0 \end{pmatrix},\ \boldsymbol{\alpha}_3=\begin{pmatrix} 1 \\ 1 \\ 1 \end{pmatrix};\quad \boldsymbol{\beta}_1=\begin{pmatrix} 1 \\ 2 \\ -1 \end{pmatrix},\ \boldsymbol{\beta}_2=\begin{pmatrix} 2 \\ 2 \\ -1 \end{pmatrix},\ \boldsymbol{\beta}_3=\begin{pmatrix} 2 \\ -1 \\ -1 \end{pmatrix}.$$

线性变换 $\mathscr{A}$ 由下式确定:

$$\mathscr{A}\boldsymbol{\alpha}_i=\boldsymbol{\beta}_i,\quad i=1,2,3.$$

试求:(1) 由基 $\boldsymbol{\alpha}_1,\boldsymbol{\alpha}_2,\boldsymbol{\alpha}_3$ 到基 $\boldsymbol{\beta}_1,\boldsymbol{\beta}_2,\boldsymbol{\beta}_3$ 的过渡矩阵;

(2) $\mathscr{A}$ 在基 $\boldsymbol{\alpha}_1,\boldsymbol{\alpha}_2,\boldsymbol{\alpha}_3$ 下的矩阵;

(3) $\mathscr{A}$ 在基 $\boldsymbol{\beta}_1,\boldsymbol{\beta}_2,\boldsymbol{\beta}_3$ 下的矩阵.

12. 设 V 为四维线性空间,线性变换 $\mathscr{A}$ 在一组基 $\boldsymbol{\alpha}_1,\boldsymbol{\alpha}_2,\boldsymbol{\alpha}_3,\boldsymbol{\alpha}_4$ 下的矩阵为

$$A=\begin{pmatrix} 1 & 0 & 2 & 1 \\ -1 & 2 & 1 & 3 \\ 1 & 2 & 5 & 5 \\ 2 & -2 & 1 & -2 \end{pmatrix}.$$

试求:$\mathscr{A}$ 在基 $\boldsymbol{\beta}_1=\boldsymbol{\alpha}_1-2\boldsymbol{\alpha}_2,\boldsymbol{\beta}_2=3\boldsymbol{\alpha}_2-\boldsymbol{\alpha}_3-\boldsymbol{\alpha}_4,\boldsymbol{\beta}_3=\boldsymbol{\alpha}_3+\boldsymbol{\alpha}_4,\boldsymbol{\beta}_4=2\boldsymbol{\alpha}_4$ 下的矩阵.

(二)

13. 欧氏空间 V 中的线性变换 $\mathscr{A}$ 称为**反对称**的,若有

$$(\mathscr{A}\boldsymbol{\alpha},\boldsymbol{\beta})=-(\boldsymbol{\alpha},\mathscr{A}\boldsymbol{\beta}),\quad \forall\,\boldsymbol{\alpha},\boldsymbol{\beta}\in V.$$

试证：$\mathscr{A}$是反对称变换的充分必要条件为$\mathscr{A}$在一组标准正交基下的矩阵是反对称矩阵.

14. 已知 $\mathbf{R}^3$ 中的线性变换$\mathscr{A}$在一组基 $\boldsymbol{\alpha}_1, \boldsymbol{\alpha}_2, \boldsymbol{\alpha}_3$ 下的矩阵 A 是可逆的，试证：

(1) $\mathscr{A}$保持向量的平行性不变；

(2) $\mathscr{A}$保持向量的线性无关性不变.

15. 设 V 是 n 维欧氏空间，$\boldsymbol{\eta}$ 是 V 中一单位向量，定义

$$\mathscr{A}\boldsymbol{\alpha} = \boldsymbol{\alpha} - 2(\alpha, \eta)\eta, \quad \forall \boldsymbol{\alpha} \in V.$$

试证明：

(1) $\mathscr{A}$是正交变换；

(2) 若$\mathscr{A}$在 V 的一组标准正交基下的矩阵为 A，则 $|A| = -1$.

第八章　数学软件与应用实例

线性代数的各部分内容都涉及运算，尤其重要的是行列式和矩阵的运算. 在本书中所介绍的相关的例题和习题，是为了使读者了解和熟悉运算规则而编写的，所以行列式阶数比较低，矩阵的行数与列数也比较小，它们的元素中的数字也比较简单. 然而，来源于实际问题的代数形式的数学模型中，情况就完全不同了：行列式的阶数可能很高，矩阵的行数与列数可能很大，其中的数字也可能相当大，甚至会出现多位小数. 在这种情况下，仅用笔和纸靠手工运算无疑太费时费力了，而且有时几乎是不可能实现的，这时我们必须借助于计算机. 早期我们采取编程加调用现成函数包（库函数）的方法，该方法要求使用者具有相当的计算机编程能力，而且也比较复杂. 随着计算机软件的飞速发展，一些用于数学和科学计算的软件已相当成熟，而且功能也非常强大. 比如用于符号计算的 Mathematica 和 Maple，用于数值和科学计算的 Matlab 等.

考虑到 Matlab 软件对矩阵的原生支持以及本书面向的对象主要为工程、经管类等应用型学科的学生，我们采用 MathWorks 公司的 Matlab 软件来介绍线性代数中的运算，并适当介绍一些需要运用线性代数知识来解决的典型实际问题.

8.1　Matlab 的基本使用

8.1.1　Matlab 简介

Matlab 名字由 MATrix 和 LABoratory 两词的前三个字母组合而成. 那是 20 世纪 70 年代后期的事：时任美国新墨西哥大学计算机科学系主任的 Cleve Moler 教授出于减轻学生编程负担的动机，为学生设计了一组调用 LINPACK 和 EISPACK 库程序的"通俗易用"的接口，此即用 FORTRAN 编写的萌芽状态的 Matlab.

经几年的校际流传，在 Little 的推动下，由 Little、Moler、Steve Bangert 合作，于 1984 年成立了 MathWorks 公司，并把 Matlab 正式推向市场. 从这时起，Matlab 的内核采用 C 语言编写，而且除原有的数值计算能力外，还新增了数据图视功能.

进入 20 世纪 90 年代以后，Matlab 已经成为事实上的科学计算领域的标准软件. Matlab 中的基本元素为无需定义维数的矩阵，按照 IEEE 的数值计算标准进行计算.

除基本部分外,Matlab 还根据各专门领域中特殊需要提供了许多可选的工具箱,这些工具箱的涵盖领域相当广泛,如控制系统的设计和分析、通信和信号处理、图像处理、神经网络、数据采集、概率统计、优化算法、金融数学等等.这些由专家编写的 Matlab 程序,代表了某一领域内最先进的算法,在很多时候能够给予我们极大的帮助.

本章仅介绍 Matlab 最基本的使用方法,并结合本书中的部分实验介绍相关的数值计算.有关 Matlab 的更多产品及支持信息,读者可以访问 Mathworks 官方网站:

http://www.mathworks.com (英文)

http://www.mathworks.cn(中文)

8.1.2　Matlab 用户界面

用户在启动 Matlab 后,首先看到的是如图 8.1 所示的用户界面(以 Matlab R2013b 版为例,其他版本用户界面可能会有差异):

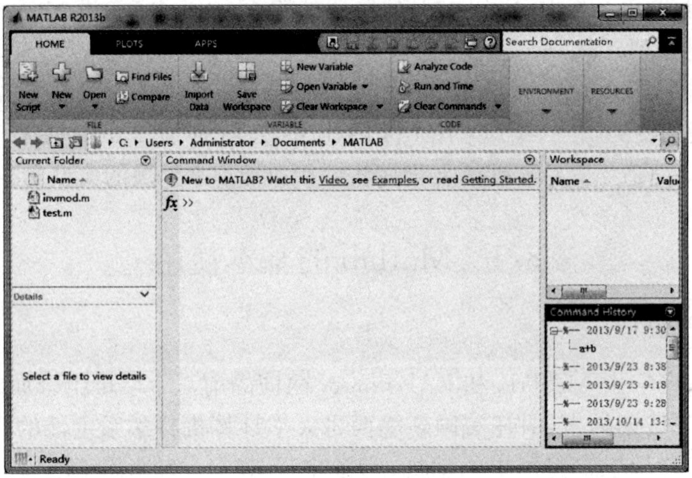

图 8.1

Matlab 的用户界面主要包括三个部分:Command Window、Command History、Workspace.其中的 Command Window 为我们工作的主要对象,在“>>”提示符状态下输入 Matlab 的各种命令,同时除图形外的各种结果也显示在该窗口中.

Command History 中按日期存储了用户曾使用过的 Matlab 命令,如果需要,用户可以使用键盘上的“↑”或“↓”键像 DOS 命令提示符那样调出已使用过的命令,或直接在 Command History 中双击所需的历史命令即可执行.

Workspace 为 Matlab 的工作空间,其中显示的是 Matlab 当前已经使用的所有变量名及其类型、值等，对于向量或矩阵，双击变量名可以在新打开的窗口中查看其值. 用户也可以直接删除某个变量从而清除其在当前 Matlab 内存空间中的定义.

对于 Matlab 界面的其他各项，限于篇幅，本章不再详细介绍. 后续的内容也仅介绍部分涉及的菜单项.

8.1.3 Matlab 中的基本运算及变量定义

简单的数学运算符如下：

+(加)　-(减)　*(乘)　/(右除)　\(左除)　^(幂)

例如：

```
>> 12+34/56-3*26
ans=
  -65.3929
>>23.7^5
ans=
  7.4772e+006
```

式中的 e+006 代表 10^6，是 Matlab 中较常见的一种表示方式. 我们也可以通过"File"菜单中的"Preferences..."来进行 Command Window 窗口中的显示方式设置，如图 8.2：short 格式是紧凑型显示，仅显示小数点后 4 位，而 long 格式可显示小数点后 14 或 15 位，short e 和 long e 分别为相应的指数显示格式.

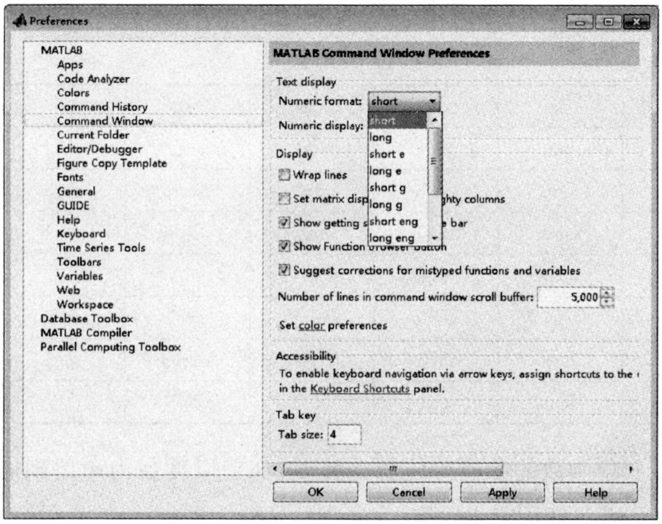

图 8.2

Matlab中的变量使用及表达式等与C语言语法类似,比如也区分变量的大小写,但变量除符号变量外无需事先定义其类型,系统会自动根据变量的赋值确定其类型. 但以下几个为系统保留的特殊变量(注意区分大小写):

pi	圆周率
eps	计算机的最小正数
i 和 j	i= j= $\sqrt{-1}$(用于复数的表示)
Inf	无穷大
NaN	不定量

例如:

```
>> 3/0
ans=
  Inf
>> 0/0
ans=
  NaN
```

Matlab中函数的调用方式也与C语言类似,用小括号加所需的参数即可. 例如常见的sin函数:

```
>> sin(2)
ans=
    0.9093
```

常用数学函数:

表 8.1

基本三角函数	sin	cos	tan	sec	csc	cot
反三角函数	asin	acos	atan	asec	acsc	acot
双曲函数	sinh	cosh	tanh	sech	csch	coth
反双曲函数	asinh	acosh	atanh	asech	acsch	acoth
指数和对数	exp	log	log10	sqrt		
复数运算	abs	angle	conj	real	imag	
数值函数	fix	floor	ceil	round	mod	rem
整数函数	lcm	gcd				

(1) 上述三角函数的参数单位都是弧度,如要以度数为单位则需在相应函数名后加 d,如 sind(),cosd() … 等.

(2) log(x)求 x 的自然对数,log10(x)求 x 以 10 为底的对数.

(3) angle(x)求复数 x 的辐角,conj(x) 求 x 的共轭复数,real(x) 和 imag(x)

分别求复数 x 的实部和虚部.

(4) fix(x)求实数 x 最接近 0 的整数值(即截尾取整),floor(x) 求不超过 x 的最大整数,ceil(x) 求大于 x 的最大整数,round(x) 对 x 四舍五入取整;mod(x,y) 和 rem(x,y) 都是求 x 除 y 的余数,但有所不同,其中 mod(x,y)=x−y.*floor(x./y),rem(x,y)=x−y.*fix(x./y).

(5) lcm(a,b)返回正整数 a 和 b 的最小公倍数,gcd(a,b) 返回 a 和 b 的最大公约数.

8.1.4 Matlab 中的数组操作

Matlab 中的所有对象都可以看成是矩阵(向量)对象,但此处仅以计算机中的数组概念进行介绍,有关数学中的矩阵和向量概念及运算将在下一节中介绍.

如下的格式定义了 Matlab 中的一个数组(向量):

```
>> a=[2 5 8 3]      % 可以使用空格,也可以使用逗号进行元素的分隔
a=
     2     5     8     3
```

如下的格式定义了 Matlab 中的一个二维数组(矩阵):

```
>> A=[1 2 3;4 5 6]           % 分号用于行与行之间的分隔
A=
      1      2      3
      4      5      6
```

1. 运算符

“:”是 Matlab 中矩阵操作一个重要运算符,利用它我们可以按步长自动生成所需的向量. 看两个例子:

```
>> 2:13
ans=
      2      3      4      5      6      7      8      9     10     11     12
   13
>> 2:3:13
ans=
      2      5      8     11
```

当命令为 a:b 格式时默认步长为 1,需要指定步长为 h 时:a:h:b

另一个和“:”功能类似的有用函数是 linspace(a,b,n),它以 a 为初始值,b 为终止值产生 n 个等间距的元素.

2. 数组操作

对于 Matlab 中的数组或矩阵，我们可以方便的进行存取操作. 例如：

```
>> b=[1 3 6 8]
b=
    1    3    6    8
```

命令 b(i)可以取出第 i 个位置上的元素：

```
>> b(3)
ans=
    6
```

需要指出的是，Matlab 中数组的下标从 1 开始. 同样，对 b(i) 赋值可以改变第 i 个位置元素的值：

```
>> b(3)= 4
b=
    1    3    4    8
```

可以通过赋值操作来添加或删除元素：

```
>> b(7)= 22
b=
    1    3    4    8    0    0    22
>> b(4)= []
b=
    1    3    4    0    0    22
```

对于二维数组或矩阵，取元素的操作例子如下：

```
>> A=[1 3 5;4 6 8]
A=
    1    3    5
    4    6    8
>> A(2,3)         % 第一个参数为行号，第二个参数为列号
ans=
    8
>> A(:,2)         % 取所有的行和第二列(即取第二列)
ans=
    3
    6
```

取矩阵块(可用于计算代数余子式)：

```
>> A(1:2,2:3)            % 取第 1 行至第 2 行,第 2 列至第 3 列
ans=
    3    5
    6    8
```

增加或删除元素也可以通过赋值操作来实现,方法同上,不再举例.

Matlab 也支持高维数组的存取,例如把两个矩阵都存入高维数组 C:

```
>> C(:,:,1)=[1 2;4 5];
>> C(:,:,2)=[3 6;9 7]
C(:,:,1)=
     1     2
     4     5
C(:,:,2)=
     3     6
     9     7
```

8.1.5 Matlab 中的脚本及程序

1. Matlab 中的程序设计语言

Matlab 和很多数学软件一样,也提供了基本的程序设计功能,通过用户的自编程,用户可以实现非常复杂的应用.

- 逻辑判断符:

>=　　<=　　>　　<　　==　　~=(不等于)

- 逻辑运算符

&(and)　　|(或)　　~(取反)

- 条件语句

① if— elseif —else —end

② switch—case —end

例如:

```
if (math<60) & (failcount>=4)
  pass=0
else
  pass=1
end
```

- 循环语句

① for n=array(array 为 Matlab 向量或数组)

　　……(运行语句)

end

② while expression（expression 为逻辑表达式）

……（运行语句）

end

2. M 文件的使用

Matlab 中程序及脚本文件的编写都必须依赖于 m 文件，通过工具栏上的"new"按钮，我们可以很方便的打开如图 8.3 所示的 Matlab 的 m 文件编辑窗口：

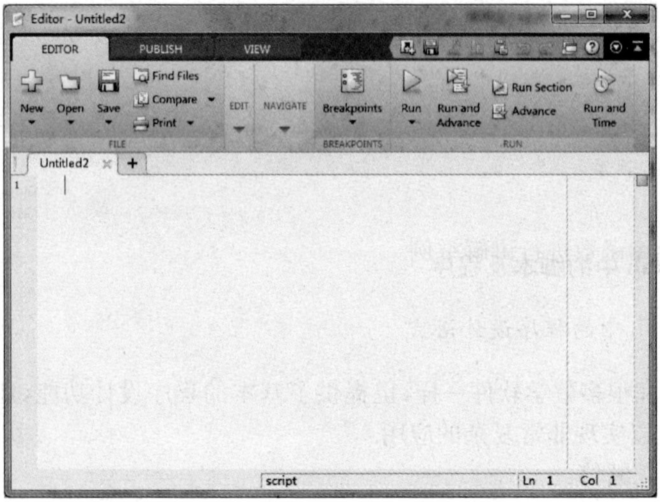

图 8.3

Matlab 中 m 的编写有两种形式：函数文件和脚本文件. 这两种方式形式上的区别是第一行是否包含以"function"关键词开头的函数名，例如以下两段代码：

```
A=rand(3,3)
B=rand(3,2)
C=A*B
```

代码 A

```
function test
A=rand(3,3)
B=rand(3,2)
C=A*B
```

代码 B

代码 A 我们称为脚本文件，代码 B 称为函数文件. 两者都通过在 Command Window 窗口中输入 m 文件的文件名（不含扩展名. m）进行调用，但在功能和使用场合上存在如下不同：

脚本文件的执行相当于在 Command Window 窗口中逐步执行每行程序语句，因此脚本文件将和 Command Window 使用相同的 Workspace，两者的变量定义是相通的，即在脚本文件中定义或使用的变量在 Command Window 窗口中也同样访问，反之也一样. 但函数文件则完全不同，两者使用不同的 Workspace，两者之间定义或使用的变量也互相不可访问.

其次，函数文件可以定义输入和输出参数，且参数可以为多个，例如：

```
function [y1,y2,y3,...]=test(x1,x2,x3,...)
```

而脚本则无法定义输入输出参数. 但对于函数文件必须注意，无论“function”之后的函数名如何，Matlab 对函数的调用都是以 m 文件名为准. 一般我们建议用户把 m 文件名和函数名取成相同的名称.

需要指出的是，m 文件必须放在系统的搜索路径或当前工作目录之下，否则 Matlab 会找不到该 m 文件而无法调用.

8.1.6 使用 Matlab 绘图

绘图是诸多数学软件提供的必需功能，Matlab 也提供了许多功能强大的绘图函数，限于篇幅，本章仅提及 Matlab 中最基本的绘图函数以及本书前面的实验中可能用到的绘图函数进行讲解举例.

1. plot 函数

plot 函数是 Matlab 中最基本也是最重要的二维绘图函数，其基本做法是对输入的参数向量表示的点进行描点绘图. 第一个参数为 X 轴上的点(该参数可省略，则依据 Y 的长度依次取 1,2,……)，第二个参数为 Y 轴上的点，例如：

```
>> x=0:0.1:2*pi;
>> plot(x,sin(x))
```

上述命令给出了 $\sin(x)$ 在 $[0,2\pi]$ 上的图像(图 8.4).

在 Matlab 给出的图形窗口中，我们可以进行编辑，改变包括坐标轴在内的图像的颜色、线型、粗细、数据点等等. 用户可以点击“Tools”菜单下的“Edit Plot”后，再在图像上点击选取想要编辑的对象，在弹出的窗口中编辑图像的属性. 也可以在“Insert”菜单中插入所需的对象.

我们也可以把多个图形绘制在同一个坐标系下，例如：

```
>> plot(x,sin(x),x,cos(x),x,sqrt(x))
```

同时绘出了 $\sin(x)$，$\cos(x)$，$\sqrt{x}$ 三个函数的图形，Matlab 会自动给图像分配不同的颜色进行区分(图 8.5).

2. polar 函数

polar 函数用于极坐标系下图形的绘制，其用法和 plot 函数基本相似. 第一个参数为角度变量 θ，第二个为距离变量 r，例如：

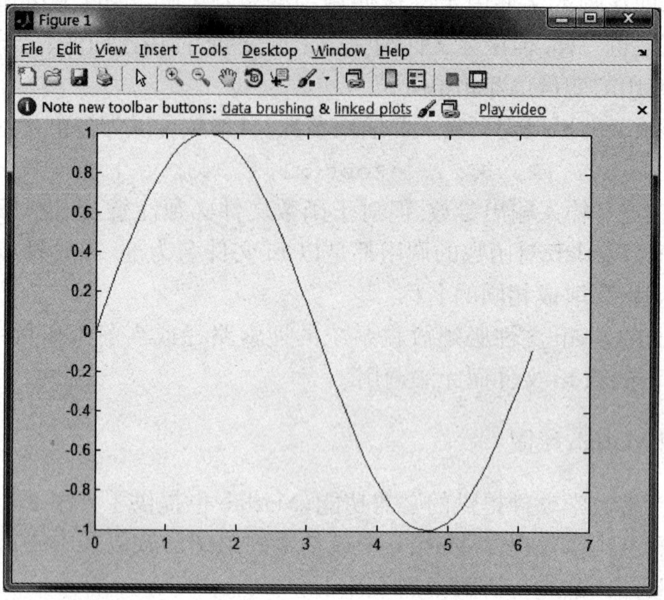

图 8.4

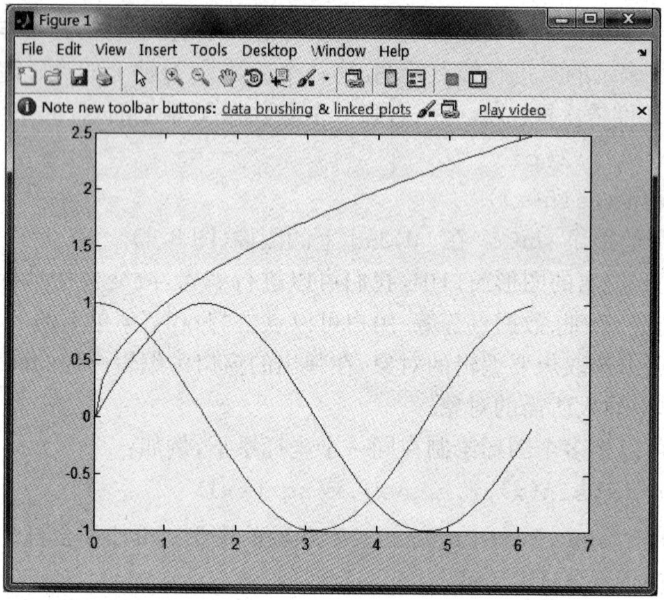

图 8.5

```
>> t=0:.01:2*pi;
>> polar(t,sin(3*t).* cos(2*t),'-- r')
```

绘出了函数 $r=\sin(3t)\cos(2t)$ 的极坐标图形，如图 8.6 所示. 命令中的第三个参数用来指定上述的图形选项,"——"指定为虚线,"r"指定为红色.

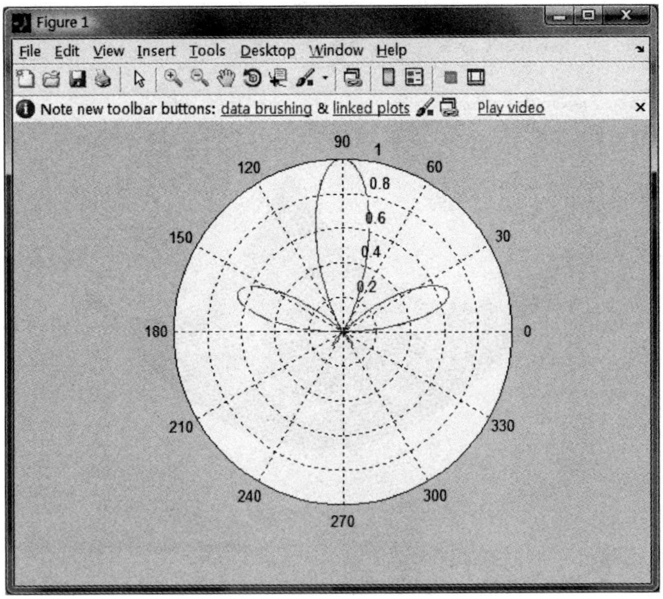

图 8.6

3. plot3 函数

该函数用来绘制三维线图,用法同 plot 函数,只是多了第三个参数,即 Z 轴上的点,此处不再举例.

4. mesh 函数和 surf 函数

分别用来绘制三维网线图和三维表面图. 这两种图形的绘制要比三维线图复杂很多,主要表现在数据准备、三维图形的视点、色彩和光照等. 但两个函数的语法调用基本类似,只是绘出的图形在效果上略有差别,以下以 surf 函数为例进行说明.

三维网线图和曲面图在绘图前首先要进行数据准备,方法是使用 meshgrid 函数产生所需的格点矩阵. 例如要绘制函数 $z=x^2+y^2$ 在 $x\in[-4,4]$,$y\in[-4,4]$的表面图,首先要产生格点矩阵 X,Y:

```
>> x=-4:0.1:4;
>> y=x;
>> [X,Y]=meshgrid(x,y);
```

然后再调用 surf 函数:

```
>> surf(X,Y,X.^2+Y.^2)     % 注意 X,Y 为矩阵,必须用数组运算
```

即得到如图 8.7 的三维网线图.

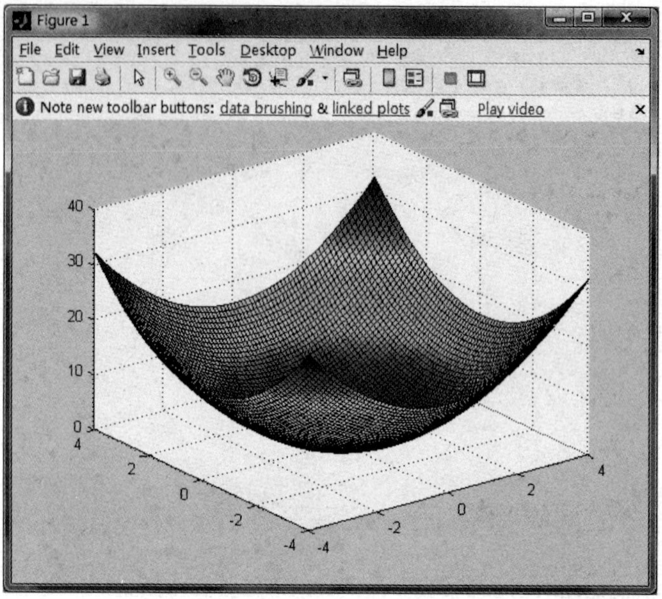

图 8.7

对于三维图形,Matlab 还提供了强大的三维视图功能,我们可以通过"Tools"菜单中的"Rotate 3D"命令或相应的快捷按钮直接在图形窗口中拖动产生的三维图形,从而可以从不同的视角查看该图形.

8.2　线性代数基本运算

8.2.1　基本矩阵运算

Matlab 中的所有对象都是矩阵对象,因此在 Matlab 中进行矩阵的运算非常方便.例如,定义矩阵 A 和 B:

```
>>  A= [1 2 3;4 5 6];
>> B= [3 5 6;9 4 7;0 1 8];          % 此处语句后的";"可以让 Matlab 不
                                    % 输出该行的运行结果
```

我们可以做矩阵的乘法:

```
>>  C= A* B
C=
    21     16     44
    57     46    107
```

需要特别指出的是，上面提到的 Matlab 的所有运算符如：+ − * / ^ 等都是针对矩阵运算的，也就是说运算规则都是矩阵的运算方法. 但 Matlab 中还存在另外一种定义于数组方式的运算符：.* ./ .^(加减法无区别)，即在相应的运算符前加“.”，这也是 Matlab 中非常重要的概念之一. 下面我们重新定义 A 和 B 的值来看一下两者的区别：

```
>> A=[1 2;3 4];
>> B=[5 6;7 8];
>> A* B
ans=
    19    22
    43    50
>> A.* B
ans=
     5    12
    21    32
```

由此我们可以看出，“.”运算仅仅把对应位置的元素进行(乘法)运算，这就是 Matlab 中数组运算的概念. ./ 和 .^ 与此相似，不再赘述.

常用矩阵运算函数如下：

zeros(m,n),eye(m,n),ones(m,n)	分别生成 $m\times n$ 阶全零、单位、全 1 矩阵
diag(V)	以向量 **V** 为对角线元素创建对角阵
det(A)	求矩阵 A 的行列式值
inv(A)	求矩阵 A 的逆
[V, D]=eig(A)	返回矩阵 A 的特征值构成对角阵 D 与特征向量构成 V 的列向量
rref(A)	用高斯消元法化成阶梯形矩阵
A′	A 的转置
norm(A,p)	矩阵 A 的(p)范数

例 8.1 求矩阵 $A=\begin{bmatrix}1 & 2\\2 & -1\end{bmatrix}$的行列式.

解

```
>> A=[1 2; 2 -1];
>> det(A)
ans=
    -5
```

□

例 8.2 已知 $A=\begin{bmatrix}1 & 2 & -5\\1 & 0 & 3\end{bmatrix}$, $B=\begin{bmatrix}3 & 1 & 4\\-1 & -2 & 1\end{bmatrix}$, 求 $A+2B$, AB^{T},

$(AB^{\mathrm{T}})^2$.

解

```
>> A= [1 2 -5; 1 0 3];
>> B= [3 1 4; -1 -2 1];
>> A+ 2* B
ans=
     7     4     3
    -1    -4     5
>> A* B'
ans=
   -15   -10
    15     2
>> (A* B')^2
ans=
    75   130
  -195  -146
```

□

例 8.3 用初等行变换将矩阵 $A=\begin{pmatrix} 0 & 1 & 1 & 0 & 1 \\ -1 & 3 & 1 & 1 & -3 \\ 1 & 0 & 2 & -1 & 6 \\ -1 & 5 & 3 & 0 & -1 \end{pmatrix}$ 化为简化的阶梯形矩阵.

解

```
>> A= [0 1 1 0 1;-1 3 1 1 -3;1 0 2 -1 6;-1 5 3 0 -1];
>> rref(A)
ans=
     1     0     2     0     6
     0     1     1     0     1
     0     0     0     1     0
     0     0     0     0     0
```

□

例 8.4 已知 $A=\begin{bmatrix} 1 & 2 & 1 \\ 1 & 0 & 2 \\ -1 & 3 & 0 \end{bmatrix}$,求 A^{-1} 与 A^*.

解

```
>> A= [1 2 1;1 0 2;-1 3 0];
>> inv(A)
ans=
    0.8571   -0.4286   -0.5714
    0.2857   -0.1429    0.1429
```

```
   -0.4286    0.7143    0.2857
```

说明 在 Matlab 中,如没有特殊声明,所有的运算都是进行数值计算,结果会自动以近似值的形式给出. 若需要得到精确解的表达式,一种方法是声明为 symbolic 对象(符号对象,需要有 Symbolic Math Toolbox 工具箱的支持). 求 A^{-1} 精确解的求解方式如下:

```
>> A= sym([1 2 1;1 0 2;-1 3 0])
A=
  [ 1, 2, 1]
  [ 1, 0, 2]
  [-1, 3, 0]
>> inv(A)
ans=
    [ 6/7, -3/7, -4/7]
    [ 2/7, -1/7,  1/7]
    [-3/7,  5/7,  2/7]
```

求解伴随矩阵 A^*:

```
>> A= sym([1 2 1;1 0 2;-1 3 0]);
>> adjoint(A)
ans=
    [-6,  3,  4]
    [-2,  1, -1]
    [ 3, -5, -2]
```

注意 adjoint 函数也是 Symbolic Math Toolbox 工具箱中的函数.

若无 Symbolic Math Toolbox 工具箱,也可将输出结果设为有理数("rational")的表示形式,或者采用计算代数余子式的方法求解,读者可以参照 8.1.4 节中介绍的取矩阵块的方法求出各代数余子式然后求解,此处不再展开. □

例 8.5 求矩阵

$$A=\begin{bmatrix}1 & -2 & -2 & -2\\ -2 & 1 & -2 & -2\\ -2 & -2 & 1 & -2\\ -2 & -2 & -2 & 1\end{bmatrix}$$

的特征值与特征向量.

解 为与初学者的习惯保持一致,依然采用 Symbolic 符号求解的方式:

```
>> A= sym([1,-2,-2,-2;-2,1,-2,-2;-2,-2,1,-2;-2,-2,-2,
1]);
```

```
>> [V,D]= eig(A)
V=
   [1, -1, -1, -1]
   [1,  1,  0,  0]
   [1,  0,  1,  0]
   [1,  0,  0,  1]

D=
   [-5, 0, 0, 0]
   [ 0, 3, 0, 0]
   [ 0, 0, 3, 0]
   [ 0, 0, 0, 3]
```

结果矩阵 D 中对角线上的元素为 A 的特征值，矩阵 V 中的列为特征值所对应的特征向量. □

读者可以尝试定义矩阵 A 为普通的数值矩阵，从而求解特征值与特征向量.

8.2.2 求解线性方程组

求解线性方程组是线性代数中的基本问题，在介绍 Matlab 求解各类线性方程组之前，先看几个有用的命令函数：

rank(A)	给出矩阵 A 的秩
pinv(A)	求矩阵 A 的广义逆
null(A)	用奇异值分解得到矩阵 A 的一组正交基
null(A,'r')	用高斯消元法得到矩阵 A 的一组"有理数"的基

例 8.6 解线性方程组

$$\begin{cases} 2x_1-x_2+3x_3-2x_4=1, \\ 4x_1-2x_2+5x_3-3x_4=4, \\ 2x_1-x_2+4x_3-3x_4=-1, \\ 6x_1-3x_2+5x_3-2x_4=11. \end{cases}$$

解

```
>> A= [2 -1 3 -2;4 -2 5 -3;2 -1 4 -3;6 -3 5 -2];
>> b= [1 4 -1 11]';
```

再分别给出系数矩阵 A 和增广矩阵 $[A,\boldsymbol{b}]$ 的秩：

```
>> rank(A)
ans=
        2
>> rank([A,b])
```

```
ans=
      2
```

两者的秩相等,因此方程组有解.又 $2<4$,所以方程组有无穷多组解.先由如下方式求出一组特解:

```
>> format rat   % 结果以有理数形式表示,也可通过图 8.2 所示方法更改
>> pinv(A)*b
ans=
     24/11
     -12/11
     -5/11
     17/11
```

再由 null 函数求出方程组的齐次解:

```
>> null(A,'r')
ans=
    1/2            -1/2
    1               0
    0               1
    0               1
```

由此,我们可以得到原方程组的通解为

$$c_1\begin{bmatrix}1/2\\1\\0\\0\end{bmatrix}+c_2\begin{bmatrix}-1/2\\0\\1\\1\end{bmatrix}+\begin{bmatrix}24/11\\-12/11\\-5/11\\17/11\end{bmatrix},$$

其中 c_1,c_2 为任意常数. □

注 若系数矩阵的秩 $\mathrm{rank}(A)=n$(未知数个数),则可由左除命令 A\b 直接得到方程组的唯一解.

例 8.7 求解方程组

$$\begin{cases}2x_1-x_2+3x_3=1,\\4x_1-2x_2+5x_3=4,\\6x_1-3x_2+8x_3=4.\end{cases}$$

解

```
>> A=[2 -1 3;4 -2 5;6 -3 8];
>> b=[1 4 4]';
>> rank(A)
ans=
      2
>> rank([A,b])
```

```
ans=
       3
```

因此方程组无解.　□

如有需要,可以通过如下的命令求出最小二乘解:

```
>> pinv(A)*b
ans=
    46/15
    -23/15
    -7/3
```

最小二乘解的定义请参阅相关书籍,此处不再展开.

8.3 应用实例

本节我们介绍线性代数的若干应用实例.

8.3.1 确定比赛的胜负

1. 问题和分析

设有 5 个球队进行单循环赛,已知他们的比赛结果为:

1 队胜 2,3 队;2 队胜 3,4,5 队;4 队胜 1,3,5 队;5 队胜 1,3 队,

设按胜的次数多少排名次. 若两队胜的次数相同,则按直接胜与间接胜的次数之和的多少排名次. 所谓间接胜,即若 1 队胜 2 队,2 队胜 3 队,则称 1 队间接胜 3 队. 试为这 5 个队排出比赛名次.

按照上述排名次的原则,不难排出,2 队为冠军,4 队为亚军,3,4,5 名分别为 1,5,3 队. 问题是,如果参加比赛的队比较多,应如何解决这个问题.

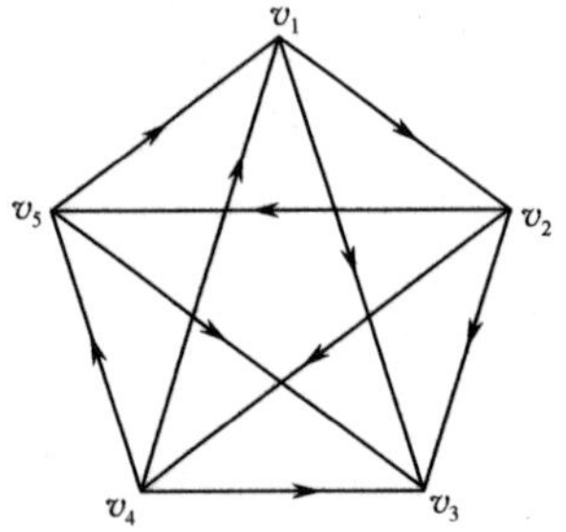

图 8.8

我们可以用图论的方法排出比赛的名次. 用平面上的 5 个点 v_1,v_2,v_3,v_4,v_5 表示这 5 个队,称这 5 个点所表示的集合为**顶点集**,记为 $V=\{v_1,v_2,v_3,v_4,v_5\}$. 如果 i 队胜 j 队,就画一条连接 v_i 与 v_j 并由 i 到 j 的有向弧,在图论中称为**弧**. 也可将弧记为有序对 (v_i,v_j),记弧的集合为 A,称 V 与 A 为**图**,记为 $G=(V,A)$. 例中 5 个队的比赛结果可用图 8.8 表示.

在图论中,如果两个顶点之间有一条弧,则称这两个顶点**相邻**. 若 $v_1,v_2,\cdots,v_k$ 为 V 中互异的 k 个顶点,且 v_i 与 v_{i+1} 之间有一条弧,即 $(v_i,v_{i+1})\in A(i=1,2,\cdots,k-1)$,则称 $v_1,v_2,\cdots,v_k$ 为**长为 $k-1$ 的路**,其中 v_1 称为**起点**,v_k 称为**终点**. 起点与终点重合的路称为**回**

路. 该例的图中,$v_4v_5v_1v_2v_3$ 为一条长为 4 的路,v_4 为起点,v_3 为终点. $v_1v_2v_5v_1$ 为回路. 若 v_i 与 v_j 之间存在一条路,则称这两点**连通**. 记它们之间的路为v_i-v_j路. 如果一个图的任意两点均连通,则称这个图为**连通图**. 因此,若 i 队间接胜 j 队,则存在长为 $k(k\geqslant 2)$的 v_i-v_j 路. 若引入

$$a_{ij}=\begin{cases}1, & 若(v_i,v_j)\in A,\\ 0, & 若(v_i,v_j)\notin A,\end{cases}$$

并定义矩阵 $M=(a_{ij})_{n\times n}$,其中 n 为图中顶点的数目,则每个图可以用一个矩阵表示,称之为图的**邻接矩阵**. 本例图的邻接矩阵为

$$M=\begin{pmatrix}0&1&1&0&0\\0&0&1&1&1\\0&0&0&0&0\\1&0&1&0&1\\1&0&1&0&0\end{pmatrix}.$$

邻接矩阵是一个元素为 1 或 0 的整数矩阵,其主对角元全为 0. 它的每一行代表一个队的比赛胜负情况. 每一行的和等于相应的队直接胜的次数. 由已知条件可知,应在第 2 队与第 4 队中确定冠亚军,在第 1 队与第 5 队中确定 3,4 名. 因此还需要计算各队间接胜的次数. 用图论的语言,即需计算各队之间路的条数. 先计算各队之间长为 2 的路的条数. 关于长为 k 的路的条数的计算,有下述定理.

定理 8.1 设 $M=(a_{ij})_{n\times n}$为图$G=(V,A)$的邻接矩阵,则 M^k 的第 i 行第 j 列元素等于 v_i 与 v_j 之间长为 k 的路的数目.

由这个定理可见,要确定比赛的名次,我们先看矩阵 M 的各行之和. 按和的大小确定比赛的名次. 若有两行或多行的元素和相同,则计算矩阵 $M+M^2$ 各行元素之和. 若再出现有两行或多行的元素和相同,再计算 $M+M^2+M^3$ 各行元素之和. 依次类推.

2. 程序实现

以下是实现上述计算目的的 Matlab 脚本程序:

```
A= [0 1 1 0 0;0 0 1 1 1;0 0 0 0 0;1 0 1 0 1;1 0 1 0 0];
k= 1;
len=1;
while len>0
  if k>1
    A= A+A^k;
```

```
    end
    s= sum(A');     % sum函数对列进行求和,所以需进行转置操作
    m= 1:max(s);
    len= length(find(histc(s,m)>1));
    k= k+1;
  end
  s  % 输出无行和相等的各行元素之和
```

```
s=
     5     8     0     7     4
```

由结果可以看出,比赛的名次依此是 2 队,4 队,1 队,5 队,3 队.

程序中的相关函数说明:

histc(s,m)　　在向量 $\boldsymbol{s}$ 中查找向量 $\boldsymbol{m}$ 中每一个元素出现的次数

find(X>1)　　给出向量 $\boldsymbol{X}$ 中大于 1 的元素的位置

length(X)　　返回向量 $\boldsymbol{X}$ 的长度

8.3.2　投入产出分析

1. 问题和分析

一个城镇有三个主要生产企业:煤矿、电厂和地方铁路作为它的经济系统. 已知生产价值一元的煤,需消耗 0.25 元的电费和 0.35 元的运输费;生产价值一元的电,需消耗 0.40 元的煤费、0.05 元的电费和 0.10 元的运输费;而提供价值一元的铁路运输服务,则需消耗 0.45 元的煤、0.10 元的电费和 0.10 元的运输费. 假设在某个星期内,除了这三个企业间的彼此需求,煤矿得到 50000 元的订单,电厂得到 25000 元的电量供应要求,而地方铁路得到价值 30000 元的运输需求. 试问:

(1) 这星期这三个企业各应生产多少产值才能满足内外需求?

(2) 除了外部需求,试求这星期各企业之间的消耗需求,同时求出各企业新创造的价值(即产值中除去各企业的消耗所剩的部分);

(3) 如果煤矿需要增加总产值 10000 元,它对各个企业的产品或服务的完全需求分别将是多少?

这是一个小型的经济上的投入产出模型. 在一个国家或区域的经济系统中,各部门(或企业)既有消耗又有生产,或者说既有"投入"又有"产出",生产的产品供给各部门和系统外以满足需求,同时也要消耗系统内各部门所提供的产品. 消耗的目的是为了生产,生产的结果必然要创造新价值,以支付工资和获取利润. 显然对每一部门,物资消耗和新创造的价值等于它生产的总产值. 这就是"投入"和"产

出"之间的平衡关系.

设煤矿、电厂和地方铁路在这星期生产的总产值分别为 x_1,x_2 和 x_3(元),那么很容易有

$$\begin{cases} 0x_1+0.40x_2+0.45x_3+50000=x_1, \\ 0.25x_1+0.05x_2+0.10x_3+25000=x_2, \\ 0.35x_1+0.10x_2+0.10x_3+30000=x_3. \end{cases} \tag{8.1}$$

方程组(8.1)的每个等式以价值形式说明了对每一企业:

中间产品(作为系统内各企业的消耗)+最终产品(外部需求)=总产品,

称之为**分配平衡方程组**.

另一方面,若设 z_1,z_2 和 z_3(元)分别为煤矿、电厂和地方铁路在这星期的新创价值,那么应有

$$\begin{cases} 0x_1+0.25x_1+0.35x_1+z_1=x_1, \\ 0.40x_2+0.05x_2+0.10x_2+z_2=x_2, \\ 0.45x_3+0.10x_3+0.10x_3+z_3=x_3. \end{cases} \tag{8.2}$$

方程组(8.2)说明对每一企业:

对系统内各企业产品的消耗+新创价值=总产值,

称之为**消耗平衡方程组**.

可将方程组(8.1)写成矩阵形式为

$$AX+Y=X,$$

其中

$$A=\begin{pmatrix} 0 & 0.40 & 0.45 \\ 0.25 & 0.05 & 0.10 \\ 0.35 & 0.10 & 0.10 \end{pmatrix}, \quad X=\begin{pmatrix} x_1 \\ x_2 \\ x_3 \end{pmatrix}, \quad Y=\begin{pmatrix} 50000 \\ 25000 \\ 30000 \end{pmatrix},$$

在经济学上分别称这三个矩阵为**直接消耗矩阵**,**产出向量**和**最后需求**(**或最终产品**)**向量**;A 中的元素 a_{ij} 称之为直接消耗系数. 上述方程组又可写为

$$(E-A)X=Y, \tag{8.3}$$

其中 E 是单位矩阵,$E-A$ 称为**Leontief 矩阵**.

在求出了 X 以后,显然列向量

$$x_1\begin{pmatrix} 0 \\ 0.25 \\ 0.35 \end{pmatrix}$$

的三个分量分别表示三个企业为煤矿的总产值所作的产品消耗(或称投入). 类似地,列向量

$$x_2\begin{pmatrix}0.40\\0.05\\0.10\end{pmatrix},\quad x_3\begin{pmatrix}0.45\\0.10\\0.10\end{pmatrix}$$

分别表示三个企业对于电厂、铁路的总产值所作的投入. 这三个列向量组成的矩阵 T 可以由下式得到:

$$T=A\begin{pmatrix}x_1 & 0 & 0\\0 & x_2 & 0\\0 & 0 & x_3\end{pmatrix},$$

它是投入产出分析中的投入产出表的基本部分. 有了总产量和各企业的投入,就可立即得到新创价值.

由于某个企业在进行生产或提供服务时,对任何一个产品的直接消耗事实上还蕴含着对其他产品的间接消耗. 例如,地方铁路在运输时直接消耗了煤,但它还通过消耗电而间接消耗煤,因为电的生产需要消耗煤. 这样就有了完全消耗系数的概念. **完全消耗系数**是指某企业生产单位产值的产品而对其他企业产品的总消耗值.

现在设煤矿、电厂和地方铁路生产单位产值对煤、电和铁路运输的总消耗值(即完全消耗系数)分别为 $b_{ij}, i,j=1,2,3$,那么不难理解

$$a_{ij}+\sum_{l=1}^{3}b_{il}a_{lj}=b_{ij}, \tag{8.4}$$

记

$$B=\begin{pmatrix}b_{11} & b_{12} & b_{13}\\b_{21} & b_{22} & b_{23}\\b_{31} & b_{32} & b_{33}\end{pmatrix}.$$

称之为**完全消耗矩阵**. 这样(8.4)式可以写成矩阵形式

$$A+BA=B, \tag{8.5}$$

由此可得

$$B=A(E-A)^{-1}=[E-(E-A)](E-A)^{-1}=(E-A)^{-1}-E. \tag{8.6}$$

2. 程序实现

(1) 现在我们用 Matlab 来求解方程组(8.3):

```
>> A= [0 0.4 0.45;0.25 0.05 0.1;0.35 0.1 0.1];
>> Y= [50000,25000,30000]';
>> X= (eye(3)-A)\Y      % eye 函数用于生成指定维数的单位阵
```

```
X=
   1.0e+05 *
     1.1446
     0.6540
     0.8511
```

(2) 由于得到了系统各个企业的总产值(产出向量),我们就可以计算各企业的消耗和新创造价值:

```
>> T= A* diag(X)
T=
   1.0e+04 *
          0    2.6158    3.8300
     2.8615    0.3270    0.8511
     4.0060    0.6540    0.8511
```

我们指出过该矩阵每一列的意义.显然,它的每一行给出了每一企业分别用于企业内部和其他企业的消耗(中间产品).进而利用(8.2)式计算:

```
>> X- sum(T)'
ans=
   1.0e+04 *
     4.5783
     2.9428
     2.9789
```

说明各企业新创造的价值为

$$z_1=45783,\quad z_2=29428,\quad z_3=29789(\text{元})$$

我们将上述计算结果列成表 8.2,这就是投入产出表(仅取到个位数,并且考虑到产生的误差而略作修正).

表 8.2

投入＼产出		中间产品				最终产品	总产值
		煤矿	电厂	铁路	小计		
中间投入	煤矿	0	26158	38300	64458	50000	114458
	电厂	28614	3270	8511	40395	25000	65395
	铁路	40060	6540	8511	55111	30000	85111
	小计	98674	35968	55322	159964	105000	264964
新创价值		45784	29427	29789	105000		
总产值		114458	65395	85111	264964		

一般说来，在对一个国家或区域的经济用投入产出法进行分析和研究时，首先就是根据统计数字制订投入产出表，进而计算出有关的技术系数(例如直接消耗系数). 通过对这些系数的分析，可以了解经济系统的结构和各部门之间的数量关系；还可以建立上述的反映分配平衡和消耗平衡关系的代数方程组，通过求解方程组来获知最终需求的变动对各部门生产的影响.

(3)计算完全消耗矩阵：

```
>> inv(eye(3)-A)-eye(3)
ans=
    0.4566    0.6981    0.8059
    0.4482    0.2799    0.3663
    0.6162    0.4137    0.4652
```

这就是该问题的完全消耗矩阵.

与直接消耗矩阵 A 一样，完全消耗矩阵 B 反映了煤矿、电厂和铁路在生产需求上的关系. 但后者从完全需求的角度揭示了它们在更深层次上的相互依赖关系. 这意味着如果该城镇要扩大煤的生产而每周增加产值 1 万元，那就不仅需要相应增产 0.25 万元的电和 0.35 万元的运输能力作为直接消耗，事实上而且还必须有约 0.46 万元的煤、0.20 万元的电和 0.27 万元的运输能力作为间接消耗. 这对经济部门的计划决策者而言是极其重要的数量依据. 在为某企业或部门扩大生产而进行投资等问题上，需要充分考虑其他部门的相应能力.

8.3.3 杂交育种的稳定性

1. 问题和分析

假设某农场的试验场中某种植物的基因型为 AA，$A\alpha$ 和 $\alpha\alpha$，三种基因型各占 1/3. 已知 AA 型基因属于优良品种，试分析下列三种方案中的哪一种方案有利于培养出优良品种？

方案(Ⅰ)：采用 AA 型的植物与每种基因型植物相结合的方法培育植物后代；

方案(Ⅱ)：采用 $A\alpha$ 型的植物与每种基因型植物相结合的方法培育植物后代；

方案(Ⅲ)：将具有相同基因型植物相结合.

根据遗传学的知识，相对的性质由相对的基因控制，相对的基因有显性和隐性的关系. 因而有显性性状和隐性性状. 隐性性状的基因在跟显性性状的基因同时存在时，得不到表现，但是没有消失，而是在子二代中得到表现. 这种相对的基因称为等位基因. 在有性生殖的传代过程中，两代间唯一的联系是配子，即卵、花粉或精子. 基因在上一代身体细胞里成双存在，而在生殖细胞里成单存在. 代表某个性状的相对的基因以相等的可能性(概率)传给子代，父母双方对后代的遗传是相等的. 配子通过受精或授粉成为合子,合子所含的基因又是成双存在了. 根据这个规律,如果一个亲本是 $\alpha\alpha$ 型,另一个亲本是 $A\alpha$ 型,后代从 $\alpha\alpha$ 亲本总是接受一个 α 基因,以相等的概率从 $A\alpha$ 亲本接受一个 A 基因或 α 基因,后代所具有的等位基因为 $A\alpha$ 型或 $\alpha\alpha$ 型的概率是相同的. 因此,对于亲本基因型的所有可能的组合,后代可能的基因型的概率如表 8.3 所示.

表 8.3

		亲本的基因					
		AA-AA	AA-$A\alpha$	AA-$A\alpha$	$A\alpha$-$A\alpha$	$A\alpha$-$\alpha\alpha$	$\alpha\alpha$-$\alpha\alpha$
后代的基因型	AA	1	$\frac{1}{2}$	0	$\frac{1}{4}$	0	0
	$A\alpha$	0	$\frac{1}{2}$	1	$\frac{1}{2}$	$\frac{1}{2}$	0
	$\alpha\alpha$	0	0	0	$\frac{1}{4}$	$\frac{1}{2}$	1

下面,我们讨论本例所提出的问题. 设 a_n, b_n, c_n 分别代表在第 n 代作物中 AA 型,$A\alpha$ 型及 $\alpha\alpha$ 型所占的比例,$n=1,2,\cdots$. 那么,由假设

$$a_0 = b_0 = c_0 = \frac{1}{3}, \quad 且\ a_0 + b_0 + c_0 = 1.$$

(1) 由表 8.3 可知,对于用 AA 型基因授粉的情况,第 n 代的基因型分布可由第 $n-1$ 代的基因型分布由下式求出:

$$\begin{cases} a_n = a_{n-1} + \dfrac{1}{2} b_{n-1}, \\ b_n = c_{n-1} + \dfrac{1}{2} b_{n-1}, \quad n = 1,2,\cdots \\ c_n = 0. \end{cases} \tag{8.7}$$

引入向量

$$\boldsymbol{X}^{(n)} = \begin{pmatrix} a_n \\ b_n \\ c_n \end{pmatrix}, \quad n = 0,1,2,\cdots \tag{8.8}$$

与矩阵

$$M_1 = \begin{pmatrix} 1 & \dfrac{1}{2} & 0 \\ 0 & \dfrac{1}{2} & 1 \\ 0 & 0 & 0 \end{pmatrix}, \tag{8.9}$$

则(8.7)式可表示成矩阵形式

$$\boldsymbol{X}^{(n)} = M_1 \boldsymbol{X}^{(n-1)}, \quad n = 1,2,\cdots, \tag{8.10}$$

由上式不难看出：

$$\boldsymbol{X}^{(n)} = M_1\boldsymbol{X}^{(n-1)} = M_1^2\boldsymbol{X}^{(n-2)} = \cdots = M_1^n\boldsymbol{X}^{(0)}. \tag{8.11}$$

因此，如果能计算出 M_1^n，则将其代入(8.11)即可得出 $\boldsymbol{X}^{(n)}$. 由第五章可知，如果矩阵 M_1 可对角化，则能较方便地计算出 M_1^n，这就需要讨论 M_1 的特征值与特征向量.

矩阵 M_1 的特征值为

$$\lambda_1 = 1,\quad \lambda_2 = \frac{1}{2},\quad \lambda_3 = 0,$$

因而，M_1 有 3 个不同的特征值，它必能相似于对角矩阵. 与这 3 个特征值对应的特征向量分别为

$$\boldsymbol{\alpha}_1 = \begin{pmatrix}1\\0\\0\end{pmatrix},\quad \boldsymbol{\alpha}_2 = \begin{pmatrix}1\\-1\\0\end{pmatrix},\quad \boldsymbol{\alpha}_3 = \begin{pmatrix}1\\-2\\1\end{pmatrix}.$$

令

$$P = \begin{pmatrix}1 & 1 & 1\\0 & -1 & -2\\0 & 0 & 1\end{pmatrix},$$

则

$$M_1 = PDP^{-1},$$

其中

$$D = \begin{pmatrix}1 & & \\ & \frac{1}{2} & \\ & & 0\end{pmatrix},$$

因而，

$$\boldsymbol{X}^{(n)} = PD^nP^{-1}\boldsymbol{X}^{(0)} = \begin{pmatrix}1 & 1-\left(\frac{1}{2}\right)^n & 1-\left(\frac{1}{2}\right)^{n-1}\\ 0 & \left(\frac{1}{2}\right)^n & \left(\frac{1}{2}\right)^{n-1}\\ 0 & 0 & 0\end{pmatrix}\begin{pmatrix}a_0\\b_0\\c_0\end{pmatrix},$$

即

$$\boldsymbol{X}^{(n)} = \begin{pmatrix}a_n\\b_n\\c_n\end{pmatrix} = \begin{pmatrix}1-\left(\frac{1}{2}\right)^n b_0-\left(\frac{1}{2}\right)^{n-1}c_0\\ \left(\frac{1}{2}\right)^n b_0+\left(\frac{1}{2}\right)^{n-1}c_0\\ 0\end{pmatrix},\quad n = 1,2,\cdots. \tag{8.12}$$

显然，$a_n+b_n+c_n=1, n=0,1,2,\cdots$，且

$$\lim_{n\to\infty} a_n = 1, \quad \lim_{n\to\infty} b_n = \lim_{n\to\infty} c_n = 0, \tag{8.13}$$

(8.13)式说明，如果一直使用方案(Ⅰ)育种，则最终将得到纯种 AA.

(2) 对于方案(Ⅱ)与方案(Ⅲ)可作类似的讨论.

记与(8.9)式对应的方案(Ⅱ)与方案(Ⅲ)的矩阵分别为 M_2 与 M_3，则

$$M_2 = \begin{pmatrix} \frac{1}{2} & \frac{1}{4} & 0 \\ \frac{1}{2} & \frac{1}{2} & \frac{1}{2} \\ 0 & \frac{1}{4} & \frac{1}{2} \end{pmatrix}, \quad M_3 = \begin{pmatrix} 1 & \frac{1}{4} & 0 \\ 0 & \frac{1}{2} & 0 \\ 0 & \frac{1}{4} & 1 \end{pmatrix}.$$

经计算 M_2 与 M_3 都有 3 个线性无关的特征向量，因此，它们都可以相似于对角矩阵，对方案(Ⅱ) 可求出，当 $n\to\infty$ 时，

$$\boldsymbol{X}^{(n)} \to \begin{pmatrix} \frac{a_0+b_0+c_0}{4} \\ \frac{a_0+b_0+c_0}{2} \\ \frac{a_0+b_0+c_0}{4} \end{pmatrix}.$$

对方案(Ⅲ)，当 $n\to\infty$ 时，

$$\boldsymbol{X}^{(n)} \to \begin{pmatrix} a_0+\frac{b_0}{2} \\ 0 \\ c_0+\frac{b_0}{2} \end{pmatrix}.$$

比较上述结果可知，对于方案(Ⅱ)，当 a_0, b_0, c_0 不全为零时，若不考虑其他因素的影响，永远不可能得到纯种的 AA 型植物，对方案(Ⅲ)，当 b_0, c_0 不全为零时，同样也不能得到纯种的 AA 型植物.

2. 程序实现

我们仅以方案(Ⅰ)为例说明用 Matlab 求解上述问题的过程.

因为要求极限，所以只能采用 Symbolic Math Toolbox 工具箱的 limit 函数，所有矩阵和其他变量也必须定义为符号对象：

```
>> M=sym([1 1/2 0;0 1/2 1;0 0 0]);
>> x0=sym([1/3,1/3,1/3]');
>> [V,D]= eig(M)
V=
```

```
    [ 1, -1, 1]
    [ -2,  1, 0]
    [ 1,  0, 0]
D=
    [ 0,   0,  0]
    [ 0, 1/2, 0]
    [ 0,   0,  1]
>> syms n     % 将 n 声明为符号对象
>> limit(V*D^n*inv(V)*x0,n,Inf)
ans=
    1
    0
    0
```

3. 讨论

为什么不同的育种方法得到不同的结果？我们可以从数学的角度加以说明.

我们所讨论的农场有不同的基因型植物，可以看成是一个系统有不同的状态，每一种基因型是一个状态，这个系统每一代的基因型可以看成是某一时刻的状态. 我们所讨论的系统由有限个状态组成，系统由一个状态向另一个状态转化是随机的，这种转化只与当时的状态有关，而与其他状态无关，我们称系统状态的这种转化过程为**马尔可夫过程**.

如果系统有 k 个状态，设当系统处于状态 j 时，下一个状态 i 的概率为 $p_{ij}(i,j=1,2,\cdots,k)$，称 p_{ij} 为**转移概率**. 矩阵 M_1,M_2,M_3 就是以转移概率为元素的矩阵，因此，它们的元素非负，且每列各元素之和为 1，称这样的矩阵为**转移矩阵**. 向量 $\boldsymbol{X}^{(n)}$ 是具有非负元素的列向量，且元素之和为 1，称这样的向量为**概率向量**. 它代表第 n 代时马尔可夫过程的状态，又称为马尔可夫过程的**状态向量**.

考察矩阵 $M_i(i=1,2,3)$ 的幂可发现，对矩阵 M_2 而言

$$M_2^2=\begin{pmatrix}\dfrac{3}{8} & \dfrac{1}{4} & \dfrac{1}{8}\\ \dfrac{1}{2} & \dfrac{1}{2} & \dfrac{1}{2}\\ \dfrac{1}{8} & \dfrac{1}{4} & \dfrac{3}{8}\end{pmatrix},$$

它的元素全为正，因此，$M_2^n,n=3,4,\cdots$ 的元素也必全为正，即 M_2 的一些整数幂的元素全为正，称这样的转移矩阵为**正则矩阵**. 对应的马尔可夫过程称为正则过程. 关于正则马尔可夫过程有下述定理.

定理 8.2 如果矩阵 M 是一个 k 阶正则矩阵，则当 $n\to\infty$ 时，

$$M^n \to \begin{pmatrix} p_1 & p_1 & \cdots & p_1 \\ p_2 & p_2 & \cdots & p_2 \\ \vdots & \vdots & & \vdots \\ p_k & p_k & \cdots & p_k \end{pmatrix} \xlongequal{\text{记为}} M_\infty,$$

其中 $p_i(i=1,2,\cdots,k)$ 是正数，且 $p_1+p_2+\cdots+p_k=1$.

如果 $\boldsymbol{X}$ 是一概率向量，则

$$M^n\boldsymbol{X} \to \begin{pmatrix} p_1 \\ p_2 \\ \vdots \\ p_k \end{pmatrix}.$$

若记 $\boldsymbol{\pi}=(p_1,p_2,\cdots,p_k)^{\mathrm{T}}$，称 $\boldsymbol{\pi}$ 为**定常状态向量**. 那么，正则矩阵的定常状态向量是唯一的，它满足方程 $M_\infty\boldsymbol{\pi}=\boldsymbol{\pi}$.

由定理 8.2 不难得到方案(Ⅱ)的结果.

然而矩阵 M_1 与 M_3 就不具有这个特点. 观察矩阵 M_1 可以发现，它可以写成如下的分块矩阵：

$$M_1 = \begin{pmatrix} E_1 & R \\ O & Q \end{pmatrix},$$

其中 E_1 是一阶单位矩阵，R 是行和为正的矩阵，Q 是二阶矩阵. 一般的，如果一个马尔可夫过程的转移矩阵可以写成

$$\begin{pmatrix} E_r & R \\ O & Q \end{pmatrix},$$

其中 E_r 为 r 阶单位矩阵，R 是各行元素之和为正的矩阵，Q 为方阵，则对应的马尔可夫过程称为**吸收过程**，E_r 所对应的状态称为**吸收状态**，其余的状态称为**非吸收状态**. 对于吸收的马尔可夫过程有如下结论.

定理 8.3 设矩阵 M 为吸收马尔可夫过程的转移矩阵，

$$M = \begin{pmatrix} E_r & R \\ O & Q \end{pmatrix},$$

其中 E_r 为 r 阶单位矩阵，则

(1) $M^n = \begin{pmatrix} E_r & R_n \\ O & Q^n \end{pmatrix}$，且 $\lim\limits_{n\to\infty} Q^n = O$.

(2) $E-Q$ 是可逆矩阵，记 $(E-Q)^{-1}=N$，则 N 中第 j 列元素之和表示从非吸收状态 j 出发，被某个吸收状态吸收之前的平均转移次数.

(3) 记 $B=RN$，则 B 的元素 b_{ij} 是从非吸收状态 j 出发，被吸收状态 i 吸收的概率.

由定理 8.3 不难看出,矩阵 M_1 为吸收马尔可夫过程的转移矩阵,它的吸收状态为 AA 型基因所对应的状态. 因而,系统的演变趋势是趋向于吸收状态,与前面讨论的结果一致.

类似地,如果交换矩阵 M_3 的第二行与第三行,再交换它的第二列与第三列,则相当于将原来的状态 2(即 $A\alpha$ 型基因)重新命名为状态 3,而原来的状态 3(即 $\alpha\alpha$ 型基因)重新命名为状态 2,对应的矩阵是一个吸收状态的马尔可夫过程的转移矩阵. 它的吸收状态为 AA 型基因与 $A\alpha$ 型基因,系统的演变趋势是趋向于吸收状态.

8.3.4 制作大型艺术建筑模型

1. 问题和背景

某个大型艺术建筑需要制作一个模型并取得有关的数据,采取的步骤是:从选定的若干位置和视角进行多幅摄影或录像,从而可以获得在每个特殊位置的局部建筑的相关记录数据,同时制作出该局部建筑的模型部件;进而将根据局部建筑在整体建筑结构中的相对位置来确定对它们在全局结构中的记录数据,然后再对各部件进行拼接以获得该大型艺术建筑的模型.

如果我们在空间直角坐标系(三维欧氏空间)中来考察这个问题,不难理解,模型部件在全局结构中位置的确定事实上是一个空间图形移动后新位置的确定. 这种移动可以看作是平移和旋转的结合. 平移是简单的,而绕轴的旋转则较为复杂. 在制图、自动化、动画技术、造像术等实用课题中都会直接或间接碰到这样的问题.

现在,假定艺术建筑的局部为一二次曲面,其在某空间直角坐标系下的方程为

$$3x^2+4y^2+5z^2+4xy+4yz-1=0, \tag{8.14}$$

试判断这个二次曲面的类型,并且求出该二次曲面绕过原点和点(1,1,1)的空间轴(直线)旋转 $\theta=45^\circ$ 所得图形新位置及其坐标方程.

下面我们对此问题进行分析和讨论:

(1) 二次曲面的类型

将所给二次曲面 $3x^2+4y^2+5z^2+4xy+4yz-1=0$ 用矩阵形式表示,即为

$$\boldsymbol{X}^{\mathrm{T}}A\boldsymbol{X}=1,$$

其中

$$A=\begin{pmatrix}3&2&0\\2&4&2\\0&2&5\end{pmatrix},\quad \boldsymbol{X}=\begin{pmatrix}x\\y\\z\end{pmatrix}.$$

矩阵 A 是正定矩阵,因此它的特征值全为正,且存在正交变换

$$\boldsymbol{X}=Q\boldsymbol{X}', \tag{8.15}$$

使得在新变量下,二次曲面的方程化为

$$x'^2+4y'^2+7z'^2=1, \tag{8.16}$$

其中 1,4,7 为矩阵 A 的特征值,Q 为正交矩阵,它的列向量分别是 1,4,7 对应的单位特征向量

$$Q=\begin{pmatrix} \frac{2}{3} & -\frac{2}{3} & \frac{1}{3} \\ -\frac{2}{3} & -\frac{1}{3} & \frac{2}{3} \\ \frac{1}{3} & \frac{2}{3} & \frac{2}{3} \end{pmatrix},$$

$\boldsymbol{X}'=(x',y',z')^{\mathrm{T}}$. (8.15)式相当于作坐标变换. 由于 Q 为正交矩阵,故线性变换(8.15)保持长度与夹角不变,因此空间直角坐标系仍变为空间直角坐标系,且原点保持不变. 由(8.16)可知,二次曲面为椭球面. 该椭球面的中心在原点,三个长轴分别为 1,0.5,$\frac{1}{\sqrt{7}}$. 三个主轴方向分别为

$$\begin{pmatrix} \frac{2}{3} \\ -\frac{2}{3} \\ \frac{1}{3} \end{pmatrix},\begin{pmatrix} -\frac{2}{3} \\ -\frac{1}{3} \\ \frac{2}{3} \end{pmatrix},\begin{pmatrix} \frac{1}{3} \\ \frac{2}{3} \\ \frac{2}{3} \end{pmatrix},$$

主轴方向指矩阵 A 的特征向量所确定的方向.

(2) 二次曲面绕轴旋转后的新方程的确定

我们先考察一个点 a 绕给定轴旋转后的位置.

① 点绕过原点的轴旋转的情形.

我们用以原点为起点的向量 $\boldsymbol{v}=\begin{pmatrix} v_1 \\ v_2 \\ v_3 \end{pmatrix}$($\boldsymbol{v}$ 为单位向量,即 $v_1^2+v_2^2+v_3^2=1$)表示过原点的定轴. 首先给出空间中某点 $\boldsymbol{a}=(a_1,a_2,a_3)$绕 $\boldsymbol{v}$ 旋转 θ 角度后所在新位置的坐标 $\boldsymbol{a}'=(a_1',a_2',a_3')$. 为方便计,在下文中有时用点的向径来表示点,记为

$$\boldsymbol{a}=\begin{pmatrix} a_1 \\ a_2 \\ a_3 \end{pmatrix},\quad \boldsymbol{a}'=\begin{pmatrix} a_1' \\ a_2' \\ a_3' \end{pmatrix}.$$

考察一个最简单的情形. 假设给定轴为 x 轴,即 $\boldsymbol{v}=\begin{pmatrix}1\\0\\0\end{pmatrix}$. 此时绕 x 轴逆时针旋转角度 θ 后所得新位置点的向径 $\boldsymbol{a}'$ 的第一个分量值显然不变,即 $a_1'=a_1$. 所以,此问题即是寻找 y-z 坐标系的平面向量 $\begin{pmatrix}a_2\\a_3\end{pmatrix}$ 逆时针旋转角度 θ 后的新向量 $\begin{pmatrix}a_2'\\a_3'\end{pmatrix}$. 由旋转的几何意义可知

$$\begin{pmatrix}a_1'\\a_2'\\a_3'\end{pmatrix}=\begin{pmatrix}1&0&0\\0&\cos\theta&-\sin\theta\\0&\sin\theta&\cos\theta\end{pmatrix}\begin{pmatrix}a_1\\a_2\\a_3\end{pmatrix},\tag{8.17}$$

也即

$$\boldsymbol{a}'=P\boldsymbol{a},$$

其中

$$P=\begin{pmatrix}1&0&0\\0&\cos\theta&-\sin\theta\\0&\sin\theta&\cos\theta\end{pmatrix}.\tag{8.18}$$

② 一般情形.

我们的方法是通过坐标系旋转将其化为以上特殊情形. 为此,找两个单位向量

$$\boldsymbol{u}=\begin{pmatrix}u_1\\u_2\\u_3\end{pmatrix},\quad \boldsymbol{w}=\begin{pmatrix}w_1\\w_2\\w_3\end{pmatrix},$$

使得向量组 $\boldsymbol{v}$、$\boldsymbol{w}$、$\boldsymbol{u}$ 形成新的右手直角坐标系. 若定义矩阵 $B=(\boldsymbol{v}\quad\boldsymbol{w}\quad\boldsymbol{u})$,那么显然 B 是正交矩阵,即 $B^{-1}=B^{\mathrm{T}}$. 从而向量 $\boldsymbol{c}=\begin{pmatrix}c_1\\c_2\\c_3\end{pmatrix}$ 在新坐标系下的坐标表示为 $\boldsymbol{c}'=B^{\mathrm{T}}\boldsymbol{c}$,故点 a 的向径的新坐标为 $B^{\mathrm{T}}\boldsymbol{a}$. 而旋转轴在该坐标系下是新的横轴,即 $B^{\mathrm{T}}\boldsymbol{v}=\begin{pmatrix}1\\0\\0\end{pmatrix}$,恰成为以上讨论的简单情形.

由于在新的坐标系下相应的旋转角的大小和方向均不变,因此由前面的讨论可知目标点 a 旋转后的新位置 a' 在该新坐标系下的向径表示为 $PB^{\mathrm{T}}\boldsymbol{a}$,而在原来的坐标系下的表示则为

$$\boldsymbol{a}'=BPB^{\mathrm{T}}\boldsymbol{a}=R\boldsymbol{a},\tag{8.19}$$

其中 $R=BPB^{\mathrm{T}}$. 根据分块矩阵的基本运算法有

$$R=(\boldsymbol{v}\quad\boldsymbol{w}\quad\boldsymbol{u})\begin{pmatrix}1&0&0\\0&\cos\theta&-\sin\theta\\0&\sin\theta&\cos\theta\end{pmatrix}\begin{pmatrix}\boldsymbol{v}^{\mathrm{T}}\\\boldsymbol{w}^{\mathrm{T}}\\\boldsymbol{u}^{\mathrm{T}}\end{pmatrix},$$

可将 R 用 $\boldsymbol{v}$ 与 θ 表示为

$$R=vv^{\mathrm{T}}+\cos\theta(E_3-vv^{\mathrm{T}})+\sin\theta\begin{pmatrix}0&-v_3&v_2\\v_3&0&-v_1\\-v_2&v_1&0\end{pmatrix}$$

$$=\begin{pmatrix}v_1^2(1-\cos\theta)+\cos\theta & v_1v_2(1-\cos\theta)-v_3\sin\theta & v_1v_3(1-\cos\theta)+v_2\sin\theta\\ v_1v_2(1-\cos\theta)+v_3\sin\theta & v_2^2(1-\cos\theta)+\cos\theta & v_2v_3(1-\cos\theta)-v_1\sin\theta\\ v_1v_3(1-\cos\theta)-v_2\sin\theta & v_2v_3(1-\cos\theta)+v_1\sin\theta & v_3^2(1-\cos\theta)+\cos\theta\end{pmatrix},$$

称矩阵 R 为相应问题的旋转矩阵.

如果记旋转后向量的坐标为 X,而原位置的坐标为 X',则有

$$X=RX'\quad 或\quad X'=R^{\mathrm{T}}X.$$

由于原位置点位于给定椭球面上,故有

$$X'^{\mathrm{T}}AX'=1,$$

从而得到

$$X^{\mathrm{T}}RAR^{\mathrm{T}}X=1,$$

这就是曲面旋转后位置的方程.

还可以求出 RAR^{T} 对应的特征向量为

$$\begin{pmatrix}0.792235\\-0.594875\\0.135973\end{pmatrix},\quad\begin{pmatrix}-0.506557\\-0.516877\\0.6901\end{pmatrix},\quad\begin{pmatrix}0.340242\\0.6156\\0.710825\end{pmatrix}$$

它们恰为旋转后椭球面对应的三个主轴方向.

也可以考虑椭球面上关键点和方向的变化,这里不再赘述.

2. 程序实现

(1) 求正交矩阵 Q

```
>> A= sym([3 2 0;2 4 2;0 2 5]);
>> [V,D]= eig(A);
>> s= sqrt(sum(V.*V));
>> V./[s;s;s]
ans=
    [  2/3, 1/3, -2/3]
    [ - 2/3, 2/3, -1/3]
```

```
    [  1/3,2/3,2/3]
```

(2) 求正交矩阵 $B=(\boldsymbol{v}\quad \boldsymbol{w}\quad \boldsymbol{u})$

运行以下脚本程序：

```
v= sym([1,1,1]');
U= null(v');
w= U(:,1);
u= U(:,2);
u= u- u'* w/(w'* w)* w;
u= u/sqrt(u'* u);
v= v/sqrt(v'* v);
w= w/sqrt(w'* w);
B= [v,w,u];
```

再运行

```
>> det(B)
ans=
    1
```

可见 B 已经构成右手系. 再求出 R 及旋转后的坐标 X：

```
theta= 45/180;
P= [1,0,0;0,cos(theta),-sin(theta);0,sin(theta),
  cos(theta)];
R= eval(B*P*B')     % eval 函数用于对符号对象进行近似值求值计算
A= sym([3 2 0;2 4 2;0 2 5]);
NewA= eval(R*A*R')
R=
    0.9793  -0.1325   0.1532
    0.1532   0.9793  -0.1325
   -0.1325   0.1532   0.9793

NewA=
    2.4644    2.0422    0.4024
    2.0422    4.0753    1.5554
    0.4024    1.5554    5.4604
```

习 题 八

利用软件 Matlab 计算下列各题：

1. 用克拉默法则求线性方程组

$$\begin{cases} 3x_1 + 2x_2 = 1, \\ x_1 + 3x_2 + 2x_3 = 1, \\ x_2 + 3x_3 + 2x_4 = 1, \\ x_3 + 3x_4 + 2x_5 = 1, \\ x_4 + 3x_5 = 1. \end{cases}$$

2. 求出所有与矩阵 $A=\begin{pmatrix} 1 & 1 \\ 0 & 1 \end{pmatrix}$ 可交换的矩阵.

3. 求矩阵 A 的秩，以及以 A 为系数矩阵的齐次线性方程组的基础解系，其中

$$A = \begin{pmatrix} 1 & 2 & -1 & 0 & 3 & 4 & -1 & -2 \\ 2 & -1 & 0 & 1 & -1 & 2 & 2 & 3 \\ 3 & 1 & -1 & 1 & 2 & -1 & 1 & 1 \\ 0 & -5 & 2 & 1 & -7 & 3 & 3 & 5 \\ -1 & 2 & 3 & 3 & 3 & 1 & -1 & 4 \\ 1 & 3 & -5 & 0 & -6 & -13 & 3 & 1 \end{pmatrix}.$$

4. 设向量组

$$\boldsymbol{\alpha}_1 = \begin{pmatrix} 6 \\ 4 \\ 1 \\ -1 \\ 2 \end{pmatrix}, \boldsymbol{\alpha}_2 = \begin{pmatrix} 1 \\ 0 \\ 2 \\ 3 \\ -4 \end{pmatrix}, \boldsymbol{\alpha}_3 = \begin{pmatrix} 1 \\ 4 \\ -9 \\ -16 \\ 22 \end{pmatrix}, \boldsymbol{\alpha}_4 = \begin{pmatrix} 7 \\ 1 \\ 0 \\ -1 \\ 3 \end{pmatrix}, \boldsymbol{\alpha}_5 = \begin{pmatrix} -2 \\ -7 \\ 4 \\ -10 \\ -13 \end{pmatrix},$$

求向量组的极大无关组与秩，并将其他向量用极大无关组线性表示.

5. 求出方程组

$$\begin{cases} x_1 + 3x_2 + 5x_3 - 4x_4 = 1, \\ x_1 + 3x_2 + 2x_3 - 2x_4 + x_5 = -1, \\ x_1 - 2x_2 + x_3 - x_4 - x_5 = 3, \\ x_1 - 4x_2 + x_3 + x_4 - x_5 = 3, \\ x_1 + 2x_2 + x_3 - x_4 + x_5 = -1 \end{cases}$$

的所有的解.

6. 设

$$A = \begin{pmatrix} 1 & 0 & 0 \\ 0 & 1 & 0 \\ 3 & 1 & 2 \end{pmatrix},$$

求出所有与矩阵 A 可交换的三阶实矩阵所生成的子空间的维数与一组基.

7. 求正交矩阵 Q,使得 $Q^{T}AQ$ 为对角矩阵,其中

$$A=\begin{pmatrix}-1&-3&3&-3\\-3&-1&-3&3\\3&-3&-1&-3\\-3&3&-3&-1\end{pmatrix}.$$

8. 判定二次型

$$f=99x_1^2-12x_1x_2+48x_1x_3+130x_2^2-60x_2x_3+71x_3^2$$

是否是正定二次型.

9. 已知四阶实对称矩阵 A 的特征值为 1,3(二重),5,与 3 对应的特征向量为

$$\begin{pmatrix}1\\1\\1\\1\end{pmatrix},\begin{pmatrix}1\\-1\\1\\-1\end{pmatrix}.$$

求矩阵 A.

10. 在 $M^{2\times 2}$ 中定义了线性变换

$$\mathscr{A}_1(P)=PM_0,\quad \mathscr{A}_2(P)=M_0P,\quad \forall P\in M^{2\times 2},$$

其中 M_0 是一给定的矩阵,

$$M_0=\begin{bmatrix}a&b\\c&d\end{bmatrix},$$

分别求 $\mathscr{A}_1,\mathscr{A}_2$ 在基

$$M_1=\begin{bmatrix}1&1\\1&1\end{bmatrix},\qquad M_2=\begin{bmatrix}1&-1\\1&-1\end{bmatrix},$$

$$M_3=\begin{bmatrix}1&1\\-1&-1\end{bmatrix},\qquad M_4=\begin{bmatrix}-1&1\\1&-1\end{bmatrix}$$

下的矩阵.

11. 设 V 为四维线性空间,线性变换 $\mathscr{A}$ 在一组基 $\boldsymbol{\alpha}_1,\boldsymbol{\alpha}_2,\boldsymbol{\alpha}_3,\boldsymbol{\alpha}_4$ 下的矩阵为

$$A=\begin{pmatrix}1&-1&0&1\\0&0&1&1\\1&0&0&-1\\-1&1&0&1\end{pmatrix},$$

求 $\mathscr{A}$ 在基 $\boldsymbol{\beta}_1,\boldsymbol{\beta}_2,\boldsymbol{\beta}_3,\boldsymbol{\beta}_4$ 下的矩阵,其中

$$\begin{cases}\boldsymbol{\alpha}_1=(1,2,-1,0), & \boldsymbol{\beta}_1=(2,1,0,1),\\ \boldsymbol{\alpha}_2=(1,-1,1,1), & \boldsymbol{\beta}_2=(0,1,2,2),\\ \boldsymbol{\alpha}_3=(-1,2,1,1), & \boldsymbol{\beta}_3=(-2,1,1,2),\\ \boldsymbol{\alpha}_4=(1,-1,0,1), & \boldsymbol{\beta}_4=(1,3,1,2).\end{cases}$$

12. 由 Kirchhoff 电流定律,汇集在电路的一个节点上的支路电流的代数和恒等于零. 根据 Kirchhoff 电流定律,计算图 8.9 的电路中各支路的电流.

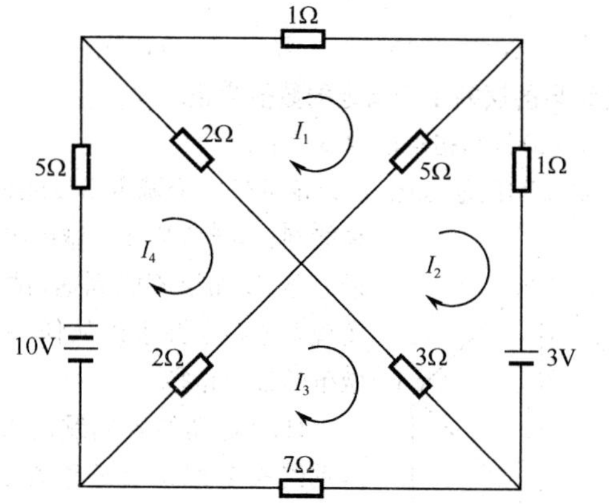

图 8.9

13. (薄板温度的分布问题) 由热传导原理,一块热的物体,如果体内各点的温度不全一样,处在温度较高点的热量就要向温度较低的点流动,直到各点处的温度趋于稳定. 如果一块薄板已处于热平衡,由分子运动理论,板内一点的温度等于以这一点为圆心,完全包含在板内的圆周上各点温度的平均值,这称为平均值性质. 实际上,不易计算出板内每一点的温度,常用两族相交的曲线把板分成若干个曲边四边形的网格,这些曲线的交点称为网格点. 处于板内的网格点的温度用四个相邻网格点的温度的平均值来近似. 见图 8.9.

(1) 现有如图 8.10 的梯形薄板,设它的两面是绝热的,已知四条板边的温度分别为 0℃, 0℃, 1℃, 2℃. 经过一段时间后板内温度趋于稳定,将板按图 8.10 所示的两种方法划分网格,求板内各网格点的温度.

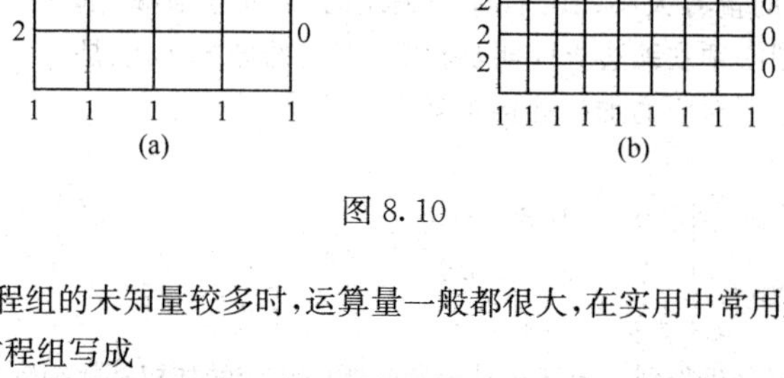

图 8.10

(2) 当线性方程组的未知量较多时,运算量一般都很大,在实用中常用迭代法求解. 迭代法的做法是,将线性方程组写成

$$X = AX + B$$

的形式,其中 X 是未知量向量. 选择 X 的一个适当的初值 $X^{(0)}$,代入上式的右端,所得的结果记为 $X^{(1)}$,然后再将 $X^{(1)}$ 代入上式的右端,得到的结果记为 $X^{(2)}$,如此继续做下去,一般地有如下

的迭代公式：

$$X^{(n)} = AX^{(n-1)} + B, \quad n = 1,2,\cdots,$$

迭代进行到相邻两次的结果的误差小于指定的数值为止.

试用迭代法求图 8.10(b)各网格点的温度分布.

14. 图 8.11 是六个城市间的航线图,试讨论从任一个城市出发能否到达任何其他城市？如果能到达,指出从任一城市出发到另一个指定城市的最短路径.如果不能到达,试添加一条适当的航线以实现上述要求并求出从任一城市出发到另一个指定城市的最短路径.

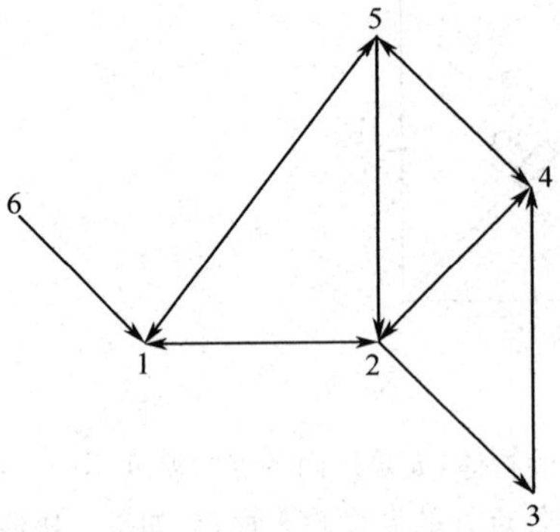

图 8.11

15. (运动经费问题的加权有向图)美国某大学运动经费来源主要是各类运动比赛的收入和捐赠,其中橄榄球比赛的门票收入和所获捐赠占了绝对多数,因此与橄榄球相关的某些因素对学校的运动经费起着重要作用.现在选择了与运动经费有关的 10 个主要变量：

v_1　每年得到的对运动的捐赠；

v_2　用于女子运动项目的预算；

v_3　运动比赛的收入；

v_4　学校橄榄球队比赛的水平(主要依据在各类比赛中的名次)；

v_5　用于男子无收入运动项目的预算；

v_6　对体育运动的行政管理(包括管理人员薪水)的费用；

v_7　招收橄榄球新队员的费用；

v_8　橄榄球队教练员的薪水和奖金；

v_9　橄榄球队员的奖学金；

v_{10}　学校所在地平均每个家庭观看橄榄球比赛的次数

在某一时刻,当某一变量增加(通常考虑增加 1 个单位)时会引起其他变量变化.如果我们想用有向图来表示这个变化,显然不能像 8.3.1 节的有向图那么简单：其一,v_i 增加 1 时 v_j 可能增加也可能减少；其二,增减的量有大小；其三,v_j 增加 1 时 v_i 也会增减.因此,在这里的有向图必须在弧边上注明加权数.下面的图 8.12就是一个加权有向图,它所对应的加权邻接矩阵为

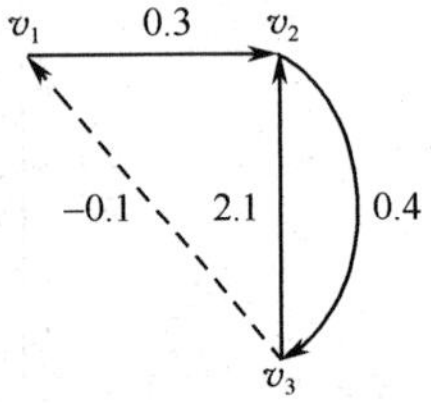

图 8.12

$$\begin{array}{c} \\ v_1 \\ v_2 \\ v_3 \end{array}\begin{array}{c} \begin{array}{ccc} v_1 & v_2 & v_3 \end{array} \\ \begin{pmatrix} 0 & 0.3 & 0 \\ 0 & 0 & 0.4 \\ -0.1 & 2.1 & 0 \end{pmatrix} \end{array},$$

现在由专家根据数据分析得到了上述运动经费问题的相应的加权邻接矩阵为

$$
\begin{array}{c}
 \\ v_1 \\ v_2 \\ v_3 \\ v_4 \\ v_5 \\ v_6 \\ v_7 \\ v_8 \\ v_9 \\ v_{10}
\end{array}
\begin{array}{c}
\begin{array}{cccccccccc} v_1 & v_2 & v_3 & v_4 & v_5 & v_6 & v_7 & v_8 & v_9 & v_{10} \end{array} \\
\begin{pmatrix}
0 & 0 & 0 & 0 & 0 & 0 & 0.4 & 0 & 0.1 & 0 \\
0 & 0 & 0 & 0 & 0 & 0.1 & 0 & 0 & 0 & 0 \\
0 & 0 & 0 & 0 & 1.0 & 0.4 & 0.7 & 0 & 0.2 & 0 \\
0.31 & 0 & 0.5 & 0 & 0 & 0 & 0 & 0 & 0 & 1.1 \\
0 & 0 & 0 & 0 & 0 & 0.2 & 0 & 0 & 0 & 0 \\
0 & -0.5 & 0 & 0 & -1.0 & 0 & -0.8 & -0.6 & -0.07 & 0 \\
0 & 0 & 0 & 0.5 & 0 & 0 & 0 & 0 & 0 & 0 \\
0 & 0 & 0 & 0.2 & 0 & 0.4 & 0 & 0 & 0 & 0 \\
0 & 0 & 0 & 0.75 & 0 & 0 & 0 & 0 & 0 & 0 \\
0.5 & 0 & 0.8 & 0 & 0 & 0 & 0 & 0 & 0 & 0
\end{pmatrix}
\end{array},
$$

若每年对运动的捐赠增加10%，试研究经过5年后，橄榄球队比赛的水平、招收橄榄球新队员的费用和橄榄球队员的奖学金分别会有什么变化？

16. 以下是某地区某年度各经济部门，即农业、轻工业、重工业之间产品需求的直接消耗系数矩阵

$$
\begin{pmatrix}
0.059 & 0.112 & 0.073 & 0.110 \\
0.002 & 0.289 & 0.013 & 0.077 \\
0.062 & 0.140 & 0.430 & 0.198 \\
0.026 & 0.167 & 0.133 & 0.154
\end{pmatrix},
$$

该年各部门的外部需求分别为943.2、1383.5、948.2和646.9(亿元). 试求该年各部门的总产值、新创价值以及完全消耗矩阵.

表8.4给出的是某城市一年度的各部门之间产品消耗量和外部需求量(均以产品价值计算，单位：万元)，表中每一行的数字是某一个部门提供给各部门和外部的产品价值.

(1) 依据表8.4，试列出投入产出简表，并求出直接消耗矩阵和完全消耗矩阵；

表8.4

	农 业	轻工业	重工业	建筑业	运输业	商 业	外部需求
农 业	45.0	162.0	5.2	9.0	0.8	10.1	151.9
轻工业	27.0	162.0	6.4	6.0	0.6	60.0	338.0
重工业	30.8	30.0	52.0	25.0	15.0	14.0	43.2
建筑业	0.0	0.6	0.2	0.2	4.8	20.0	54.2
运输业	1.6	5.7	3.9	2.4	1.2	2.1	33.1
商 业	16.0	32.3	5.5	4.2	12.6	6.1	243.3

(2) 根据预测，从这一年度开始的五年内，农业的外部需求每年会下降1%，轻工业和商业的外部需求每年会递增6%，而其他部门的外部需求每年会递增3%，试由此预测这五年内该城市和各部门的总产值的平均每年增长率；

(3) 编制第五年度的计划投入产出表.

17. 对于所给植物基因系统，如果让系统内的植物随机结合，讨论这种植物的演变趋势.

18. 某乳品市场,有四家供应厂商(记为 A,B,C,D),他们的质量相同.假设顾客的总数不变,而每个厂商的顾客时有增减,即每个厂新增加的顾客全来自其他厂,而减少的顾客皆转到其他厂.设统计到 6 月份月初各厂的顾客数及月终顾客的转移情况如表 8.5 所示,并假设,以后各月顾客的流动情况与 6 月份相同,试预测 8,9 月份各品牌乳品的市场占有率.

表 8.5

供应商	月初顾客	新增				失去				月终顾客
		自A	自B	自C	自D	至A	至B	至C	至D	
A	220	0	0	0	10	0	20	10	15	225
B	300	20	0	25	15	40	0	5	25	290
C	230	10	5	0	10	0	25	0	0	230
D	250	15	25	0	0	10	15	1	0	255
	1000									1000

19. X 链遗传分析.

X 链遗传是一种伴性遗传.雄性有一个 X 染色体与一个 Y 染色体,因此对某种位于 X 染色体上的基因 A 与 a,雄性个体只有 A 与 a 中的一个,而雌性有两个 X 染色体,因此雌性个体具有两个基因,它们可能是 AA,Aa 与 aa.这种基因的遗传与性别有关,称为伴性遗传.

我们讨论某种与 X 链遗传有关的近亲繁殖过程.所谓近亲繁殖是指从一对雌雄性结合开始,在它们的后代中任选雌雄性各一个成配偶,然后再在它们的后代中任选两个结成配偶,如此继续下去.

(1) 对某种 X 链基因 A 与 a,写出第一代的雌雄对可能的基因型与其子女可能出现的基因型及产生各种基因型子女的概率.

(2)如果第一代配偶的基因型为(A,Aa)或(a,Aa),用马尔可夫过程讨论,繁衍的后代的基因型的演变趋势.

20. 已知某一二次曲面在给定的三维直角坐标系下的方程为

$$x^2-2y^2-2z^2-4xy+4xz+8yz-2x+y-4z+1=0,$$

试求出该曲面绕一过原点的空间轴 $\bar{\boldsymbol{v}}=(4,5,6)^{\mathrm{T}}$ 旋转 $\theta=45°$所得图形新位置及其坐标方程.

习题答案

习 题 一

1. (1)0; (2)1; (3)x^3-x^2-1; (4)18; (5)$3abc-a^3-b^3-c^3$; (6)x^2-4x+3.

2. (1)9,奇排列; (2)31,奇排列;

(3)$\dfrac{n(n+1)}{2}$,当 $n=4k+1,4k+2$ 时为奇排列,否则为偶排列.

3. C_n^2-s. **4.** (1)$i=8,k=3$; (2)$i=6,k=3$.

5. $-a_{11}a_{23}a_{32}a_{44}$,$-a_{12}a_{23}a_{34}a_{41}$,$-a_{14}a_{23}a_{31}a_{42}$.

6. (1)5!; (2)$-5!$; (3)0; (4)$(-1)^{n-2}n!$.

7. (1)$1+x^2+y^2+z^2$; (2)$-2(x^3+y^3)$; (3)160; (4)0; (5)480; (6)$4(a+9)$.

8. (1)$1,-1,3,-3$; (2)$1,-1,2$. **9.** 5. **10.** 15. **11.** (1)0; (2)-4.

12. (1)$-2(n-2)!$; (2)$\left(1-\sum\limits_{i=2}^{n}\dfrac{1}{i}\right)n!$; (3)$\left(x+\dfrac{n(n+1)}{2}\right)x^{n-1}$;

(4)$(-1)^{\frac{n(n-1)}{2}}n^{n-1}\dfrac{n+1}{2}$; (5)$(-1)^{n+1}n$; (6)$x^n+(-1)^{n+1}y^n$.

14. (1)$x_1=3,x_2=4,x_3=5$;

(2)$a\neq 0,3,-3$ 时有唯一解,$x_1=\dfrac{a+1}{a(a+3)}$,$x_2=\dfrac{a^2-6a-3}{a(a^2-9)}$,$x_3=\dfrac{a^2+3}{a(a^2-9)}$;

(3)$x_1=3,x_2=-4,x_3=-1,x_4=1$;

(4)$x_1=\dfrac{31}{63},x_2=-\dfrac{5}{21},x_3=\dfrac{1}{9},x_4=-\dfrac{1}{21},x_5=\dfrac{1}{63}$;

(5)$x_1=\dfrac{11}{4},x_2=\dfrac{7}{4},x_3=\dfrac{3}{4},x_4=-\dfrac{1}{4},x_5=-\dfrac{5}{4}$.

15. (1)$\lambda=-1,4$; (2)$\lambda=0,1,3$; (3)$\lambda=-1,1,2$. **18.** $f(x)=2x^3-5x^2+7$.

19. (1)-4; (2)$(x_4-x_3)[(x_4-x_2)(x_3-x_2)-2(x_4-x_1)(x_3-x_1)]$; (3)$(-2)^n$.

20. (1)$\dfrac{5^{n+1}-2^{n+1}}{3}$; (2)$(x_1+x_2+\cdots+x_n)\prod\limits_{1\leqslant i<j\leqslant n}(x_j-x_i)$;

(3)$\dfrac{y\prod\limits_{i=1}^{n}(a_i-x)-x\prod\limits_{i=1}^{n}(a_i-y)}{y-x}$; (4)$D_n=\begin{cases}a_1+b_1, & n=1,\\ (a_1-a_2)(b_2-b_1), & n=2,\\ 0, & n\geqslant 3.\end{cases}$

22. $x_j=\dfrac{(a_n-b)(a_{n-1}-b)\cdots(a_{j+1}-b)(b-a_{j-1})\cdots(b-a_1)}{(a_n-a_j)(a_{n-1}-a_j)\cdots(a_{j+1}-a_j)(a_j-a_{j-1})\cdots(a_j-a_1)}$,$j=1,2,\cdots,n$.

习　题　二

1. $A+B=\begin{pmatrix}3&3&1\\3&8&2\end{pmatrix}$, $B-C=\begin{pmatrix}1&-3&0\\3&6&-1\end{pmatrix}$, $2A-3C=\begin{pmatrix}4&2&2\\0&9&1\end{pmatrix}$.

2. $X=\begin{pmatrix}4&\frac{3}{2}&-1\\-1&\frac{5}{2}&1\\\frac{7}{2}&\frac{11}{2}&\frac{5}{2}\end{pmatrix}$.　**3.** $a=0,b=2,c=1,d=2$.

5. (1) $\begin{pmatrix}7&24&3\\7&-8&13\\7&40&-2\end{pmatrix}$；(2) $\begin{pmatrix}-8\\-2\\10\end{pmatrix}$；(3) $\begin{pmatrix}3&2&-1&0\\-3&-2&1&0\\6&4&-2&0\\9&6&-3&0\end{pmatrix}$；(4) 5；

(5) $(3\quad -2\quad -5)$；(6) $(c+2b_1x+2b_2y+a_{11}x^2+2a_{12}xy+a_{22}y^2)$.

6. $A^2=\begin{pmatrix}1&0\\2\lambda&1\end{pmatrix}$, $A^3=\begin{pmatrix}1&0\\3\lambda&1\end{pmatrix}$, $A^n=\begin{pmatrix}1&0\\n\lambda&1\end{pmatrix}$.

7. (1) $\begin{pmatrix}\cos n\theta&-\sin n\theta\\\sin n\theta&\cos n\theta\end{pmatrix}$；

(2) $\begin{cases}E, & n\text{为偶数}\\\begin{pmatrix}1&4&2\\0&-3&-2\\0&4&3\end{pmatrix}, & n\text{为奇数}\end{cases}=\begin{pmatrix}1&2-2(-1)^n&1-(-1)^n\\0&-1+2(-1)^n&-1+(-1)^n\\0&2-2(-1)^n&2-(-1)^n\end{pmatrix}$；

(3) $4^k\begin{pmatrix}1&-1&-1&-1\\-1&1&-1&-1\\-1&-1&1&-1\\-1&-1&-1&1\end{pmatrix}$, $(n=2k+1)$；4^kE_4, $(n=2k)$, k 是正整数；

(4) $(a_1b_1+a_2b_2+a_3b_3)^{n-1}\begin{pmatrix}a_1b_1&a_1b_2&a_1b_3\\a_2b_1&a_2b_2&a_2b_3\\a_3b_1&a_3b_2&a_3b_3\end{pmatrix}$.

8. (1) $\begin{pmatrix}a&b\\0&a\end{pmatrix}$，其中 a,b 为任意常数；(2) $\begin{pmatrix}a&b&c\\0&a&b\\0&0&a\end{pmatrix}$，其中 a,b,c 为任意常数.

13. $\begin{pmatrix}0&1\\1&0\end{pmatrix}$(答案不唯一).　**18.** (1) $\begin{pmatrix}-3&-2\\4&1\end{pmatrix}$；(2) $\begin{pmatrix}-24&-30\\60&36\end{pmatrix}$.

19. $\begin{pmatrix}14&3&9\\0&5&3\\10&6&12\end{pmatrix}$.

21. (1) $\begin{pmatrix} \frac{1}{10} & \frac{3}{10} \\ \frac{3}{20} & -\frac{1}{20} \end{pmatrix}$； (2) $\begin{pmatrix} \cos\theta & \sin\theta \\ -\sin\theta & \cos\theta \end{pmatrix}$； (3) $\begin{pmatrix} 1 & -2 & 7 \\ 0 & 1 & -2 \\ 0 & 0 & 1 \end{pmatrix}$；

(4) $\begin{pmatrix} 1 & & & \\ -\frac{1}{2} & \frac{1}{2} & & \\ -\frac{1}{2} & -\frac{1}{6} & \frac{1}{3} & \\ \frac{1}{8} & -\frac{5}{24} & -\frac{1}{12} & \frac{1}{4} \end{pmatrix}$； (5)不存在； (6) $\begin{pmatrix} \frac{3}{5} & -\frac{3}{5} & -\frac{1}{5} \\ \frac{2}{5} & \frac{3}{5} & -\frac{4}{5} \\ -\frac{1}{5} & \frac{1}{5} & \frac{2}{5} \end{pmatrix}$；

(7) $\begin{pmatrix} 1 & -a & 0 & 0 \\ 0 & 1 & -a & 0 \\ 0 & 0 & 1 & -a \\ 0 & 0 & 0 & 1 \end{pmatrix}$.

22. (1) $\begin{pmatrix} 2 & 7 & -10 \\ -1 & -23 & 33 \end{pmatrix}$； (2) $\begin{pmatrix} 1 \\ 1 \\ 1 \end{pmatrix}$； (3) $\begin{pmatrix} 1 & -1 & -1 & 0 & \cdots & 0 & 0 \\ 1 & 1 & -1 & -1 & \cdots & 0 & 0 \\ 0 & 1 & 1 & -1 & \cdots & 0 & 0 \\ 0 & 0 & 1 & 1 & \cdots & 0 & 0 \\ \vdots & \vdots & \vdots & \vdots & & \vdots & \vdots \\ 0 & 0 & 0 & 0 & \cdots & 1 & -1 \\ 0 & 0 & 0 & 0 & \cdots & 1 & 2 \end{pmatrix}$；

(4) $\begin{pmatrix} 1 & 0 & 0 \\ 2 & 0 & 0 \\ 6 & -1 & -1 \end{pmatrix}$，$\begin{pmatrix} 1 & 0 & 0 \\ 2 & 0 & 0 \\ 6 & -1 & -1 \end{pmatrix}$.

23. $\begin{pmatrix} -2 & 0 & 0 \\ 1 & -2 & 0 \\ 1 & 1 & -2 \end{pmatrix}$. **25.** $\frac{1}{3}A^{-1}$；$\begin{pmatrix} 1 & 2 & -1 \\ -1 & 1 & 1 \\ -1 & -5 & 4 \end{pmatrix}$；$\frac{1}{9}\begin{pmatrix} 1 & 2 & -1 \\ -1 & 1 & 1 \\ -1 & -5 & 4 \end{pmatrix}$.

26. 0. **27.** -3. **28.** (1) $\begin{pmatrix} 5 & 2 & 4 \\ 2 & 0 & 1 \\ -3 & -1 & -1 \end{pmatrix}$； (2) $\begin{pmatrix} 1 & 2 & 5 \\ 0 & 1 & 2 \\ 0 & 0 & 1 \end{pmatrix}$； (3) $\begin{pmatrix} 6 & & \\ & 2 & \\ & & 1 \end{pmatrix}$.

35. $A^{-1}(E+BA^{-1})^{-1}A$. **38.** $\frac{1}{16}$；64.

41. (1) $\begin{pmatrix} 7 & 7 \\ 3 & 5 \\ -4 & 9 \\ -2 & 1 \end{pmatrix}$； (2) $\begin{pmatrix} 2 & 0 & 0 & 0 \\ 4 & 0 & 0 & 0 \\ -1 & 0 & 0 & 0 \\ 0 & 0 & 5 & -6 \end{pmatrix}$.

42. (1) $\begin{pmatrix} & C^{-1} \\ A^{-1} & \end{pmatrix}$； (2) $\begin{pmatrix} & & A_s^{-1} \\ & \iddots & \\ A_2^{-1} & & \\ A_1^{-1} & & \end{pmatrix}$.

43. (1) $\begin{pmatrix} 1 & 0 & & & \\ 2 & -1 & & & \\ & & -\frac{1}{3} & -\frac{1}{3} & \frac{1}{3} \\ & & -\frac{1}{3} & \frac{2}{3} & \frac{1}{3} \\ & & \frac{4}{3} & \frac{1}{3} & -\frac{1}{3} \end{pmatrix}$; (2) $\begin{pmatrix} & & 1 & -1 & 1 \\ & & 0 & 1 & -1 \\ & & 0 & 0 & 1 \\ -3 & 2 & & & \\ 2 & -1 & & & \end{pmatrix}$;

(3) $\begin{pmatrix} & & & & \frac{1}{a_1} \\ \frac{1}{a_2} & & & & \\ & \frac{1}{a_3} & & & \\ & & \ddots & & \\ & & & \frac{1}{a_n} & \end{pmatrix}$; (4) $\begin{pmatrix} & & & \frac{1}{a_{n+1}} & & \\ & & & & \ddots & \\ & & & & & \frac{1}{a_{2n}} \\ & & \frac{1}{a_n} & & & \\ & \iddots & & & & \\ \frac{1}{a_1} & & & & & \end{pmatrix}$.

44. $A=\begin{pmatrix} 1 & 0 \\ -3 & 1 \end{pmatrix}\begin{pmatrix} 1 & 1 \\ 0 & 1 \end{pmatrix}$.

47. (1)2; (2)3; (3)2; (4)2; (5) 1(a_i, b_j 不全为零);0(其他情形).

48. (1)$a\neq-\frac{1}{3}$ 且 $a\neq1$; (2)$a=-\frac{1}{3}$; (3)$a=1$. **49.** 1. **50.** 1.

51. (1) $\begin{pmatrix} \frac{2}{3} \\ -\frac{7}{9} \\ \frac{20}{9} \end{pmatrix}$; (2)$\begin{cases} x_1=-x_2-x_5, \\ x_2=x_2, \\ x_3=3x_5, \quad x_2, x_5 \text{ 是自由未知量}; \\ x_4=-3x_5, \\ x_5=x_5, \end{cases}$

(3)$\begin{cases} x=-\frac{1}{7}z+\frac{4}{7}u+\frac{12}{7}, \\ y=\frac{3}{7}z+\frac{9}{7}u+\frac{13}{7}, \\ z=z, \\ u=u; \end{cases}$ (4)$\begin{cases} x_1=3, \\ x_2=0, \\ x_3=-5, \\ x_4=11; \end{cases}$ (5)无解.

53. $a=1$ 或 $b=0$ 时有非零解.

54. $a\neq0$ 且 $a\neq b$ 时有唯一解:$x_1=1-\frac{1}{a}$, $x_2=\frac{1}{a}$, $x_3=0$;

$a=b\neq0$ 时,有无穷多组解:$x_1=1-\frac{1}{a}$, $x_2=x_3+\frac{1}{a}$, $x_3=x_3$(x_3 为自由未知量);

$a=0$ 时无解.

习 题 三

1. $\boldsymbol{\gamma}=\left(\frac{4}{3},-\frac{1}{3},-\frac{1}{2},\frac{1}{6}\right)^{\mathrm{T}}$. **2.** $\boldsymbol{\beta}=-\boldsymbol{\alpha}_1-2\boldsymbol{\alpha}_2+4\boldsymbol{\alpha}_3$. **3.** $\boldsymbol{\alpha}_3$.

4. (1) $a=\frac{3}{2}(1-b)$, $a\neq 0$, $b\neq 1$; $\boldsymbol{\beta}=-5\boldsymbol{\alpha}_1+\boldsymbol{\alpha}_2+3\boldsymbol{\alpha}_3$;

(2) $a=0$,或 $b=1$ 或 $a\neq 0$, $b\neq 1$,且 $a\neq\frac{3}{2}(1-b)$.

5. (1) 当 $a=-1$, $b\neq 0$ 时,$r(A)=2\neq 3=r(A,\boldsymbol{\beta})$,方程组 $A\boldsymbol{x}=\boldsymbol{\beta}$ 无解,即 $\boldsymbol{\beta}$ 不能由 $\boldsymbol{\alpha}_1,\boldsymbol{\alpha}_2,\boldsymbol{\alpha}_3,\boldsymbol{\alpha}_4$ 线性表示.

(2) 当 $a\neq -1$ 时,$r(A)=4=r(A,\boldsymbol{\beta})$,方程组 $A\boldsymbol{x}=\boldsymbol{\beta}$ 有唯一解

$$\boldsymbol{x}=\begin{pmatrix}x_1\\x_2\\x_3\\x_4\end{pmatrix}=\begin{pmatrix}-\frac{2b}{a+1}\\\frac{a+b+1}{a+1}\\\frac{b}{a+1}\\0\end{pmatrix},$$

即 $\boldsymbol{\beta}$ 可由 $\boldsymbol{\alpha}_1,\boldsymbol{\alpha}_2,\boldsymbol{\alpha}_3,\boldsymbol{\alpha}_4$ 线性表示,且有唯一的表示式,其表示式为

$$\boldsymbol{\beta}=-\frac{2b}{a+1}\boldsymbol{\alpha}_1+\frac{a+b+1}{a+1}\boldsymbol{\alpha}_2+\frac{b}{a+1}\boldsymbol{\alpha}_3+0\boldsymbol{\alpha}_4.$$

(3) 当 $a=-1$, $b=0$ 时,$r(A)=r(A,\boldsymbol{\beta})=2<4$,方程组 $A\boldsymbol{x}=\boldsymbol{\beta}$ 有无穷多组解

$$\boldsymbol{x}=\begin{pmatrix}x_1\\x_2\\x_3\\x_4\end{pmatrix}=\begin{pmatrix}0\\1\\0\\0\end{pmatrix}+k_1\begin{pmatrix}-2\\1\\1\\0\end{pmatrix}+k_2\begin{pmatrix}1\\-2\\0\\1\end{pmatrix}=\begin{pmatrix}-2k_1+k_2\\1+k_1-2k_2\\k_1\\k_2\end{pmatrix}\quad(k_1,k_2\text{ 为任意常数}),$$

即 $\boldsymbol{\beta}$ 可由 $\boldsymbol{\alpha}_1,\boldsymbol{\alpha}_2,\boldsymbol{\alpha}_3,\boldsymbol{\alpha}_4$ 线性表示,其表示式不唯一,所有的表示式为

$$\boldsymbol{\beta}=(-2k_1+k_2)\boldsymbol{\alpha}_1+(1+k_1-2k_2)\boldsymbol{\alpha}_2+k_1\boldsymbol{\alpha}_3+k_2\boldsymbol{\alpha}_4,$$

其中 k_1,k_2 是任意常数.

6. (1)线性相关; (2)线性相关; (3)线性无关; (4)线性无关.

7. (1) 不论 k 取何值,都线性无关; (2)$k=-6$ 线性相关,$k\neq -6$ 线性无关.

8. (1)错误; (2)错误; (3)正确; (4)错误; (5)正确; (6)错误.

9. s 为奇数时线性无关,s 为偶数时线性相关. **10.** $lm\neq 1$.

19. (1)极大无关组为 $\boldsymbol{\alpha}_1,\boldsymbol{\alpha}_2,\boldsymbol{\alpha}_3,\boldsymbol{\alpha}_4$;秩为 4;

(2) 极大无关组为 $\boldsymbol{\alpha}_1,\boldsymbol{\alpha}_2,\boldsymbol{\alpha}_3,\boldsymbol{\alpha}_5$ 或 $\boldsymbol{\alpha}_1,\boldsymbol{\alpha}_2,\boldsymbol{\alpha}_4,\boldsymbol{\alpha}_5$ 或 $\boldsymbol{\alpha}_2,\boldsymbol{\alpha}_3,\boldsymbol{\alpha}_4,\boldsymbol{\alpha}_5$;秩为 4.

20. (1)秩为 2,$\boldsymbol{\alpha}_1,\boldsymbol{\alpha}_2$ 为极大无关组,$\boldsymbol{\alpha}_3=\frac{1}{2}\boldsymbol{\alpha}_1+\boldsymbol{\alpha}_2$,$\boldsymbol{\alpha}_4=\boldsymbol{\alpha}_1+\boldsymbol{\alpha}_2$;

(2)秩为 3,$\boldsymbol{\alpha}_1,\boldsymbol{\alpha}_2,\boldsymbol{\alpha}_4$ 为极大无关组,$\boldsymbol{\alpha}_3=\boldsymbol{\alpha}_1-5\boldsymbol{\alpha}_2+0\boldsymbol{\alpha}_4$.

24. (1) $c\begin{pmatrix}11\\1\\-7\end{pmatrix}$,$c$ 为任意常数；

(2) $c_1\begin{pmatrix}1\\-2\\1\\0\\0\end{pmatrix}+c_2\begin{pmatrix}1\\-2\\0\\1\\0\end{pmatrix}+c_3\begin{pmatrix}5\\-6\\0\\0\\1\end{pmatrix}$,$c_1,c_2,c_3$ 为任意常数；

(3) $\begin{pmatrix}-1\\1\\0\\0\end{pmatrix}+c_1\begin{pmatrix}8\\-6\\1\\0\end{pmatrix}+c_2\begin{pmatrix}-7\\5\\0\\1\end{pmatrix}$,$c_1,c_2$ 为任意常数； (4)无解；

(5) $\begin{pmatrix}0\\-1\\0\\-1\\0\end{pmatrix}+c\begin{pmatrix}1\\1\\0\\1\\-2\end{pmatrix}$,$c$ 为任意常数.

25. 不能构成基础解系,去掉二、四列,取 $\boldsymbol{\eta}_1=\begin{pmatrix}1\\-2\\1\\0\\0\end{pmatrix}$,$\boldsymbol{\eta}_2=\begin{pmatrix}3\\-4\\0\\1\\0\end{pmatrix}$,补充 $\boldsymbol{\eta}_3=\begin{pmatrix}1\\-2\\0\\0\\1\end{pmatrix}$,$\boldsymbol{\eta}_1,\boldsymbol{\eta}_2,\boldsymbol{\eta}_3$ 构成基础解系.

26. (1)(Ⅰ)的基础解系为 $\begin{pmatrix}0\\0\\1\\0\end{pmatrix}$,$\begin{pmatrix}-1\\1\\0\\1\end{pmatrix}$；

(2)(Ⅰ)与(Ⅱ)的公共非零解为 $c\begin{pmatrix}1\\-1\\-1\\-1\end{pmatrix}$,$c$ 为任意非零常数.

27. (1)$k=-2$,无解;$k\neq1$,且 $k\neq-2$ 有唯一解;$k=1$ 时有无穷多解,其通解为

$$\begin{pmatrix}1\\0\\0\end{pmatrix}+c_1\begin{pmatrix}-1\\1\\0\end{pmatrix}+c_2\begin{pmatrix}-1\\0\\1\end{pmatrix},\quad c_1,c_2\text{ 为任意常数；}$$

(2) $k\neq1$ 且 $k\neq-2$ 无解；无唯一解;$k=1$ 时有无穷多组解,其通解为

$$\begin{pmatrix}1\\0\\0\end{pmatrix}+c_1\begin{pmatrix}1\\1\\1\end{pmatrix},\quad c_1\text{ 为任意常数；}$$

$k=-2$ 时,也有无穷多组解,其通解为

$$\begin{pmatrix}2\\2\\0\end{pmatrix}+c_2\begin{pmatrix}1\\1\\1\end{pmatrix},\quad c_2\text{ 为任意常数.}$$

28. (1)$b=0$ 或 $a=1,b\neq\frac{1}{2}$ 时无解;$a\neq1,b\neq0$ 时有唯一解:

$$x=\frac{1-2b}{b(1-a)},\quad y=\frac{1}{b},\quad z=\frac{4b-2ab-1}{b(1-a)};$$

$a=1,b=\frac{1}{2}$ 时有无穷多组解,其通解为

$$\begin{pmatrix}x\\y\\z\end{pmatrix}=\begin{pmatrix}2\\2\\0\end{pmatrix}+c\begin{pmatrix}-1\\0\\1\end{pmatrix},\qquad c\text{ 为任意常数.}$$

(2)当 $a=1,b\neq-1$ 时无解;当 $a\neq1$ 时,对任意常数 b 有唯一解:

$$\begin{pmatrix}x_1\\x_2\\x_3\\x_4\end{pmatrix}=\begin{pmatrix}\dfrac{b-a+2}{a-1}\\\dfrac{a-2b-3}{a-1}\\\dfrac{b+1}{a-1}\\0\end{pmatrix};$$

当 $a=1,b=-1$ 时有无穷多组解,其通解为

$$\begin{pmatrix}-1\\1\\0\\0\end{pmatrix}+c_1\begin{pmatrix}1\\-2\\1\\0\end{pmatrix}+c_2\begin{pmatrix}1\\-2\\0\\1\end{pmatrix},\quad c_1,c_2\text{ 为任意常数.}$$

29. (2) $\begin{pmatrix}x_1\\x_2\\x_3\end{pmatrix}=\boldsymbol{\eta}_1+c(\boldsymbol{\eta}_1-\boldsymbol{\eta}_2)=\begin{pmatrix}-1\\1\\1\end{pmatrix}+c\begin{pmatrix}-2\\0\\2\end{pmatrix}$, c 为任意常数.

30. (1)错误; (2)错误; (3)错误; (4)正确; (5)错误.

习 题 四

1. (1)否; (2)是.

2. (1) 否; (2) 是.

3. (1) 是; (2) 否; (3) 否; (4) 是.

4. (1) 是; (2) 否; (3) 否; (4) 是; (5) 否; (6) 否.

5. (1) 否; (2) 是; (3) 否; (4) 否; (5) 是; (6) 是.

6. (1) 6 维;一组基为

$$\begin{pmatrix}1&0&0\\0&0&0\\0&0&0\end{pmatrix},\begin{pmatrix}0&1&0\\0&0&0\\0&0&0\end{pmatrix},\begin{pmatrix}0&0&1\\0&0&0\\0&0&0\end{pmatrix},\begin{pmatrix}0&0&0\\0&1&0\\0&0&0\end{pmatrix},\begin{pmatrix}0&0&0\\0&0&1\\0&0&0\end{pmatrix},\begin{pmatrix}0&0&0\\0&0&0\\0&0&1\end{pmatrix};$$

(2)6 维;一组基为

$$\begin{pmatrix}1&0&0\\0&0&0\\0&0&0\end{pmatrix},\begin{pmatrix}0&0&0\\0&1&0\\0&0&0\end{pmatrix},\begin{pmatrix}0&0&0\\0&0&0\\0&0&1\end{pmatrix},\begin{pmatrix}0&1&0\\1&0&0\\0&0&0\end{pmatrix},\begin{pmatrix}0&0&1\\0&0&0\\1&0&0\end{pmatrix},\begin{pmatrix}0&0&0\\0&0&1\\0&1&0\end{pmatrix};$$

(3)3 维;一组基为

$$\begin{pmatrix}0&1&0\\-1&0&0\\0&0&0\end{pmatrix},\begin{pmatrix}0&0&1\\0&0&0\\-1&0&0\end{pmatrix},\begin{pmatrix}0&0&0\\0&0&1\\0&-1&0\end{pmatrix}.$$

7. 3 维;一组基为

$$\begin{pmatrix}0\\1\\1\\0\\0\end{pmatrix},\begin{pmatrix}-1\\1\\0\\1\\0\end{pmatrix},\begin{pmatrix}4\\-5\\0\\0\\1\end{pmatrix}.$$

8. 3 维;一组基为

$$\begin{pmatrix}1&-1\\0&0\end{pmatrix},\begin{pmatrix}1&0\\-1&0\end{pmatrix},\begin{pmatrix}1&0\\0&-1\end{pmatrix}.$$

9. 3 维;一组基为:$\boldsymbol{\alpha}_1,\boldsymbol{\alpha}_2,\boldsymbol{\alpha}_3$.(基也可以有其他选择,例如,$\boldsymbol{\alpha}_3,\boldsymbol{\alpha}_4,\boldsymbol{\alpha}_5$.)

11. $\boldsymbol{\beta}$ 在 $\boldsymbol{\alpha}_1,\boldsymbol{\alpha}_2,\boldsymbol{\alpha}_3$ 下的坐标为$(2,5,-1)^{\mathrm{T}}$.

12. $\boldsymbol{\beta}$ 在 $\boldsymbol{\alpha}_1,\boldsymbol{\alpha}_2,\boldsymbol{\alpha}_3,\boldsymbol{\alpha}_4$ 下的坐标为$\left(\frac{5}{4},\frac{1}{4},-\frac{1}{4},-\frac{1}{4}\right)^{\mathrm{T}}$.

13. (1)由基 $\boldsymbol{\alpha}_1,\boldsymbol{\alpha}_2,\boldsymbol{\alpha}_3,\boldsymbol{\alpha}_4$ 到基 $\boldsymbol{\beta}_1,\boldsymbol{\beta}_2,\boldsymbol{\beta}_3,\boldsymbol{\beta}_4$ 的过渡矩阵为

$$C=\begin{pmatrix}2&0&5&6\\1&3&3&6\\-1&1&2&1\\1&0&1&3\end{pmatrix},$$

$\boldsymbol{\xi}$ 在 $\boldsymbol{\alpha}_1,\boldsymbol{\alpha}_2,\boldsymbol{\alpha}_3,\boldsymbol{\alpha}_4$ 下的坐标为$(x_1,x_2,x_3,x_4)^{\mathrm{T}}$;

$\boldsymbol{\xi}$ 在 $\boldsymbol{\beta}_1,\boldsymbol{\beta}_2,\boldsymbol{\beta}_3,\boldsymbol{\beta}_4$ 下的坐标为

$$\begin{pmatrix}\dfrac{4x_1+3x_2-9x_3-11x_4}{9}\\ \dfrac{x_1+12x_2-9x_3-23x_4}{27}\\ \dfrac{x_1-2x_4}{3}\\ \dfrac{-7x_1-3x_2+9x_3+26x_4}{27}\end{pmatrix};$$

(2)由基 $\boldsymbol{\alpha}_1,\boldsymbol{\alpha}_2,\boldsymbol{\alpha}_3,\boldsymbol{\alpha}_4$ 到基 $\boldsymbol{\beta}_1,\boldsymbol{\beta}_2,\boldsymbol{\beta}_3,\boldsymbol{\beta}_4$ 的过渡矩阵为 $C=\begin{pmatrix}1&0&0&1\\1&1&0&1\\0&1&1&1\\0&0&1&0\end{pmatrix}$,$\boldsymbol{\xi}$ 在基 $\boldsymbol{\alpha}_1,\boldsymbol{\alpha}_2,\boldsymbol{\alpha}_3,$

$\boldsymbol{\alpha}_4$ 下的坐标为$\frac{1}{13}\begin{pmatrix}3\\5\\-2\\-3\end{pmatrix}$,$\boldsymbol{\xi}$ 在基$\boldsymbol{\beta}_1,\boldsymbol{\beta}_2,\boldsymbol{\beta}_3,\boldsymbol{\beta}_4$ 下的坐标为$\frac{1}{13}\begin{pmatrix}4\\2\\-3\\-1\end{pmatrix}$.

14. $k\begin{pmatrix}-1\\-1\\-1\\1\end{pmatrix}$,$k$ 是任意非零常数.

15. 选取 $\boldsymbol{\alpha},\boldsymbol{\alpha}_i,\boldsymbol{\alpha}_j,i\neq j,i,j=1,2,3$,使得它们构成一组基即可.

16. (1) $\begin{pmatrix}1&1&1&1\\0&1&1&1\\0&0&1&1\\0&0&0&1\end{pmatrix}$; (2) $\begin{pmatrix}-1\\-1\\0\\3\end{pmatrix}$; (3) $\begin{pmatrix}10\\9\\7\\4\end{pmatrix}$. **17.** $\begin{pmatrix}0&1&1&1\\1&0&1&1\\1&1&0&1\\1&1&1&0\end{pmatrix}$; $\begin{pmatrix}0\\1\\2\\3\end{pmatrix}$; $\begin{pmatrix}2\\1\\0\\-1\end{pmatrix}$.

19. (1) $\sqrt{7},\sqrt{11}$; (2) $\arccos\frac{3}{\sqrt{77}},\frac{\pi}{2}$; (3) $2\sqrt{3},2\sqrt{7}$.

20. $\pm\left(\frac{4}{\sqrt{26}},\ 0,\ -\frac{3}{\sqrt{26}}\ \ \frac{1}{\sqrt{26}}\right)^{\mathrm{T}}$.

23. (1) $\begin{pmatrix}\frac{1}{\sqrt{3}}\\\frac{1}{\sqrt{3}}\\\frac{1}{\sqrt{3}}\end{pmatrix},\begin{pmatrix}\frac{1}{\sqrt{6}}\\-\frac{2}{\sqrt{6}}\\\frac{1}{\sqrt{6}}\end{pmatrix}$; (2) $\frac{1}{\sqrt{2}}\begin{pmatrix}1\\1\\0\\0\end{pmatrix},\frac{1}{\sqrt{6}}\begin{pmatrix}-1\\1\\2\\0\end{pmatrix},\frac{1}{\sqrt{21}}\begin{pmatrix}2\\-2\\2\\3\end{pmatrix}$;

(3) $\frac{1}{2}\begin{pmatrix}1\\1\\1\\1\end{pmatrix},\frac{1}{\sqrt{14}}\begin{pmatrix}3\\0\\-1\\-2\end{pmatrix},\frac{1}{\sqrt{42}}\begin{pmatrix}1\\0\\-5\\4\end{pmatrix}$.

24. $\frac{1}{\sqrt{6}}\begin{pmatrix}-1\\2\\0\\0\\1\end{pmatrix},\frac{1}{\sqrt{30}}\begin{pmatrix}-2\\1\\0\\3\\-4\end{pmatrix},\frac{1}{\sqrt{10}}\begin{pmatrix}2\\1\\2\\1\\0\end{pmatrix}$. **25.** (2) $\frac{1}{\sqrt{14}}\begin{pmatrix}-2\\-1\\0\\3\end{pmatrix},\frac{1}{\sqrt{266}}\begin{pmatrix}-6\\-3\\14\\-5\end{pmatrix}$.

27. (1) 是; (2) 是.

31. 5 维;

$$\begin{pmatrix}-\frac{1}{3}&0&0\\1&0&0\\0&0&0\end{pmatrix},\begin{pmatrix}0&-\frac{1}{3}&0\\0&1&0\\0&0&0\end{pmatrix},\begin{pmatrix}-\frac{1}{3}&0&0\\0&0&0\\1&0&0\end{pmatrix},\begin{pmatrix}0&-\frac{1}{3}&0\\0&0&0\\0&1&0\end{pmatrix},\begin{pmatrix}1&\frac{1}{3}&0\\0&0&0\\0&0&1\end{pmatrix}.$$

33. (3) $\boldsymbol{c}_i^{\mathrm{T}}\boldsymbol{c}_j$,其中 $\boldsymbol{c}_j$ 是矩阵 C 的第 j 列.

35. $\frac{1}{\sqrt{2}},\frac{\sqrt{6}}{2}x,\frac{3\sqrt{10}}{4}\left(x^2-\frac{1}{3}\right),\frac{5\sqrt{14}}{4}\left(x^3-\frac{3}{5}x\right).$

习　题　五

1. (1)特征值为 0,2;对应的特征向量分别为 $k_1\begin{pmatrix}-1\\1\end{pmatrix},k_2\begin{pmatrix}1\\1\end{pmatrix}$,$k_1,k_2$ 为任意非零常数;

(2) 特征值为−1,1(二重),对应的特征向量分别为 $k_1\begin{pmatrix}-1\\0\\1\end{pmatrix},k_2\begin{pmatrix}1\\0\\1\end{pmatrix}+k_3\begin{pmatrix}0\\1\\0\end{pmatrix}$,$k_1$ 为任意非零常数,k_2,k_3 为不同时为零的任意常数;

(3)特征值为−1(三重),对应的特征向量为 $k\begin{pmatrix}-1\\-1\\1\end{pmatrix}$,$k$ 为任意非零常数;

(4)特征值为−1(二重),1(二重),对应的特征向量分别为 $k_1\begin{pmatrix}0\\0\\1\\1\end{pmatrix}+k_2\begin{pmatrix}-1\\1\\0\\0\end{pmatrix},k_3\begin{pmatrix}0\\0\\-1\\1\end{pmatrix}+k_4\begin{pmatrix}1\\1\\0\\0\end{pmatrix}$,$k_1,k_2$ 为不同时为零的任意常数,k_3,k_4 为不同时为零的任意常数;

(5) 特征值为−1,1,2(二重),对应的特征向量分别为 $k_1\begin{pmatrix}-3\\2\\0\\0\end{pmatrix},k_2\begin{pmatrix}1\\0\\0\\0\end{pmatrix},k_3\begin{pmatrix}6\\1\\3\\0\end{pmatrix}$,$k_1,k_2,k_3$ 为任意非零常数;

(6) 特征值为 0(n 重),对应的特征向量为 $k\begin{pmatrix}1\\0\\\vdots\\0\end{pmatrix}$,$k$ 为任意非零常数.

5. $P^{\mathrm{T}}\boldsymbol{\alpha}$.　**7.** $(\lambda+2)^4(\lambda-1)$.

14. (1),(2),(4)题中的矩阵可相似于对角矩阵,对应的可逆矩阵 P 及对角矩阵分别为

(1) $P=\begin{pmatrix}-1&1\\1&1\end{pmatrix},P^{-1}AP=\begin{pmatrix}0&\\&2\end{pmatrix}$;

(2) $P=\begin{pmatrix}-1&1&0\\0&0&1\\1&1&0\end{pmatrix},P^{-1}AP=\begin{pmatrix}-1&&\\&1&\\&&1\end{pmatrix}$;

(4) $P=\begin{pmatrix}0&-1&0&1\\0&1&0&1\\1&0&-1&0\\1&0&1&0\end{pmatrix}$, $P^{-1}AP=\begin{pmatrix}-1&&&\\&-1&&\\&&1&\\&&&1\end{pmatrix}$.

16. $\begin{pmatrix}1+6n&4n\\-9n&1-6n\end{pmatrix}$.

17. (1) $A^{100}=\begin{pmatrix}-1&-1&2\\-2&0&2\\-2&-1&3\end{pmatrix}$, $A^{101}=A$;

(2) $A^{100}=(-6)^{49}\begin{pmatrix}-2&-2&-2\\-2&-5&1\\-2&1&-5\end{pmatrix}$, $A^{101}=(-6)^{50}A$.

18. A. **20.** (1) $x=0, y=-2$; (2) $\begin{pmatrix}0&0&-1\\-2&1&0\\1&1&1\end{pmatrix}$. **21.** $\begin{pmatrix}\lambda_1^n&\lambda_1^n-\lambda_2^n&\lambda_1^n-\lambda_2^n\\0&\lambda_2^n&\lambda_2^n-\lambda_3^n\\0&0&\lambda_3^n\end{pmatrix}$.

22. $a=0, c=0, b$ 为任意常数,其相似对角矩阵为 $\begin{pmatrix}1&&&\\&1&&\\&&2&\\&&&2\end{pmatrix}$.

23. $A=\begin{pmatrix}-\frac{1}{3}&\frac{2}{3}&0\\\frac{2}{3}&0&\frac{2}{3}\\0&\frac{2}{3}&\frac{1}{3}\end{pmatrix}$. **24.** (1)是; (2)否.

25. (1) $a=-\frac{2}{\sqrt{5}}, b=\frac{1}{\sqrt{5}}, c=\pm\frac{1}{\sqrt{5}}$ 或 $a=\frac{2}{\sqrt{5}}, b=-\frac{1}{\sqrt{5}}, c=\pm\frac{1}{\sqrt{5}}$;

(2) $a=\frac{1}{2}, b=\frac{\sqrt{3}}{2}, c=-\frac{\sqrt{3}}{2}$; $a=\frac{1}{2}, b=-\frac{\sqrt{3}}{2}, c=\frac{\sqrt{3}}{2}$;

$a=-\frac{1}{2}, b=-\frac{\sqrt{3}}{2}, c=-\frac{\sqrt{3}}{2}$; $a=-\frac{1}{2}, b=\frac{\sqrt{3}}{2}, c=\frac{\sqrt{3}}{2}$.

30. $\pm\left(-\frac{2\sqrt{2}}{5}, \frac{3\sqrt{2}}{10}, -\frac{2\sqrt{2}}{5}, \frac{3\sqrt{2}}{10}\right)$.

31. (1) $Q=\begin{pmatrix}0&1&0\\-\frac{1}{\sqrt{2}}&0&\frac{1}{\sqrt{2}}\\\frac{1}{\sqrt{2}}&0&\frac{1}{\sqrt{2}}\end{pmatrix}$, $Q^{\mathrm{T}}AQ=\begin{pmatrix}1&&\\&2&\\&&5\end{pmatrix}$;

(2) $Q=\begin{pmatrix} \frac{2}{\sqrt{5}} & -\frac{2}{3\sqrt{5}} & -\frac{1}{3} \\ 0 & \frac{\sqrt{5}}{3} & -\frac{2}{3} \\ \frac{1}{\sqrt{5}} & \frac{4}{3\sqrt{5}} & \frac{2}{3} \end{pmatrix}$, $Q^{\mathrm{T}}AQ=\begin{pmatrix} 1 & & \\ & 1 & \\ & & 10 \end{pmatrix}$;

(3) $Q=\begin{pmatrix} \frac{1}{3} & -\frac{2}{3} & \frac{2}{3} \\ \frac{2}{3} & -\frac{1}{3} & -\frac{2}{3} \\ \frac{2}{3} & \frac{2}{3} & \frac{1}{3} \end{pmatrix}$, $Q^{\mathrm{T}}AQ=\begin{pmatrix} -1 & & \\ & 2 & \\ & & 5 \end{pmatrix}$;

(4) $Q=\begin{pmatrix} \frac{1}{2} & 0 & \frac{1}{\sqrt{2}} & -\frac{1}{2} \\ -\frac{1}{2} & \frac{1}{\sqrt{2}} & 0 & -\frac{1}{2} \\ -\frac{1}{2} & 0 & \frac{1}{\sqrt{2}} & \frac{1}{2} \\ \frac{1}{2} & \frac{1}{\sqrt{2}} & 0 & \frac{1}{2} \end{pmatrix}$, $Q^{\mathrm{T}}AQ=\begin{pmatrix} 1 & & & \\ & 3 & & \\ & & 3 & \\ & & & 5 \end{pmatrix}$.

32. $\begin{pmatrix} 3 & 2 & 4 \\ 2 & 0 & 2 \\ 4 & 2 & 3 \end{pmatrix}$.　**37.** (2) $P=\begin{pmatrix} 1 & 1 & \cdots & 1 \\ \lambda_1 & \lambda_2 & \cdots & \lambda_n \\ \vdots & \vdots & & \vdots \\ \lambda_1^{n-1} & \lambda_2^{n-1} & \cdots & \lambda_n^{n-1} \end{pmatrix}$,　$P^{-1}AP=\begin{pmatrix} \lambda_1 & & & \\ & \lambda_2 & & \\ & & \ddots & \\ & & & \lambda_n \end{pmatrix}$.

39. $g(\lambda_1)g(\lambda_2)\cdots g(\lambda_n)$.

40. $\begin{pmatrix} 1 & & & & & \\ & \ddots & & & & \\ & & 1 & & & \\ & & & 0 & & \\ & & & & \ddots & \\ & & & & & 0 \end{pmatrix}$，其中主对角线上 1 的个数等于 $r(A)$，0 的个数等于 $r(E-A)$.

41. $\begin{pmatrix} \frac{3}{2} & & & & & \\ & \ddots & & & & \\ & & \frac{3}{2} & & & \\ & & & -1 & & \\ & & & & \ddots & \\ & & & & & -1 \end{pmatrix}$，其中主对角线上$\frac{3}{2}$的个数等于 $r(E+A)$，-1 的个数等于 $r(3E-2A)$.

习 题 六

1. (1) $\begin{pmatrix}1&2&1\\2&4&2\\1&2&1\end{pmatrix}$;1; (2) $\begin{pmatrix}1&-1&-1\\-1&2&1\\-1&1&1\end{pmatrix}$;2; (3) $\begin{pmatrix}1&-1&0&\cdots&0&0\\-1&2&-1&\cdots&0&0\\0&-1&2&\cdots&0&0\\\vdots&\vdots&\vdots&&\vdots&\vdots\\0&0&0&\cdots&2&-1\\0&0&0&\cdots&-1&1\end{pmatrix}$;$n-1$.

2. (1) $f(x_1,x_2,x_3)=2x_1^2+3x_2^2+10x_1x_2+16x_1x_3+2x_2x_3$;

(2) $f(x_1,x_2,\cdots,x_n)=\sum\limits_{i=1}^{n}x_i^2-2\sum\limits_{i=1}^{n-2}x_ix_{i+2}$.

3. (1) $\begin{cases}x_1=\dfrac{2}{3}y_1-\dfrac{1}{3}y_2-\dfrac{2}{3}y_3,\\x_2=-\dfrac{1}{3}y_1+\dfrac{2}{3}y_2-\dfrac{2}{3}y_3,\\x_3=\dfrac{2}{3}y_1+\dfrac{2}{3}y_2+\dfrac{1}{3}y_3,\end{cases}$ $f=-y_1^2+2y_2^2+5y_3^2$;

(2) $\begin{cases}x_1=-\dfrac{1}{\sqrt{2}}y_2+\dfrac{1}{\sqrt{2}}y_4,\\x_2=\dfrac{1}{\sqrt{2}}y_2+\dfrac{1}{\sqrt{2}}y_4,\\x_3=\dfrac{1}{\sqrt{2}}y_1-\dfrac{1}{\sqrt{2}}y_3,\\x_4=\dfrac{1}{\sqrt{2}}y_1+\dfrac{1}{\sqrt{2}}y_3,\end{cases}$ $f=-y_1^2-y_2^2+y_3^2+y_4^2$;

(3) $\begin{cases}x_1=-\dfrac{1}{\sqrt{2}}y_1-\dfrac{1}{\sqrt{6}}y_2+\dfrac{1}{\sqrt{3}}y_3,\\x_2=\dfrac{\sqrt{6}}{3}y_2+\dfrac{1}{\sqrt{3}}y_3,\\x_3=\dfrac{1}{\sqrt{2}}y_1-\dfrac{1}{\sqrt{6}}y_2+\dfrac{1}{\sqrt{3}}y_3,\end{cases}$ $f=-y_1^2-y_2^2+2y_3^2$;

(4) $\begin{cases}x_1=\dfrac{2}{3}y_1-\dfrac{1}{\sqrt{2}}y_2-\dfrac{1}{3\sqrt{2}}y_3,\\x_2=\dfrac{1}{3}y_1+\dfrac{2\sqrt{2}}{3}y_3,\\x_3=\dfrac{2}{3}y_1+\dfrac{1}{\sqrt{2}}y_2-\dfrac{1}{3\sqrt{2}}y_3,\end{cases}$ $f=-4y_1^2+5y_2^2+5y_3^2$.

4. (1) $f=y_1^2-y_2^2$, $\begin{cases}x_1=y_1-y_2-y_3,\\x_2=y_2+y_3,\\x_3=y_3;\end{cases}$ (2) $f=z_1^2-z_2^2-z_3^2$, $\begin{cases}x_1=z_1+z_2-z_3,\\x_2=z_1-z_2-z_3,\\x_3=z_3.\end{cases}$

5. (1) $f=y_1^2-y_2^2,\begin{cases}x_1=y_1-y_2-y_3,\\x_2=y_2+y_3,\\x_3=y_3;\end{cases}$　(2) $f=y_1^2-\frac{1}{4}y_2^2-y_3^2,\begin{cases}x_1=y_1-\frac{1}{2}y_2-y_3,\\x_2=y_1+\frac{1}{2}y_2-y_3,\\x_3=y_3.\end{cases}$

6. 在第3题的基础上再作变换.

(1) $\begin{cases}y_1=z_3,\\y_2=\frac{1}{\sqrt{2}}z_1,\\y_3=\frac{1}{\sqrt{5}}z_2,\end{cases}f=z_1^2+z_2^2-z_3^3;$　(2) $\begin{cases}y_1=z_3,\\y_2=z_4,\\y_3=z_1,\\y_4=z_2,\end{cases}f=z_1^2+z_2^2-z_3^2-z_4^2;$

(3) $\begin{cases}y_1=z_2,\\y_2=z_3,\\y_3=\frac{1}{\sqrt{2}}z_1,\end{cases}f=z_1^2-z_2^2-z_3^2;$　(4) $\begin{cases}y_1=\frac{1}{2}z_3,\\y_2=\frac{1}{\sqrt{5}}z_1,\\y_3=\frac{1}{\sqrt{5}}z_2,\end{cases}f=z_1^2+z_2^2-z_3^2.$

9. (1)否；(2)是；(3)是.　**10.** (1)否；(2)是.

11. (1) $-\sqrt{2}<t<\sqrt{2}$；(2)无论 t 取什么值都不正定；(3) $4<t<5$.

22. $\begin{cases}x_1=\frac{1}{\sqrt{n}}y_1-\frac{1}{\sqrt{2}}y_2-\frac{1}{\sqrt{6}}y_3-\cdots-\frac{1}{\sqrt{n(n-1)}}y_n,\\x_2=\frac{1}{\sqrt{n}}y_1+\frac{1}{\sqrt{2}}y_2-\frac{1}{\sqrt{6}}y_3-\cdots-\frac{1}{\sqrt{n(n-1)}}y_n,\\x_3=\frac{1}{\sqrt{n}}y_1\qquad\qquad+\frac{2}{\sqrt{6}}y_3-\cdots-\frac{1}{\sqrt{n(n-1)}}y_n,\\\cdots\cdots\\x_n=\frac{1}{\sqrt{n}}y_1\qquad\qquad\qquad\qquad+\frac{n-1}{\sqrt{n(n-1)}}y_n,\end{cases}$　$f=\frac{n+1}{2}y_1^2+\frac{1}{2}y_2^2+\frac{1}{2}y_3^2+\cdots+\frac{1}{2}y_n^2.$

23. $\frac{(n+1)(n+2)}{2}$.

29. (2)特征值为 $1-k$；(3)对应的特征值都是1；(4) $k=0$ 或 $k=2$；(5) $k\neq1$；(6) $k<1$.

习　题　七

1. (1) 否；(2) 是；(3) 否.

2. (1)否；(2) 否；(3) 是；(4) 是；(5) 是；(6) 是；(7) 是；(8) 否；
(9) 是；(10) 否.

4. (1) $\begin{pmatrix}0&-2&0\\0&0&0\\0&0&0\end{pmatrix}$；(2) $\begin{pmatrix}0&-2&-4\\0&-4&-8\\0&2&4\end{pmatrix}$.　**5.** (2) $\begin{pmatrix}2&3&1&0\\-3&2&0&1\\0&0&2&3\\0&0&-3&2\end{pmatrix}$.

6. $\begin{pmatrix} -1 & 1 & -2 \\ 2 & 2 & 0 \\ 3 & 0 & 2 \end{pmatrix}$.

7. (1) $\begin{pmatrix} \frac{4}{5} & \frac{21}{5} & 5 \\ \frac{7}{5} & -\frac{12}{5} & -1 \\ \frac{7}{5} & -\frac{7}{5} & 0 \end{pmatrix}$; (2) $\begin{pmatrix} 1 & 2 & -2 \\ \frac{4}{5} & -\frac{7}{5} & \frac{2}{5} \\ -\frac{27}{5} & \frac{36}{5} & -\frac{6}{5} \end{pmatrix}$; (3) $\begin{pmatrix} x_1+2x_2-2x_3 \\ \frac{4}{5}x_1-\frac{7}{5}x_2+\frac{2}{5}x_3 \\ -\frac{27}{5}x_1+\frac{36}{5}x_2-\frac{6}{5}x_3 \end{pmatrix}$.

8. $\begin{pmatrix} -\frac{4}{9} & \frac{10}{9} & -\frac{4}{9} \\ -\frac{2}{9} & -\frac{4}{9} & \frac{16}{9} \\ -\frac{1}{9} & -\frac{2}{9} & \frac{8}{9} \end{pmatrix}$.

9. (1) $\begin{pmatrix} a & c & 0 & 0 \\ b & d & 0 & 0 \\ 0 & 0 & a & c \\ 0 & 0 & b & d \end{pmatrix}$, $\begin{pmatrix} a & 0 & b & 0 \\ 0 & a & 0 & b \\ c & 0 & d & 0 \\ 0 & c & 0 & d \end{pmatrix}$;

(2) $\begin{pmatrix} \frac{a+b+c+d}{2} & \frac{a+b-c-d}{2} & 0 & 0 \\ \frac{a-b+c-d}{2} & \frac{a-b-c+d}{2} & 0 & 0 \\ 0 & 0 & \frac{a+b+c+d}{2} & \frac{-a-b+c+d}{2} \\ 0 & 0 & \frac{-a+b-c+d}{2} & \frac{a-b-c+d}{2} \end{pmatrix}$,

$\begin{pmatrix} \frac{a+b+c+d}{2} & 0 & \frac{a-b+c-d}{2} & 0 \\ 0 & \frac{a+b+c+d}{2} & 0 & \frac{-a+b-c+d}{2} \\ \frac{a+b-c-d}{2} & 0 & \frac{a-b-c+d}{2} & 0 \\ 0 & \frac{-a-b+c+d}{2} & 0 & \frac{a-b-c+d}{2} \end{pmatrix}$.

10. (1) $\begin{pmatrix} a_{33} & a_{32} & a_{31} \\ a_{23} & a_{22} & a_{21} \\ a_{13} & a_{12} & a_{11} \end{pmatrix}$; (2) $\begin{pmatrix} a_{33} & 3a_{32} & a_{31} \\ \frac{1}{3}a_{23} & a_{22} & \frac{1}{3}a_{21} \\ a_{13} & 3a_{12} & a_{11} \end{pmatrix}$;

(3) $\begin{pmatrix} a_{11}+a_{13} & a_{12} & a_{13} \\ a_{21}+a_{23} & a_{22} & a_{23} \\ a_{31}+a_{33}-a_{11}-a_{13} & a_{32}-a_{12} & a_{33}-a_{13} \end{pmatrix}$.

11. (1) $\begin{pmatrix} -2 & -\frac{3}{2} & \frac{3}{2} \\ 1 & \frac{3}{2} & \frac{3}{2} \\ 1 & \frac{1}{2} & -\frac{5}{2} \end{pmatrix} \xlongequal{\text{记为}} P$;　(2) P;　(3) P.

12. $\begin{pmatrix} 1 & -3 & 3 & 2 \\ -1 & -\frac{4}{3} & \frac{10}{3} & \frac{10}{3} \\ -4 & -\frac{16}{3} & \frac{40}{3} & \frac{40}{3} \\ \frac{9}{2} & -\frac{1}{2} & -\frac{11}{2} & -7 \end{pmatrix}$.

参 考 文 献

北京大学数学系几何与代数教研室代数小组. 1988. 高等代数. 2 版. 北京：高等教育出版社

归行茂等. 1994. 线性代数的应用. 上海：上海科学普及出版社

乐经良等. 1999. 数学实验. 北京：高等教育出版社

上海交通大学应用数学系. 1988. 线性代数. 上海：上海交通大学出版社

上海交通大学应用数学系. 1996. 线性代数教程. 上海：上海交通大学出版社

屠伯埙等. 1987. 高等代数. 上海：上海科学技术出版社

俞正光等. 1988. 线性代数与解析几何. 北京：清华大学出版社

Chris Rorres，Howard Anton. 1984. Applications of Linear Algebra. 3rd Ed. John Wiley & Sons

Lucas F. 1994. 离散和系统模型. 长沙：国防科技大学出版社

Stephen Wolfram. 2003. Mathematica. 5th Ed. Addison-Wesley Publishing Company

索　　引①

B

C

D

E

---

① 索引按汉语拼音排列，右面的数字为所在页码，仅对数学名词给出相应的英语词汇，供读者参考

F

G

H

J

K

L

M

N

O

P

Q

S

Y

Z